教育部　中国工程院卓越工程师培养计划教材
建筑材料测试技术人员培训教材

建筑材料基础实验

主　编　叶建雄
副主编　崔　勇　胡祖华　王　冲
主　审　杨长辉　付晓华

中国建材工业出版社

图书在版编目（CIP）数据

建筑材料基础实验/叶建雄主编．—北京：中国建材工业出版社，2016.11（2022.1 重印）
ISBN 978-7-5160-1653-4

Ⅰ．①建… Ⅱ．①叶… Ⅲ．①建筑材料-材料试验 Ⅳ．①TU502

中国版本图书馆 CIP 数据核字（2016）第 219726 号

内容简介

本书按照国家现行标准、规范和实验室资质认定的要求进行编写，主要内容包括实验技术的基础知识、实验室技术要求、建筑材料的标准化和主要建筑材料的取样规定，介绍了建筑材料的基本概念和主要性能的实验方法、步骤和结果处理，同时编制了与本教材配套使用的实验原始记录和报告。本书可作为土木工程中质量检测、施工、监理、建材生产企业的试验技术人员和工程管理人员的参考用书。

建筑材料基础实验
主　编　叶建雄
副主编　崔　勇　胡祖华　王　冲
主　审　杨长辉　付晓华

出版发行：中国建材工业出版社
地　　址：北京市海淀区三里河路 1 号
邮　　编：100044
经　　销：全国各地新华书店
印　　刷：北京雁林吉兆印刷有限公司
开　　本：787mm×1092mm　1/16
印　　张：22.25
字　　数：500 千字
版　　次：2016 年 11 月第 1 版
印　　次：2022 年 1 月第 2 次
定　　价：58.00 元

本社网址：www.jccbs.com　　微信公众号：zgjcgycbs
本书如出现印装质量问题，由我社市场营销部负责调换。联系电话：(010)88386906

编　委　会

主　　编：叶建雄

副 主 编：崔　勇　胡祖华　王　冲

参编人员：唐　静　张智瑞　白　冷　苗　苗

刘　洲　王滕飞　郑寒英　何　鹏

主　　审：杨长辉　付晓华

主编单位：重庆大学

参编单位：重庆市新型建筑材料与工程重点实验室

重庆市九龙建设工程质量检测中心

重庆永渝建设工程质量检测有限公司

重庆市高性能混凝土工程技术研究中心

重庆能源职业学院

主审单位：重庆大学

重庆市建设工程质量监督总站

前　言

质量是工程的生命，按现行国家标准规范进行实验是土木工程质量管理的重要手段。客观、准确、及时地进行实验，是指导、控制和评价工程质量的科学依据。为了迎合教育部、中国工程院推进人才培养改革——“卓越工程师培养计划”能顺利、有效的实施，特编此教材。本书编者为培养既有理论知识，同时又具备实验技能的工程技术人员提供了一本具有参考价值的教材。本书可作为土木工程中质量检测、施工、监理、建材生产企业的试验技术人员和工程管理人员的参考学习资料。

本书按照国家现行标准、规范和实验室资质认定的要求进行编写，主要内容包括实验技术的基础知识、实验室技术要求、建筑材料的标准化和主要建筑材料的取样规定，介绍了建筑材料的基本概念和主要性能的实验方法、步骤和结果处理，同时编制了与本教材配套使用的实验原始记录和报告。

本书由重庆大学材料科学与工程学院的叶建雄主编，重庆市九龙建设工程质量检测中心胡祖华、重庆永渝建设工程质量检测有限公司崔勇和重庆大学王冲担任副主编。各章主要编写人员如下：重庆大学材料科学与工程学院叶建雄编写绪论、第 4 章混凝土、第 5 章砂浆并负责全书统稿，重庆大学材料科学与工程学院唐静编写第 1 章胶凝材料、第 2 章骨料、第 7 章防水材料、第 10 章建筑节能材料，重庆大学材料科学与工程学院张智瑞编写第 3 章外加剂、第 6 章钢材、第 8 章墙体和屋面材料、重庆能源职业学院郑寒英编写第 9 章装饰材料，重庆大学材料科学与工程学院苗苗编写第 11 章建筑制品，重庆大学材料科学与工程学院白冷编写第 12 章土，重庆永渝建设工程质量检测有限公司王滕飞、何鹏和重庆市九龙建设工程质量检测中心刘洲编写第 13 章常用建筑材料实验原始记录与报告。全书由重庆大学材料科学与工程学院杨长辉和重庆市建设工程质量监督总站付晓华主审。

本书编写过程中参考和借鉴了有关文献资料，同时也得到了许多热心朋友和重庆大学材料科学与工程学院建筑材料专业的硕士研究生陈勇、程薇玮、张静和邢光延的帮助，谨向这些文献作者、朋友和学生致以诚挚的谢意。

由于建筑材料相关技术发展很快，加之编者水平有限，书中难免有不妥之处，敬请读者批评指正。

编者

2016 年 11 月

目　　录

绪　论

0.1　材料抽样基础知识

0.1.1　抽样的意义

建筑材料经生产过程成为成品之后，需对其进行检测，以确定其质量是否合格，并评定质量等级；运到工地后，还需进行复检，合格后方可使用。这种检测从形式上来说可以分为两种：全检和抽检。全检是对被检材料中的各单位产品逐个进行检测；抽检则是从批量产品中抽出一小部分单位产品作为样本进行检测。全检检测结果准确可靠，但只适用于非破损检测，而且费时费力，只适用于检测简单而且可以在生产线上检测的产品（如在生产线上检测钢珠的直径，不合格的即被剔除）；而建筑材料这种比较笨重的产品，检测项目较多，其中有些项目必须采用破损检测，难以在生产线上逐个检测，故只能进行抽检。

抽样检验按检验和判定的形式不同可以分为两类：计量抽样检验和计数抽样检验。计量抽样检验是通过测定样本中某个特征值（如混凝土的抗压强度）来衡量产品的总体质量，计数抽样检验是通过测定样品中不合格品的数量来衡量产品的总体质量。计量抽样检验可以利用测试得到的数据，为产品质量提供更多的信息，易于找出提高产品质量的方向，但需进行复杂的计算；而计数抽样检验方法简单易行，不需复杂的计算，适合于生产线上的连续抽样检验，故应用更为广泛。目前，我国已颁布了几十项统计抽样检验标准，其中，GB/T 6378系列是计量统计抽样检验的基础标准，生产控制和供需双方验收产品时，使用《计量抽样检验程序 第1部分：按接收质量限（AQL）检索的对单一质量特性和单个AQL的逐批检验的一次抽样方案》GB/T 6378.1。GB/T 2828系列是计数统计抽样检验的基础标准，生产控制和供需双方验收产品时，使用《计数抽样检验程序 第1部分：按接收质量限（AQL）检索的逐批检验抽样计划》GB/T 2828.1。也有将两种方法结合使用的抽样方案。

抽检虽然只用少量样品构成样本并对其进行检验即可得出该产品合格与否（或等级高低）的结论，与全检相比省时省力，检测成本低，但从如此大量的产品中抽出极少量的样品，要使样品的检测结果能代表整批产品的质量，必须采取必要的措施，确定合适的抽样数量，并提高样本代表性。

0.1.2　提高样本代表性的措施

在统计学中，将整批产品作为总体，从其中抽出的样品总和作为样本，例如将60t进场的钢筋作为一批产品，从中抽取4根作为样品进行力学实验，则此批60t钢筋作为总体，抽取的4根钢筋样品组成样本。由于样本是总体的一部分，应该具有总体的性质，故当抽样数量适当多时，它在一定程度上可代表总体的质量；但它毕竟只是总体的一部分，带有一定的个性，其检测结果与总体总会有一定的差异。要使样本的检测结果最大限度地表示总体的质量状况，样本应至少具备两种性能：独立性及代表性。所谓独立性，即样本中各个样品的检测结果批次独立、互不影响；所谓代表性，即样本的检测结果能代表总体的质量。一般来说其独立性较易满足，而其代表性往往不易做到，所以，提高样本的代表性是至关重要的。

提高样本代表性的措施主要有以下几点：

1）提高总体的匀质性。样本的分散度与总体的分散度（用标准差表示）有直接的关系，也就是说，总体的分散度较小是减小样本分散度的重要条件。为此，应尽量提高总体的匀质性，即整个一批产品的质量应尽量均匀，这是提高样本代表性的基础。

2）有足够的抽样数量。当总体的标准差已固定，可用增加抽样数量的办法来降低样本的标准差。但抽样数量也不能过多的增加，否则将使检测工作量过大而不经济。抽样数量应以样本具有一定代表性而不至于使检测工作量过大为宜。表0-9～表0-21所列抽样数量即是各种检测规范考虑了样本的代表性，根据多年的经验确定的，基本上属于按比例抽样。更为科学的方法是按照上述的国家颁布的统计抽样检验标准确定抽样数量。

3）随机抽样。随机抽样要求各个单位产品从总体中被抽到的机会均等，也就是说，不管总体的质量如何，总体中的各个单位产品均有相同的被抽取的机会；这样随机抽取的样本才能客观地反映总体的质量状况。但是，在抽样过程中，往往很难做到随机抽样，因为一方面建材数量很大而抽样数量很少，另一方面人们有时在抽样过程中带有一定的主观意识，例如，施工人员希望抽到质量较好的样本，使检测得以通过，而监理人员则往往想抽到质量较差的样本，以发现其中的质量问题，这种带有主观意识的抽样大大降低了样本的代表性，是不可取的。

4）减小检测误差。各种材料的质量指标都是通过检测得到的，毫无疑问，检测精密度越高，则样本的代表性越好。

以上各点中，总体的匀质性好固然重要，但抽样时往往总体已经存在（已成成品），故检测方无法这样要求总体；而当检测精密度较高时，其对代表性的影响也不大，因而，抽样数量和抽样方法是保证样品具有代表性的关键，为此应有足够的抽样数量和科学的抽样方法。

0.1.3　抽样过程中的两种风险

当总体中单位产品数量较大时，各单位产品的某一特性（例如混凝土的抗压强度）的分布大体服从正态分布，其中各单位产品的该特性值总是有高有低，参差不齐，大部分单位产品的该特性值会落在平均值的附近，离平均值越远的值越少。即合格总体中大部分单位产品是合格的，少数单位产品是不合格的；不合格的总体中大部分单位产品是不合格的，少数单位产品是合格的。而抽样的数量总是有限的。如果在抽样时，在合格的总体中将少数不合格的单位产品抽到样本中，会将本来合格的总体误判为不合格，这种误判的风险称为第一种风险，又称作生产方风险，用α表示；相反，如果在抽样时，在不合格的总体中将少数合格的单位产品抽到样本中，会将原本不合格的总体误判为合格，这种漏判风险称为第二种风险，又称作使用方风险，用β表示。在国家颁布的统计抽样检验标准中，通常将α控制在5%左右，将β控制在10%左右，使供需双方同时得到保护。

0.1.4 抽样方法

前面已经提到，提高子样代表性的措施之一就是随机抽样，随机抽样是一种科学的抽样方法，要求所有子样被抽到的机会均等，但是在检测工作中真正做到随机抽样是不容易的，一方面建筑材料往往体积或者质量很大，难以在任意部位抽样，另一方面由于受各种因素的影响，其不同部位的子样品质不同，例如石子在堆高的情况下，大颗粒石子易滚落堆脚处，造成各部位颗粒比例不同；此外，在抽样时自觉或不自觉地加入了人为的因素也是一个原因。所以必须采取一些措施保证随机抽样。

随机抽样可分为三种，各抽样方法分述如下：

1）简单随机抽样。即对一批产品中 n 个子样用相同的概率进行抽检，由于在批量很大而子样很小时，很难保证随机抽取，故简单随机抽样适用于质量比较均匀的材料。

2）系统随机抽样。将材料按顺序排列，以 N/n 为抽样间隔（N 为批量，n 为抽样数量），每隔一个间隔抽一个试样。例如，灰砂砖的抽样，相关规范规定以 10 万块砖为一批，应抽取 50 块对其尺寸偏差和外观质量进行检测，抽样间隔为 2000 块，如 10 万块砖共有 50 垛，每垛 2000 块，则每垛应抽 1 块。这是分垛抽样，也可分段抽样，如公路或市政道路，以一定长度为一段；也可分量抽样，如混凝土每 100 立方米抽 1 组；或者分时抽样，如每隔 1 小时抽 1 个样等。

3）分层随机抽样。即按某一特征将整批产品分为若干小批，成为层，其特点是：同一层内产品均匀一致，而各层间差别较大界限明显；分层随机抽样是在各层内抽取试样，合在一起组成一个子样。分层随机抽样适用于批内有明显分层特点的产品，例如混批或炉号不同的钢筋，或同一结构同一强度等级但不同配合比的混凝土等，遇到这种情况，如不采用分层，则层间差别将被掩盖起来。

采用何种抽样方法应视具体情况而定。为保证最大限度地做到随机抽样，可利用随机数表，交通部标准中规定的公路路基现场测试随机选点方法就是一种系统随机抽样方法，它先用上述 N/n 式算出抽样间隔，然后按其“一般取样的随机数表”分段确定具体抽样位置，包括纵向位置和横向位置。利用随机数表的抽样方法虽然稍显麻烦，但却能基本保证抽样的随机性和试样的代表性。

0.2 法定计量单位

0.2.1 法定计量单位的组成

我国计量法明确规定，国家实行法定计量单位制度。法定计量单位是政府以法定的形式，明确规定在全国范围内采用的计量单位。

计量法规定：“国家采用国际单位制。国际单位制计量单位和国家选定的其他计量单位，为国家法定计量单位。”国际单位制是我国法定计量单位的主体，国际单位制如有变化，我国法定计量单位也将随之变化。

1）国际单位制计量单位

（1）国家单位制的来历与特点

在人类历史上，计量单位是伴随着生产与交换的发生、发展而产生的。随着社会和科学技术的进步，要求计量单位稳定和统一，以维护正常的社会、经济和生产活动的秩序，于是逐渐形成了各个国家的古代计量制度。这些制度是根据各自的经验和习惯确定的，自然是千差万别、各行其是。有时在一个国家内，还有多种计量制度并存，这种状况阻碍着生产和贸易的发展及社会的进步。

法国在 1790 年建议创立一种新的、建立在科学基础上的计量制度，随后制定了“米制法”，通过对地球子午线长度的精密测量来确定最初的米原器。这一制度逐渐得到其他国家的认同，1875 年 17 个国家在巴黎签署了“米制公约”，成立国际计量委员会（CIPM），并设立国际计量局（BIPM）。我国于 1977 年加入米制公约组织。

随着科学技术的发展，在米制的基础上先后形成了多种单位制，又出现混乱局面。1960 年第 11 届国际计量大会（CGPM）总结了米制经验，将一种科学实用的单位制命名为“国际单位制”，并用符号 SI 表示。后经多次修订，现已形成了完整的体系。

SI 遵从一贯性原则。由比例因数为 1 的基本单位幂的乘积来表示的导出计量单位，叫一贯计量单位。而 SI 的全部导出单位均为一贯计量单位，所以它是一贯计量单位制，从而使符合科学规律的量的方程和数值方程相一致。

SI 是在科技发展中产生的，也将随着科技发展而不断完善。由于结构合理、科学简明、方便实用，适用于众多科技领域和各行各业，可实现世界范围内计量单位的统一，因而获得国际上广泛承受和接受，成为科技、经济、文教，卫生等各界的共同语言。

（2）国际单位制的构成

国际单位制的构成如下所示：

国际单位制（SI）
- SI 单位
  - SI 基本单位
  - SI 导出单位，其中 21 个有专门的名称和符号
- SI 词头（10^{24}～10^{-24}，共 20 个）
- SI 单位的倍数和分数单位

（3）SI 基本单位

要建立一种计量单位制，首先要先确定基本量，即约定地认为在函数关系上彼此独立的量。SI 选择了长度、质量、时间、电流、热力学温度、物质的量和发光强度等 7 个基本量，并给基本单位规定了严格的定义。这些定义体现了现代科技发展的水平，其量值能以高准确度复现出来。SI 基本单位是 SI 的基础，其名称、符号和定义见表 0-1。

表 0-1　SI 基本单位

量的名称	单位名称	单位符号	单位定义
长度	米	m	光在真空中于 1/299792458 秒的时间间隔内所经过的距离
质量	千克（公斤）	kg	质量单位，等于国际千克（公斤）原器的重量
时间	秒	s	铯-133 原子基态的两个超精细能及之间跃迁所对应的辐射的 9192631 770 个周期的持续时间
电流	安［培］	A	一恒定电流，若保持在处于真空中相距 1 米的两无限长而圆截面可忽略的平行直导线内，则此两导线之间产生的力在每米长度上等于 2×10^{-7} 牛顿

续表

量的名称	单位名称	单位符号	单位定义
热力学温度	开［尔文］	K	水三相点热力学温度的 1/273.16
物质的量	摩［尔］	mol	一系统的物质的量，该系统中所包含的基本单元数与 0.012 千克 C-12的原子数目相等。在使用摩［尔］时应指明基本单元，可以是原子、分子、离子、电子及其他粒子，或是这些粒子的特定组合
发光强度	坎［德拉］	cd	发射出频率为 540×10^{12} 赫兹单色辐射的光源在给定方向上的发光强度，而且在此方向上的辐射强度为 1/683 瓦特每球面度

（4）SI 导出单位

SI 导出单位是按一贯性原则，通过比例因数为 1 的量定义方程式由 SI 基本单位导出的单位。导出单位是组合形式的单位，它们由两个以上基本单位幂的乘积来表示。

为了读写和实际应用的方便，以及便于区分某些具有相同量纲和表达式的单位，在历史上出现了一些具有专门名称的导出单位。但是，这样的单位不宜过多，当时 SI 仅选用了 19 个，其专门名称可以使用。没有选用的，如电能单位“度”（即千瓦时），光亮度单位“尼特”（即坎德拉每平方米）等名称，就不能再使用了。应注意在表 0-2 和表 0-3 中，单位符号和其他表达式可以等同使用。例如：力的单位牛顿（N）和千克米（$kg\cdot m/s^2$）每二次方秒是完全等同的。

原 SI 的两个辅助单位，即弧度和球面度是由长度单位导出的，在某些领域（如光度学和辐射度学）有着重要的应用，是一个独立而具体的单位。以前曾将它们单独列为一类，现在则归为具有专门名称的导出单位一类。这样，具有专门名称的导出单位便一共有 21 个。

表 0-2　具有专门名称的 SI 导出单位

量的名称	名称	符号	SI 导出单位
			用 SI 基本单位和 SI 导出单位表示
［平面］角	弧度	rad	1 rad=1m/m=1
立体角	球面度	sr	$1sr=1m^2/m^2=1$
频率	赫［兹］	Hz	$1Hz=1s^{-1}$
力	牛［顿］	N	$1N=1kg\cdot m/s^2$
压力、压强、应力	帕［斯卡］	Pa	$1Pa=1N/m^2$
能量、功、热量	焦［耳］	J	$1J=1N\cdot m$
功率、辐［射能］通量	瓦［特］	W	1W=1J/s
电荷［量］	库［仑］	C	$1C=1A\cdot s$
电压、电动势、电位	福［特］	V	1V=1W/A
电容	法［拉］	F	1F=1C/V
电阻	欧［姆］	Ω	1Ω=1V/A
电导	西［门子］	S	$1S=1\Omega^{-1}$
磁通［量］	韦［伯］	Wb	$1Wb=1V\cdot s$
磁通［量］密度、磁感应强度	特［斯拉］	T	$1T=1Wb/m^2$
电感	亨［利］	H	1H=1Wb/A
摄氏温度	摄氏度	℃	1℃=1K
光通量	流［明］	lm	$1lm=1cd\cdot sr$
［光］照度	勒［克斯］	lx	$1lx=1lm/m^2$

表 0-3　由于人类健康安全防护上的需要而确定的具有专门名称的 SI 导出单位

量的名称	名称	符号	SI 导出单位
			用 SI 基本单位和 SI 导出单位表示
[放射度] 活度	贝可 [勒尔]	Bq	$1Bq = 1s^{-1}$
吸收剂量 比授 [予] 能 比势动能	戈 [瑞]	Gy	1Gy=1J/kg
剂量当量	希 [沃特]	Sv	1Sv=1J/kg

(5) SI 单位的倍数和分数单位

基本单位、具有专门名称的导出单位，以及直接由它们构成的组合形式的导出单位都称之为 SI 单位，它们有主单位的含义。在实际使用时，量值的变化范围很宽，仅用 SI 单位来表示量值很不方便。为此，SI 中规定了 20 个构成十进倍数和分数单位的词头和所表示的因数。这些词头不能单独使用，也不能重叠使用，它们仅用于与 SI 单位（kg 除外）构成 SI 单位的十进倍数和十进分数单位。需要注意的是：相应于因数 10^3（含 10^3）以下的词头符号必须用小写正体，等于或大于因素 10^6 的词头符号必须用大写正体，从 10^3 到 10^{-3} 是十进位，其余是千进位。详见表 0-4。

SI 单位加上 SI 词头后两者结合为一整体，就不再成为 SI 单位，而称 SI 单位的倍数或分数单位，或者叫 SI 单位的十进倍数或分数单位。

表 0-4　SI 单位的倍数和分数单位

所表示的因数	词头名称	词头符号	所表示的因数	词头名称	词头符号
10^{24}	尧 [它]	Y	10^{-1}	分	d
10^{21}	泽 [它]	Z	10^{-2}	厘	c
10^{18}	艾 [克萨]	E	10^{-3}	毫	m
10^{15}	拍 [它]	P	10^{-6}	微	μ
10^{12}	太 [拉]	T	10^{-9}	纳 [诺]	n
10^{9}	吉 [咖]	G	10^{-12}	皮 [可]	p
10^{6}	兆	M	10^{-15}	飞 [母托]	f
10^{3}	千	k	10^{-18}	阿 [托]	a
10^{2}	百	h	10^{-21}	仄 [普托]	z
10^{1}	十	da	10^{-24}	幺 [科托]	y

2) 国家选定的其他计量单位

尽管 SI 有很大的优越性，但并非十全十美。在日常生活和一些特殊领域，还有一些广泛使用的、重要的非 SI 单位，尚需继续使用。因此，我国选定了若干非 SI 单位与 SI 单位一起，作为国家的法定计量单位，它们具有相同的地位。详见表 0-5。

我国选定的非 SI 单位包括 10 个由 CGPM 确定的允许与 SI 并用的单位，3 个暂时保留与 SI 并用的单位（海里、节、公顷）。此外，根据我国的实际需要，还选取了“转每分”“分贝”和“特克斯”3 个单位，一个 16 个 SI 制外单位，作为国家法定计量单位的组成部分。

表 0-5 国家选定的非国际单位制单位

量的名称	单位名称	单位符号	换算关系和说明
时间	分 时 天	min h d	1min＝60s 1h＝60min 1d＝24h
平面角	秒 分 度	(″) (′) (°)	1″＝（π/648000）rad 1′＝60″＝（π/10800）rad 1°＝60′＝（π/180）rad （π 为圆周率）
旋转速度	转每分	r/min	1r/min＝（1/60）s^{-1}
长度	海里	nmile	1n mile＝1852m（只适用于航程）
速度	节	kn	1kn＝1n mile/h（只适用于航行）
质量	吨 原子质量单位	t u	1t＝10^3kg 1u≈1.660540×10^{-27}kg
体积	升	L，(l)	1L＝1dm^3＝$10^{-3}$$m^3$
能	电子伏	eV	1eV≈1.602177×10^{-19}J
级差	分贝	dB	
线密度	特［克斯］	tex	1tex＝lg/km
面积	公顷	hm^2	1hm^2＝10000m^2

说明：① 周、月、年（年的符号为 a）为一般常用时间单位。

② [] 内的字是在不致混淆的情况下，可以省略的字。

③ () 内的字为前者的同义词。

④ 角度单位度、分、秒的符号不处于数字后时，应加括弧。

⑤ 升的符号中，小写字母 l 为备用符号。

⑥ r 为“转”的符号。

⑦ 人民生活和贸易中，质量习惯成为重量。

⑧ 公里为千米的俗称，符号为 km。

⑨ 10^4称为万，10^8成为亿，10^{12}称为万亿，这类数词的使用不受词头名称的影响，但不应与词头混淆。

CGPM 确定暂时保留与 SI 并用的单位还有 9 个，见表 0-6，它们可能出现在国际标准或国际组织的出版物中，但是在我国则不得使用。在个别科学技术领域，如需使用某些非法定计量单位（如天文学上的“光年”），则须与有关国际组织规定的名称、符号相一致。

表 0-6 我国没有选用的暂时保留与 SI 并用的单位

单位名称	单位符号	用 SI 单位表示的值
埃	Å	1Å＝0.1mm＝10^{-10}m
公亩	a	1a＝1dam^2＝$10^2$$m^2$
靶恩	b	1b＝100fm^2＝$10^{-28}$$m^2$
巴	bar	1bar＝0.1MPa
伽	Gal	1Gal＝1cm/s^2＝10^{-2}m/s^2
居里	Ci	1Ci＝3.7×10^{10}Bq
伦琴	R	1R＝2.58×10^{-4}C/kg
拉德	rad	1rad＝1cGy＝10^{-2}Gy
雷姆	ren	ren＝1cSv＝10^{-2}Sv

0.2.2　法定计量单位的使用规则

1）法定计量单位名称

（1）计量单位的名称，一般是指它的中文名称，用于叙述性文字和口述中，不得用于公式、数据表、图、刻度盘等处。

（2）组合单位的名称与其符号表示的顺序一致，遇到除号时，应读为“每”字，例如：J/mol·K 的名称应为“焦耳每摩尔开尔文”。书写时亦应如此，不能加任何图形和符号，不要与单位的中文符号相混。

（3）乘方形式的单位名称举例：m^4的名称应为“四次方米”而不是“米四次方”。用长度单位米的二次方或三次方表示面积或体积时，其单位名称为“平方米”或“立方米”，否则仍应为“二次方米”或“三次方米”。

$℃^{-1}$的名称为“每摄氏度”，而不是“负一次方摄氏度”。

2）法定计量单位符号

（1）计量单位的符号分为单位符号（即国际通用符号）和单位的中文符号（即单位名称的简称）。后者便于在知识水平不高的场合下使用，一般推荐使用单位符号。十进制单位符号应置于数据之后。单位符号按其名称或简称读，不得按字母读音。

（2）单位符号一般用正体小写字母书写，但是以人名命名的单位符号，第一个字母必须正体大写。“升”的符号“l”，可以用大写字母“L”。单位符号后，不得附加任何标记，也没有复数形式。

组合单位符号书写方式的举例及其说明，见表 0-7。

表 0-7　组合单位书写方式举例

单位名称	单位符号	用 SI 单位表示的值
牛顿米	N·m，Nm 牛·米	N-m，mN 牛米，牛-米
米每秒	m/s，$m \cdot s^{-1}$ 米·$秒^{-1}$，米/秒	ms^{-1} $米秒^{-1}$，秒米
瓦每开尔文	W/(K·m)，瓦/(开·米)	W/K/m，W/(K·m)， W/(开·米)
每米	m^{-1}，$米^{-1}$	1/m，1/米

说明：① 分子为 1 的组合单位符号，一般不用分子式，而用负数幂的形式。

② 单位符号中，用斜线表示相除时，分子、分母的符号与斜线处于同一行内。分母中包含两个以上单位符号时，整个分母应加圆括号，斜线不得多于一条。

③ 单位符号与中文符号不得混合使用。但是非物理量单位（如台、件、人等），可用汉字与符号构成组合形式单位；摄氏度的符号℃可作为中文符号使用，如 J/℃可写为焦/℃。

3）词头使用方法

（1）词头的名称紧挨着单位的名称，作为一个整体，其间不得插入其他词。例如：面积单位 km^2的名称和含义是“平方千米”，而不是千平方米。

（2）仅通过相乘构成的组合单位在加词头时，词头应加在第一个单位之前。例如：力矩单位 kN · m，不宜写成 N · km。

(3) 摄氏度和非十进制法定计量单位，不得用 SI 词头构成倍数和分数单位。它们参与构成组合单位时，不应放在最前面。例如：光量单位 lm · h，不应写为 h · lm。

(4) 组合单位的符号中，某些单位符号同时又是词头符号，则应将它置于单位符号的右侧。例如：力矩单位 Nm，不宜写成 mN。温度单位 K 和时间单位 s 和 h，一般也在右侧。

(5) 词头 h，da，d，c（即百、十、分、厘）一般只用于某些长度、面积、体积和早已习用的场合，例如 cm，dB 等。

(6) 一般不在组合单位的分子分母中同时使用词头。例如：电场强度单位可用 MV/m，不宜用 Kv/mm。词头加在分子的第一个单位符号前，例如：热容单位 J/K 的倍数单位 kJ/K，不应写为 J/mK。同一单位中一般不使用两个以上的词头，但分母中长度、面积和体积单位可以有词头，kg 也作为例外。

(7) 选用词头时，一般应使量的数值处于 0.1～1000 范围内。例如：1401Pa 可写成 1.401kPa。

(8) 万（10^4）和亿（10^8）可放在单位符号之前作为数值使用，但不是词头。十、百、千、十万、百万、千万、十亿、百亿、千亿等中文词，不得放在单位符号前作为数值用。例如："3 千秒$^{-1}$" 应读作 "三每千秒"，而不是 "三千每秒"；对 "三千每秒"，只能表示为 "3000 秒$^{-1}$"。读音 "一百瓦"，应写作 "100 瓦" 或 "100W"。

(9) 计算时，为了方便，建议所有量均用 SI 单位表示，词头用 10 的幂代替。这样，所得结果的单位仍为 SI 单位。

0.3 数据处理

0.3.1 有效数字

1) 有效数字的定义

系指在操作中能得到的有实际意义的数值，其最后一位数字欠准是允许的，这种由可靠数字和最后一位不确定数字组成的数值，即为有效数字。最后一位数字的欠准程度通常只能是上下差 1 单位。

2) 有效数字的定位

是指确定欠准数字的位置，这个位置确定后，其后面的数字均为无效数字，欠准数字的位置可以是十进位的任何位数，用 10^n 来表示，n 可以是正整数，如 $n=1$，$10^1=10$，$10^2=100$……，n 也可以是负数，如 $n=-1$，$10^{-1}=0.1$，$n=-2$，$10^{-2}=0.01$……

3) 有效位数

(1) 在没有小数且以若干个零结尾的数值中，有效位数系从非零数字最左一位向右数得到的位数减去无效零（即仅为定位用的零）的个数。例：35000 若有三个无效零，则为两位有效位数，应写作 35×10^3。

(2) 在其他十进位数字中，有效数字指从非零数字最左向右数而得到的位数，例如 3.2、0.32 均为两位有效位数，0.320 为三位有效位数，10.00 为四位有效位数，19.490 为五位有效位数。

(3) 非连续型数值（如个、分数、倍数、名义浓度或标示量）是没有欠准数字的，其有效位数可视为无限多位；常数 π、e 和系数 2 等值的有效位数也可视为是无限多位，例如分子式"H_2SO_4"中的"2"和"4"是个数，含量测定项下"每 1ml 的×××滴定液（0.1mol/L）"中的"1"为个数，"0.1"为名义浓度，其有效位数均为无限多位。即在计算中，其有效位数应根据其他数值的最少有效位数而定。

(4) pH 值等对数值，其有效位数是由其小数点后的位数决定的，其整数部分只表明其真数的乘方次数。例如 pH=11.26（$[H^+]=5.5\times10^{-12}$ mol/L），其有效位数只有两位。

0.3.2 数值修约及其进舍规则

1) 数值修约的基本概念

对某一拟修约数，根据保留数位的要求，将其多余位数的数字进行取舍，按照一定的规则，选取一个其值为修约间隔整数倍的数（称为修约数）来代替拟修约数，这一过程称为数值修约，也称为数的化整或数的凑整。为了简化计算，准确表达测量结果，必须对有关数值进行修约。

修约间隔又称为修约区间和化整间隔，它是确定修约保留位数的一种方式。修约间隔一般以 $k\times10^n$（k=1，2，5；n 为正、负整数）的形式来表示。人们经常将同一 k 值的修约间隔，简称为"k"间隔。

修约间隔一经确定，修约数只能是修约间隔的整数倍。例如：制定修约间隔为 0.1，修约数应在 0.1 的整数倍的数中选取，也就是说，将数值修约至小数点后一位。

当对某一拟修约数进行修约时，需确定修约位数，其表达方式有：

(1) 指定修约修约间隔为 10^{-n}（n 为正整数），或指明将数值修约到小数点后 n 位。

(2) 指定修约间隔为 1，或指明将数值修约到个数位。

(3) 指定修约间隔为 10^n（n 为正整数），或指明将数值修约到 10^n 数位，或指明将数值修约到"十"、"百"、"千"数位。

(4) 指定将数值修约成 n 位有效位数（n 为正整数）。

2) 进舍规则

(1) 拟舍弃数字的最左一位数字小于 5 时，则舍去，即保留的各位数字不变。

例 1：将 12.1498 修约到一位小数，得 12.1。

例 2：将 12.1498 修约成两位有效位数，得 12。

(2) 拟舍弃数字的最左一位数字大于 5，或者是 5，而其后跟有并非全部为 0 的数字时，则进一，即在保留的末位数字加 1。

例 1：将 1268 修约到百数位，得 13×10^2（特定时可为 1300）。

例 2：将 1268 修约到三位有效位数，得 127×10（特定时可为 1270）。

例 3：将 10.502 修约到个数位，得 11。

(3) 拟舍弃数字的最左一位数字为 5，而右面无数字或皆为 0 时，若所保留的末位数为奇数（1，3，5，7，9）则进一，为偶数（2，4，6，8，0）则舍弃。

例 1：修约间隔为 0.1（或 10^{-1}）

拟修约数值	修约值
1.050	1.0

0.350　　　　　　0.4

例 2：修约间隔为 1000（或 10^3）

拟修约数值　　　修约值

2500　　　　　　2×10^3（特定时可为 2000）

3500　　　　　　4×10^3（特定时可为 4000）

例 3：将下列数字修约成两位有效位数

拟修约数值　　　修约值

0.0325　　　　0.032

32500　　　　　32×10^3

（4）负数修约时，先将它的绝对值按上述规定进行修约，然后在修约值前面加上负号。

例 1：将下列数字修约到“十”数位

拟修约数值　　　修约值

—355　　　　　　—36×10（特定时可写为—360）

—325　　　　　　—32×10（特定时可写为—320）

例 2：将下列数字修约成两位有效位数

拟修约数值　　　修约值

—365　　　　　　　—36×10（特定时可写为—360）

—0.0365　　　　　—0.036

为了方便记忆，上述进舍可归纳成下列口诀：四舍六入五考虑，五后非零则进一，五后全零看五前，五前偶舍奇进一。

3）不许连续修约

（1）拟修约数字应在确定修约位数后一次修约获得结果，而不得多次按上述规则连续修约。

例如：修约 15.4546，修约间隔为 1。

正确的做法：15.4546→15

不正确的做法：15.4546→15.455→15.46→15.5→16

（2）在具体实施中，有时测试与计算部门先将获得数值按指定的修约位数多一位或几位报出，而后由其他部门判定。为避免产生连续修约的错误，应按下述步骤进行：

报出数值最右的非零数字为 5 时，应在数值后面加“（＋）”或“（—）”或不加符号，以分别表明已进行过舍、进或未舍未进。

例如：16.50（＋）表示实际值大于 16.50，经修约舍弃成为 16.50；16.50（—）表示实际值小于 16.50，经修约进一成为 16.50。

如果判定报出值需要进行修约，当拟舍弃数字的最左一位数字为 5 而后面无数字或皆为零时，数值后面有（＋）号者进一，数值后面有（—）号者舍去，其他仍按上述规则进行。

例如：将下列数字修约到个数位后进行判定（报出值多留一位到一位小数）。

实测值	报出值	修约值
15.4546	15.5（—）	15
16.5203	16.5（＋）	17
17.5000	17.5	18

－15.4546　　－［15.5（－）］　　－15

4）运算规则

在进行数学运算时，对加减和乘除法中有效数字的处理是不同的。

（1）许多数值相加减时，所得和的绝对误差比任何一个数值的绝对误差都大。因此相加减时，应以诸数值中绝对误差最大（即欠准数字的位数最大）的数值为准，确定其他数值在运算中保留的位数和决定计算结果的有效位数。

（2）许多数值相乘除时，所得积或商的相对误差比较任何一个数值的相对误差大，因此相乘除时因以诸数值中相对误差最大（即有效位数最少）的数值为准，确定其他数值在运算中保留的位数和决定计算结果的有效位数。

（3）在运算过程中，为减少舍入误差，其他数值的修约可以暂时多保留一位，但运算得到最后结果时，再根据有效位数弃去多余的数字。

例1：13.65＋0.00823＋1.633＝？

本例是数值相加减，在三个数值中13.65的绝对误差最大，其最末一位数为百分位（小数点后二位），因此将其他各数均暂先保留至千分位．即把0.00823，修改成0.008，1.633不变，进行运算：13.65＋0.008＋1.633＝15.291。

最后对计算结果进行修约，15.291应只保留至百分位，而修约成15.29。

例2：14.3131×0.07654÷0.78＝？

本例是数值相乘除，在三个数值中，0.78的有效位数最少，仅为两位有效位数，因此各数值均应暂保留三位有效位数进行运算，最后结果在修约为两位有效位数。

$$
\begin{aligned}
&14.131\times0.07654\div0.78\\
&\approx14.1\times0.0765\div0.78\\
&\approx1.08\div0.78\\
&\approx1.38\\
&\approx1.4
\end{aligned}
$$

0.4　测量误差

0.4.1　测量误差和相对误差

1）测量误差

测量结果减去被测量的真值所得的差，成为测量误差，简称误差。

这个定义从20世纪70年代以来没有发生过变化。以公式可表示为：测量误差＝测量结果－真值。测量结果是由测量所得到的赋予被测量的值，是客观存在的量的实验表现，仅是对测量所得被测量之值的近似和估计。显然它是人们认识的结果，不仅与量的本身有关，而且与测量程序、测量仪器、测量环境以及测量人员等有关。真值是量的定义的完整体现，是与给定的特定量的定义完全一样的值，它是通过完善的或完美无缺的测量。才能获得的值。因而，作为测量结果与真值之差的测量误差，也是无法准确得到或确切获知的。此即“误差公理”的内涵。

不要把误差与不确定度混为一谈。测量不确定度表明赋予被测量之值的分散性，它与人们对被测量的认识程度有关，是通过分析和评定得到的一个区间。测量误差则是表明测量结果偏离真值得差值，它客观存在但人们无法准确得到。例如：测量结果可能非常接近于真值（即误差很小），但由于认识不足，人们赋予的值却落在一个较大区间（即测量不确定度较大）。也可能实际上测量误差较大，但由于分析估计不足，使给出的不确定度偏小。国际上开始研制铯原子频率标准时，经分析测量不确定度达到 10^{-15} 量级，运行一段时间后，发现有一项重要因素不可忽视，经再次分析和评定，不确定度扩大到 10^{-14} 量级，这说明人们的认识提高了。因此，在评定测量不确定时应充分考虑各种影响因素，并对不确定的评定进行有必要的验证。

当有必要与相对误差相区别时，测量误差有时成为误差的绝对误差。注意不要与误差的绝对值相混淆，或者为误差的模。

2）相对误差

测量误差除以被测值的真值所得的商，称为相对误差。

设测量结果 y 减去被测量约定真值 t，所得的误差或绝对误差为 Δ。将绝对误差 Δ 除以约定真值，即可求得相对误差为 $\delta=\Delta/t\times100\%=(y-t)/t\times100\%$。所以，相对误差表示绝对误差所占约定真值得百分比，它也可用数量级来表示所占的份额或比例，即表示为：

$$\delta=\left[\left(\frac{y}{t}-1\right)\times10^{n}\right]\times10^{-n}$$

当被测量的大小相近时，通常用绝对误差进行测量水平的比较。当被测量值相差较大时，用相对误差才能进行有效的比较。例如：测量标称值为 10.2mm 的甲棒长度时，得到实际值为 10.0mm，其示值误差 $\Delta=0.2$mm；而测量标称值为 100.2mm 的乙棒长度时，得到实际值为 100.0mm，其示值误差 $\Delta'=0.2$mm。它们的绝对误差虽然相同，但乙棒的长度是甲棒的 10 倍左右，显然要比较或反映两者不同的测量水平，还须用相对误差或误差率的概念。即 $\delta=0.2/10.0\times100\%=2\%$ 而 $\delta=0.2/100\times100\%=0.2\%$，所以乙棒比甲棒测得准确。或者用数量级表示为 $\delta=2\times10^{-2}$，$\delta=2\times10^{-3}$，从而也反映出后者的测量水平高于前者一个数量级。

另外，在某些场合下应用相对误差还有方便之处。例如：已知质量流量计的相对误差为 δ，用它测量流量为 Q(kg/s)的某管道所通过的流体质量及其误差。经过时间 T(s)后流过的质量为 QT(kg)，故其绝对误差为 $Q\delta T$(kg)。所以，质量的相对误差仍为 $Q\delta T/(QT)=\delta$，而与时间 T 无关。

还应指出的是：绝对误差与被测量的量纲相同，而相对误差是量纲为 1 的量。

0.4.2 随机误差和系统误差

1）随机误差

测量结果与重复性条件下，对同一被测量进行无限多次测量所得结果的平均值之差，成为随机误差。

重复性条件是指在尽量相同的条件下，包括测量程序、人员、仪器、环境等，以及尽量短的时间间隔内完成重复测量任务。这里的“短时间”可理解为保证测量条件相同或保持不变的时间段，它主要取决于人员的素质、仪器的性能以及对各种影响量的监控。从数理统计和数据处理的角度来看，在这段时间内测量应处于统计控制状态，即符合统计规律的随机状态。通俗地说，它是测量处于正常状态的时间间隔。

这个定义是1993年由BIPM，IEC，ISO，OIML等国际组织确定的，它表明测量结果与无限多次测量所得结果的平均值（即总体均值）之差，是这一测量结果的随机误差分量。此前，随机误差曾被定义为：在同一量的多次测量过程中，以不可预知方式变化的测量误差的分量。这个所谓以不可预知方式变化的分量，是指相同条件下多次测量时误差的绝对值和符号变化不定的分量，它时大时小、时正时负、不可预定。例如：天平的变动性、测微仪的示值变化等，都是随机误差分量的反映。事实上，多次测量时的条件不可能绝对地完全相同，多种因素的起伏变化或微小差异综合在一起，共同影响而致使每个测量的误差以不可预定的方式变化，现在，随机误差是按其本质定义的，但可能确定的只是其估计值，因为测量只能进行有限次数，重复测量也是在上述重复性条件下进行的。就单个随机误差估计值而言，它没有确定的规律，但就整体而言，却服从一定的统计规律，故可用统计方法估计其界限或它对测量结果的影响。随机误差在时间上和空间上是不可预知的或随机的，它会引起被测量重复观测值的变化，故称之为“随机效应”。可以认为正是这种随机效应导致了重复观测中的分散性，我们用统计方法得到的实验标准偏差是分散性，确切地说是来源于测量过程中的随机效应。

随机误差的统计规律性，主要可归纳为对称性、有界性和单峰性3条：

（1）对称性是指绝对值相等而符号相反的误差，出现的次数大致相等，也即测得值是以它们的算术平均值为中心而对称分布的。由于所有误差的代数和趋近于零，故随机误差又具有抵偿性，这个统计特性是最为本质的。换言之，凡具有抵偿性的误差，原则上均可按随机误差处理。

（2）有界性是指测得值误差的绝对值不会超过一定的界限，也即不会出现绝对值很大的误差。

（3）单峰性是指绝对值小的误差比绝对值大的误差数目多，也即测得值是以它们的算术平均值为中心而相对集中地分布的。

2）系统误差

在重复性条件下，对同一被测量进行无限多次测量所得结果的平均值与被测量的真值之差，成为系统误差。它是测量结果中期望不为零的误差分量。

由于只能进行有限次数的重复测量，真值也只能用约定真值代替，因此可能确定的系统误差只是其估计值，并具有一定的不确定度。这个不确定度也就是修正值的不确定度，它与其他来源的不确定度分量一样贡献给了合成标值不确定度。

系统误差对测量结果的影响称之为“系统效应”。该效应的大小若已识别并可定量表述，则可通过估计得修正值予以补偿。例如：高阻抗电阻器的电位差（被测量）是用电压表测得的，为减少电压表负载效应给测量结果带来的“系统效应”，应对该表的有限阻抗进行修正。但是，用以估计修正值的电压表阻抗与电阻器阻抗（它们均由其他测量获得），本身就是不确定的。这些不确定度可用于评定电位差的测量不确定度分量，它们来源于修正，从而来源于电压表有限阻抗的系统效应。另外，为了尽可能消除系统误差，测量仪器须经常地用计量标准或标准物质进行调整或校准。但是同时须考虑的是：这些标准自身仍带着不确定度。

0.4.3 修正值和偏差

1）修正值和修正因子

用代数方法与未修正测量结果想加以补偿其系统误差的值，称为修正值。

含有误差的测量结果，加上修正值后就可能补偿或减少误差的影响。由于系统误差不能完全获知，因此这种补偿并不完全。修正值等于负的系统误差，这就是说加上某个修正值就像扣掉某个系统误差，其效果是一样的，只是人们考虑问题的出发点不同而已。

在量值溯源和量值传递中，通常采用这种加修正值的直观的办法。用高一个等级的计量标准来校准或检定测量仪器，其主要内容之一就是要获得准确的修正值。例如：用频率为f_s的标准振荡器作为信号源，测得某台送检的频率计的示值为f，则示值误差Δ为$f-f_s$。所以，在今后使用这台频率计量应扣掉这个误差，即加上修正值（$-\Delta$），可得$f+$（$-\Delta$），这样就与f_s一致了。换言之，系统误差可以用适当的修正值来估计并予以补偿。但应强调指出：这种补偿是不完全的，也即修正值本身就含有不确定度。当测量结果以代数和方式与修正值想加之后，其系统误差之模会比修正前的要小，但不可能为零，也即修正值只能对系统误差进行有限程度的补偿。

为补偿系统误差而与未修正测量结果相乘的数字因子，成为修正因子。

含有系统误差的测量结果，乘以修正因子后就可以补偿或减少误差的影响。例如：由于等臂天平的不等臂误差，不等臂天平的臂比误差，线性标尺分度时的倍数误差，以及测量电桥臂的不对称误差所带来的测量结果中的系统误差，均可以通过乘一个修正因子得以补偿。但是，由于系统误差并不能完全获知，因而这种补偿是不完全的，也即修正因子本身仍含有不确定度。通过修正因子或修正值已进行了修正的测量结果，即使具有较大的不确定度，但可能仍然十分接近被测量的真值（即误差很小）。因此，不应把测量不确定度与已修正测量结果的误差相混淆。

2）偏差

一个值减去其参考值，成为偏差。

这里的值或一个值是指测量得到的值，参考值是指设定值、应有值或标称值。以测量仪器的偏差为例，它是从零件加工的“尺寸偏差”的概念引申过来的。尺寸偏差是加工所得的某一实际尺寸，与其要求的参考尺寸或标称尺寸之差。相对于实际尺寸来说，由于加工过程中诸多因素的影响，它偏离了要求的或应有的参考尺寸，于是产生了尺寸偏差，即

尺寸偏差＝实际尺寸－应有参考尺寸

对于量具也有类似情况。例如：用户需要一个准确值为1kg的砝码，此时的偏差为＋0.002kg。显然，如果按照标称值1kg来使用，砝码就有＋0.002kg的示值误差。而如果在标称值上加一个修正值－0.002kg后再使用，则这块砝码就显得没有误差了。这里的示值误差和修正值都是相对于标称值而言的。现在从另一个角度来看，这块砝码之所以具有＋0.002kg的示值误差，是因为加工发生偏差，偏大了0.002kg，从而使加工出来的实际值（1.002kg）偏离了标称值（1kg）。为了描述这个差异，引入“偏差”这个概念就是很自然的事，即

偏差＝实际值－标称值＝1.002kg－1.000kg＝0.002kg

还要提及的是：上述尺寸偏差也称实际偏差或简称偏差，而常见的概念还有上偏差（最

大极限尺寸与应有参考尺寸之差)、下偏差(最小极限尺寸与应有参考尺寸之差),它们统称为极限偏差。由代表上、下偏差的两条直线所确定的区域,即限制尺寸变动量的区域,通称为尺寸公差带。

0.5　建筑材料的标准化

0.5.1　建筑材料标准化的相关定义

1)标准

为在一定范围内获得最佳秩序,对活动或其结果规定共同的和重复使用的规则、导则或特性的文件,该文件经协商一致制定并经一个公认机构批准,以科学、技术和实践经验的综合成果为基础,以促进最佳社会效益为目的。

2)标准化

为在一定的范围内获得最佳秩序,以实际的或潜在的问题制定共同的和重复使用的规则的活动。

上述活动主要是包括制定、发布及实施标准的过程。标准化的重要意义是改进产品、过程和服务适用性,防止贸易壁垒,并促进技术合作。

0.5.2　建筑材料的标准及其作用

产品标准化是现代工业发展的产物,是组织现代化大生产的重要手段,也是科学管理的重要组成部分。目前中国大多数建筑材料都制定了产品技术标准,其主要内容包括产品规格、分类、技术要求、检验方法、检验规则、包装及标志、运输与贮存等。标准的作用如下:

1)建材工业企业必须严格按技术标准进行设计、生产,以确保产品质量,生产出合格的产品;

2)建筑材料的使用者必须按技术标准选择、使用质量合格的材料,使设计、施工标准化,以确保工程质量,加快施工进度,降低工程造价;

3)供需双方,必须按技术标准规定进行材料的验收,以确保双方的合法权益。

0.5.3　标准的种类与级别

1)标准的种类

标准按约束性分为强制性标准、推荐性标准;按对象分为技术标准、管理标准、工业标准;按外在形态分为文字图表标准和实物标准。

2)标准的级别

标准分为国家标准、行业标准、地方标准、企业标准四个级别,分别由相应的标准化管理部门批准并颁布。中国国家质量技术监督局是国家标准化管理的最高机关。国家标准和行业标准属于全国通用标准,是国家指令性技术文件,各级生产、设计、施工等部门必须严格遵照执行。

各级标准均有相应的编号(表 0-8),其表示方法由标准名称、标准代号、发布顺序号和发布年号组成。例如：

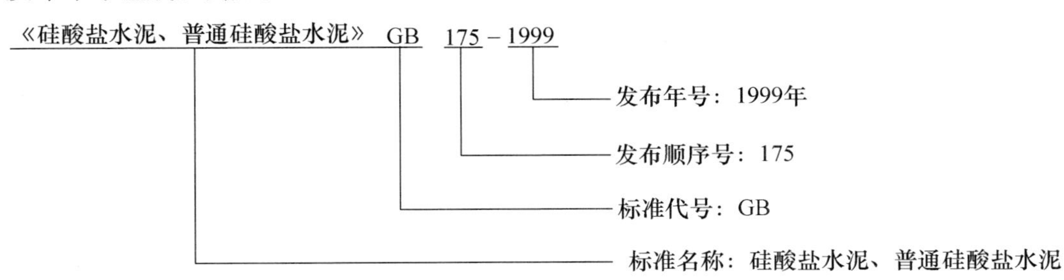

表 0-8　各级标准的相应代号

标准级别	标准代号及名称
国家标准	GB——国家标准；GBJ——建筑工程国家标准；GB/T——国家推荐标准
行业标准（部分）	JGJ——建设部建设工程标准；YB——冶金部行业标准； JT——交通部行业标准；　LY——林业部行业标准； JC——建设部建筑材料标准
地方标准	DB——地方标准
企业标准	QB——企业标准

0.6　主要建筑材料的取样规定

抽样时应遵循 0.1 节所列的基本原则，如有必要应留置一定数量的试样，供复检或仲裁检测之用。各种主要建筑材料的批量、抽样数量及抽样方法可由表 0-9～表 0-21 中速查。

表中所列抽样数量为相应规范规定的数量，如有必要，抽样时还可增加备用试件。

表 0-9　胶凝材料的批量、抽样数量及抽样方法

建筑材料或实验项目	批量	抽样数量	抽样方法
水泥	袋装水泥以同品种、同强度等级、同出厂编号的水泥至少 200t 为一批，不足 200t 仍作一批（按水泥厂年生产能力确定没批吨数）。当散装水泥运输工具的容量超过该厂规定出厂编号吨数时，允许该编号的数量超过取样规定吨数	样品总量至少 12kg	随机在 20 个以上不同部位抽取等量取代样品并拌匀。取样应有代表性，可连续取
粉煤灰	以连续供应的相同等级的粉煤灰 200t 为一批，不足 200t 者按一批计	试样不少于 20kg	1. 散装灰取样：从运输工具、贮灰库或堆场中的不同部位取 15 份试样，每份试样 1～2kg，混合均匀，按四分法，缩分取出比实验所需量大一倍的试样； 2. 袋装灰取样：从每批中任抽 10 袋，从每袋中分别抽取试样不少于 1kg，按四分法，缩分取出比实验所需量大一倍的试样

续表

建筑材料或实验项目	批量	抽样数量	抽样方法
矿渣粉	以200t为一批，不足200t者按一批计	试样总量不少于20kg	可连续抽样，也可在20个以上部位抽取等量试样。试样应混合均匀，按四分法，缩分取出比实验所需量大一倍的试样
硅灰	以30t为一批，不足一批者按一批计	抽样至少12kg，硅灰抽样数量可酌减，但不少于4kg	从20个以上不同部位抽取等量样品，并搅拌均匀
石灰石粉	以200t为一批，不足一批者按一批计	试样不少于20kg	随机在20个以上不同部位抽取等量取代样品并拌匀。取样应有代表性，可连续取
沸石粉	以相同等级的沸石粉120t为一批，不足120t者以一批计	从每批中随机抽取10袋，从每袋中取1份试样，每份不少于1kg，混合均匀，按四分法缩分取样	随机在20个以上不同部位抽取等量取代样品并拌匀。取样应有代表性，可连续取

表0-10　骨料的批量、抽样数量及抽样方法

建筑材料或实验项目	批量	抽样数量	抽样方法
细骨料(砂子)	采用火车、货船、汽车方式运输时，以$400m^3$或600t为一验收批。使用小型运输工具运输时，以$200m^3$或300t为一验收批。当质量比较稳定、进料量又较大时，可以1000t为一验收批(注：每批砂石至少应进行颗粒级配、含泥量、泥块含量的检测，石子还需检测针片状含量；对海砂或氯离子污染的砂还需检测其氯离子含量；对海砂还需检测其贝壳含量；对人工砂和混合砂需检测石粉含量。对重要或特殊工程应根据工程要求增加检测项目。对其他指标的合格性有怀疑时，应予检验)	样品总量不小于25kg(与实验项目相关)	1. 在料堆取样时，先将取样部位表面铲除，然后由各部位均匀抽取大致相等的砂共8份，石子共16份组成一组样品； 2. 从皮带运输机上取样时，应在皮带运输机机尾的出料处用接料器定时抽取砂子4份、石子8份，组成一组样品； 3. 从火车、汽车、货船上取样时，应从不同部位深度抽取大致相等的砂子8份，石子16份组成一组样品
粗骨料(石子)		样品总量不小于80kg(与实验项目和最大公称粒径相关)	
轻骨料	对均匀料堆进行取样时，以$400m^3$为一批，不足一批亦按一批论。试样可从料堆锥体从上到下的不同部位、不同方向任选10个点抽取。但要注意避免抽取离析的及面层的材料	初次抽取的试样不少于10份，其总量应多于试样用料的1倍，总量不少于40kg	1. 生产企业中进行常规检验时，应在通往料仓或料堆的运输机的整个宽度上，在一定的时间间隔内抽取； 2. 从袋装料和散装料抽取试样时，应从10个不同位置和高度中抽取

表 0-11 外加剂和混凝土拌合用水的批量、抽样数量及抽样方法

建筑材料或实验项目	批量	抽样数量	抽样方法
高性能减水剂	掺量大于1%（含1%）同品种的外加剂以100t为一批，掺量小于1%的外加剂以50t为一批，不足100t或50t的也应按一批计	每一批号取样量不少于0.2t水泥所需外加剂量，一般不少于5kg	在至少3处等量取样抽样，混合均匀
速凝剂	以20t为一批，不足一批者按一批计	不少于4kg	应于16个不同点取样，每个点取样不少于250g，将试样混合均匀
膨胀剂	以200t为一批，不足一批者按一批计	试样不少于10kg	随机在20个以上不同部位抽取等量取代样品并拌匀。取样应有代表性，可连续取
混凝土用水	地表水每6个月检查一数次；地下水每年检查一数次；再生水每3个月检查一数次	水质检验用水样不应少于5L；测定水泥凝结时间和胶砂强度的水样不应少于3L	1. 地下水应放水冲洗管道后接取，或直接用容器采集；不得将地下水积存于地表后再从中采集； 2. 地表水宜在水域中心部位距水面100mm以下采集；并应记载季节、气候、雨量和周边环境的情况； 3. 再生水应在取水管道终端接取；混凝土企业设备洗刷水应沉淀后，在池中距水面100mm以下采集

表 0-12 混凝土的批量、抽样数量及抽样方法

建筑材料或实验项目	批量	抽样数量	抽样方法
混凝土力学（抗压、抗折强度）检测	1. 每拌制100盘不超过100m³的同配合比的混凝土，其取样不应少于1次； 2. 每工作班拌制的同配合比的混凝土不足100盘和100m³时，其取样不应少于1次； 3. 连续浇注超过1000m³时，同一配合比的混凝土，每200m³取样不应少于1次； 4. 对房屋建筑，每一楼层、同一配合比的混凝土，其取样不应少于1次	每次取样至少制作一组标准养护试件；还应留置为检验结果或构件施工阶段混凝土强度所必需的试件	从混凝土浇筑地点随机抽取，即从混凝土料堆上至少随机抽取3处，并搅拌均匀后入模
混凝土抗渗（逐级加压、渗水高度法）	同一工程、同一配合比的混凝土，其取样不应少于1次，留置组数可根据实际需要确定	试件应在浇筑地点制作，每次制作1组，每组试件为6个	从混凝土浇筑地点随机抽取，即从混凝土料堆上至少随机抽取3处，并搅拌均匀后入模
混凝土收缩	根据混凝土工程量及质量控制要求确定批量	每次成型3组，共3个试件	从混凝土浇筑地点随机抽取，即从混凝土料堆上至少随机抽取3处，并搅拌均匀后入模

续表

建筑材料或实验项目	批量	抽样数量	抽样方法
混凝土抗氯离子渗透（电通量法）	根据混凝土工程量及质量控制要求确定批量	从试件或大直径圆柱体中取芯样，或浇筑成直径（100 ± 1）mm，高度（50±2）mm 的圆柱体试件；每组 3 块	将芯样或现场养护的圆柱体用塑料袋密封送检，应防止在运输或贮藏过程中受到损坏。送检的同时应注明试样是否经过表面处理（如结构曾使用过养护剂、密封剂或其他表面处理等）
混凝土配合比设计		普通混凝土配合比设计应提供以下材料：水泥 50kg、砂 80kg、石 130kg、掺合料 15kg、外加剂 5kg（注：至少能完成三盘实验量）	混凝土用原材料取样应符合相应材料的取样规定

表 0-13　砂浆的批量、抽样数量及抽样方法

建筑材料或实验项目	批量	抽样数量	抽样方法
现场砌筑砂浆	按每一楼层或 250m^3砌体的各种强度等级的砂浆，每台搅拌机至少检查一次，每次至少应制作一组试件（每组 3 个试件），当砂浆强度等级或配合比变更时，应另制作试件	一般不少于实验所需量的 4 倍或 15L	从砂浆使用地点随机抽取，即从砂浆料堆上至少随机抽取 3 处，并搅拌均匀后入模
预拌砂浆（湿拌砂浆）	1. 以同一生产厂家每 50m^3 相同配合比的砂浆为一批，不足 50m^3 以一批计（检验项目为稠度、保水率、凝结时间、抗压强度和拉伸粘结强度）； 2. 以同一生产厂家每 100m^3 相同配合比的砂浆为一批，不足 100m^3 以一批计（检验项目为抗渗压力）	取样量应大于检验项目所需用量的 4 倍，且不宜少于 0.01m^3	砂浆试样应在卸料过程中卸料量的 1/4 到 3/4 之间采取，且应从同一运输车中采取
预拌砂浆（干混砂浆）	年生产能力为 10×10^4 t 以上时，以不超过 800t 为一批，4×10^4～10×10^4 t 时，不超过 600t 为一批；年生产能力为 4×10^4 t 以下时，以不超过 400t 或 4d 产量为一批；特种干混砂浆以不超过 400t 或 4d 产量为一批	取样量应大于检验项目所需用量的 4 倍。普通干混砂浆试样总量不宜少于 40kg，特种干混砂浆不宜少于 30kg	取样应随机进行

表 0-14　钢材的批量、抽样数量及抽样方法

建筑材料或实验项目	批量	抽样数量	抽样方法
热轧带肋钢筋、光圆钢筋、低碳钢热轧圆盘条、碳素结构钢及预应力用钢丝的拉伸、弯曲	按同一牌号、同规格、同炉罐、同交货状态的每 60 吨钢筋为一检验批，不足 60t 按一批计。超过 60t 的部分每增加 40t（或不足 40t 的余数）增加一个拉伸试样和一个弯曲试样	热轧带肋钢筋、光圆钢筋拉伸试件抽取 2 条，弯曲试件 2 条；碳素结构钢抽取拉伸试件 1 条、冷弯试件 1 条；低碳钢热轧圆盘条及冷轧带肋钢筋抽取拉伸试件 1 条，冷弯试件 2 条；预应力用钢丝抽取 3 条；可增加 1～2 条试件作为检测备用	1. 每批任选 2 钢筋切取拉伸试件，长度约 400～500mm，冷弯试件长度约 400mm。圆盘条需矫直； 2. 钢板和钢带取向横向试样，型钢取纵向试样；25mm 宽，500～600mm 长试样 1 个，或 400mm 长，宽度为厚度的两倍但不得小于 10mm 的试样 1 个
钢绞线拉伸	每批由同一牌号、同一规格、同一生产工艺制度的钢绞线组成，每批质量不大于 60t	400～500mm 长试件 3 条	从每批中任取 3 盘，每盘各取 1 根
钢材平面反向弯曲	按同牌号、同规格、同炉罐、同交货状态的每 60t 钢筋为一检验批，不足 60t 按 60t 计	1 条试件	每批任选一条钢筋（不得和弯曲实验试样在同一钢筋切取）切取长度约为 500mm，保留轧制状态原表面，并应平直，在预定弯曲部位内，不允许有任何机械（或手工）加工的伤痕
钢板、型钢（碳素结构钢）	每批由同一牌号、同一等级、同一炉罐、同一品种、同一尺寸和同一交货状态组成，每批质量不大 60t	拉伸和冷弯各 1 根	
闪光对焊	在同一台班内，由同一焊工完成的 300 个同牌号、同直径钢筋焊接接头作为一批。不足 300 个接头时，可在一周内累计计算	从每批接头中切取 6 个试件，其中 3 条拉伸，3 条弯曲（弯曲点打磨至于母材齐平），长度为 450mm	随机抽取，并检查接头外观，外观合格后方可进行力学实验
电弧焊	以 300 个同牌号钢筋、同型式接头为一批（对房屋结构不超过二层楼中的 300 个接头）。不足 300 个时，仍作为一批	每批随机切取 3 个接头进行拉伸实验，长度为 450mm	随机抽取，在同一批中若有几种不同直径的接头，应在最大直径钢筋接头中切取
电渣焊	在现浇钢筋混凝土结构中，应在每一楼层或施工区段中 300 个同钢筋级别的接头为一批，不足 300 个时，仍作为一批	每批随机切取 3 个接头进行拉伸实验，长度为 450mm	随机抽取，在同一批中若有几种不同直径的接头，应在最大直径钢筋接头中切取

续表

建筑材料或实验项目	批量	抽样数量	抽样方法
机械连接	同钢筋生产厂、同强度等级、同规格、同类型和同型式接头以500个为一验收批，不足500个也作为一个验收批	每批随机切取3个接头进行拉伸实验。如有1个试件的抗拉强度不符合要求，应再取6个试件进行复检；对于工艺检验，另取3条钢筋作母材抗拉实验，且应取自接头试件的同一钢筋，长度为450mm	随机抽取，现场检测连续10个验收批抽样试件抗拉强度实验1次合格率为100%时，批量可扩大为1000个。对有效认证的接头产品，批量可扩大至1000个；当现场检测连续10个验收批抽样试件抗拉强度实验1次合格率为100%时，批量可扩大为1500个。当扩大后的各验收批中出现不合格时，应将随后的各批量恢复为500个，且不得再次扩大批量
钢材化学分析	按同牌号、同规格、同炉罐、同交货状态的每60t钢筋为一验收批，不足60t按一批计	屑样10g（低合金钢屑样每克约100粒）	在钢材上钻取或刨取屑样；钻取前应脱去表面层，不得使用水或油等润滑剂。钻孔应均匀分布；屑样混合均匀
镀锌钢管	每批由同一牌号、同一规格和同一镀锌层的钢管组成。每批钢管的根数不得超过如下规定：$D\leqslant$25mm，1000根；$D>$25～50mm，750根；$D>$50mm，500根	镀锌层均匀性和镀锌层质量实验取样部位及数量：每批取2根钢管，从中各取1个长150mm的纵向试样；压扁实验每批取2根钢管，截取长度为40mm的管段	随机抽取
连续热镀锌钢板和钢带	由同一钢号、同一镀层质量、同一加工性能、同一表面结构、同一尺寸和同一表面质量的1块钢板或钢带为一批	取1个板状试件做弯曲实验；取3个圆状试件做镀锌层质量	弯曲试件取样方向与钢板轧制方向垂直
无缝或焊接钢管	每批由同一牌号、同一炉号、同一规格、同一热处理制度的钢管组成，其根数不超过：外径不大于76mm，且壁厚不大于3mm时为400根；外径大于351mm时为50根，其他为200根	拉伸、压扁、弯曲实验均为1～2个试样（根据具体钢管类型而定）	随机抽取

表0-15　防水材料和涂料的批量、抽样数量及抽样方法

建筑材料或实验项目	批量	抽样数量	抽样方法
聚氨酯防水涂料	以同类产品15t为一批，不足15t按一批计	总量3kg	
聚氯乙烯性防水涂料	以同一类型、同一型号20t产品为一批，不足20t按一批计	总量2kg	

续表

建筑材料或实验项目	批量	抽样数量	抽样方法
聚合物乳液建筑防水涂料	以同类产品5t为一批，不足5t按一批计	总量2kg	
聚合物水泥防水涂料	以同一类型、同一型号10t产品为一批，不足10t按一批计	总量5kg	
石油沥青纸胎油毡	以同一类型的1500卷卷材为一批，不足1500卷按一批计	抽5卷进行卷重、面积和外观检查，在检测合格的卷材中任取一卷进行物理性能测试	如卷重、面积和外观有一项不符合要求，则另抽5卷对不合格项复检。如物理性能仅有1项不符合要求，允许再随机抽取1卷对不合格项进行单项复检
聚氯乙烯防水卷材	以10000m^2同类同型的卷材为一批，不足10000m^2按一批计	任取3卷进行尺寸偏差和外观检查，合格后取1卷在距外层端部500mm处截取3m进行理化性能检测	
塑性体改性沥青防水卷材、弹性体改性沥青防水卷材及改性沥青聚乙烯胎防水卷材	以同一类型、同一规格的产品10000m^2为一批，不足10000m^2按一批计	取5卷进行单位面积质量、面积、厚度及外观检查，再由合格的卷中抽取1卷做材料性能检验	如单位面积质量、面积、厚度及外观有一项不符合要求，则另取5卷对不合格项复检；如材料性能其中有一项不符合要求，允许在该批产品中再随机抽取5卷，从中任取1卷对不合格项进行单项复检，达到标准规定则判定合格
建筑涂料	以2t同类产品为一批	每批抽样桶数为总桶数的20%，并不少于3桶	从抽样桶中抽取不少于1kg的试样

表0-16 墙体材料的批量、抽样数量及抽样方法

建筑材料或实验项目	批量	抽样数量	抽样方法
烧结普通转（包括烧结多孔砖、烧结空心砖和空心砌块）	每3.5万块～15万块为一批，不足3.5万块按一批计	外观质量检测50块；尺寸偏差检测20块；强度等级检测从外观质量检测合格的试样中抽取10块进行实验	随机抽取
蒸压灰砂砖（包括蒸压灰砂多孔砖、混凝土实心砖）	每10万块为一批，不足10万块亦为一批	抽取20块试样进行尺寸偏差检测，50块进行外观质量检测；从尺寸偏差和外观质量检测合格的试样中各抽取5块试样，进行抗压和抗折实验	从砖垛上随机抽取。

续表

建筑材料或实验项目	批量	抽样数量	抽样方法
粉煤灰砖	每10万块为一批，不足10万块亦为一批	抽取100块砖进行尺寸偏差和外观质量检测，从外观质量检测合格的砖样中抽取1组共5块砖样进行抗压和抗折实验	从砖垛上随机抽取
蒸压加气混凝土砌块	同品种、同规格、同等级的砌块，以1万块为一批，不足1万块亦为一批	抽取50块砖进行尺寸偏差和外观质量检测，从尺寸和外观试样中随机抽取6块砌块制作试样，分别进行强度级别、干密度实验	沿制品膨胀方向分上、中、下顺序锯取1组，“上”块上表面距制品顶面30mm，“中”块在制品正中，“下”块下表面距制品下表面30mm
混凝土小型空心砌块（包括轻集料混凝土小型空心砌块）	砌块按外观质量等级和强度等级分批验收。以同一原材料配制成的相同外观质量等级、强度等级和同一工艺生产的1万块为一批，不足1万块亦为一批	尺寸偏差和外观质量检验为32块；强度等级检验为5块；相对含水量为3块；空心率为3块	随机抽取

表0-17　装饰材料的批量、抽样数量及抽样方法

建筑材料或实验项目	批量	抽样数量	抽样方法
干压陶瓷砖、挤压陶瓷砖	以同种产品、同一级别、同一规格的实际交货量大于5000m^{2}为一批，不足5000m^{2}按一批计	长度、宽度、厚度、边直度、直角度、平整度检测每批抽10块（指单块面积≥4cm^{2}的砖）； 表面质量检测每批抽10～100块（不小于1m^2）； 吸水率检测每批抽10块；断裂模数和破坏强度检测抽10块； 有釉砖耐磨性检测抽11块； 有釉砖抗釉裂性检测抽5块	随机抽样

续表

建筑材料或实验项目	批量	抽样数量	抽样方法
浮法玻璃 中空玻璃 夹层玻璃 夹丝玻璃 半钢化玻璃 普通平板玻璃	以500块为一批，不足500块以一批计	根据批量大小确定抽样数量	随机抽样
天然石材	同一品种、类别、等级的板材为一批，批量由检验方和生产方协商确定	根据批量的范围确定抽样数量	一次抽样正常检验方式

表0-18　建筑节能材料的批量、抽样数量及抽样方法

建筑材料或实验项目	批量	抽样数量	抽样方法
绝热用挤塑聚苯乙烯泡沫塑料	同一规格的产品$500m^3$为一批，不足一批以一批计	每批抽取5块为检验试样	随机抽样
柔性泡沫橡塑绝热制品	批量大小由检验方和生产方协商确定	根据批量的范围确定抽样数量	采取二次抽样方案且从交验批中随机抽样
蒸压加气混凝土	同品种、同规格、同等级的砌块，以1万块为一批，不足1万块亦为一批	抽取50块砖进行尺寸偏差和外观质量检测，从尺寸和外观试样中随机抽取6块砌块制作试样，分别进行强度级别、干密度实验	沿制品膨胀方向分上、中、下顺序锯取1组，“上”块上表面距制品顶面30mm，“中”块在制品正中，“下”块下表面距制品下表面30mm

表0-19　建筑制品的批量、抽样数量及抽样方法

建筑材料或实验项目	批量	抽样数量	抽样方法
混凝土和钢筋混凝土排水管	由相同原材料、相同生产工艺生产的同一种规格、同一种接头型式、同一种外压荷载级别的管子组成的受检批，批量由公称内径确定	从受检批中采用随机抽样的方法抽取10根管子，逐根进行外观质量和尺寸偏差检验；从混凝土抗压强度、外观质量和尺寸偏差检验合格的管子中抽取2根管子。混凝土管1根检验内水压力，另一根检验外压破坏荷载。钢筋混凝土管1根检验内水压力，另1根检验外压裂缝荷载	随机抽样

续表

建筑材料或实验项目	批量	抽样数量	抽样方法
纤维增强无规共聚聚丙烯复合管	同一原料、配方和工艺连续生产的同一规格管材作为一批每批数量不超过 50t	根据批量的范围确定抽样数量	随机抽样
预应力混凝土空心板	以同一类型构件，不超过 100 件为一批	每批应抽查构件数量的 5%，且应不应少于 3 件	随机抽样
住宅厨房、卫生间排气道	以相同原材料，相同工艺成型的排气道制品为一个批次。在一个批次内，每 5000 根为一个组批	每个组批抽取 3 根	随机抽样
排水管材及管件	1. 排水管材：同一原料、配方、同一工艺和同一规格连续生产的管材为一批，每批数量不超过 50t，如生产 7d 尚不足 50t，则以 7d 产量为一批； 2. 排水管件：同一原料、配方和工艺生产的同一规格管件为一批。当 d_n <75mm 时每批数量不超过 10000 件；当 $d_n \geqslant 75$mm 时，每批数量不超过 5000 件。如生产 7d 尚不足一批，则以 7d 产量为一批	1. 管材：同一批号抽 4×1m（即 4 根 1m 长的试件）； 2. 管件：同一批号抽 9 个	1. 管材：从同一批中随机抽取管材，并在每一管材上截取一根试件； 2. 管件：从同一批管件中随机抽取

注：d_n为管材或管件的公称外径。

表 0-20　土、稳定土的批量、抽样数量及抽样方法

建筑材料或实验项目	批量	抽样数量	抽样方法
界限含水量	有要求时做	砂类土、细粒土取扰动土 500g	
含水量		砂类土、细粒土取扰动土 30～50g（环刀法）或 100～2000g（灌砂法）	灌砂法检测含水量：对细粒土不少于 100g，中粒土不少于 500g（小灌砂筒）。细粒土不少于 200g，中粒土不少于 1000g（大灌砂筒），对稳定材料宜全部烘干，且不少于 2000g
道路各层干密度	1. 以 1～3km 为检验评定单元； 2. 土方路基：每 2000m² 每压实层测 4 处； 3. 水泥土、石灰土基层和底基层，水泥稳定粒料和石灰稳定粒料基层和底基层，石灰、粉煤灰稳定土基层和底基层级配碎石基层和底基层，路肩：每一作业段或小于 2000m³ 抽检 6 次		按道路各段面积或长度抽样

续表

建筑材料或实验项目	批量	抽样数量	抽样方法
土工击实		砂类土、细粒土取扰动土3kg	
土工固结	有要求时做	黏质土取原状土10cm×10cm×10cm或扰动土1kg	
土工直接剪切	有要求时做	黏质土取原状土10cm×10cm×10cm或扰动土1.5～3kg；砂类土取扰动土3kg	
稳定土击实		取稳定土3kg	
稳定土无侧限抗压	稳定细粒土，每一作业段或每2000m^{2}6个试件；稳定中粒土和粗粒土，每一作业段或每2000m^{2}6个或9个试件		

表0-21　纤维的批量、抽样数量及抽样方法

建筑材料或实验项目	批量	抽样数量	抽样方法
合成纤维	根据材料用途、规格组批。每批50t，不足50t按一批计	每批抽取试样5kg	随机抽样
钢纤维	每批5t，不足5t按一批计	每批抽取试样5kg	随机抽样

0.7　实验室的技术要求

决定实验室检测的正确性和可靠性的因素有很多，包括人员、设施和环境条件、设备、检测方法及方法的确认，这些因素对总的测量不确定度的影响，在（各类）检测之间明显不同。实验室在制定检测的方法和程序、培训和考核人员、选择和校准所用设备时，应考虑到这些因素。

0.7.1　人员

1）实验室管理层应确保所有操作专门设备、从事检测以及评价结果和签署检测报告和校准证书的人员的能力。当使用在培员工时，应对其安排适当的监督。对从事待定工作的人员，应按要求根据相应的教育、培训、经验和/或可证明的技能进行资格确认。某些技术领域（如无损检测）可能要求从事某些工作的人员持有个人资格证书，人员资格证书的要求可能是法定的、特殊技术领域标准包含的，或是客户要求的。

2）实验室管理层应制定实验人员的教育、培训和技能目标。应有确定培训要求和提供人员培训的政策和程序，培训计划应与实验室当前和预期的任务相适应。应评价这些培训活动的有效性。

3）实验室应使用长期雇佣人员或签约人员。在使用签约人员和额外技术人员及关键的支持人员时，实验室应确保这些人员是胜任的且受到监督，并依据实验室的管理体系要求工作。

4）对于检测有关的管理人员，实验室应保留其当前的工作的描述。工作描述可用多种方式表达，但至少要规定以下内容：从事检测工作方面的职责；检测计划和结果评价方面的职责；方法改进、新方法制定和确认方面的职责；资格和培训计划；管理职责。

5）管理层应授权专门人员进行特殊类型的抽样、检测、发布检测报告、提出意见和解释以及操作特殊类型的设备。实验室应保留所有技术人员（包括签约人员）的相关授权、能力、教育和专业资格、培训、技能和经验的记录，并包含授权和/或能力确认的日期。这些信息应易于获取。

0.7.2　设施和环境条件

1）用于检测的实验室设施，包括但不限于能源、照明和环境条件，应有助于检测的正确实施。

实验室应确保其环境条件满足国家现行标准的要求，不会使结果无效，或对所要求的测量质量产生不良影响。在实验室固定设施以外的场所进行抽样、检测时，应予特别注意。对影响检测结果设施和环境条件的技术要求应制定成文件。

2）当相关的规范、方法和程序要求，或对结果的质量有影响时，实验室应检测、控制和记录环境条件。对诸如生物消毒、灰尘、电磁干扰、辐射、湿度、供电、温度、声级和振级等予以重视，使其使用于相关的技术活动。当环境条件危机到检测结果时，应停止检测。

3）应将不相容活动的相邻区域进行有效隔离。应采取措施以防止交叉污染。

4）对影响检测质量的区域的进入和使用，应加以控制。实验室应根据其特定情况确定控制的范围。

5）应采取措施确保实验室的良好内务，必要时控制专门的程序。

0.7.3　设备

1）实验室应配备正确进行检测（包括抽样、样品制备、数据处理与分析）所要求的所有抽样、测量和检测设备。当实验室需要使用固定控制之外的设备时，应确保满足要求。

2）用于检测和抽样的设备及其软件应达到要求的准确度，并符合检测相应的规范要求。对结果有重要影响的仪器的关键量或值，应制定校准计划。设备在投入工作前应进行校准或核查，以证实其能够满足实验室的规范要求和相应的标准规范。设备在使用前应进行核查和/或校准。

3）设备应由经过授权的人员操作。设备使用和维护的最新版说明书（包括设备制造商提供的有关手册）应便于有关人员取用。

4）用于检测并对结果有影响的每一设备及其软件，如可能，均应加以唯一性标示。

5）应保存并对检测具有重要影响的每一设备及其软件的记录。该记录至少应包括：设备及其软件的识别；制造商名称、型式标识、系列号或其他唯一性标示；对设备是否符合规范的核查；当前的处所；制造商的说明书，或其存放地点；校准报告和证书的日期、结果及复印件，设备调整、验收规则和下次校准的预定日期；设备维护计划，以及已进行的维护；设备的任何损坏、故障、改装或修理。

6）实验室应具有安全处置、运输、存放、使用和有计划维护测量设备的程序，以确保其功能正常并防止污染或性能退化。

7）曾经过载或处置不当、给出可疑结果，或已显示出缺陷、超出规定限度的设备，均应停止使用。这些设备予以隔离以防误用，或加贴标签、标记以清楚表明该设备已停用，直至修复并通过校准或检测表明能正常工作为止。实验室应检查这些缺陷或偏离规定极限对先前的检测的影响，并执行“不符合工作控制”程序。

8）实验室控制下的需校准的所有设备，只要可行应使用标签、编码或其他标识表明其校准标准，包括上次校准的日期、再校准或失效日期。

9）无论什么原因，若设备脱离了实验室的直接控制，实验室应确保该设备返回后，在使用前对其功能和校准状态进行核查并能显示满意结果。

10）当需要利用期间核查以维持设备校准状态的可信度时，应按照规定的程序进行。

11）当校准产生了一组修正因子时，实验室应有程序确保其所有备份（例如计算机软件中的备份）得到正确更新。

12）检测设备包括硬件和软件应得到保护，以避免发生致命检测结果失效的调整。

13）用于房屋和市政基础设施工程质量检测的设备可按 A、B、C 三类进行管理，常用设备分类和要求见表 0-22。

表 0-22 A 类检测设备设备和适用范围

分类	主要检测设备名称	适用范围
A	压力实验机*、拉力实验机*、抗折实验机*、万能材料实验机*、非金属超声波检测仪*、台秤、案秤、混凝土含气量测定仪、混凝土凝结时间测定仪、砝码、游标卡尺、恒温恒湿箱（室）、干湿温度计、冷冻箱、实验筛（金属丝）、全站仪*、测距仪*、经纬仪*、水准仪*、天平、热变形仪、测厚仪*、千分表、百分表、分光光度计*、原子吸收分光光度计*、气相色谱仪*、酸度计（室内环境检测用）、低本底多道 y 能谱仪、氡气测定仪、各类冲击实验机*、兆欧表、塑料管材耐压测试仪*、声级校准器*、火焰光度计、耐压测试仪*、声级计、光谱分析仪、引伸仪、力传感器、工作测力环、碳硫分析仪、螺栓轴向力测试仪*、扭矩校准仪、x 射线探伤仪*、射线黑白密度计、基桩动测仪、基桩静载仪、回弹仪*、预应力张拉设备、钢筋保护层厚度测定仪、拉拔仪、贯入式砂浆强度检测仪、沥青针入度仪、沥青延度仪、沥青混合料马歇尔实验仪、粘结强度检测仪、贝克曼梁路面弯沉仪、平整度仪、摆式摩擦系数测定仪、沥青软化点测试仪、弹性模量测试仪、保护热平板导热仪、单平板高温导热仪*、双平板导热仪*、抗拉拔/抗剪实验装置、轴力实验装置、各类硬度计、测斜仪、频率计、应变计	1. 实验室的本准物质（如果有时）； 2. 精密度高或用途重要的检测设备； 3. 使用频繁，稳定性差，使用环境恶劣的检测设备

续表

分类	主要检测设备名称	适用范围
B	抗渗仪、振实台、雷氏夹、液塑限测定仪、环境测试舱、磁粉探伤仪、透气法比表面积仪、砝码、游标卡尺、高精密玻璃水银温度计、电导率仪、自动电位滴定仪、酸度计（非环境检测用）、旋转式黏度计、氧指数测定仪、白度仪、水平仪、角度仪、数显光泽度仪、巡回数字温度记录仪（包括传感器）、表面张力仪、漆膜附着力测定仪、漆膜冲击实验器、电位差计、数字式木材测湿仪、初期干燥抗裂性实验仪、刮板细度计、幕墙空气流量测试系统*、门窗空气流量测试系统*、拉力计、物镜测微尺、砂石碱活性快速测定仪*、扭转实验机、比重计、测量显微镜、土壤密度计、钢直尺、泥浆比重计、分层沉降仪、水位计、盐雾实验箱、耐磨实验机、紫外老化箱、维勃稠度仪、低温实验箱； 水泥净浆标准稠度与凝结时间测定仪、水泥净浆搅拌机、水泥胶砂搅拌机、水泥流动度仪、砂浆稠度仪、混凝土标准振动台、水泥抗压夹具、胶砂试体成型、击实仪、干燥箱、试模、连续式钢筋标点机 水泥细度负压筛析仪、压力泌水仪、贯入阻力仪、（穿孔板）实验筛、高温炉测温系统	1. 对测量准确度有一定要求，但寿命较长、可靠性较好的检测设备； 2. 使用不频繁，稳定性比较好，使用环境较好的检测设备
C	钢卷尺、寒暑表、低准确度玻璃量器、普通水银温度计、水平尺、环刀、金属容量筒、雷氏夹膨胀值测定仪、沸煮箱、针片状规准仪、跌落实验架、憎水测定仪、折弯实验机、振筛机、砂浆搅拌机、混凝土搅拌机、压碎指标值测定仪、砂浆分层度仪、坍落度筒、弯芯、反复弯曲实验机、路面渗水实验仪、路面构造深度实验仪	1. 只用作一般指标，不影响实验检测结果的检测设备； 2. 准确度等级较低的工作测量器具

注：带“*”的设备为应编制使用操作规程和做好使用记录的设备。

0.7.4　检测方法及方法的确认

实验室应使用适合的方法和程序进行所有检测，包括被检测物品的抽样、处理、运输、存储和准备，适当时，还应包括测量不确定度的评定和分析检测数据的统计技术。

如果缺少指导书可能影响检测结果，实验室应具有所有相关设备的使用和操作说明以及处置、准备检测物品的指导书，或者二者兼有。所有与实验室工作有关的指导书、标准、手册和参考资料应保持现行有效并易于员工查阅。对检测方法的偏离，仅应在该偏离已被文件规定、经技术判断、授权和客户同意的情况下才允许发生。

1）方法的选择

实验室应优先使用以国际、国家或区域标准发布的方法。实验室应确保使用标准的最新有效版本，除非该版本不适宜或不可能使用。必要时，应采用附加细则对标准加以补充，以确保应用的一致性。

当采用指定使用方法时，实验室应选择以国际、国家或区域标准发布的，或由知名的技术组织或有关科学书籍和期刊公布的，或由设备制造商指定的方法。实验室制定的或采用的方法如能满足实验室的预期用途并经过验证，也可使用。在开始检测之前，实验室应确认能够正确地使用标准方法。如果标准方法发生了变化，应重新进行确认。

2）实验室制定的方法

实验室为其应用而制定检测方法的过程应是有计划的活动，并应指定具有足够资源的有资质的人员进行。计划应随方法制定的进度加以更新，并确保所有有关人员之间的有效沟通。

3）非标准方法

当必须使用标准方法中未包含的方法时，应征得客户的同意，包括对客户要求的明确说明以及检测的目的。所制定的方法在使用前应该适当地确认。

4）方法的确认

确认是通过核查并提供客观证据，以证实某一特定预期用途的特殊要求得到满足。实验室应对非标准方法、实验室设计（制定）的方法、超出其预定范围使用的标准方法、扩充和修改过的标准方法进行确认，以证实该方法适用于预期的用途。确认应尽可能全面，以满足预定用途或应用领域的需要。实验室应记录所获得的结果、使用的确认程序以及该方法是否适合预期用途的声明。

按预期用途进行评价所确认的方法得到的值的范围和准确度，应适应客户的需求。这些值诸如：结果的不确定度、检出限、方法的选择性、线性、重复性极限和/或再现性限、抵御外来影响的稳健度和/或抵御来自样品（或检测物）母体干扰的交互灵敏度。

第1章 胶凝材料

1.1 水泥

水泥不仅能在空气中而且能更好地在水中凝结硬化，保持并继续其强度，是典型的水硬性胶凝材料，遇水后会发生物理化学反应，由塑性浆体逐渐变成坚硬的石状体，使散粒状材料胶结成为整体。水泥被广泛地应用于工业、农业、国防、交通、城市建设、水电以及石油和海洋开发等工程建设，已成为土木工程中最重要的材料之一。作为混凝土的主要组分之一，合理地选用水泥对保证工程质量和降低工程造价起着重要的作用。

目前水泥品种已达200余种，按性质和用途分为通用水泥、专用水泥和特性水泥。通用水泥是指大量用于一般土木工程中的水泥，通用硅酸盐水泥按所掺混合材料的种类及数量不同又分为硅酸盐水泥、普通硅酸盐水泥、矿渣硅酸盐水泥、火山灰质硅酸盐水泥、粉煤灰硅酸盐水泥和复合硅酸盐水泥共6个品种。专用水泥是指专门用途的水泥，如道路水泥、油井水泥、砌筑水泥等。特性水泥是指某种性能比较突出的水泥，如快硬硅酸盐水泥、抗硫酸盐硅酸盐水泥、膨胀水泥等。

水泥的技术指标包括：化学指标（不溶物含量、烧失量、三氧化硫含量、氧化镁含量、氯离子含量）、碱含量（选择性指标）、凝结时间、安定性、细度（选择性指标）和强度。

1.1.1 标准稠度用水量

1）实验目的

标准稠度用水量是指拌制水泥净浆时为达到标准稠度所需的加水量，标准稠度用水量与水泥颗粒级配和形貌、水泥粉磨细度及掺合料品种等因素有关。掌握水泥标准稠度用水量的实验方法，熟悉水泥净浆搅拌机、标准法维卡仪和代用法维卡仪的操作规程，为测定水泥安定性及凝结时间做好准备。

2）实验依据及环境要求

（1）实验依据

《通用硅酸盐水泥》GB 175

《水泥标准稠度用水量、凝结时间、安定性检验方法》GB/T 1346

（2）环境要求

实验室环境：温度（20±2）℃，相对湿度应不低于50%。

水泥试样、拌和水、仪器和用具：温度应与实验室一致。

3）主要仪器设备

水泥净浆搅拌机：应符合现行行业标准《水泥净浆搅拌机》JC/T 729的要求。

标准法维卡仪（图1-1）：标准稠度试杆由长度为（50±1）mm，直径为ϕ（10±0.05）

mm 的圆柱形耐腐蚀金属制成。滑动部分的总质量为（300±1）g。与试杆、试针联结的滑动杆表面应光滑，能靠重力自由下落，不得有紧涩和旷动现象。

盛装水泥净浆的试模应由耐腐蚀的、有足够硬度的金属制成。试模为深（40±0.2）mm、顶内径 ϕ（65±0.5）mm、底内径 ϕ（75±0.5）mm 的截顶圆锥体。每只试模应配备一个边长或直径约 100mm、厚度 4～5mm 的平板玻璃底板或金属底板。

代用法维卡仪：应符合现行行业标准《水泥净浆标准稠度与凝结时间测定仪》JC/T 727 的要求。

量筒或滴定管：精度±0.5mL。

天平：最大称量不小于 1000g，分度值不大于 1g。

4）样品制备

将干燥样品在实验环境下静置 24h。

5）实验步骤

（1）标准法

① 实验前必须做到维卡仪的金属棒能自由滑动；试模和玻璃底板用湿布擦拭，将试模放在底板上；调整至试杆接触玻璃板时指针对准零点；搅拌机运行正常。

② 水泥净浆的拌制。用湿布擦拭搅拌锅和搅拌叶后，预估拌合水用量，并准确量取后倒入搅拌锅内，然后在 5～10s 内将称好的 500g 水泥加入水中，并防止水和水泥溅出；将搅拌锅放在搅拌机的锅座上，升至搅拌位置，启动搅拌机，低速搅拌 120s，停 15s，同时将叶片和锅壁上的水泥浆刮入锅中间，接着高速搅拌 120s 后停机。

③ 标准稠度用水量的测定。搅拌结束后，立即取适量水泥净浆一次性将其装入已置于玻璃底板上的试模中，浆体超过试模上端，用宽约 25mm 的直边刀轻轻拍打超出试模部分的浆体 5 次以排除浆体中的孔，然后在试模上表面约 1/3 处，略倾斜于试模分别向外轻轻锯掉多余净浆，再从试模边沿轻抹顶部一次，使净浆表面光滑。在锯掉多余净浆和抹平的操作过程中，注意不要压实净浆。抹平后迅速将试模和底板移到维卡仪上，并将其中心定在试杆下，降低试杆直至与水泥浆表面接触，拧紧螺丝 1～2s 后，突然放松，使试杆垂直自由地沉入水泥净浆中；在试杆停止沉入或释放试杆 30s 时记录试杆距底板之间的距离，升起试杆后，立即擦净；整个操作应在搅拌后 1.5min 内完成。若试杆沉入净浆后距底板的距离不在（6±1）mm 的范围内，应根据实验情况，重新称样，调整用水量，重新拌制净浆并进行测定，直至满足为止。

（2）代用法

① 实验前必须做到维卡仪的金属棒能自由滑动；调整试锥接触锥模顶面时指针对准零点；搅拌机运行正常。

② 水泥净浆的拌制。水泥净浆拌制和标准法相同。代用法测定水泥标准稠度用水量可用调整水量和不变水量两种方法的任意一种测定。调整水量法按经验找水，不变水量法固定拌合用水量为 142.5mL。

③ 标准稠度用水量的测定。拌合结束后，立即将拌制好的水泥净浆装入锥模中，用宽约 25mm 的直边刀在浆体表面轻轻插捣 5 次，再轻振动 5 次，刮去多余的净浆；抹平后迅速放到试锥下面的固定位置上，将试锥降至净浆表面，拧紧螺丝 1～2s 后，突然放松，使试锥垂直自由地沉入水泥净浆中。在试锥停止下沉或释放试锥 30s 时记录试锥下沉深度，升起试

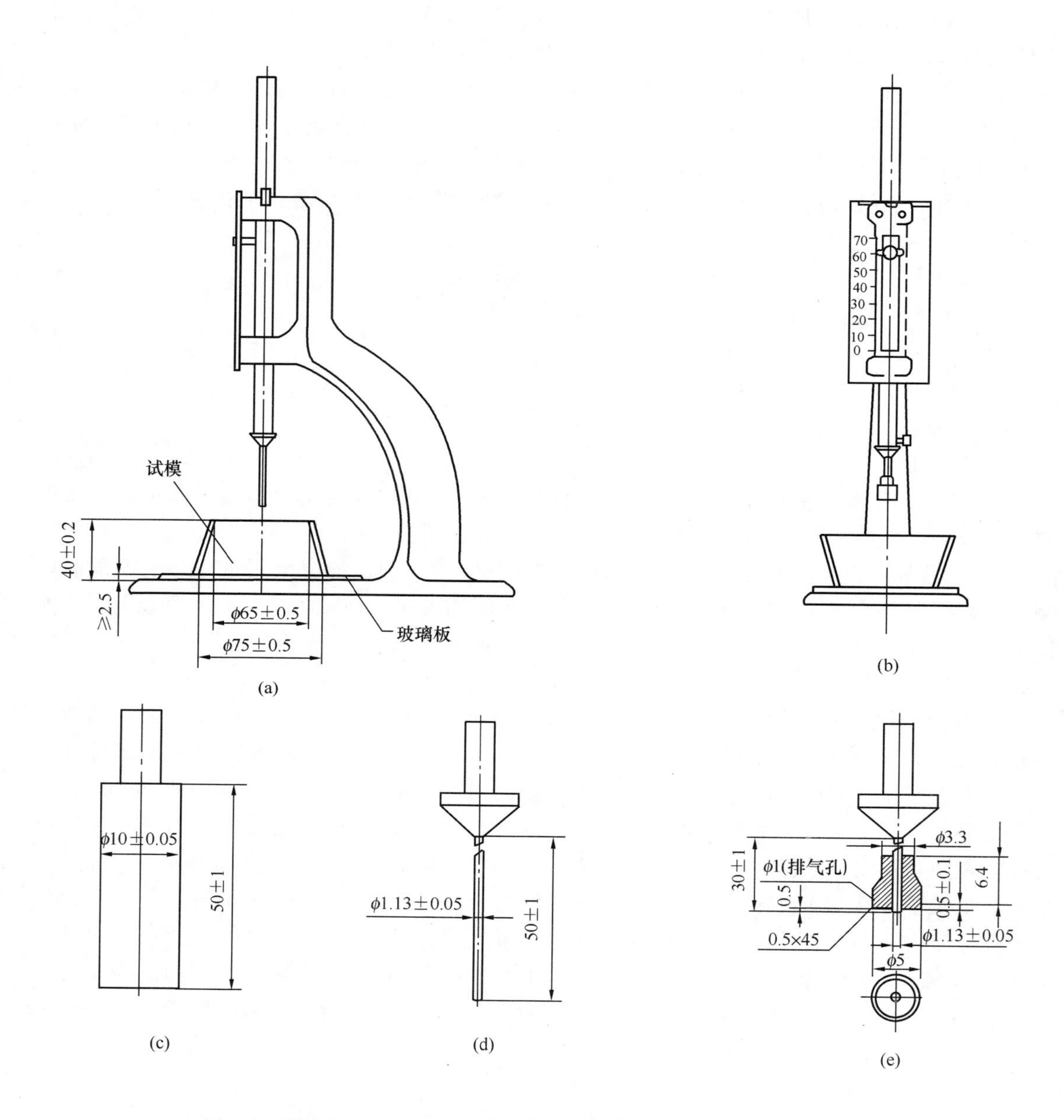

图 1-1 测定标准稠度与凝结时间用维卡仪及配件示意图（单位：mm）

（a）初凝时间测定用立式试模的侧视图；（b）终凝时间测定用反转试模的前视图；

（c）标准稠度试杆；（d）初凝用试针；（e）终凝用试针

锥后，立即擦净，整个操作应在搅拌后 1.5min 内完成。

用调整水量法测定时，以试锥下沉深度（30±1）mm 时的净浆为标准稠度净浆。其拌合水量为该水泥的标准稠度用水量（P），按水泥质量的百分比计。如下沉深度超出范围需另称试样，调整水量，重新实验，直至达到（30±1）mm 为止。

6）实验结果

（1）标准法

试杆沉入净浆并距底板（6±1）mm 的水泥净浆即为标准稠度净浆。其拌合水量即为该水泥的标准稠度用水量（P），按水泥质量的百分比计。

（2）调整水量法

试锥下沉的深度为（30±1）mm 时的拌合用水量为水泥的标准稠度用水量（P），按水泥质量的百分比计，按式（1-1）计算：

$$P = \frac{W}{500} \times 100\% \tag{1-1}$$

式中　W——拌合用水量，mL。

如试锥下沉的深度超出上述范围，应根据实验情况，重新称样，调整用水量，重新拌制净浆并进行测定，直至满足为止。

（3）不变水量法

采用不变水量方法时拌合水量用 142.5mL，根据测得的试锥下沉深度 S（mm）按式（1-2）计算得到标准稠度用水量 P（%）：

$$P = 33.4 - 0.185S \tag{1-2}$$

当试锥下沉深度小于 13mm 时，应改用调整水量法测定。

1.1.2　安定性

1）实验目的

安定性是指水泥在凝结硬化过程中体积变化的均匀性，水泥熟料中游离氧化钙和游离氧化镁过多及石膏超量是引起水泥安定性不良的主要因素。掌握水泥安定性的实验方法，熟悉雷氏夹和雷氏夹膨胀测定仪的操作规程，了解现行国家标准《通用硅酸盐水泥》GB 175 中对水泥安定性的技术要求。

2）实验依据及环境要求

（1）实验依据

《通用硅酸盐水泥》GB 175

《水泥标准稠度用水量、凝结时间、安定性检验方法》GB/T 1346

（2）环境要求

实验室环境：温度（20±2）℃，相对湿度应不低于 50%。

水泥试样、拌和水、仪器和用具：温度应与实验室一致。

3）主要仪器设备

水泥净浆搅拌机：应符合现行行业标准《水泥净浆搅拌机》JC/T 729 的要求。

雷氏夹：由铜质材料制成。当一根指针的根部先悬挂在一根金属丝或尼龙丝上，另一根指针的根部再挂上 300g 质量的砝码时，两根指针针尖的距离增加应在（17.5±2.5）mm 范围内。去掉砝码后，针尖的距离能恢复至挂砝码前的状态。

雷氏夹膨胀测定仪：标尺最小刻度为 0.5mm。

沸煮箱：应符合现行行业标准《水泥安定性试验用沸煮箱》JC/T 955 的要求。即有效容积约为 410mm×240mm×310mm，篦板的结构应不影响实验结果，篦板与加热器之间的距离大于50mm。能在（30±5）min内将箱内的实验用水由室温升至沸腾并保持3h以上；整个实验过程中不需补充水量。

量筒或滴定管：精度±0.5mL。

天平：最大称量不小于1000g，分度值不大于1g。

4）样品制备

将干燥样品在实验环境下静置24h。

5）实验步骤

（1）标准法

① 每个试样需成型两个试件，每个雷氏夹需配备边长或直径约80mm、厚度4～5mm的玻璃板，凡与水泥净浆接触的玻璃板和雷氏夹内表面稍稍涂上一层油（注：有些油会影响凝结时间，矿物油比较合适）。

② 将预先准备好的雷氏夹放在已稍擦油的玻璃板上，并立即将已制好的标准稠度净浆一次装满雷氏夹。装浆时一只手轻轻扶持雷氏夹，另一只手用宽约25mm的直边刀在浆体表面轻轻插捣3次，然后抹平，盖上稍涂油的玻璃板，立即将试件移至湿气养护箱中养护（24±2）h。

③ 调整好沸煮箱内的水位，使之能在（30±5）min内沸腾，同时又能保证在整个沸煮过程中都超过试件，不需中途添补实验用水。

④ 脱去玻璃板取下试件，将雷氏夹放在雷氏夹膨胀测定仪上，测量指针尖端间的距离A，精确到0.5mm。接着将试件放入沸煮箱水中的试件架上，指针朝上，然后在（30±5）min内加热至沸腾，并恒沸（180±5）min。

（2）代用法

① 每个试样准备两块约100mm×100mm的玻璃板，凡与水泥净浆接触的玻璃板面稍稍涂上一层油。

② 将已制好的标准稠度净浆取出一部分，分成两等份，使之成球形，并放在预先准备好的玻璃板上；轻轻振动玻璃板并用湿布擦过的小刀由边缘向中央抹，做成直径70～80mm、中心厚约10mm、边缘渐薄、表面光滑的试饼，然后将试饼移至湿气养护箱中养护（24±2）h。

③ 调整好沸煮箱内的水位，使其能在（30±5）min内沸腾，同时又能保证在整个沸煮过程中都能超过试件，无需中途添补实验用水。

④ 脱去玻璃板取下试件，在试饼无缺陷的情况下将试件放在沸煮箱水中的篦板上，然后在（30±5）min内加热至沸并恒沸（180±5）min。

6）实验结果

（1）标准法判别

沸煮结束后，立即放掉沸煮箱中的热水，打开箱盖，待箱体冷却到室温，取出试件。测量雷氏夹指针尖端的距离C，准确至0.5mm。当两个试件煮后增加距离（$C-A$）的平均值不大于5.0mm时，即认为该水泥安定性合格；当两个试件的（$C-A$）值相差超过5.0mm时，应用同一样品立即重做一次实验。再如此，则认为该水泥为安定性不合格。

（2）代用法判别

沸煮结束后，立即放掉沸煮箱中的热水，打开箱盖，待箱体冷却到室温，取出试件进行判别。目测试饼未发现裂缝，用钢直尺检查也没有弯曲（使钢直尺和试饼底部紧靠，以两者间不透光为不弯曲），则认为该水泥安定性合格，反之为不合格。当两个试饼判别结果有矛盾时，该水泥的安定性为不合格。

1.1.3 凝结时间

1）实验目的

凝结时间是指水泥从加水开始到失去流动性，即从可塑状态发展到固体状态所需要的时间，水泥凝结时间分为初凝时间和终凝时间。掌握水泥凝结时间的实验方法，熟悉标准法维卡仪的操作规程，了解现行国家标准《通用硅酸盐水泥》GB 175 中对水泥凝结时间的技术要求。

2）实验依据及环境要求

（1）实验依据

《通用硅酸盐水泥》GB 175

《水泥标准稠度用水量、凝结时间、安定性检验方法》GB/T 1346

（2）环境要求

实验室环境：温度（20±2)℃，相对湿度应不低于50%。

水泥试样、拌和水、仪器和用具：温度应与实验室一致。

湿气养护箱：温度（20±1)℃，相对湿度不低于90%。

3）主要仪器设备

水泥净浆搅拌机：应符合现行行业标准《水泥净浆搅拌机》JC/T 729 的要求。

标准法维卡仪（图1-1)：标准稠度试杆由有效长度为（50±1）mm，直径为 ϕ（10±0.05）mm的圆柱形耐腐蚀金属制成。测定凝结时间时取下试杆，用试针代替试杆。初凝用试针由钢制成，其有效长度初凝为（50±1）mm、终凝为（30±1）mm，直径为 ϕ（1.13±0.5）mm的圆柱体。滑动部分的总质量为（300±1）g。与试杆、试针联结的滑动杆表面应光滑，能靠重力自由下落，不得有紧涩和旷动现象。

盛装水泥净浆的试模应由耐腐蚀的、有足够硬度的金属制成。试模为深（40±0.2）mm、顶内径 ϕ（65±0.5）mm、底内径 ϕ（75±0.5）mm的截顶圆锥体。每只试模应配备一个边长或直径约100mm，厚度4～5mm的平板玻璃底板或金属底板。

量筒或滴定管：精度±0.5mL。

天平：最大称量不小于1000g，分度值不大于1g。

4）样品制备

将干燥样品在实验环境下静置24h。

5）实验步骤及结果

（1）调整凝结时间测定仪的试针接触玻璃板时，指针对准零点。

（2）以标准稠度用水量检验方法制成标准稠度净浆，按标准稠度用水量检验方法装模和刮平后，立即放入湿气养护箱中。记录水泥全部加入水中的时间作为凝结时间的起始时间。

（3）试件在湿气养护箱中养护至加水后30min时进行第一次测定。测定时，将维卡仪装上凝结时间测定用初凝针，从湿气养护箱中取出试模放到试针下，降低试针直至与水泥净浆表面接触，拧紧螺丝1～2s后，突然放松，使试针垂直自由地沉入水泥净浆中。观察试针停止下沉或释放试针30s时指针的读数。当试针沉至距底板（4±1）mm时，为水泥达到初凝状态。水泥全部加入水中至初凝状态的时间为水泥的初凝时间，用min表示。在最初测定的操作时应轻轻扶持金属柱，使其徐徐下降，以防试针撞弯，但结果以自由下落为准；临近初凝时，每隔5min（或更短时间）测定一次。

（4）在完成初凝时间的测定后，立即将试模连同浆体以平移的方式从玻璃板上取下，翻转180°，直径大端向上、小端向下，放在玻璃板上，再放入湿气养护箱继续养护，并将维卡仪换上终凝时间测试针。测试时，当试针沉入试体0.5mm时，即环形附件开始不能在试体上留下痕迹时，水泥达到终凝状态。水泥全部加入水中至终凝状态的时间为水泥的终凝时间，用min表示。临近终凝时间时每隔15min（或更短时间）测定一次。

（5）初、终凝测定的复核：到达初凝时应立即重复测一次，当两次结论相同时才能定为到达初凝状态。到达终凝时，需要在试体另外两个不同点测试，确认结论相同才能确定到达终凝状态。在整个测试过程中试针沉入的位置至少要距试模内壁10mm，且不能让试针落入原针孔。每次测试完毕须将试针擦净，并将试模放回湿气养护箱内，整个测试过程要防止试模受振。

1.1.4 水泥胶砂强度

1）实验目的

胶砂强度是水泥的一项重要指标，是评定水泥强度等级的依据。掌握水泥胶砂强度试件的制作步骤、要点、养护和强度测试的实验方法，熟悉水泥胶砂搅拌机、抗折强度实验机、抗压强度实验机和专用夹具的操作规程，了解现行国家标准《通用硅酸盐水泥》GB175中水泥强度等级的划分与技术要求。

2）实验依据及环境要求

（1）实验依据

《通用硅酸盐水泥》GB 175

《水泥胶砂强度检验方法（ISO法）》GB/T 17671。

（2）环境要求

实验室环境：温度为（20±2）℃，相对湿度不低于50%。实验时，水泥试样、拌合水、仪器和用具的温度应与实验室一致。

试样带模养护的养护箱或雾室：温度（20±1）℃，相对湿度不低于90%。

试样养护池水：温度应在（20±1）℃范围内。

实验室空气温度和相对湿度及养护池水温每天至少记录一次。

湿气养护箱的温度与相对湿度至少每4h记录一次，在自动控制的情况下可一天记录两次。在温度给定范围内，控制所设定的温度应为此范围中值。

3）主要仪器设备

水泥胶砂搅拌机：应符合现行行业标准《行星式水泥胶砂搅拌机》JC/T 681的要求。

试模：由三个水平试模槽组成，可同时成型三条截面为40mm×40mm×160mm的棱形试体，其材质和尺寸应符合现行行业标准《水泥胶砂试模》JC/T 726的要求。在组装备用的干净模型时，应用黄干油等密封材料涂覆模型的外接缝。试模的内表面应涂上一薄层模型油或机油。成型操作时，应在试模上面加有一个壁高 20mm 的金属模套。

长短各一个播料器和一金属刮平尺。

振实台：应符合现行行业标准《水泥胶砂试体成型振实台》JC/T 682 的要求。振实台应安装在高度约 400mm 的混凝土基座上。混凝土体积约为 0.25m^3，重约 600kg。

抗折强度实验机：应符合现行行业标准《水泥物理检验仪器电动机抗折强度试验机》JC/T 724 的要求。

抗压强度实验机：精度不大于±1%，并具有按 2400N/s 速率的加荷能力。

水泥抗压夹具：应符合现行行业标准《40mm×40mm 水泥抗压夹具》JC/T683 的要求，受压面积为 40mm×40mm。

量筒或滴定管：精度±0.5mL。

天平：最大称量不小于 1000g，分度值不大于 1g。

4）样品制备

胶砂的质量配合比应为一份水泥、三份标准砂和半份水，一锅胶砂制三条试体。每锅材料用量为：水泥（450±2）g，标准砂（1350±5）g，水（225±1）g。

5）实验步骤

（1）实验前先检查水泥胶砂搅拌机、水泥胶砂振实台是否正常运转。用湿抹布擦拭搅拌锅及叶片。把水加入锅里，再加入水泥，把锅放在固定架上，上升至固定位置。立即开动机器，低速搅拌 30s 后，在第二个 30s 开始的同时均匀地将砂子加入（当各级砂是分装时，从最粗粒级开始，依次加完），机器转至高速再拌 30s。停拌 90s，在第一个 15s 内用一胶皮刮具将叶片和锅壁上的胶砂刮入锅中间。在高速下继续搅拌 60s 后成型。各个搅拌阶段，时间误差应在±1s 以内。

（2）胶砂制备完毕后，立即进行试件的成型。将空试模和模套固定在振实台上，用一个适当的勺子直接将胶砂分两层装入试模，装第一层时，每个槽里约放 300g 胶砂，用大播料器垂直架在模套顶部沿每个模槽来回一次将料层播平，接着振实 60 次。再装入第二层胶砂，用小播料器播平，再振实 60 次，移走模套，从振实台上取下试模，用一金属直尺以近似 90°的角度架在试模模顶的一端，然后沿试模长度方向以横向锯割动作慢慢向另一端移动，一次将超过试模部分的胶砂刮去，并用同一直尺以近乎水平的情况下将试体表面抹平。

（3）在试模上做标记或加字条标明试件编号、各试件相对于振实台的位置。

（4）去掉留在模子四周的胶砂。立即将做好标记的试模放入湿气养护箱的水平架子上养护，湿空气应能与试模的各边接触。一直养护到规定的脱模时间时取出脱模。脱模前，用防水墨汁对试体进行编号和做其他标记。两个龄期以上的试体，在编号时应将同一试模中的三条试体分在两个以上龄期内。

（5）脱模。对于 24h 以上龄期的，应在成型后 20～24h 之间脱模。如经 24h 养护，会因脱模对强度造成损害时，可以延迟至 24h 以后脱模，但在实验报告中应予说明。

（6）将做好标记的试件立即水平或竖直放在（20±1）℃水中的篦子上养护，彼此之间保持一定间距，以让水与试件的六个面接触。养护期间试件之间间隔或试件上表面的水深不得小于 5mm。养护期间只许加水保持适当水位，不允许全部换水。每个养护池只养护同类型的水泥试件。

任何到龄期的试体应在破型前 15min 从水中取出，揩去试体表面沉积物，并用湿布覆盖至实验为止。

试体龄期是从水泥加水搅拌开始实验时算起，不同龄期强度实验在下列时间里进行：

① 24h±15min；

② 48h±30min；

③ 72h±45min；

④ 7d±2h；

⑤ ＞28d±8h。

（7）抗折强度测定：将试体一个侧面放在实验机支撑圆柱上，试体长轴垂直于支撑圆柱，通过加荷圆柱以（50±10）N/s 的速率均匀地将荷载垂直地加在棱柱体相对侧面上，直至折断。保持两个半截棱柱体处于潮湿状态直至抗压实验。

（8）抗压强度测定：将经抗折实验折断的半截棱柱体放入抗压夹具，并保证半截棱柱体中心与实验机压板的中心差应在±0.5mm 内，棱柱体露出抗压夹具压板的部分约有 10mm。在整个加荷过程中，以（2400±200）N/s 的速率均匀地加荷直至破坏。

6）实验结果

抗折强度 R_f 以牛顿每平方毫米（MPa）表示，按式（1-3）进行计算：

$$R_{\mathrm{f}} = \frac{1.5F_{\mathrm{f}}L}{b^3} \tag{1-3}$$

式中　F_{f}——折断时施加于棱柱体中部的荷载（N）；

L——支撑圆柱之间的距离（mm）；

b——棱柱体正方形截面的边长（mm）。

以一组三个棱柱体抗折结果的平均值作为实验结果。当三个强度值中有超出平均值±10%时应剔除后再取平均值作为抗折强度结果。各试体的抗折强度记录至 0.1MPa，计算精确至 0.1MPa。

抗压强度 R_c 以牛顿每平方毫米（MPa）表示，按式（1-4）进行计算：

$$R_{\mathrm{c}} = \frac{F_{\mathrm{c}}}{A} \tag{1-4}$$

式中　F_{c}——破坏时的最大荷载（N）；

A——受压部分面积（mm^2）。

以一组三个棱柱体上得到的六个抗压强度测定值的算术平均值作为实验结果。当六个测定值中有一个超出六个平均值±10%时，就应剔除这个结果，然后取剩下五个测定值的平均值作为抗压强度结果；如果五个测定值中再有超出它们平均值±10%的，则此组结果作废。各个半棱柱体的单个抗压强度记录至 0.1MPa，平均值计算精确至 0.1MPa。

根据各龄期的抗折强度和抗压强度实验结果，按表 1-1 评价水泥强度等级。

表 1-1 通用硅酸盐水泥各强度等级、各龄期的强度值（MPa）

强度等级	抗压强度		抗折强度	
	3d	28d	3d	28d
42.5	≥17.0	≥42.5	≥3.5	≥6.5
42.5R	≥22.0		≥4.0	
52.5	≥23.0	≥52.5	≥4.0	≥7.0
52.5R	≥27.0		≥5.0	
62.5	≥28.0	≥62.5	≥5.0	≥8.0
62.5R	≥32.0		≥5.5	

1.2 粉煤灰

粉煤灰（FlyAsh）是火力发电厂煤粉炉烟道气中收集的具有火山灰活性的细灰，主要为玻璃态实心或空心球状颗粒，表面光滑。按化学成分可分为F类粉煤灰（俗称低钙灰，CaO<10%）和C类粉煤灰（俗称高钙灰，CaO>10%）两种，F类粉煤灰是由无烟煤或烟煤煅烧收集的，而C类粉煤灰是由褐煤或次烟煤煅烧收集的。按品质不同又可分为Ⅰ级灰、Ⅱ级灰、Ⅲ级灰。

通常粉煤灰本身不具有胶凝性，但其含有的活性 SiO_2（35%～50%）和活性 Al_2O_3（20%～35%），能与水泥水化生成的 $Ca(OH)_2$ 作用，生成水化硅酸钙凝胶。粉煤灰因其形态效应、活性效应、微集料效应，可有效改善新拌和硬化混凝土性能而广泛用于混凝土工程，被称为“现代混凝土的第五组分”。通常情况下，粉煤灰中含碳量（由烧失量表征）越低、细度越细、活性成分含量越高，质量越好。

粉煤灰的技术指标包括：细度、需水量比、烧失量、含水量、三氧化硫含量、游离氧化钙、安定性、活性指数、放射性、碱含量和均匀性。

1.2.1 细度

1）实验目的

粉煤灰细度是指粉煤灰的粗细程度，以标准筛的筛余百分数表示，粉煤灰细度是影响其活性的主要因素之一。掌握粉煤灰细度的实验方法，熟悉负压筛析仪的操作规程，了解现行国家标准《用于水泥和混凝土中的粉煤灰》GB/T 1596 中对粉煤灰细度的技术要求。

2）实验依据及环境要求

（1）实验依据

《用于水泥和混凝土中的粉煤灰》GB/T 1596

《粉煤灰混凝土应用技术规范》GB/T 50146

（2）环境要求

实验室环境：温度为（20±2）℃，相对湿度应不低于50%。

3）主要仪器设备

负压筛析仪：由45μm方孔筛、筛座、真空源和吸尘器等组成，其中45μm方孔筛内径

为 ϕ150mm，高度为25mm。

天平：最大称量不小于50g，分度值不大于0.01g。

4）样品制备

称取在105～110℃烘干箱内烘至恒重且在干燥器中冷却至室温的粉煤灰试样约10g（G），准确至0.01g。

5）实验步骤

（1）将样品倒入45μm方孔筛筛网上，将筛子置于筛座上，盖上筛盖。

（2）接通电源，将定时开关固定在3min，开始筛析。

（3）开始工作后，观察负压表，使负压稳定在4000～6000Pa。若负压小于4000Pa，则应停机，清理吸尘器中的积灰后再进行筛析。

（4）在筛析过程中，可用轻质木棒或橡胶棒轻轻敲打筛盖，以防吸附。

（5）3min后筛析自动停止，停机后观察筛余物，如出现颗粒成球、粘筛或有颗粒沉积在筛框边缘，用毛刷将细颗粒轻轻刷开，将定时开关固定在手动位置，再筛1～3min直至筛分彻底为止。将筛网内的筛余物收集并称量（G_1），准确至0.01g。

6）实验结果

粉煤灰细度按式（1-5）计算（精确至0.01%）：

$$F = K \times \left(\frac{G_1}{G}\right) \times 100 \tag{1-5}$$

式中 F——45μm方孔筛筛余（%）；

G_1——筛余物的质量（g）；

G——称取试样的质量（g）；

K——筛网校正系数。

筛网的校正采用粉煤灰细度标准样品或其他同等级标准样品，按上述5）实验步骤测定标准样品的细度，筛网校正系数按式（1-6）计算（精确至0.1）：

$$K = \frac{m_0}{m} \tag{1-6}$$

式中 K——筛网校正系数；

m_0——标准样品筛余标准值（%）；

m——标准样品筛余实测值（%）。

注：① 筛网校正系数范围为0.8～1.2，若超出此范围，则该筛网报废。

② 筛析150个样品后进行筛网的校正。

1.2.2 需水量比

1）实验目的

需水量比是指在一定的胶砂流动度下，掺加一定量粉煤灰的水泥胶砂的需水量与对比水泥胶砂（不掺粉煤灰）的需水量之比，粉煤灰需水量比与粉煤灰的细度及烧失量等因素有关。掌握粉煤灰需水量比的实验方法，熟悉水泥胶砂搅拌机和水泥胶砂流动度测定仪的操作规程，了解现行国家标准《用于水泥和混凝土中的粉煤灰》GB/T 1596中对粉煤灰需水量比的技术要求。

2）实验依据及环境要求

（1）实验依据

《用于水泥和混凝土中的粉煤灰》GB/T 1596

《水泥胶砂流动度检验方法》GB/T 2419

（2）环境要求

实验室环境：温度（20±2)℃，相对湿度不低于50%。

3）主要仪器设备

水泥胶砂搅拌机：应符合现行行业标准《行星式水泥胶砂搅拌机》JC/T 681的要求。

水泥胶砂流动度测定仪（简称跳桌）：应符合国家现行标准《水泥胶砂流动度检验方法》GB/T 2419的要求。

试模：用金属材料制成，由截锥圆模和模套组成。截锥圆模内壁应光滑，高度（60±0.5）mm；上口内径（70±0.5）mm；下口内径（100±0.5）mm；下口外径120mm；模壁厚大于5mm；模套与截锥圆模配合使用。

捣棒：用金属材料制成，直径为（20±0.5）mm，长度约200mm。捣棒底面与侧面成直角，其下部光滑，上部手柄滚花。

卡尺：量程为200mm，分度值不大于0.5mm。

小刀：刀口平直，长度大于80mm。

天平：最大称量不小于1000g，分度值不大于1g。

4）样品制备

实验胶砂：75g粉煤灰；175g水泥标准样品，应符合标准GSB 14—1510的规定；750g标准中级砂，应符合现行国家标准《水泥胶砂强度检验方法（ISO法）》GB/T 17671规定的0.5～1.0mm的级配；125mL实验用水。

对比胶砂：250g水泥标准样品，应符合标准GSB 14—1510的规定；750g标准中级砂，应符合现行国家标准《水泥胶砂强度检验方法（ISO法）》GB/T 17671规定的0.5～1.0mm的级配；125mL实验用水。

5）实验步骤

（1）跳桌在实验前先进行空转，以检验各部位是否正常。

（2）用湿抹布擦拭搅拌锅及叶片。依据实验样品称量水、水泥标准样品、粉煤灰及中级砂，将水加入锅里，再加入水泥与粉煤灰，把锅放在固定架上，上升至固定位置。立即开动机器，低速搅拌30s后，在第二个30s开始的同时均匀地将砂子加入，机器转至高速再拌30s。停拌90s，在第一个15s内用一胶皮刮具将叶片和锅壁上的胶砂刮入锅中间。在高速下继续搅拌60s后成型。各个搅拌阶段，时间误差应在±1s以内。

（3）在制备胶砂的同时用潮湿棉布擦拭跳桌台面、试模内壁、捣棒以及与胶砂接触的用具，将试模放在跳桌台面中央并用潮湿棉布覆盖。

（4）将拌好的胶砂分两层迅速装入流动试模，第一层装至截锥圆模高度约三分之二处，用小刀在相互垂直两个方向各划5次，用捣棒由边缘至中心均匀捣压15次，随后，装第二层胶砂，装至高出截锥圆模约20mm，用小刀在相互垂直两个方向各划15次，再用捣棒由边缘至中心均匀捣压10次。捣压后胶砂应略高于试模。捣压深度，第一层捣至胶砂高度的二分之一，第二层捣实不超过已捣实底层表面。装胶砂和捣压时，用手扶稳试模，不要使其移动。

（5）捣压完毕，取下模套，用小刀由中间向边缘分两次将高出截锥圆模的胶砂刮去并抹平，擦去落在桌面上的胶砂。将截锥圆模垂直向上轻轻提起。立刻开动跳桌，约每秒钟一次，在（25±1）s内完成25次跳动。

（6）跳动完毕，用卡尺测量胶砂底面最大扩散直径及与其垂直的直径，计算平均值，取整数，用mm为单位表示，即为该水量的水泥胶砂流动度。当流动度在130～140mm范围内时，记录此时的加水量 L_1（mL）；当流动度小于130mm或大于140mm时，重新调整加水量，直至流动度达到130～140mm为止。

（7）流动度实验，从胶砂拌和开始到测量扩散直径结束，应在6min内完成。

6）实验结果

需水量比按式（1-7）计算（精确至1%）：

$$X=\left(\frac{L_1}{125}\right)\times 100 \tag{1-7}$$

式中 X——需水量比（%）；

L_1——实验胶砂流动度在130～140mm范围内时的加水量（mL）；

125——对比胶砂的加水量（mL）。

1.2.3 烧失量

1）实验目的

烧失量是影响粉煤灰质量的主要指标之一，是指粉煤灰在高温燃烧过程中未燃尽碳的含量。掌握粉煤灰烧失量的实验方法，熟悉马弗炉（高温电炉）的操作规程，了解现行国家标准《用于水泥和混凝土中的粉煤灰》GB/T 1596中对粉煤灰烧失量的技术要求。

2）实验依据及环境要求

（1）实验依据

《用于水泥和混凝土中的粉煤灰》GB/T 1596

《水泥化学分析方法》GB/T 176

（2）环境要求

实验室环境：温度(20±2)℃，相对湿度不低于50%。

3）主要仪器设备

天平：精确至0.0001g。

高温炉：隔焰加热炉，在炉膛外围进行电阻加热，应使用温度控制器，准确控制炉温。

瓷坩埚：带盖，容量20～30mL。

干燥器：内置变色硅胶。

4）样品制备

准确称取1g试样（m_1），精确至0.0001g。

5）实验步骤

置于已灼烧恒重的瓷坩埚中，将盖斜置于坩埚上，放在高温炉内从低温开始逐渐升高温度，在(950±25)℃下灼烧15～20min，取出坩埚置于干燥器中冷却至室温，称量。如此反复灼烧，直至恒重（m_2）。

注：恒重——经第一次灼烧、冷却、称量后，通过连续对每次 15min 的灼烧，然后冷却、称量的方法来检查恒定质量，当连续两次称量小于 0.0005g 时，即达到恒重。

6）实验结果

粉煤灰烧失量实验结果按式（1-8）计算：

$$W_{LOI}=\frac{(m_1-m_2)}{m_1}\times 100 \tag{1-8}$$

式中 W_{LOI}——烧失量的质量百分数（%）；

m_1——试料的质量（g）；

m_2——灼烧后试料的质量（g）。

1.2.4 活性指数

1）实验目的

活性指数是影响粉煤灰质量的主要指标之一，粉煤灰细度及玻璃体含量是影响粉煤灰活性指数的主要因素。掌握粉煤灰活性指数的实验方法，熟悉水泥胶砂搅拌机、抗压强度实验机和专用夹具的操作规程，了解现行国家标准《用于水泥和混凝土中的粉煤灰》GB/T 1596中对粉煤灰活性指数的技术要求。

2）实验依据及环境要求

（1）实验依据

《用于水泥和混凝土中的粉煤灰》GB/T 1596

《水泥胶砂强度检验方法》（ISO 法）GB/T 17671

（2）环境要求

实验室环境：温度(20±2)℃，相对湿度不低于 50%。

水泥试样、拌合水、仪器和用具：温度应与实验室一致。

试样带模养护的养护箱或雾室：温度(20±1)℃，相对湿度不低于 90%。

试样养护池水温：应在(20±1)℃范围内。

注：① 实验室空气温度和相对湿度及养护池水温每天至少记录一次；

② 湿气养护箱的温度与相对湿度至少每 4 h 记录一次，在自动控制的情况下可一天记录两次。在温度给定范围内，控制所设定的温度应为此范围中值。

3）主要仪器设备

水泥胶砂搅拌机：应符合现行行业标准《行星式水泥胶砂搅拌机》JC/T 681 的要求。

试模：由三个水平试模槽组成，可同时成型三条截面为 40mm×40mm×160mm 的棱形试体，其材质和尺寸应符合现行行业标准《水泥胶砂试模》JC/T 726 的要求。在组装备用的干净模型时，应用黄干油等密封材料涂覆模型的外接缝。试模的内表面应涂上一薄层模型油或机油。成型操作时，应在试模上面加有一个壁高 20mm 的金属模套。

长短各一个播料器和一金属刮平尺。

振实台：应符合现行行业标准《水泥胶砂试体成型振实台》JC/T 682 的要求。振实台应安装在高度约 400mm 的混凝土基座上。混凝土体积约为 0.25m^3，重约 600kg。

抗压强度实验机：精度不大于±1%，并具有按 2400N/s 速率的加荷能力。

水泥抗压夹具：应符合现行行业标准《40mm×40mm 水泥抗压夹具》JC/T 683 的规

定，且受压面积为40mm×40mm。

量筒或滴定管：精度±0.5mL。

天平：最大称量不小于1000g，分度值不大于1g。

4）样品制备

实验胶砂：粉煤灰135g；GSB 14—1510强度检验用水泥标准样品315g；符合现行国家标准《水泥胶砂强度检验方法》（ISO法）GB/T 17671规定的中国ISO标准砂1350g；加水量225mL。

对比胶砂：GSB 14—1510强度检验用水泥标准样品450g；符合现行国家标准《水泥胶砂强度检验方法》（ISO法）GB/T17671规定的中国ISO标准砂1350g；加水量225mL。

5）实验步骤

（1）实验前先检查水泥胶砂搅拌机、水泥胶砂振实台是否正常运转。用湿抹布擦拭搅拌锅及叶片。依据实验样品称量水、水泥标准样品、粉煤灰及标准砂，将水加入锅里，再加入水泥与粉煤灰，把锅放在固定架上，上升至固定位置。立即开动机器，低速搅拌30s后，在第二个30s开始的同时均匀地将砂子加入（当各级砂是分装时，从最粗粒级开始，依次加完），机器转至高速再拌30s。停拌90s，在第一个15s内用一胶皮刮具将叶片和锅壁上的胶砂刮入锅中间。在高速下继续搅拌60s后成型。各个搅拌阶段，时间误差应在±1s以内。

（2）实验胶砂与对比胶砂制备完毕后，立即进行试件的成型。将空试模和模套固定在振实台上，用一个适当的勺子直接将胶砂分两层装入试模，装第一层时，每个槽里约放300g胶砂，用大播料器垂直架在模套顶部沿每个模槽来回一次将料层播平，接着振实60次。再装入第二层胶砂，用小播料器播平，再振实60次，移走模套，从振实台上取下试模，用一金属直尺以近似90°的角度架在试模模顶的一端，然后沿试模长度方向以横向锯割动作慢慢向另一端移动，一次将超过试模部分的胶砂刮去，并用同一直尺以近乎水平的情况下将试体表面抹平。

（3）在试模上做标记或加字条标明试件编号、各试件相对于振实台的位置。

（4）去掉留在模子四周的胶砂。立即将做好标记的试模放入湿气养护箱的水平架子上养护，湿空气应能与试模的各边接触，一直养护到规定的脱模时间时取出脱模。脱模前，用防水墨汁对试体进行编号和做其他标记。

（5）脱模。在成型后20～24h之间脱模。如经24h养护会因脱模对强度造成损害时，可以延迟至24h以后脱模，但在实验报告中应予说明。

（6）将做好标记的试件立即水平或竖直放在(20±1)℃水中的篦子上养护，彼此之间保持一定间距，以让水与试件的六个面接触。养护期间试件之间间隔或试件上表面的水深不得小于5mm。养护期间只许加水保持适当水位，不允许全部换水。每个养护池只养护同类型的水泥试件。任何到龄期的试体应在破型前15min从水中取出，揩去试体表面沉积物，并用湿布覆盖至实验为止。

（7）养护至28d龄期进行抗压强度测定，将经抗折实验折断的半截棱柱体放入抗压夹具，并保证半截棱柱体中心与实验机压板的中心差应在±0.5mm内，棱柱体露出抗压夹具压板的部分约有10mm。在整个加荷过程中，以(2400±200)N/s的速率均匀地加荷直至破坏。

6）实验结果

抗压强度 R_c 以牛顿每平方毫米（MPa）表示，按式（1-9）进行计算：

$$R_c = \frac{F_c}{A} \tag{1-9}$$

式中 F_c——破坏时的最大荷载（N）；

A——受压部分面积（mm^2）。

以一组三个棱柱体上得到的六个抗压强度测定值的算术平均值作为实验结果。当六个测定值中有一个超出六个平均值±10%时，就应剔除这个结果，然后取剩下五个测定值的平均值作为抗压强度结果；如果五个测定值中再有超出它们平均值±10%的，则此组结果作废。各个半棱柱体的单个抗压强度记录至0.1MPa，平均值计算精确至0.1MPa。

强度活性指数按式（1-10）计算（精确至1%）：

$$H_{28} = \frac{R}{R_0} \times 100 \tag{1-10}$$

式中 H_{28}——活性指数（%）；

R——实验胶砂28d抗压强度（MPa）；

R_0——对比胶砂28d抗压强度（MPa）。

1.3 矿渣粉

矿渣粉（Ground Granulated Blast Furnace Slag）是粒化高炉磨细矿渣粉的简称，是高炉炼铁得到的废渣（以硅铝酸钙为主的熔融物），淬冷成粒后掺入少量石膏磨成比表面积为420～480m^2/kg的粉体。矿渣粉中含有大量的CaO（35%～48%），并含有活性SiO_2和Al_2O_3，具有潜在水硬性。与硅酸盐水泥熟料的化学组成相比，因在CaO-SiO_2-Al_2O_3系统中，只是CaO的含量要低一些，它们自身无独立水硬性，若在Na_2O、K_2O等碱金属化合物激化下会产生强烈水化作用，形成坚硬固体。现行国家标准可分为S75、S95和S105三个等级，主要按矿渣粉的比表面积和活性指数两个指标进行分级。

矿渣粉活性比粉煤灰高，耐侵蚀性好，作为水泥和混凝土的优质外掺料，掺入后可降低水化热，提高抗化学侵蚀能力，适用于大体积混凝土和海工混凝土等。

矿渣粉的技术指标包括：密度、比表面积、活性指数、流动度比、含水量、三氧化硫含量、氯离子含量、烧失量（掺有石膏时）、玻璃体含量和放射性。

1.3.1 流动度比

1）实验目的

流动度比是指在固定的用水量下，掺加一定量矿渣粉的水泥胶砂的流动度与对比水泥胶砂（不掺矿渣粉）的流动度之比。掌握测定矿渣粉流动度比的实验方法，熟悉水泥胶砂搅拌机和水泥胶砂流动度测定仪的操作规程，了解现行国家标准《用于水泥和混凝土中的粒化高炉矿渣粉》GB/T 18046中矿渣粉流动度比的技术要求。

2）实验依据及环境要求

（1）实验依据

《用于水泥和混凝土中的粒化高炉矿渣粉》GB/T 18046

《水泥胶砂流动度检验方法》GB/T 2419

(2) 环境要求

实验室环境：温度为(20±2)℃，相对湿度不低于50%。

3) 主要仪器设备

水泥胶砂搅拌机：应符合现行行业标准《行星式水泥胶砂搅拌机》JC/T 681的要求。

水泥胶砂流动度测定仪（简称跳桌）：应符合现行国家标准《水泥胶砂流动度检验方法》GB/T 2419的要求。

试模：用金属材料制成，由截锥圆模和模套组成。截锥圆模内壁应光滑，高度(60±0.5)mm；上口内径(70±0.5)mm；下口内径(100±0.5)mm；下口外径120mm；模壁厚大于5mm；模套与截锥圆模配合使用。

捣棒：用金属材料制成，直径为(20±0.5)mm，长度约200mm。捣棒底面与侧面成直角，其下部光滑，上部手柄滚花。

卡尺：量程不小于300mm，分度值不大于0.5mm。

天平：最大称量不小于1000g，分度值不大于1g。

量筒或定滴管：精度±0.5mL。

天平：最大称量不小于1000g，分度值不大于1g。

4) 样品制备

实验胶砂：矿渣粉225g；对比水泥225g，应符合GB 175规定的强度等级42.5的硅酸盐水泥或普通硅酸盐的要求，且7d抗压强度35～45MPa，28d抗压强度50～60MPa，比表面积300～400m^2/kg，SO_3含量2.3%～2.8%，碱含量0.5%～0.9%；符合现行国家标准《水泥胶砂强度检验方法》（ISO法）GB/T 17671规定的中国ISO标准砂1350g；加水量225mL。

对比胶砂：对比水泥450g；标准砂1350g；加水量225mL。

5) 实验步骤

(1) 跳桌在实验前先进行空转，以检验各部位是否正常。

(2) 用湿抹布擦拭搅拌锅及叶片。依据实验样品称量水、水泥标准样品、矿渣粉及标准砂，水加入锅里，再加入水泥与矿渣粉，把锅放在固定架上，上升至固定位置。立即开动机器，低速搅拌30s后，在第二个30s开始的同时均匀地将砂子加入（当各级砂是分装时，从最粗粒级开始，依次加完），机器转至高速再拌30s。停拌90s，在第一个15s内用一胶皮刮具将叶片和锅壁上的胶砂刮入锅中间。在高速下继续搅拌60s后成型。各个搅拌阶段，时间误差应在±1s以内。

(3) 在制备胶砂的同时用潮湿棉布擦拭跳桌台面、试模内壁、捣棒以及与胶砂接触的用具，将试模放在跳桌台面中央并用潮湿棉布覆盖。

(4) 将拌好的胶砂分两层迅速装入流动试模，第一层装至截锥圆模高度约2/3处，用小刀在相互垂直两个方向各划5次，用捣棒由边缘至中心均匀捣压15次，随后，装第二层胶砂，装至高出截锥圆模约20mm，用小刀在相互垂直两个方向各划5次，再用捣棒由边缘至中心均匀捣压10次。捣压后胶砂应略高于试模。捣压深度，第一层捣至胶砂高度的1/2，第二层捣实不超过已捣实底层表面。装胶砂和捣压时，用手扶稳试模，不要使其移动。

(5) 捣压完毕，取下模套，用小刀由中间向边缘分两次将高出截锥圆模的胶砂刮去并抹平，擦去落在桌面上的胶砂。将截锥圆模垂直向上轻轻提起。立刻开动跳桌，约每秒钟一次，在（25±1）s内完成25次跳动。

（6）跳动完毕，用卡尺测量胶砂底面最大扩散直径及与其垂直的直径，计算平均值，取整数，用mm为单位表示，即为水泥胶砂流动度，完成对比胶砂与实验胶砂的胶砂流动度的测定。

（7）流动度实验，从胶砂拌和开始到测量扩散直径结束，应在6min内完成。

6）实验结果

矿渣粉的流动度比按式（1-11）计算，计算结果精确至1%。

$$F=\frac{L\times 100}{L_{m}} \tag{1-11}$$

式中 F——矿渣粉流动度比（%）；

L_m——对比样品胶砂流动度（mm）；

L——实验样品胶砂流动度（mm）。

1.3.2 活性指数

1）实验目的

活性指数是影响矿渣粉质量的主要指标之一，矿渣粉的比表面积及粉磨工艺是影响矿渣粉活性指数的主要因素。掌握矿渣粉活性指数的实验方法，熟悉水泥胶砂搅拌机、抗压强度实验机和专用夹具的操作规程，了解现行国家标准《用于水泥和混凝土中的粒化高炉矿渣粉》GB/T 18046中对矿渣粉活性指数的技术要求。

2）实验依据及环境要求

（1）实验依据

《用于水泥和混凝土中的粒化高炉矿渣粉》GB/T 18046

《水泥胶砂强度检验方法》（ISO法）GB/T 17671

（2）环境要求

实验室环境：温度(20±2)℃，相对湿度不低于50%。

水泥试样、拌合水、仪器和用具：温度应与实验室一致。

试样带模养护的养护箱或雾室：温度(20±1)℃，相对湿度不低于90%。

试样养护池水温：应在(20±1)℃范围内。

注：① 实验室空气温度和相对湿度及养护池水温每天至少记录一次；

② 湿气养护箱的温度与相对湿度至少每4h记录一次，在自动控制的情况下可一天记录两次。在温度给定范围内，控制所设定的温度应为此范围中值。

3）主要仪器设备

水泥胶砂搅拌机：应符合现行行业标准《行星式水泥胶砂搅拌机》JC/T 681的要求。

试模：由三个水平试模槽组成，可同时成型三条截面为40mm×40mm×160mm的棱形试体，其材质和尺寸应符合现行行业标准《水泥胶砂试模》JC/T 726的要求。在组装备用的干净模型时，应用黄干油等密封材料涂覆模型的外接缝。试模的内表面应涂上一薄层模型油或机油。成型操作时，应在试模上面加有一个壁高20mm的金属模套。

长短各一个播料器和一金属刮平尺。

振实台：应符合现行行业标准《水泥胶砂试体成型振实台》JC/T 682要求。振实台应安装在高度约400mm的混凝土基座上。混凝土体积约为0.25m^3，重约600kg。

抗压强度实验机：精度不大于±1%，并具有按2400N/s速率的加荷能力。

水泥抗压夹具：应符合现行行业标准《40mm×40mm水泥抗压夹具》JC/T 683的要求，且受压面积为40mm×40mm。

量筒或定滴管：精度±0.5mL。

天平：最大称量不小于1000g，分度值不大于1g。

4）样品制备

实验胶砂：矿渣粉225g；对比水泥（符合GB 175规定的强度等级42.5的硅酸盐水泥或普通硅酸盐的要求）225g；符合现行国家标准《水泥胶砂强度检验方法》（ISO法）GB/T 17671规定的中国ISO标准砂1350g；加水量225mL。

对比胶砂：GSB 14—1510强度检验用水泥标准样品450g；符合GB/T17671规定的中国ISO标准砂1350g；加水量225mL。

5）实验步骤

（1）实验前先检查水泥胶砂搅拌机、水泥胶砂振实台是否正常运转。用湿抹布擦拭搅拌锅及叶片。依据实验样品称量水、水泥标准样品、矿渣粉及标准砂，将水加入锅里，再加入水泥与矿渣粉，把锅放在固定架上，上升至固定位置。立即开动机器，低速搅拌30s后，在第二个30s开始的同时均匀地将砂子加入（当各级砂是分装时，从最粗粒级开始，依次加完），机器转至高速再拌30s。停拌90s，在第一个15s内用一胶皮刮具将叶片和锅壁上的胶砂刮入锅中间。在高速下继续搅拌60s后成型。各个搅拌阶段，时间误差应在±1s以内。

（2）实验胶砂与对比胶砂制备完毕后，立即进行试件的成型。将空试模和模套固定在振实台上，用一个适当的勺子直接将胶砂分两层装入试模，装第一层时，每个槽里约放300g胶砂，用大播料器垂直架在模套顶部沿每个模槽来回一次将料层播平，接着振实60次。再装入第二层胶砂，用小播料器播平，再振实60次，移走模套，从振实台上取下试模，用一金属直尺以近似90°的角度架在试模模顶的一端，然后沿试模长度方向以横向锯割动作慢慢向另一端移动，一次将超过试模部分的胶砂刮去，并用同一直尺以近乎水平的情况下将试体表面抹平。

（3）在试模上做标记或加字条标明试件编号、各试件相对于振实台的位置。

（4）去掉留在模子四周的胶砂。立即将做好标记的试模放入湿气养护箱的水平架子上养护，湿空气应能与试模的各边接触。一直养护到规定的脱模时间时取出脱模。脱模前，用防水墨汁对试体进行编号和做其他标记。两个龄期以上的试体，在编号时应将同一试模中的三条试体分在两个以上龄期内。

（5）脱模。应在成型后20～24h之间脱模。如经24h养护，会因脱模对强度造成损害时，可以延迟至24h以后脱模，但在实验报告中应予说明。

（6）将做好标记的试件立即竖直放在(20±1)℃水中的篦子上养护，彼此之间保持一定间距，以让水与试件的六个面接触。养护期间试件之间间隔或试件上表面的水深不得小于5mm。养护期间只许加水保持适当水位，不允许全部换水。每个养护池只养护同类型的水泥试件。任何到龄期的试体应在破型前15min从水中取出，揩去试体表面沉积物，并用湿布覆盖至实验为止。

(7) 养护至 7d 与 28d 龄期进行抗压强度测定，将经抗折实验折断的半截棱柱体放入抗压夹具，并保证半截棱柱体中心与实验机压板的中心差应在±0.5mm 内，棱柱体露出抗压夹具压板的部分约有 10mm。在整个加荷过程中，以(2400±200)N/s 的速率均匀地加荷直至破坏。

6) 实验结果

抗压强度 R_c 以牛顿每平方毫米（MPa）表示，按式（1-12）进行计算：

$$R_c = \frac{F_c}{A} \tag{1-12}$$

式中 F_c——破坏时的最大荷载（N）；

A——受压部分面积（mm^2）。

以一组三个棱柱体上得到的六个抗压强度测定值的算术平均值作为实验结果。当六个测定值中有一个超出六个平均值±10%时，就应剔除这个结果，然后取剩下五个测定值的平均值作为抗压强度结果；如果五个测定值中再有超出它们平均值±10%的，则此组结果作废。各个半个棱柱体的单个抗压强度记录至 0.1MPa，平均值计算精确至 0.1MPa。

矿渣粉 7d 活性指数按式（1-13）计算（精确至 1%）：

$$A_7 = \frac{R_7}{R_{07}} \times 100 \tag{1-13}$$

式中 A_{28}——活性指数（%）；

R_7——实验胶砂 7d 抗压强度（MPa）；

R_{07}——对比胶砂 7d 抗压强度（MPa）。

矿渣粉 28d 活性指数按式（1-14）计算（精确至 1%）：

$$A_{28} = \frac{R_{28}}{R_{028}} \times 100 \tag{1-14}$$

式中 A_{28}——活性指数（%）；

R_{28}——实验胶砂 28d 抗压强度（MPa）；

R_{028}——对比胶砂 28 抗压强度（MPa）。

1.3.3 含水量

1) 实验目的

含水量是指矿渣粉烘干前与烘干后的质量之差与烘干前的质量之比，是反映渣粉质量的主要指标之一。掌握矿渣粉含水量的实验方法，熟悉烘箱的操作规程，了解现行国家标准《用于水泥和混凝土中的粒化高炉矿渣粉》GB/T 18046 中对矿渣粉含水量的技术要求。

2) 实验依据及环境要求

(1) 实验依据

《用于水泥和混凝土中的粒化高炉矿渣粉》GB/T 18046

(2) 环境要求

实验室环境：温度(20±2)℃，相对湿度不低于 50%。

3) 主要仪器设备

烘箱：可控制温度不低于 110℃，最小分度值不大于 2℃。

天平：最大称量不小于 50g，最小分度值不大于 0.01g。

4）样品制备

准确称取50g矿渣粉试样（W_1），准确至0.01g。

5）实验步骤

（1）将称量好的样品倒入蒸发皿中；

（2）将烘箱温度调整并控制在105～110℃；

（3）将矿渣粉试样放入烘箱内烘干，取出后放在干燥器中冷却至室温后称量，准确至0.01g，至恒重（W_0）。

6）实验结果

矿渣粉含水量按式（1-15）计算，计算结果保留至0.1%：

$$\omega = \frac{(\omega_1 - \omega_0)}{\omega_1} \times 100 \tag{1-15}$$

式中 ω——矿渣粉含水量（%）；

ω_1——烘干前试样的质量（g）；

ω_0——烘干后试样的质量（g）。

1.4 硅灰

硅灰（Silica Fume）是在冶炼硅铁合金或工业硅时，通过烟道排出的硅蒸气氧化后，经收尘器收集得到的以无定形SiO_2（含量为85%以上）为主要成分的粉体。

硅灰在形成过程中，因相变的过程中受表面张力的作用，形成了非结晶相无定形圆球状颗粒，且表面较为光滑，有些则是多个圆球颗粒粘在一起的团聚体。硅灰的颗粒极细，平均粒径为0.1～0.3μm，小于1μm的颗粒占70%以上，比表面积约为15000～25000m^2/kg，约为水泥比表面积的100倍，掺入混凝土中会引起需水量和早期收缩增大。因其颗粒细，能有效改善混凝土粘聚性及抗泌水性；因其活性高，能显著提高混凝土强度、密实性和耐久性；因其能提前与混凝土中的碱发生无害反应而抑制碱骨料反应。硅灰可用于高强或特种混凝土工程，如高抗渗、高耐侵蚀性、高耐磨性及对钢筋无侵蚀的混凝土等工程中。

硅灰的技术指标包括：固含量（液料）、总碱量、二氧化硅含量、含水率（粉料）、烧失量、需水量比、比表面积、活性指数和、抑制碱骨料反应性（选择性指标）、抗氯离子渗透性（选择性指标）。

1.4.1 需水量比

1）实验目的

需水量比是指掺加一定量硅灰的水泥胶砂的流动度达到对比水泥胶砂（不掺硅灰）流动度±5mm时两者的用水量之比。掌握硅灰需水量比的实验方法，熟悉水泥胶砂搅拌机和水泥胶砂流动度测定仪的操作规程，了解现行国家标准《砂浆和混凝土用硅灰》GB/T 27690中对硅灰需水量比的技术要求。

2）实验依据及环境要求

（1）实验依据

《砂浆和混凝土用硅灰》GB/T 27690

《高强高性能混凝土用矿物外加剂》GB/T 18736

《水泥胶砂流动度检验方法》GB/T 2419

(2) 环境要求

实验室环境：温度(20±2)℃，相对湿度不低于 50%。

3) 主要仪器设备

水泥胶砂搅拌机：应符合现行行业标准《行星式水泥胶砂搅拌机》JC/T 681 的要求。

水泥胶砂流动度测定仪（简称跳桌）：应符合现行国家标准《水泥胶砂流动度检验方法》GB/T 2419 的要求。

试模：用金属材料制成，由截锥圆模和模套组成。截锥圆模内壁应光滑，高度(60±0.5)mm；上口内径(70±0.5)mm；下口内径(100±0.5)mm；下口外径 120mm；模壁厚大于 5mm；模套与截锥圆模配合使用。

捣棒：用金属材料制成，直径为(20±0.5)mm，长度约 200mm。捣棒底面与侧面成直角，其下部光滑，上部手柄滚花。

卡尺：量程不小于 300mm，分度值不大于 0.5mm。

小刀：刀口平直，长度大于 80mm。

天平：最大称量不小于 1000g，分度值不大于 1g。

4) 样品制备

实验胶砂：硅灰 45g；基准水泥 405g，且应符合现行国家标准《混凝土外加剂》GB8076 中附录 A 的规定；标准砂 1350g，且应符合现行国家标准《水泥胶砂强度检验方法》(ISO 法) GB/T 17671 的规定。

对比胶砂：基准水泥 450g；标准砂 1350g；加水量 225g。

5) 实验步骤

(1) 跳桌在实验前先进行空转，以检验各部位是否正常。如跳桌在 24h 内未被使用，先空跳一个周期 25 次。

(2) 用湿抹布擦拭搅拌锅及叶片。把水（水和外加剂）加入搅拌锅里，再加入水泥（预先混合均匀的水泥和硅灰），把锅放置在固定架上，上升至固定位置。立即开动机器，低速搅拌 30s 后，在第二个 30s 开始的同时均匀地将砂子加入，机器转至高速再拌 30s。停拌 90s，在第一个 15s 内用一胶皮刮具将叶片和锅壁上的胶砂刮入锅中间。在高速下继续搅拌 60s 后成型。各个搅拌阶段，时间误差应在±1s 以内。

(3) 在制备胶砂的同时用潮湿棉布擦拭跳桌台面、试模内壁、捣棒以及与胶砂接触的用具，将试模放在跳桌台面中央并用潮湿棉布覆盖。

(4) 将拌好的胶砂分两层迅速装入流动试模，第一层装至截锥圆模高度约三分之二处，用小刀在相互垂直两个方向各划 5 次，用捣棒由边缘至中心均匀捣压 15 次，随后，装第二层胶砂，装至高出截锥圆模约 20mm，用小刀在相互垂直两个方向各划 5 次，再用捣棒由边缘至中心均匀捣压 10 次。捣压后胶砂应略高于试模。捣压深度，第一层捣至胶砂高度的二分之一，第二层捣实不超过已捣实底层表面。装胶砂和捣压时，用手扶稳试模，不要使其移动。

(5) 捣压完毕，取下模套，用小刀由中间向边缘分两次将高出截锥圆模的胶砂刮去并抹平，擦去落在桌面上的胶砂。将截锥圆模垂直向上轻轻提起。立刻开动跳桌，约每秒钟一次，在(25±1)s内完成25次跳动。

(6) 跳动完毕，用卡尺测量胶砂底面最大扩散直径及与其垂直的直径，计算平均值，取整数，用mm为单位表示，即为该水量的水泥胶砂流动度。当实验胶砂流动度达到对比胶砂流动度值的±5mm时，记录此时实验胶砂的用水量 W_t（mg）。

(7) 流动度实验，从胶砂拌和开始到测量扩散直径结束，应在6min内完成。

6）实验结果

需水量比按式（1-16）计算，计算结果精确至1%：

$$R_w = \frac{W_t}{225} \times 100 \tag{1-16}$$

式中 R_w——实验胶砂的需水量比（%）；

W_t——实验胶砂的用水量（g）；

225——对比胶砂的用水量（g）。

1.4.2 活性指数

1）实验目的

活性指数是影响硅灰粉质量的主要指标之一，是指掺加一定量硅灰的水泥胶砂试件与比水泥胶砂（不掺硅灰）试件在标准条件下养护至相同规定龄期的抗压强度之比。掌握硅灰活性指数的实验方法，熟悉水泥胶砂搅拌机、抗压强度实验机和专用夹具的操作规程，了解现行国家标准《砂浆和混凝土用硅灰》GB/T 27690中对硅灰活性指数的技术要求。

2）实验依据及环境要求

(1) 实验依据

《砂浆和混凝土用硅灰》GB/T 27690

《水泥胶砂强度检验方法》（ISO法）GB/T 17671

(2) 环境要求

实验室环境：温度为(20±2)℃，相对湿度不低于50%。

水泥试样、拌合水、仪器和用具的温度：与实验室一致。

试样带模养护的养护箱或雾室：温度(20±2)℃，相对湿度不低于95%。

蒸养箱：温度为(65±2)℃。

注：湿气养护箱的温度与相对湿度与蒸养箱温度至少每4h记录一次，在自动控制的情况下可一天记录两次。在温度给定范围内，控制所设定的温度应为此范围中值。

3）主要仪器设备

水泥胶砂搅拌机：应符合现行行业标准《行星式水泥胶砂搅拌机》JC/T 681的要求。

试模：由三个水平试模槽组成，可同时成型三条截面为40mm×40mm×160mm的棱形试体，其材质和尺寸应符合现行行业标准《水泥胶砂试模》JC/T726的要求。在组装备用的干净模型时，应用黄干油等密封材料涂覆模型的外接缝。试模的内表面应涂上一薄层模型油或机油。成型操作时，应在试模上面加有一个壁高20mm的金属模套，并配备长短各一个播料器和一金属刮平尺。

振实台：应符合现行行业标准《水泥胶砂试体成型振实台》JC/T 682的要求。振实台应安装在高度约400mm的混凝土基座上。混凝土体积约为0.25m^3，重约600kg。

抗压强度实验机：精度不大于±1%，并具有按2400N/s速率的加荷能力。

水泥抗压夹具：应符合现行行业标准《40mm×40mm水泥抗压夹具》JC/T683的要求，且受压面积为40mm×40mm。

量筒或定滴管：精度±0.5mL。

天平：最大称量不小于1000g，分度值不大于1g。

4）样品制备

实验胶砂：硅灰45g；基准水泥405g，且应符合现行国家标准《混凝土外加剂》GB 8076中附录A的规定；标准砂1350g，且应符合现行国家标准《水泥胶砂强度检验方法》（ISO法）GB/T 17671规定的中国ISO标准砂；加水量225g。

对比胶砂：基准水泥450g；标准砂1350g；加水量225g。

注：实验胶砂中应加入符合GB 8076中标准型高效减水剂要求的萘系减水剂（减水率大于18%），以便使实验胶砂流动度达到对比胶砂流动度值的±5mm。

5）实验步骤

（1）实验前先检查水泥胶砂搅拌机、水泥胶砂振实台是否正常运转。

（2）用湿抹布擦拭搅拌锅及叶片。把水（水和外加剂）加入搅拌锅里，再加入水泥（预先混合均匀的水泥和硅灰），把锅放置在固定架上，上升至固定位置。立即开动机器，低速搅拌30s后，在第二个30s开始的同时均匀地将砂子加入（当各级砂是分装时，从最粗粒级开始，依次加完），机器转至高速再拌30s。停拌90s，在第一个15s内用一胶皮刮具将叶片和锅壁上的胶砂刮入锅中间。在高速下继续搅拌60s后成型。各个搅拌阶段，时间误差应在±1s以内。

（3）实验胶砂与对比胶砂制备完毕后，立即进行试件的成型。将空试模和模套固定在振实台上，用一个适当的勺子直接将胶砂分两层装入试模，装第一层时，每个槽里约放300g胶砂，用大播料器垂直架在模套顶部沿每个模槽来回一次将料层播平，接着振实60次。再装入第二层胶砂，用小播料器播平，再振实60次，移走模套，从振实台上取下试模，用一金属直尺以近似90°的角度架在试模模顶的一端，然后沿试模长度方向以横向锯割动作慢慢向另一端移动，一次将超过试模部分的胶砂刮去，并用同一直尺以近乎水平的情况下将试体表面抹平。

（4）在试模上做标记或加字条标明试件编号、各试件相对于振实台的位置。

（5）去掉留在模子四周的胶砂。立即将做好标记的试模放入湿气养护箱的水平架子上养护，湿空气应能与试模的各边接触。一直养护到规定的脱模时间时取出脱模。脱模前，用防水墨汁对试体进行编号和做其他标记。两个龄期以上的试体，在编号时应将同一试模中的三条试体分在两个以上龄期内。

（6）胶砂试件成型后1d脱模。脱模后，试件置于密闭蒸养箱中，在(65±2)℃温度下蒸养6d。

（7）胶砂试件养护7d龄期后取出，在实验条件下冷却至室温，进行抗压强度实验。将经抗折实验折断的半截棱柱体放入抗压夹具，并保证半截棱柱体中心与实验机压板的中心差应在±0.5mm内，棱柱体露出抗压夹具压板的部分约有10mm。在整个加荷过程中，以(2400±200)N/s的速率均匀地加荷直至破坏。

6）实验结果

抗压强度 R_c 以牛顿每平方毫米（MPa）表示，按式（1-17）进行计算：

$$R_c = \frac{F_c}{A} \tag{1-17}$$

式中 F_C——破坏时的最大荷载（N）；

A——受压部分面积（mm^2）。

以一组三个棱柱体上得到的六个抗压强度测定值的算术平均值作为实验结果。当六个测定值中有一个超出六个平均值±10%时，就应剔除这个结果，然后取剩下五个测定值的平均值作为抗压强度结果；如果五个测定值中再有超出它们平均值±10%的，则此组结果作废。各个半个棱柱体的单个抗压强度记录至0.1MPa，平均值计算精确至0.1MPa。

7d龄期硅灰的活性指数按式（1-18）计算，计算结果精确至1%：

$$A = \frac{R_t}{R_0} \times 100 \tag{1-18}$$

式中 A——硅灰的活性指数（%）；

R_t——实验胶砂7d抗压强度（MPa）；

R_0——对比胶砂7d抗压强度（MPa）。

第2章 骨 料

2.1 细骨料

砂是用于拌合混凝土的一种细骨料——公称粒径在5.00mm以下的岩石颗粒。砂可分为天然砂和人工砂。天然砂按产源不同可分为河砂、海砂和山砂；人工砂按组成不同又可分机制砂和混合砂。机制砂指由机械破碎、筛分制成的，粒径小于4.75mm的岩石颗粒，但不包括软质岩、风化岩石的颗粒。混合砂由机制砂和天然砂混合而成。砂按细度模数又分为粗砂、中砂、细砂和特细砂。其细度模数分别为：粗砂：3.7～3.1；中砂：3.0～2.3；细砂：2.2～1.6；特细砂：1.5～0.7。

本节介绍的细骨料检验标准适用于一般工业与民用建筑和构筑物中普通混凝土用砂的质量检验。

砂的技术指标包括：表观密度、堆积密度、紧密堆积密度、吸水率、含水率、坚固性、压碎值（人工砂）、颗粒级配、含泥量、泥块含量、氯离子含量（海砂或有氯离子污染的砂）、贝壳含量（海砂）、石粉含量（人工砂及混合砂）、碱活性（长期处于潮湿环境的重要混凝土结构用砂）、轻物质含量、有机物含量、云母含量、硫酸盐及硫化物含量。

2.1.1 筛分析

1）实验目的

筛分析实验是通过细度模数和砂的颗粒级配来评价砂的粗细以及颗粒大小的搭配情况，细度模数是衡量砂粗细程度的主要指标。掌握筛分析的取样、操作步骤、细度模数计算的实验方法，熟悉摇筛机的操作规程，了解国家现行标准《建设用砂》GB/T 14684和《普通混凝土用砂、石质量及检验方法标准》JGJ 52中砂颗粒级配区的划分和等级评定。

2）实验依据及环境要求

（1）实验依据

《建设用砂》GB/T 14684

《普通混凝土用砂、石质量及检验方法标准》JGJ 52

注：这两个标准都是现行标准，根据国家标准《混凝土结构工程施工质量验收规范》GB 50204的规定，混凝土结构工程应采用行业标准对砂进行检验。如果砂用于其他目的，则可用国标进行检验。因此，本章、节主要以JGJ52为编写依据，考虑到国标与行标的实验方法基本一致，国标实验方法将不再另行叙述，仅在两者出现较大出入时，再说明其区别所在。

（2）环境要求

实验室环境：温度为(20±5)℃。

3）主要仪器设备

实验筛：公称直径分别为10.0mm、5.00mm、2.50mm、1.25mm、630μm、315μm、

160μm、80μm的方孔筛各一只，筛的底盘和盖各一只；筛框直径为300mm或200mm。其产品质量要求应符合现行国家标准《金属丝编制网实验筛》GB/T 6003.1和《金属穿孔板实验筛》GB/T 6003.2的规定。

天平：最大称量不小于1000g，分度值不大于1g。

摇筛机。

烘箱：温度控制范围为(105±5)℃。

浅盘、硬、软毛刷等。

4）样品制备

（1）用于筛分析试样的颗粒的公称粒径不应大于10.0mm，所以实验前应先将样品通过孔径为10.0mm的方孔筛，并计算筛余。称取经缩分后的样品不少于550g两份，分别装入两个浅盘，在(105±5)℃的温度下烘干至恒重，冷却至室温备用。

注：恒重系指相邻两次称量间隔时间不大于3h的情况下，前后两次称量之差小于该实验所要求的称量精度（下同）。

（2）准确称取烘干试样500g（特细砂可称250g）。

5）实验步骤

① 将称量好的样品置于大孔在上、小孔在下顺序排列的套筛的最上一只筛（即公称直径为5mm的方孔筛）上；将套筛装入摇筛机内固紧，筛分10min；然后取出套筛，再按筛孔由大到小的顺序，在清洁的浅盘上逐个手筛，直至每分钟的筛出量不超过试样总量的0.1%时为止；通过的颗粒并入下一只筛，并和下一只筛中试样一起进行干筛。按此顺序依次进行，直至每个筛全部筛完为止。

注：仅在试样为特细砂时，增加80μm的方孔筛一只；若试样含泥量超过5%，则应先水洗，然后烘干至恒重，再进行筛分；无摇筛机时，可用手筛。

（2）试样在各只筛上的筛余量均不得超过式（2-1）计算得出的剩留量：

$$m_r = \frac{A\sqrt{d}}{300} \tag{2-1}$$

式中 m_r——某一筛上的剩留量（g）；

d——筛孔边长（mm）；

A——筛的面积（mm^2）。

否则应将该筛余试样分成两份或数份，再次进行筛分，并以其筛余量之和作为筛余量。

（3）称取各筛筛余试样的质量（精确至1g）。所有各筛的分计筛余量和底盘中剩余量之和与筛分前的试样总量相比，其相差不得超过1%。

6）实验结果

（1）计算分计筛余（各筛上的筛余量除以试样总量的百分率），精确至0.1%。

（2）计算累计筛余（该筛的分计筛余与筛孔大于该筛的各筛的分计筛余之和），精确至0.1%。

（3）以各筛两次实验累计筛余的平均值评定该试样的颗粒级配分布情况，精确至1%。

（4）按式（2-2）计算砂的细度模数 μ_f（精确至0.01）。

$$\mu_f = \frac{(\beta_2 + \beta_3 + \beta_4 + \beta_5 + \beta_6) - 5\beta_1}{100 - \beta_1} \tag{2-2}$$

式中，β_1、β_2、β_3、β_4、β_5 和 β_6 分别为公称直径为5.00mm、2.50mm、1.25mm、

630μm、315μm 和 160μm 方孔筛上的累计筛余。

以两次实验结果的算术平均值作为测定值（精确至 0.1）。如两次实验所得的细度模数之差大于 0.20 时，应重新取样进行实验。

2.1.2 表观密度

1）实验目的

表观密度是指砂在自然状态下单位体积（包括内封闭孔隙）的质量，是反映砂品质的主要指标。掌握砂表观密度的实验方法，明确标准法和简易法测定表观密度的区别，熟悉电子天平、烘箱等实验设备的操作规程，了解国家现行标准《建设用砂》GB/T 14684 和《普通混凝土用砂、石质量及检验方法标准》JGJ 52 中对砂表观密度的技术要求。

2）实验依据及环境要求

（1）实验依据

《建设用砂》GB/T 14684

《普通混凝土用砂、石质量及检验方法标准》JGJ 52

（2）环境要求

实验室环境：温度(20±5)℃。

3）主要仪器设备

天平：最大称量不小于 1000g，分度值不大于 1g。

容量瓶：容量 500mL。

李氏瓶：容量 250mL。

烘箱：温度控制范围为(105±5)℃。

干燥器、浅盘、铝制料勺、温度计等。

4）样品制备

（1）标准法

将缩分至 650g 左右的试样在温度(105±5)℃的烘箱中烘干至恒重，并在干燥器内冷却至室温。

（2）简易法

将样品缩分至不少于 120g，在(105±5)℃的烘箱中烘干至恒重，并在干燥器中冷却至室温，分成大致相等的两份备用。

5）实验步骤

（1）标准法

① 称取烘干的试样 300g（m_0），装入盛有半瓶冷开水的容量瓶中；

② 摇转容量瓶，使试样在水中充分搅动以排除气泡，塞紧瓶塞，静置 24h；然后用滴管加水至瓶颈刻度线平齐，再塞紧瓶塞，擦干瓶外壁的水分，称其质量（m_1）；

③ 倒出容量瓶中的水和试样，将瓶的内外壁洗净，再向瓶内注入与上步骤所用水的温度相差不超过 2℃的冷开水至瓶颈刻度线，再塞紧瓶塞，擦干瓶外壁水分，称其质量（m_2）。

注：在砂的表观密度实验过程中应测量并控制水的温度，实验的各项称量可在 15～25℃的温度范围内进行。从试样加水静置的最后 2h 起直至实验结束，其温差不应超过 2℃。

（2）简易法

① 向李氏瓶中注入冷开水至一定刻度处，擦干瓶颈内部附着水，记录水的体积（V_1）；

② 称取烘干试样 50g（m_0），徐徐装入盛水的李氏瓶中；

③ 试样全部倒入瓶中后，用瓶内的水将粘附在瓶颈和瓶壁的试样洗入水中，摇转李氏瓶以排除气泡，精置约 24h 后，记录瓶中水面升高后的体积（V_2）。

注：在实验过程中应测量并控制水的温度，允许在 15～25℃温度范围内进行体积测定，但两次体积测定（指 V_1 和 V_2）的温差不得大于 2℃。从试样加水静置的最后 2h 起，直至记录完瓶中水面高度时止，其温差不应超过 2℃。

6）实验结果

标准法测定表观密度 ρ 按式（2-3）计算（精确至 10kg/m³）：

$$\rho=\left(\frac{m_0}{m_0+m_2-m_1}-\alpha_t\right)\times 1000 \tag{2-3}$$

式中 m_0——试样的烘干质量（g）；

m_1——试样、水及容量瓶总质量（g）；

m_2——水及容量瓶总质量（g）；

α_t——水温对砂的表观密度影响的修正系数，见表 2-1。

以两次实验结果的算术平均值作为测定值，当两次结果之差大于 20kg/m³，应重新取样进行实验。

表 2-1 不同水温对砂的表观密度影响的修正系数

水温（℃）	15	16	17	18	19	20
α_t	0.002	0.003	0.003	0.004	0.004	0.005
水温（℃）	21	22	23	24	25	—
α_t	0.005	0.006	0.006	0.007	0.008	—

简易法测定表观密度 ρ 按式（2-4）计算（精确至 10kg/m³）：

$$\rho=\left(\frac{m_0}{V_2-V_1}-\alpha_t\right)\times 1000 \tag{2-4}$$

式中 m_0——试样的烘干质量（g）；

V_1——水的原有体积（mL）；

V_2——倒入试样后的水和试样的体积（mL）；

α_t——考虑称量时的水温对水相对密度影响的修正系数，见表 2-1。

以两次实验结果的算术平均值作为测定值，如两次结果之差大于 20kg/m³时，应重新取样进行实验。

2.1.3 堆积密度和紧密密度

1）实验目的

堆积密度是指砂在自然堆积状态下单位体积的质量，紧密密度是砂按规定方法颠实后单位体积的质量，两者是评价砂质量的主要指标。掌握砂的堆积密度和紧密密度的实验方法，了解国家现行标准《建设用砂》GB/T 14684 和《普通混凝土用砂、石质量及检验方法标准》JGJ 52 中砂对堆积密度和紧密密度的技术要求。

2）实验依据及环境要求

（1）实验依据

《建设用砂》GB/T 14684

《普通混凝土用砂、石质量及检验方法标准》JGJ 52

（2）环境要求

实验室环境：温度为(20±5)℃。

3）主要仪器设备

容量筒：金属制、圆柱形、内径 108mm，净高 109mm，筒壁厚 2mm，容积约为 1L，筒底厚为 5mm。

漏斗（图 2-1）或铝制料勺。

天平：最大称量不小于 5kg，分度值不大于 5g。

烘箱：温度控制范围为(105±5)℃。

直尺、浅盘等。

4）样品制备

先用公称直径为 5.00mm 的筛子过筛，然后取经缩分后的样品不少于 3L，装入浅盘，在温度为（105±5）℃烘箱中烘干至恒重，取出并冷却至室温，分成大致相等的两份备用。试样烘干后如有结块，应在实验前捏碎。

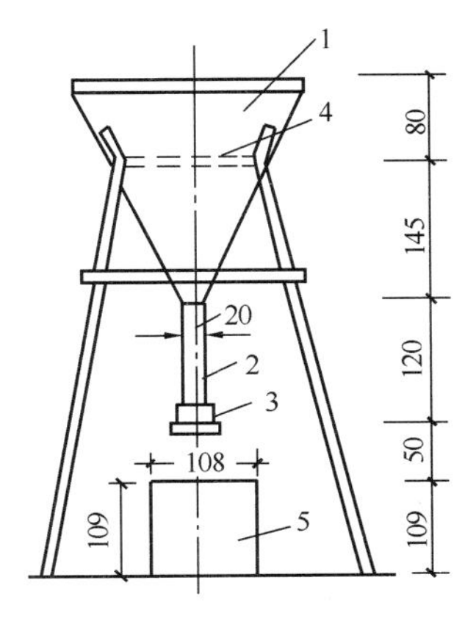

1—漏斗；2—20mm 管子；3—活动门；4—筛；5—金属量筒

图 2-1 标准漏斗（单位：mm）

5）实验步骤

（1）堆积密度：取试样一份，用漏斗或铝制料勺，将它徐徐装入容量筒（漏斗出料口或料勺距容量筒筒口不应超过 50mm）直至试样装满并超出容量筒筒口。然后用直尺将多余的试样沿筒口中心线向两个相反方向刮平，称其质量（m_2）。

（2）紧密密度：取试样一份，分两层装入容量筒。装完一层后，在筒底垫放一根直径为 10mm 的钢筋，将筒按住，左右交替颠击地面各 25 下，然后再装入第二层；第二层装满后用同样方法颠实（但筒底所垫钢筋的方向应与第一层放置方向垂直）；二层装完并颠实后，加料直至试样超出容量筒筒口，然后用直尺将多余的试样沿筒口中心线向两个相反方向刮平，称其重量（m_2）。

6）实验结果

堆积密度（ρ_L）及紧密密度（ρ_c）按式（2-5）计算（精确至 10kg/m³）：

$$\rho_L(\rho_c)=\frac{m_2-m_1}{V}\times 1000 \tag{2-5}$$

式中 m_1——容量筒的质量（kg）；

m_2——容量筒和砂总质量（kg）；

V——容量筒容积（L）。

以两次实验结果的算术平均值作为测定值。

空隙率按式（2-6）与式（2-7）计算（精确至 1%）：

$$v_L=\left(1-\frac{\rho_L}{\rho}\right)\times 100 \tag{2-6}$$

$$v_c=\left(1-\frac{\rho_c}{\rho}\right)\times 100 \tag{2-7}$$

式中 v_L——堆积密度的空隙率；

v_c——紧密密度的空隙率；

ρ_L——砂的堆积密度（kg/m^3）；

ρ——砂的表观密度（kg/m^3）；

ρ_c——砂的紧密密度（kg/m^3）。

容量筒容积的校正方法

以温度为(20±2)℃的饮用水装满容量筒，用玻璃板沿筒口滑移，使其紧贴水面。擦干筒外壁水分，然后称其质量。用式（2-8）计算筒的容积（V）：

$$V = m'_2 - m'_1 \tag{2-8}$$

式中 m'_1——容量筒和玻璃板重量（kg）；

m'_2——容量筒、玻璃板和水总重量（kg）。

2.1.4 含水率

1）实验目的

含水率反映砂在自然条件下的含水状态，是配制混凝土时合理用砂的主要技术参数。掌握砂含水率的两种实验方法和适用范围，了解国家现行标准《建设用砂》GB/T 14684 和《普通混凝土用砂、石质量及检验方法标准》JGJ 52 中砂对含水率实验方法的规定和要求。

2）实验依据及环境要求

（1）实验依据

《建设用砂》GB/T 14684

《普通混凝土用砂、石质量及检验方法标准》JGJ 52

（2）环境要求

实验室温度为(20±5)℃。

3）主要仪器设备

天平：最大称量不小于1000g，分度值不大于1g。

烘箱：温度控制范围为(105±5)℃。

电炉（或火炉）。

浅盘、炒盘、油灰铲、干刷等。

4）样品制备

（1）标准法

由样品中取各重约500g的试样两份。

（2）快速法

由密封样品中取500g试样。

注：本方法适用于快速测定砂的含水率。对含泥量过大及有机杂质含量较多的砂不宜采用。

5）实验步骤

（1）标准法

① 将样品分别放入已知质量的干燥容器（m_1）中称重，记下每盘试样与容器的总重（m_2）；

② 将容器连同试样放入温度为(105±5)℃的烘箱中烘干至恒重，称量烘干后的试样与容器的总重（m_3）。

（2）快速法

① 将样品放入干净的铁制或铝制炒盘（m_1）中，称取试样与炒盘的总重（m_2）；

② 置炒盘于电炉（或火炉）上，用小铲不断地翻拌试样，到试样表面全部干燥后，切断电源（或移出火外）再继续翻拌 1min，稍予冷却（以免损坏天平）后，称干样与炒盘的总重（m_3）。

6）实验结果

标准法测砂的含水率 ω_{wc} 按式（2-9）计算（精确至 0.1%）：

$$\omega_{wc} = \frac{m_2 - m_3}{m_3 - m_1} \times 100 \tag{2-9}$$

式中 m_1——容器质量（g）；

m_2——未烘干的试样与容器的总质量（g）；

m_3——烘干后的试样与容器的总质量（g）。

以两次实验结果的算术平均值作为测定值。

快速法测砂的含水率 ω_{wc} 按式（2-10）计算（精确至 0.1%）：

$$\omega_{wc} = \frac{m_2 - m_3}{m_3 - m_1} \times 100 \tag{2-10}$$

式中 m_1——炒盘质量（g）；

m_2——未烘干的试样与炒盘的总质量（g）；

m_3——烘干后的试样与炒盘的总质量（g）。

以两次实验结果的算术平均值作为测定值。

2.1.5 人工砂及混合砂石粉含量实验（亚甲蓝法）

1）实验目的

石粉含量是指人工砂中公称粒径＜80μm，且其矿物组成和成分与被加工母岩石相同的颗粒含量，是评价人工砂品质的重要参数，也是混凝土用砂的技术依据。掌握标准法和快速法测定人工砂石粉含量的实验方法，熟悉亚甲蓝溶液的制备和亚甲蓝试验搅拌装置的操作规程，了解国家现行标准《建设用砂》GB/T 14684 和《普通混凝土用砂、石质量及检验方法标准》JGJ 52 中砂对石粉含量的技术要求。

2）实验依据及环境要求

（1）实验依据

《建设用砂》GB/T 14684

《普通混凝土用砂、石质量及检验方法标准》JGJ 52

（2）环境要求

实验室环境：温度(20±5)℃。

3)主要仪器设备

三片或四片式叶轮搅拌器：转速可调[最高达(600±60)r/min]，直径(75±10)mm。

亚甲蓝：($C_{16}H_{18}ClN_3S \cdot 3H_2O$) 含量≥95%。

烘箱：温度控制范围为(105±5)℃。

天平：最大称量不小于 1000g，分度值不大于 1g；最大称量不大于 100g，分度值不大于0.01g。

实验筛：筛子公称直径为80μm、25μm的方孔筛各一只。

容器：要求淘洗试样不溅出深度大于250mm。

移液管：5mL、1mL的移液管各一支。

定时装置：精度1s。

玻璃容量瓶：容量1L。

温度计：精度1℃。

玻璃棒：2支，直径8mm，长30mm。

滤纸：快速定性。

搪瓷盘、毛刷、容量为1000mL的烧杯等。

4）样品制备

亚甲蓝溶液：将亚甲蓝粉末在(100±5)℃下烘干至恒重，称取烘干亚甲蓝粉末10g，精确至0.01g，倒入盛有约600mL蒸馏水(水温加热至35～40℃)的烧杯中，用玻璃棒持续搅拌40min，直至亚甲蓝粉末完全溶解，冷却至20℃。将溶液倒入1L容量瓶中，用蒸馏水淋洗烧杯等，使所有亚甲蓝溶液全部移入容量瓶，容量瓶和溶液的温度应保持在(20±1)℃，加蒸馏水至容量瓶1L刻度。振荡容量瓶以保证亚甲蓝粉末完全溶解。将容量瓶中溶液移入深色储藏瓶中，标明制备日期、失效日期(亚甲蓝溶液保质期应不超过28d)，并置于阴暗处保存。

实验砂样：将试样缩分至约400g，在(100±5)℃的烘箱中烘干至恒重，待冷却至室温后，筛除公称直径大于5.0mm的颗粒备用。

5）实验步骤

(1）标准法

① 称取试样200g，精确至1g。将试样倒入盛有(500±5)mL蒸馏水的烧杯中，用叶轮搅拌机以(600±60)r/min转速搅拌5min，形成悬浮液，然后以(400±40)r/min转速持续搅拌，直至实验结束。

② 悬浮液中加入5mL亚甲蓝溶液，以（400±40）r/min转速搅拌至少1min后，用玻璃棒蘸取一滴悬浮液（所取悬浮液滴应使沉淀物直径在8～12mm内），滴于滤纸（置于空烧杯或其他合适的支撑物上，以使滤纸表面不与任何固体或液体接触）上。若沉淀物周围未出现色晕，再加入5mL亚甲蓝溶液，继续搅拌1min，再用玻璃棒蘸取一滴悬浮液，滴于滤纸上；若沉淀物周围仍未出现色晕，重复上述步骤，直至沉淀物周围出现约1mm的稳定浅蓝色色晕。此时，应继续搅拌，不加亚甲蓝溶液，每1min进行一次蘸染实验。若色晕在4min内消失，再加入5mL亚甲蓝溶液；若色晕在第5min消失，再加入2mL亚甲蓝溶液。两种情况下，均应继续进行搅拌和蘸染实验，直至色晕可持续5min。

③ 记录色晕持续5min时所加入的亚甲蓝溶液总体积，精确至1mL。

(2）快速法

① 称取试样200g，精确至1g。将试样倒入盛有(500±5)mL蒸馏水的烧杯中，用叶轮搅拌机以(600±60)r/min转速搅拌5min，形成悬浮液，然后以(400±40)r/min转速持续搅拌，直至实验结束。

② 一次性向烧杯中加入30mL亚甲蓝溶液，在(400±40)r/min转速持续搅拌8min，然

后用玻璃棒蘸取一滴悬浮液，滴于滤纸上，观察沉淀物周围是否出现明显色晕。

6）实验结果

亚甲蓝 MB 值计算结果，精确至 0.01（国标精确至 0.1）：

$$MB=\frac{V}{G}\times 10 \tag{2-11}$$

式中 MB——亚甲蓝值（g/kg），表示每千克 0～2.36mm 粒级试样所消耗的亚甲蓝克数；

G——试样质量（g）；

V——所加入的亚甲蓝溶液的总量（mL）。

注：公式中的系数 10 用于将每千克试样消耗的亚甲蓝溶液体积换算成亚甲蓝质量。

当 MB 值<1.4 时，则判定是以石粉为主；当 MB 值≥1.4 时，则判定是以泥粉为主的石粉。若沉淀物周围出现明显色晕，则判定亚甲蓝快速实验为合格；若沉淀物周围未出现明显色晕，则判定亚甲蓝快速实验为不合格，人工砂的判定范围见表 2-2。

表 2-2 人工砂或混合砂中石粉含量限制

混凝土强度等级		≥C60	C55～C30	≤C25
石粉含量（%）	MB<1.4（合格）	≤5.0	≤7.0	≤10.0
	MB≥1.4（不合格）	≤2.0	≤3.0	≤5.0

注：有抗冻、抗渗或其他特殊要求的小于或等于 C25 混凝土用砂，其含泥量不应大于 3.0%。

2.1.6 碱活性实验

1）实验目的

碱活性骨料指能在一定条件下与混凝土发生化学反应导致混凝土产生膨胀、开裂甚至破坏的骨料，碱活性实验可鉴定砂与水泥（混凝土）中的碱产生潜在反应的危害性，是混凝土用砂的重要依据，也是反映砂质量的技术指标之一。掌握碱活性实验的适用范围和试验试件的制备步骤、要点、养护和长度测试方法，熟悉外径千分尺的读数方法和碱集料反应养护箱的操作规程，了解国家现行标准《建设用砂》GB/T 14684 和《普通混凝土用砂、石质量及检验方法标准》JGJ 52 中砂对碱活性的技术要求。

2）实验依据及环境要求

（1）实验依据

《普通混凝土用砂、石质量及检验方法标准》JGJ 52

（2）环境要求

成型环境：温度(20±2)℃。

试件养护环境：温度(80±2)℃的烘箱或水浴箱。

3）主要仪器设备

烘箱：温控范围为(105±5)℃。

天平：最大称量不小于 1000g，感量 1g。

实验筛：筛孔公称直径为 5.00mm、2.50mm、1.25mm、630μm、315μm、160μm 的方孔筛各一只。

测长仪：测量范围 280～300mm，精度 0.01mm。

水泥胶砂搅拌机：应符合现行行业标准《行星式水泥胶砂搅拌机》JC/T 681 的规定。

镘刀及截面为 14mm×13mm、长 120～150mm 的钢制捣棒（砂浆长度法时使用）。

恒温养护箱或水浴：温度控制范围为(80±2)℃(快速法使用)。

养护环境：室温为(40±2)℃(砂浆长度法时使用)。

养护筒：用耐蚀材料制成，应不漏水、不透气，加盖后放在养护室中能确保筒内空气相对湿度为 95%以上，筒内设有试件架，架下盛有水，试件垂直立于架上并不与水接触（砂浆长度法时使用）。

养护筒：由耐碱耐高温的材料制成，不漏水，密封，防止容器内湿度下降，筒内设有试件架，试件垂直于试件架放置，筒的容积以保证试件全部分离地浸没在水中且不能与容器壁接触为宜。

试模：金属试模，尺寸为 25mm×25mm×280mm，试模两端正中有小孔，装有不锈钢质膨胀测头。

4）样品制备

（1）快速法

① 将砂样缩分至约 5kg，按表 2-3 所示级配及比例组合成实验用料，并将试样洗净烘干或晾干备用。

表 2-3 砂级配表

公称粒级	5.00～2.50mm	2.50～1.25mm	1.25mm～630μm	630μm～315μm	315μm～160μm
分级质量（%）	10	25	25	25	15

注：对特细砂分级质量不作规定。

② 水泥应采用符合现行国家标准《通用硅酸盐水泥》GB 175 要求的普通硅酸盐水泥。水泥与砂的质量比为 1∶2.25，水灰比 0.47。试件规格 25mm×25mm×280mm，每组 3 条试件共需水泥 440g，砂 990g。

③ 成型前 24h，将实验所用材料（水泥、砂、拌合用水等）放入(20±2)℃的恒温室内。

（2）砂浆长度法

① 水泥应使用高碱水泥，含碱量为 1.2%。低于此值时，掺浓度为 10%的氢氧化钠溶液，将碱含量调至水泥量的 1.2%，对于具体工程拟用水泥的含碱量高于此值时，则用工程所使用的水泥。

注：水泥含碱量以氧化钠（Na_2O）计，氧化钾（K_2O）换算为氧化钠时乘以换算系数 0.658。

② 将砂样品缩分成约 5kg，按表 2-3 中所示级配及比例组合成实验用料，并将试样洗净晾干。

③ 水泥与砂的质量比为 1∶2.25。每组 3 个试件，共需水泥 440g，砂 990g，砂浆用水量按现行国家标准《水泥胶砂流动度测定方法》GB/T2419 确定，但跳桌跳动次数改为 6s 跳动 10 次，以流动度在 105～120mm 为准。

④ 成型前 24h，将实验所用材料（水泥、砂、拌合水等）放入（20±2)℃的恒温室中待用。

5）实验步骤

(1) 快速法

① 将称好的水泥与砂倒入搅拌锅内，开动搅拌机，拌合5s后徐徐加水，20～30s加完，自开动机器起搅拌(180±5)s，将粘在叶片上的砂浆刮下，取下搅拌锅。

② 搅拌完成后，立即将砂浆分两层装入已装有膨胀测头的试模中，每层捣40次，注意膨胀测头周围应小心填实，浇捣完毕后用镘刀刮除多余砂浆，抹平表面，编号并标明测长方向。

③ 试件成型完毕后，立即带模放入标准养护室，养护(24±2)h后脱模。

④ 脱模后，将试件浸没于养护筒内的水中，并将养护筒放入温度80℃±2℃的烘箱或水浴箱中养护24h。同种骨料制成的试件放在同一个养护筒中。

⑤ 将养护筒逐个取出，每次从养护筒内取出一个试件，用抹布擦干表面，立即用测长仪测试件的基长(L_0)(精确至0.01mm)，每个试件至少重复测试两次，取差值在仪器精度范围内的两个读数的平均值作为长度测定值(精确值0.02mm)，每次每个试件的测量方向应一致，待测的试件须用湿布覆盖，防止水分蒸发；从取出试件擦干到读数完成应在15s±5s内完成，读完数后的试件应用湿布覆盖。全部试件测完基准长度后，将试件浸没于养护筒内的1mol/L氢氧化钠溶液中，溶液温度保持在(80±2)℃，将养护筒加盖放回烘箱或水浴箱中。

注：用测长仪测定任一组试件的长度时，均应先调整测长仪的零点。

⑥ 自测定基准长度之日起，第3d、7d、10d、14d再分别测长(L_t)。测长度方法与测基长方法相同。每次测长完毕后，应将试件调头放入原养护筒中，加盖后放回(80±2)℃的高温养护箱或水浴箱中，继续养护至下一个测试龄期。

⑦ 操作时防止氢氧化钠溶液溢溅，避免烧伤皮肤；在测量时应观察试件的变形、裂缝、渗出物等，特别应观察有无胶体物质，并作详细记录。

(2) 砂浆长度法

① 先将称好的水泥与砂倒入搅拌锅内，开动搅拌机，拌合5s后徐徐加水，20～30s加完，自开机起搅拌(180±5)s停机，将粘在叶上的砂浆刮下，取下搅拌锅。

② 砂浆分两层装入试模内，每层捣40次；测头周围应填实，浇捣完毕后用镘刀刮除多余砂浆，抹平表面，编号并标明测长方向。

③ 试件成型完毕后，带模放入标准养护室，养护(24±4)h后脱模(当试件强度较低时，可延至48h脱模)。脱模后立即测试件的基长(L_0)。测长应在(20±2)℃的恒温室中进行，每个试件至少重复测试两次，取差值在仪器精度范围内的2个读数的平均值作为长度测定值(精确至0.02mm)。待测的试件须用湿布覆盖，以防止水分蒸发。

④ 测量后将试件放入养护筒内，盖严后放入(40±2)℃养护室里养护(一个筒内的品种应相同)。

⑤ 自测基长之日起，14d、1个月、2个月、3个月、6个月再分别测其长度(L_t)，如有必要还可适当延长。在测长前一天，应把养护筒从(40±2)℃的养护室中取出，放入(20±2)℃的恒温室。测长方法与测基长相同，测量完毕后，应将试件调头放入养护筒中，盖好筒盖，放回(40±2)℃的养护室继续养护到下一测龄期。

⑥ 在测量时应观察试件的变形、裂缝和渗出物，特别应观察有无胶体物质，并作详细记录。

6）实验结果及判定

（1）快速法

试件在t天龄期的膨胀率ε_t按式（2-12）计算，精确至0.01%：

$$\varepsilon_t = \frac{L_t - L_0}{L_0 - 2\Delta} \times 100 \tag{2-12}$$

式中 L_t——试件在t天龄期的长度（mm）；

L_0——试件的基长（mm）；

Δ——测头的长度（mm）。

以3个试件膨胀率的算术平均值作为某一龄期膨胀率的测定值。任一试件膨胀率与平均值均应符合下列规定：

当平均值≤0.05%时，其差值均应<0.01%；

当平均值>0.05%时，单个测值与平均值均应小于平均值的20%；

当三个试件的膨胀率均大于0.10%时，无精度要求；

当不符合上述要求时，去掉膨胀率最小的，用其余两个试件的平均值作为该龄期的膨胀率。

结果判定：

当14d膨胀率<0.10%时，可判定为无潜在危害；

当14d膨胀率>0.20%时，可判定为有潜在危害；

当14d膨胀率在0.10%～0.20%之间时，应按砂浆长度法进行实验判定。

（2）砂浆长度法

试件的膨胀率应按式（2-13）计算（精确至0.001%）：

$$\varepsilon_t = \frac{L_t - L_0}{L_0 - 2\Delta} \times 100 \tag{2-13}$$

式中 ε_t——试件在t天龄期的膨胀率（%）；

L_t——试件在t天龄期的长度（mm）；

L_0——试件基长（mm）；

Δ——测头长度（mm）。

以3个试件膨胀率的平均值作为某一龄期的膨胀率的测定值。任一试件膨胀率与平均值均应符合下列规定：

① 当平均值≤0.05%时，其差值均应<0.01%；

② 当平均值>0.05%时，其差值均应小于平均值的20%；

③ 当三个试件的膨胀率均超过0.10%时，无精度要求；

④ 当不符合上述要求时，去掉膨胀率最小的，用其余两个试件的平均值作为该龄期的膨胀率。

结果评定：当砂浆6个月的膨胀率小于0.10%或3个月的膨胀率小于0.05%（只有在缺少6个月膨胀率时才有效）时，则判为无潜在危害；否则判为有潜在危害。

2.2 粗骨料

石子是指由天然岩石经人工破碎而成，或经自然条件风化、腐蚀而成的粒径大于4.75mm（公称粒径大于5.00mm）的岩石颗粒。由人工破碎的称为碎石（或碎卵石），自然条件作用形成的为卵石。

石子中各级粒径颗粒的分配情况称为石子的颗粒级配。石子的级配情况可分为连续粒级和单粒级。级配好坏对节约水泥和保证混凝土的具有良好和易性有很大的影响，进而影响混凝土的强度。良好的级配可用较少的加水量配制出流动性好、离析泌水少的拌合物，并能在相应的成型条件下，得到均匀密实的混凝土，同时达到节约水泥的效果。

碎石的强度可用岩石的抗压强度和压碎指标表示。岩石强度首先应由生产单位提供，工程中可采用压碎指标进行质量控制。一般而言，强度和弹性模量高的石子可以制得质量好的混凝土。但是过强、过硬的石子不但没有必要，相反还可能在混凝土因温度或湿度的原因发生体积变化时，使水泥石受到较大的应力而开裂。岩石的抗压强度应比所配制的混凝土强度至少高20%。当混凝土强度等级大于或等于C60时，应进行岩石抗压强度检验。岩石的抗压强度实验并不能完全反映石子在混凝土中的受力情况。混凝土受压时，大量的石子处于受折、受剪的情况。所以为了更接近石子实际受力情况，常用压碎实验表示石子的力学性能。

石子的技术指标包括：表观密度、堆积密度、紧密堆积密度、吸水率、含水率、坚固性、压碎值、岩石抗压强度、颗粒级配、含泥量、泥块含量、针片状颗粒含量、贝壳含量（海砂）、石粉含量（人工砂及混合砂）、碱活性（长期处于潮湿环境的重要混凝土结构用砂）、硫化物及硫酸盐含量。

2.2.1 筛分析

1）实验目的

筛分析实验是通过颗粒级配来反映石子大小颗粒相互配搭的数量比例，是评价石子质量的重要技术指标，颗粒级配良好的石子有利于节约水泥和保证混凝土具有良好的和易性。掌握筛分析实验的样品制备、筛分要点和计算方法，熟悉摇筛机的操作规程，了解国家现行标准《建设用卵石、碎石》GB/T 14685和《普通混凝土用砂、石质量及检验方法标准》JGJ 52中石子连续级配和单粒级的规定和要求。

2）实验依据及环境要求

（1）实验依据

《建设用卵石、碎石》GB/T 14685

《普通混凝土用砂、石质量及检验方法标准》JGJ 52

（2）环境要求

实验室环境：温度(20±5)℃。

3）主要仪器设备

实验筛：筛孔公称直径为100.0mm、80.0mm、63.0mm、50.0mm、40.0mm、31.5mm、25.0mm、20.0mm、16.0mm、10.0mm、5.00mm和2.50mm的方孔筛以及筛的底盘和盖各一只（筛框内径均为300mm），其规格和质量要求应符合现行国家标准《金属穿孔板实验筛》GB/T 6003.2 的规定。

天平和秤：天平的最大称量不小于5kg，分度值不大于5g；秤的最大称量不小于20kg，分度值不大于20g。

烘箱：温度控制范围为(105±5)℃。

4）样品制备

将样品缩分至表2-4规定的试样所需量，烘干或风干后备用。

表2-4 筛分析所需试样的最少质量

公称粒径（mm）	10.0	16.0	20.0	25.0	31.5	40.0	63.0	80.0
试样最少质量（kg）	2.0	3.2	4.0	5.0	6.3	8.0	12.6	16.0

5）实验步骤

（1）按表2-4的规定称取试样。

（2）将试样按筛孔大小顺序过筛，当每只筛上筛余层厚度大于试样的最大粒径值时，应将该筛上的筛余试样分成两份，再次进行筛分，直至各筛每分钟的通过量不超过试样总量的0.1%。

注：当筛余试样的颗粒的粒径比公称粒径大20mm以上时，在筛分过程中，允许用手指拨动颗粒。

（3）称取各筛筛余的重量，精确至试样总质量的0.1%。各筛的分计筛余量和筛底剩余的总和与筛分前测定的试样总量相比，其相差不得超过1%。

6）实验结果

（1）计算分计筛余（各筛上的筛余量除以试样总量的百分率），精确到0.1%；

（2）计算累计筛余（该筛的分计筛余与筛孔大于该筛的各筛的分计筛余之和），精确到1%；

（3）根据各筛的累计筛余，评定该试样的颗粒级配。卵石和碎石的颗粒级配应符合表2-5的要求。

表2-5 碎石或卵石的颗粒级配范围

累计筛余（%） \ 筛孔边长（mm） \ 公称粒径（mm）		2.36	4.75	9.50	16.0	19.0	26.5	31.5	37.5	53.0	63.0	75.0	90.0
连续粒级	5～10	95～100	80～100	0～15	0	—	—	—	—	—	—	—	—
	5～16	95～100	85～100	30～60	0～10	0	—	—	—	—	—	—	—
	5～20	95～100	90～100	40～80	—	0～10	0	—	—	—	—	—	—
	5～25	95～100	90～100	—	30～70	—	0～5	0	—	—	—	—	—
	5～31.5	95～100	90～100	70～90	—	15～45	—	0～5	0		—	—	—
	5～40	—	95～100	70～90	—	30～65	—	—	0～5	0	—	—	—

续表

累计筛余（%） 筛孔边长（mm） 公称粒径（mm）		2.36	4.75	9.50	16.0	19.0	26.5	31.5	37.5	53.0	63.0	75.0	90.0
单粒级	10～20	—	95～100	85～100	—	0～15	0	—	—	—	—	—	—
	16～31.5	—	95～100	—	85～100	—	—	0～10	0	—	—	—	—
	20～40	—	—	95～100	—	80～100	—	—	0～10	0	—	—	—
	31.5～63	—	—	—	95～100	—	—	75～100	45～75	—	0～10	0	—
	40～80	—	—	—	—	95～100	—	—	70～100	—	30～60	0～10	0

注：混凝土用石应采用连续粒级。单粒级宜用于组合成满足要求的连续粒级，也可与连续粒级混合使用，以改善其级配或配成较大粒度的连续粒级。卵石的颗粒级配不符合表 2-5 要求时，则采取措施并经实验验证能确保工程质量后，方允许使用。

2.2.2 堆积密度和紧密密度

1）实验目的

堆积密度是指石子在自然堆积状态下单位体积的质量，紧密密度是按规定方法颠实后单位体积的石子质量，两者是评价石子质量的主要技术指标。掌握石子的堆积密度和紧密密度的实验方法，了解国家现行标准《建设用卵石、碎石》GB/T 14685 和《普通混凝土用砂、石质量及检验方法标准》JGJ 52 中石子对堆积密度和紧密密度的技术要求。

2）实验依据及环境要求

（1）实验依据

《建设用卵石、碎石》GB/T 14685

《普通混凝土用砂、石质量及检验方法标准》JGJ 52

（2）环境要求

实验室环境：温度(20±5)℃。

3）主要仪器设备

秤：最大称量不小于 100kg，分度值不大于 100g。

烘箱：温度控制范围为(105±5)℃。

容量筒：金属制，其规格见表 2-6。

表2-6　容量筒的规格要求

碎石或卵石的最大公称粒径（mm）	容量筒容积（L）	容量筒规格（mm）		筒壁厚度（mm）
		内径	净高	
10.0；16.0；20.0；25.0	10	208	294	2
31.5；40.0	20	294	294	3
63.0；80.0	30	360	294	4

注：测定紧密密度时，对最大公称粒径为31.5mm、40.0mm的骨料，可采用10L的容量筒，对最大公称粒径为63.0mm、80.0mm的骨料，可采用20L的容量筒。

4）样品制备

按表2-7规定称取试样，放入浅盘，在(105±5)℃的烘箱中烘干，也可摊在清洁的地面上风干，拌匀后分成两份备用。

表2-7　堆积密度和紧密密度实验所需试样的最少质量

公称粒径（mm）	10.0	16.0	20.0	25.0	31.5	40.0	63.0	80.0
试样最少质量（kg）	40	40	40	40	80	80	120	120

5）实验步骤

（1）堆积密度

① 取试样一份，置于平整干净的地板（或铁板）上，用平头铁锹铲起试样，使石子自由落入容量筒内；

② 将铁锹的齐口至容量筒上口的距离应保持为50mm左右；

③ 装满容量筒并除去凸出筒口表面的颗粒，并以合适的颗粒填入凹陷部分，使表面稍凸起部分和凹陷部分的体积大致相等，称取试样和容量筒总质量（m_2）。

（2）紧密密度

① 取试样一份，分三层装入容量筒，装完一层后，在筒底垫放一根直径为25mm的钢筋，将筒按住并左右交替颠击地面各25下，然后再装入第二层；

② 第二层装满后用同样方法颠实（但筒底所垫钢筋的方向应与第一层放置方向垂直）；然后再装入第三层，如法颠实；

③ 待三层试样装填完毕后，加料直到试样超出容量筒筒口，用钢筋沿筒口边缘滚转，刮下高出筒口的颗粒，用合适的颗粒填平凹处，使表面稍凸起部分和凹陷部分的体积大致相等。称取试样和容量筒总质量（m_2）。

6）实验结果

堆积密度（ρ_L）及紧密密度（ρ_c）按式（2-14）计算（精确至10kg/m^3）：

$$\rho_L(\rho_c) = \frac{m_2 - m_1}{V} \times 1000 \tag{2-14}$$

式中　m_1——容量筒的质量（kg）；

m_2——容量筒和试样的总质量（kg）；

V——容量筒容积（L）。

以两次实验结果的算术平均值作为测定值。

空隙率（v_L、v_c）按式（2-15）与式（2-16）计算（精确到1%）：

$$v_L = \left(1 - \frac{\rho_L}{\rho}\right) \times 100(\%) \quad (2\text{-}15)$$

$$v_c = \left(1 - \frac{\rho_c}{\rho}\right) \times 100(\%) \quad (2\text{-}16)$$

式中 v_L——堆积密度的孔隙率；

v_c——紧密密度的孔隙率；

ρ_L——碎石或卵石的堆积密度（kg/m^3）；

ρ——碎石或卵石的表观密度（kg/m^3）；

ρ_c——碎石或卵石的紧密密度（kg/m^3）。

容量筒容积的校正应以(20±5)℃的饮用水装满容量筒，用玻璃板沿筒口滑移，使其紧贴水面，擦干筒外壁水分后称其质量。用式（2-17）计算筒的容积（V）：

$$V = m'_2 - m'_1 (L) \quad (2\text{-}17)$$

式中 m'_1——容量筒和玻璃板质量（kg）；

m'_2——容量筒、玻璃板和水总质量（kg）。

2.2.3 含水率

1）实验目的

含水率反映的是石子在自然条件下的含水状态，是混凝土配合比用石的主要技术参数。掌握石子含水率的实验方法，了解国家现行标准《建设用卵石、碎石》GB/T 14685 和《普通混凝土用砂、石质量及检验方法标准》JGJ 52 中石子对含水率的规定和要求。

2）实验依据及环境要求

（1）实验依据

《建设用卵石、碎石》GB/T 14685

《普通混凝土用砂、石质量及检验方法标准》JGJ 52

（2）环境要求

实验室环境：温度(20±5)℃。

3）主要仪器设备

秤：最大称量不小于 20kg，分度值不大于 20g。

烘箱：温度控制范围为(105±5)℃。

4）样品制备

按表 2-8 规定称取试样，分成两份备用。

表 2-8 含水率实验所需试样的最少质量

公称粒径（mm）	10.0	16.0	20.0	25.0	31.5	40.0	63.0	80.0
试样最少质量（kg）	2	2	2	2	3	3	4	6

5）实验步骤

（1）将试样置于干净的容器中，称取试样和容器的总质量（m_1），并在(105±5)℃的烘箱中烘干至恒重；

（2）取出试样，冷却后称取试样与容器的总质量（m_2），并称取容器的质量（m_3）。

6）实验结果

含水率ω_{wc}按式（2-18）计算（精确至0.1%）：

$$\omega_{wc}=\frac{m_1-m_2}{m_2-m_3}\times 100 \tag{2-18}$$

式中　m_1——烘干前试样与容器总质量（g）；

m_2——烘干后试样与容器的总质量（g）；

m_3——容器质量（g）。

以两次实验结果的算术平均值作为测定值。

2.2.4　岩石抗压强度

1）实验目的

岩石抗压强度是指岩石在纵向压力作用下达到破坏时的极限应力，是岩石力学性能的主要属性之一，也是配制高强混凝土用石的主要参考指标，岩石的抗压强度主要取决于岩石的矿物组成、晶粒粗细及构造的均匀性、孔隙率大小和岩石风化程度等。掌握岩石抗压强度的取样要点、试件养护和强度测试方法，熟悉压力试验机的操作规程，了解国家现行标准《建设用卵石、碎石》GB/T 14685和《普通混凝土用砂、石质量及检验方法标准》JGJ 52中对岩石抗压强度的规定和要求。

2）实验依据及环境要求

（1）实验依据

《建设用卵石、碎石》GB/T 14685

《普通混凝土用砂、石质量及检验方法标准》JGJ 52

（2）环境要求

实验室环境：温度(20±5)℃。

3）主要仪器设备

压力实验机：荷载1000kN。

石材切割机或钻石机。

岩石磨光机。

游标卡尺，角尺等。

4）样品制备

（1）取有代表性的岩石样品用石材切割机切割成边长为50mm的立方体，或用钻石机钻取直径与高度均为50mm的圆柱体；

（2）然后用岩石磨光机把试件与压力板接触的两个面磨光并保持平行，试件形状须用角尺检查。

（3）至少应制作6个试块为一组。对有显著层理的岩石，应制作两组（12块）分别测定其垂直和平行于层理的强度值。

5）实验步骤

（1）用游标卡尺量取试件的尺寸（精确至0.1mm），对于立方体试件，在顶面和底面上各量取其边长，以各个面上相互平行的两个边长的算术平均值作为宽或高，由此计算面积。对于圆柱体试件，在顶面和底面上各量取相互垂直的两个直径，以其算术平均值计算面积。

取顶面和底面面积的算术平均值作为计算抗压强度所用的截面积；

(2) 将试件置于水中浸泡48h，水面应至少高出试件顶面20mm；

(3) 取出试件，擦干表面，放在压力机上进行强度实验。实验时加压速度应为0.5～1.0MPa/s。

6) 实验结果

岩石的抗压强度 f 按式 (2-19) 计算（精确至1MPa）：

$$f=\frac{F}{A} \tag{2-19}$$

式中 F——破坏荷载（N）；

A——试件的截面积（mm^2）。

取六个试件实验结果的算术平均值作为抗压强度测定值；当其中两个试件的抗压强度与其他四个试件抗压强度的算术平均值相差三倍以上时，则取实验结果相接近的四个试件的抗压强度算术平均值作为抗压强度测定值。

对具有显著层理的岩石，应将垂直于层理及平行于层理的抗压强度的平均值作为其抗压强度。

第3章　外　加　剂

3.1　高性能减水剂

混凝土外加剂是一种用于改善新拌和硬化混凝土性能而加入混凝土当中的材料。自20世纪30年代从纸浆废液中发现并研制出减水剂以来，减水剂的发展经历了普通减水剂（以木质素系减水剂为代表）、高效减水剂（以萘系减水剂为代表）和高性能减水剂（以聚羧酸系减水剂为代表）3个阶段。与其他减水剂相比，高性能减水剂是一种比高效减水剂掺量更低的前提下，具有更高减水率、更好坍落度保持性能、较小干燥收缩和一定引气性能的减水剂。

在配制对力学性能和耐久性能要求很高的高性能混凝土时，高性能减水剂具有明显的技术优势和较高的性价比。国外从20世纪90年代开始使用高性能减水剂，日本现在用量占减水剂总量的60%～70%，欧、美约占减水剂总量的20%左右。高性能减水剂包括聚羧酸系减水剂、氨基羧酸系减水剂以及其他能够达到标准指标要求的减水剂。我国从2000年前后逐渐开始对高性能减水剂进行研究，近两年以聚羧酸系减水剂为代表的高性能减水剂逐渐在工程中得到应用。国家标准中将高性能减水剂分为早强型、标准型和缓凝型3类。

聚羧酸系减水剂具有"梳状"的结构特点，由带有游离的羧酸阴离子团的主链和聚氧乙烯基侧链组成，改变单体的种类，比例和反应条件可生产具有各种不同性能和特性的高性能减水剂。早强型、标准型和缓凝型高性能减水剂可由分子设计引入不同功能团而生产，也可掺入不同组分复配而成。

用于水泥混凝土中的高性能减水剂的技术指标包括：匀质性指标（密度、氯离子含量、总碱量、pH、含固量或含水率、硫酸钠含量、细度等）、减水率、泌水率比、含气量、凝结时间差、1h经时变化量（坍落度/含气量）、抗压强度比和收缩率比。

3.1.1　减水率

1）实验目的

减水率是指坍落度基本相同时，基准混凝土和受检混凝土单位用水量之差与基准混凝土单位用水量之比，是评价高性能外加剂品质的重要指标之一。掌握减水率实验的配合比设计、坍落度测定和减水率计算方法，熟悉混凝土搅拌机的操作规程，了解现行国家标准《混凝土外加剂》GB 8076中混凝土外加剂的品种划分和技术指标。

2）实验依据及环境要求

（1）实验依据

《混凝土外加剂》GB 8076

《普通混凝土拌合物性能试验方法标准》GB/T 50080

（2）环境要求

混凝土成型实验室环境：温度(20±3)℃。

原材料温度：与制备拌合物的环境温度一致。

3）主要仪器设备

混凝土搅拌机：应符合现行行业标准《混凝土实验用搅拌机》JG 244 要求的公称容量为 60L 的双卧轴强制式搅拌机。

坍落度筒：应符合现行行业标准《混凝土坍落度仪》JG/T 248 中有关技术要求的规定，底部直径（200±2）mm，顶部直径（100±2）mm，高度（300±2）mm，筒壁厚度不小于 1.5mm。

捣棒：直径为 ϕ(16±0.2)mm，长度(600±5)mm，端部应呈圆形。

钢直尺：量程 500mm 和量程 300mm 各一把。

电子秤：精度不小于 0.01kg。

电子天平：分度值不大于 0.1g。

小铲、拌板、镘刀、下料斗等。

4）样品制备

（1）基准混凝土：由基准水泥，应符合现行国家标准《混凝土外加剂》GB 8076 中附录 A 规定；砂应符合现行国家标准《建设用砂》GB/T 14684 中Ⅱ区要求的中砂，但细度模数为 2.6～2.9，含泥量小于 1%；石子应符合现行国家标准《建设用卵石、碎石》GB/T 14685 要求的公称粒径为 5～20mm 的碎石或卵石，采用二级配，其中 5～10mm 占 40%，10～20mm 占 60%，满足连续级配要求，针片状物质含量小于 10%，孔隙率小于 47%，含泥量小于 0.5%；水应符合现行行业标准《混凝土用水》JGJ63 的要求；并由这些材料拌合而成。

（2）受检混凝土：由基准水泥、符合国家标准技术要求的砂、石、水及待测外加剂拌合而成。

（3）按照以下要求确定基准/受检混凝土配合比：水泥用量为 360kg/m^3，砂率为 43%～47%（按实际级配情况确定合理砂率），外加剂掺量按生产厂家指定掺量而定。用水量为基准混凝土和受检混凝土的坍落度在（210±10）mm 时的最小用水量。

5）实验步骤

（1）根据基准混凝土配合比称量 25L（标准规定拌合量不应少于 20L）混凝土所用原材料，外加剂为粉状时，将水泥、砂、石、外加剂一次投入搅拌机，干拌均匀，再加入拌合水，一起搅拌 2min。外加剂为液体时，将水泥、砂、石一次投入搅拌机，干拌均匀，再加入掺有外加剂的拌合水一起搅拌 2min；

（2）测定混凝土拌合物的坍落度，当基准混凝土和受检混凝土拌合物的坍落度达(210±10)mm 时，记录基准混凝土和受检混凝土的用水量。

6）实验结果

减水率为坍落度基本相同时，基准混凝土和受检混凝土单位用水量之差与基准混凝土单位用水量之比。

减水率按式（3-1）计算，结果精确到 0.1%。

$$W_R = (W_0 - W_1) \times 100 / W_0 \tag{3-1}$$

式中 W_R——减水率，%；

W_0——基准混凝土单位用水量，单位为千克每立方米（kg/m^3）；

W_1——受检混凝土单位用水量，单位为千克每立方米（kg/m^3）。

W_R以三批实验的算术平均值计，精确到1%。若三批实验的最大值或最小值中有一个与中间值之差超过中间值的15%时，则把最大值与最小值一并舍去，取中间值作为该组实验的减水率。若有两个测值与中间值之差均超过15%时，则该批实验结果无效，应该重做。

3.1.2 常压泌水率比

1）实验目的

常压泌水率比反映的是在规定条件下，外加剂的掺入对混凝土泌水的影响，是评价高性能外加剂品质的重要参数。掌握泌水率比实验的拌合物制备、泌水量测定和泌水率计算方法，熟悉混凝土搅拌机的操作规程，了解现行国家标准《混凝土外加剂》GB 8076中不同类型的高性能外加剂对常压泌水率比的技术要求。

2）实验依据及环境要求

（1）实验依据

《混凝土外加剂》GB 8076

《普通混凝土拌合物性能试验方法标准》GB/T 50080

（2）环境要求

混凝土成型实验室环境：温度(20±3)℃。

原材料温度：与制备拌合物的环境温度一致。

泌水实验测试环境温度：(20±2)℃。

3）主要仪器设备

混凝土搅拌机：应符合现行行业标准《混凝土试验用搅拌机》JG 244要求的公称容量为60L的双卧轴强制式搅拌机的规定。

振动台：应符合现行国家标准《混凝土振动台》GB/T 25650中技术要求的规定。

试样筒：容量筒配盖，容积5L，内径185mm，高200mm。

台秤：最大称量50kg、感量为50g。

量筒：容量为10mL、50mL、100mL的量筒及吸液管。

钢直尺：量程500mm和量程300mm各一把。

捣棒、小铲等。

4）样品制备

（1）基准混凝土：由基准水泥，应符合现行国家标准《混凝土外加剂》GB 8076中附录A规定；砂应符合现行国家标准《建设用砂》GB/T 14684中Ⅱ区要求的中砂，但细度模数为2.6～2.9，含泥量小于1%；石子应符合现行国家标准《建设用卵石、碎石》GB/T 14685要求的公称粒径为5～20mm的碎石或卵石，采用二级配，其中5～10mm占40%，10～20mm占60%，满足连续级配要求，针片状物质含量小于10%，孔隙率小于47%，含泥量小于0.5%；水应符合现行行业标准《混凝土用水》JGJ63的要求；并由这些材料拌合而成。

（2）受检混凝土：由基准水泥、符合国家标准技术要求的砂、石、水及待测外加剂拌合而成。

(3) 按照以下要求确定基准/受检混凝土配合比：

水泥用量为 360kg/m³，砂率为 43%～47%（按实际级配情况确定合理砂率）外加剂掺量按生产厂家指定掺量而定。用水量为基准混凝土和受检混凝土的坍落度在（210±10）mm 的最小用水量。

5）实验步骤

(1) 根据基准混凝土配合比称量 25L（标准规定拌合量不应少于 20L）混凝土所用原材料，外加剂为粉状时，将水泥、砂、石、外加剂一次投入搅拌机，干拌均匀，再加入拌合水，一起搅拌 2min。外加剂为液体时，将水泥、砂、石一次投入搅拌机，干拌均匀，再加入掺有外加剂的拌合水一起搅拌 2min；

(2) 测定混凝土拌合物的坍落度，当基准混凝土和受检混凝土拌合物达（210±10）mm 时，对基准混凝土和受检混凝土取样进行泌水率实验；

(3) 先用湿布润湿装料筒，将混凝土拌合物一次装入，在振动台上振动 20s，然后用抹刀轻轻抹平，加盖以防水分蒸发。试样表面应比筒口边低约 20mm；

(4) 自抹面开始计算时间，在前 60min，每隔 10min 用吸液管吸出泌水一次，以后每隔 20min 吸水一次，直至连续三次无泌水为止。每次吸水前 5min，应将筒底一侧垫高约 20mm，使筒倾斜，以便于吸水。吸水后，将筒轻轻放平盖好。将每次吸出的水都注入带塞量筒，最后记录总的泌水量，精确至 1g。

6）实验结果

按式（3-2）、式（3-3）计算泌水率：

$$B=\frac{V_W}{\frac{W}{G}\times G_W}\times 100 \tag{3-2}$$

$$G_W=G_1-G_0 \tag{3-3}$$

式中 B——泌水率，%；

V_W——泌水总质量，单位为克（g）；

W——混凝土拌合物的用水量，单位为克（g）；

G——混凝土拌合物的总质量，单位为克（g）；

G_W——试样质量，单位为克（g）；

G_1——筒及试样质量，单位为克（g）；

G_0——筒质量，单位为克（g）。

每批混凝土拌合物中应取一个试样，泌水率应取三个试样的算术平均值，精确到 0.1%。若三个试样的最大值或最小值中有一个与中间值之差大于中间值的 15%，则把最大值与最小值一并舍去，取中间值作为该组实验的泌水率，如果最大值和最小值与中间值之差均大于中间值的 15%时，则应重做。

泌水率比的计算如式（3-4）所示，结果精确到 1%。

$$R_B=\frac{B_t}{B_c}\times 100 \tag{3-4}$$

式中 R_B——泌水率比，%；

B_t——受检混凝土泌水率，%；

B_c——基准混凝土泌水率，%。

3.1.3 凝结时间差

1）实验目的

凝结时间差主要反映外加剂对混凝土拌合物凝结时间的影响程度，是评价高性能外加剂品质的主要技术指标之一。掌握试样制备、测定凝结时间的实验方法，熟悉贯入阻力仪的操作规程，了解现行国家标准《混凝土外加剂》GB 8076 中不同类型的高性能外加剂对凝结时间差的技术要求。

2）实验依据及环境要求

（1）实验依据

《混凝土外加剂》GB 8076

《普通混凝土拌合物性能试验方法标准》GB/T 50080

（2）环境要求

混凝土成型实验室环境：温度(20±3)℃。

原材料温度：与制备拌合物的环境温度一致。

凝结时间测试温度：(20±2)℃。

3）主要仪器设备

混凝土搅拌机：应为符合现行行业标准《混凝土试验用搅拌机》JG 244 要求的公称容量为 60L 的双卧轴强制式搅拌机。

振动台：应符合现行国家标准《混凝土振动台》GB/T 25650 中技术要求的规定。

贯入阻力仪：由加荷装置、测针、砂浆试样筒组成。其中，加荷装置的最大测量值应不少于 1000N，精度为±10N。

测针：长 100mm，承压面积为 $100mm^2$、$50mm^2$ 和 $20mm^2$ 三种，在距贯入端 25mm 处刻有一圈标记。

砂浆试样筒：刚性不透水的金属圆筒带盖，筒圆上口径 160mm，下口径 150mm，净高 150mm。

电子秤：精度不小于 0.01kg。

电子天平：分度值不大于 0.1g。

标准筛：筛孔直径 5mm。

小铲、拌板、镘刀等。

4）样品制备

（1）基准混凝土：基准水泥应符合现行国家标准《混凝土外加剂》GB 8076 中附录 A 规定；砂应符合现行国家标准《建设用砂》GB/T 14684 中Ⅱ区要求的中砂，但细度模数为 2.6～2.9，含泥量小于 1%；石子应符合现行国家标准《建设用卵石、碎石》GB/T 14685 要求的公称粒径为 5～20mm 的碎石或卵石，采用二级配，其中 5～10mm 占 40%，10～20mm 占 60%，满足连续级配要求，针片状物质含量小于 10%，孔隙率小于 47%，含泥量小于 0.5%；水应符合现行行业标准《混凝土用水》JGJ63 的要求；并由这些材料拌合而成。

（2）受检混凝土：由基准水泥、符合国家标准技术要求的砂、石、水及待测外加剂拌合而成。

(3) 按照以下要求确定基准/受检混凝土配合比：水泥用量为 360kg/m³，砂率为 43%～47%（按实际级配情况确定合理砂率）。外加剂掺量按生产厂家指定掺量而定。用水量为基准混凝土和受检混凝土的坍落度在(210±10)mm 时的最小用水量。

5) 实验步骤

(1) 根据基准混凝土配合比称量 25L（标准规定拌合量不应少于 20L）混凝土所用原材料，外加剂为粉状时，将水泥、砂、石、外加剂一次投入搅拌机，干拌均匀，再加入拌合水，一起搅拌 2min。外加剂为液体时，将水泥、砂、石一次投入搅拌机，干拌均匀，再加入掺有外加剂的拌合水一起搅拌 2min；

(2) 测定混凝土拌合物的坍落度，当基准混凝土和受检混凝土拌合物达(210±10)mm 时，对基准混凝土和受检混凝土取样测定凝结时间；

(3) 将混凝土拌合物用 5mm（圆孔筛）振动筛筛出砂浆，拌匀后装入金属圆筒，试样表面应略低于筒口约 10mm，用振动台振实，约 3～5s，置于(20±2)℃的环境中，容器加盖；

(4)成型后 3～4h 开始测定，以后每 0.5h 或 1h 测定一次，但在临近初、终凝时，可以缩短测定间隔时间。每次测点应避开前一次测孔，其净距为试针直径的 2 倍，但至少不小于 15mm，试针与容器边缘之距离不小于 25mm；

(5)测定初凝时间用截面积为 100mm² 的试针，测定终凝时间用 20mm² 的试针；

(6)测试时，将砂浆试样筒置于贯入阻力仪上，测针端部与砂浆表面接触，然后在(10±2)s 内均匀地使测针贯入砂浆(25±2)mm 深度。记录贯入阻力，精确至 10N，记录测量时间，精确至 1min。

6) 实验结果

贯入阻力按式（3-5）计算，精确到 0.1MPa。

$$R = \frac{P}{A} \tag{3-5}$$

式中 R——贯入阻力值，单位为兆帕（MPa）；

P——贯入深度达 25mm 时所需的净压力，单位为牛顿（N）；

A——贯入阻力仪试针的截面积，单位为平方毫米（mm²）。

根据计算结果，以贯入阻力值为纵坐标，测试时间为横坐标，绘制贯入阻力值与时间关系曲线，求出贯入阻力值达 3.5MPa 时，对应的时间作为初凝时间；贯入阻力值达 28MPa 时，对应的时间作为终凝时间。从水泥与水接触时开始计算凝结时间。

实验时，每批混凝土拌合物取一个试样，凝结时间取三个试样的平均值。若三批实验的最大值或最小值之中有一个与中间值之差超过 30min，把最大值与最小值一并舍去，取中间值作为该组实验的凝结时间。若两测值与中间值之差均超过 30min，该组实验结果无效，则应重做。凝结时间以 min 表示，并修约到 5min。

凝结时间差按式（3-6）计算：

$$\Delta T = T_t - T_c \tag{3-6}$$

式中 ΔT———凝结时间之差，单位为分钟（min）；

T_t——受检混凝土的初凝或终凝时间，单位为分钟（min）；

T_c——基准混凝土的初凝或终凝时间，单位为分钟（min）。

3.1.4 抗压强度比

1）实验目的

抗压强度比反映了混凝土外加剂的减水和增强性能对硬化混凝土强度性能的影响程度，是评价高性能外加剂品质的重要技术指标。掌握强度试件的制作步骤、要点和强度测试的实验方法，熟悉压力试验机的操作规程，了解现行国家标准《混凝土外加剂》GB 8076 中不同类型的高性能外加剂对抗压强度比的技术要求。

2）实验依据及环境要求

（1）实验依据

《混凝土外加剂》GB 8076

《普通混凝土力学性能试验方法标准》GB/T 50081

（2）环境要求

混凝土成型实验室环境：温度(20±3)℃。

原材料温度：与制备拌合物的环境温度一致。

试件养护环境：拆模前，温度为(20±3)℃；拆模后，温度为(20±2)℃，相对湿度为95%以上。

3）主要仪器设备

混凝土搅拌机：应为符合现行行业标准《混凝土试验用搅拌机》JG 244 要求的公称容量为 60L 的双卧轴强制式搅拌机。

振动台：应符合现行国家标准《混凝土振动台》GB/T 25650 中技术要求的规定。

压力实验机：应符合现行国家标准《液压式压力试验机》GB/T 3722 和《试验机通用技术要求》GB/T 2611 中的技术要求，测量精度为±1%，同时，试件破坏荷载应大于压力机全量程的 20%且小于压力机全量程的 80%。

4）样品制备

（1）基准混凝土：由基准水泥、符合国家标准技术要求的砂、石和水拌合而成；

（2）受检混凝土：由基准水泥、符合国家标准技术要求的砂、石、水及待测外加剂拌合而成。

（3）按照以下要求确定基准/受检混凝土配合比：水泥用量为 360kg/m^3，砂率为 43%～47%（按实际级配情况确定合理砂率）。外加剂掺量按生产厂家指定掺量而定。用水量为基准混凝土和受检混凝土的坍落度在（210±10）mm 时的最小用水量。

5）实验步骤

（1）根据上述混凝土配合比成型用于测试混凝土抗压强度的立方体试件；

（2）试件制作时，用振动台振动 15～20s；

（3）成型 24h 后拆模，放在标准养护室养护至相应龄期，测试基准混凝土和受检混凝土的抗压强度；

（4）抗压强度的测试方式如下：在实验时将试件从养护地点取出，把试件表面与上下承压板面擦干净；将试件安放在实验机的下压板或垫板上，试件的承压面应与成型时的顶面垂直。试件的中心应与实验机下压板中心对准；开动实验机，当上压板与试件或钢垫板接近时，调整球座，使接触均衡；在实验过程中应连续均匀地加荷，混凝土强度等级<C30时，加荷速度取每秒钟0.3～0.5MPa；混凝土强度等级≥C30且<C60时，取每秒钟0.5～0.8MPa；混凝土强度等级≥C60时，取每秒钟0.8～1.0MPa。当试件接近破坏开始急剧变形时，应停止调整实验机油门，直至破坏。记录破坏荷载。

6）实验结果

实验结果以三批实验测值的平均值表示，若三批实验中有一批的最大值或最小值与中间值的差值超过中间值的15%，则把最大值与最小值一并舍去，取中间值作为该批的实验结果，如有两批测值与中间值的差均超过中间值的15%，则实验结果无效，应该重做。

抗压强度比以掺外加剂混凝土与基准混凝土同龄期抗压强度之比表示，按式（3-7）计算，精确到1%。

$$R_{\mathrm{f}}=\frac{f_{\mathrm{t}}}{f_{\mathrm{c}}}\times 100 \tag{3-7}$$

式中 R_{f}——抗压强度比（%）；

f_{t}——受检混凝土的抗压强度，单位为兆帕（MPa）；

f_{c}——基准混凝土的抗压强度，单位为兆帕（MPa）。

3.1.5 外加剂与胶凝材料的相容性

1）实验目的

相容性是指外加剂与混凝土原材料（水泥、掺和料、骨料）相互作用中表现出来的混凝土工作性能、力学性能、耐久性能、体积稳定性等方面的内容，相容性好可表现为同一配合比条件下获得相同强度等级、相同流动度的混凝土，所需减水剂用量少，混凝土拌合物坍落度经时损失小，混凝土拌合物抗离析、抗泌水性能好，以及凝结时间正常等。影响相容性的主要因素有减水剂的化学结构、水泥化学和矿物组成、水泥细度、水泥存放时间、混合材的品种和掺量等。掌握相容性实验的适用范围和砂浆流动度的实验方法，熟悉水泥胶砂搅拌机的操作规程，了解现行国家标准《混凝土外加剂应用技术规范》GB 50119中对高性能外加剂应用于工程的技术要求。

2）实验依据及环境要求

（1）实验依据

《混凝土外加剂应用技术规范》GB 50119

（2）环境要求

砂浆制备环境：温度(20±2)℃，相对湿度不低于50%。

测试环境温度：(20±2)℃。

3）主要仪器设备

水泥胶砂搅拌机：应符合现行行业标准《行星式水泥胶砂搅拌机》JC/T 681的要求。

砂浆扩展度筒：内壁光滑无接缝，筒壁厚度不小于2mm，上口内径d尺寸为(50±0.5)mm，下口内径D尺寸为(100±0.5)mm，高度h尺寸为(150±0.5)mm。

捣棒：钢棒，直径(8±0.2)mm，长(300±3)mm。

卡尺：量程400mm，分度值不大于0.5mm。

小刀：刀口平直，长度大于80mm。

天平：最大称量不小于1000g，分度值不大于1g。

量筒或滴定管：精度为±0.5mL。

4）样品制备

（1）原材料包括42.5级水泥、待测外加剂、砂（筛除粒径大于5mm以上的部分）；

（2）砂浆配合比为给定混凝土配合比中去除粗骨料后的砂浆配合比，水胶比降低0.02，称料时砂浆总量不小于1L。

5）实验步骤

（1）将玻璃板水平放置，用湿布将玻璃板、砂浆扩展度筒、搅拌叶片及搅拌锅内壁均匀擦拭，使其表面润湿；

（2）将砂浆扩展度筒置于玻璃板中央，并用湿布覆盖待用；

（3）按砂浆配合比的比例分别称取水泥、矿物掺合料、砂、水及外加剂待用；

（4）外加剂为液体时，先将胶凝材料、砂加入搅拌锅内，再将外加剂与水混合均匀后加入。外加剂为粉状时，先将胶凝材料、砂及外加剂加入搅拌锅内预搅拌10s，再加入水；

（5）加水后立即启动胶砂搅拌机，并按胶砂搅拌机程序进行搅拌，从加水时开始计时；

（6）搅拌完毕，将砂浆分两次倒入砂浆扩展度筒，每次倒入约筒高的1/2，并用筒棒自边缘向中心按顺时针方向均匀插捣15下，每次插捣应均匀分布在截面上，插捣筒边砂浆时，捣棒可稍沿筒壁方向倾斜，插捣底层时，捣棒应贯穿筒内砂浆深度，插捣第二层时，捣棒应插透本层至下一层的表面；

（7）插捣完毕后，砂浆表面应用刮刀刮平，将筒缓缓匀速垂直提起，10s后用钢直尺量取相互垂直的两个方向的最大直径，并取其平均值为砂浆扩展度（mm）。

6）实验结果

通过砂浆扩展度的大小快速评价外加剂与混凝土用胶凝材料的相容性。

3.2 速凝剂

速凝剂是用于喷射混凝土中，能使混凝土迅速凝结硬化的一种外加剂。目前市场上的速凝剂主要有无机盐类和有机物类两类。按产品形态分为粉状速凝剂和液体速凝剂，按产品等级分为一等品和合格品。

速凝剂的作用原理是使水泥中的石膏变成Na_2SO_4，失去缓凝作用，以此促使C_3A迅速水化，并在浆体中析出其水化产物晶体，从而达到水泥浆迅速凝结的目的。速凝剂掺入混凝土后，能使混凝土在5min内初凝，10min内终凝，1h就可产生强度，1d强度提高2～3倍，但后期强度会下降，28d强度为不掺时的80%～90%。

速凝剂主要用于矿山井巷、铁路隧道、引水涵洞、地下工程，是喷射混凝土施工中不可缺少的外加剂。

速凝剂的技术指标包括：匀质性指标（密度、氯离子含量、总碱量、pH值、细度、含水率、含固量）、凝结时间、1d抗压强度、28d抗压强度比。

3.2.1 含水率

1）实验目的

含水率是指速凝剂在自然状态下含水质量占总质量的百分比，是评价粉状速凝剂匀质性的主要指标之一。掌握速凝剂含水率的实验方法和适用范围，熟悉分析天平的操作规程，了解现行行业标准《喷射混凝土用速凝剂》JC 477 中对速凝剂匀质性指标的技术要求。

2）实验依据及环境要求

（1）实验依据

《喷射混凝土用速凝剂》JC 477

（2）环境要求

无特殊要求。

3）主要仪器设备

分析天平：量程 200g，分度值 0.1mg。

鼓风电热恒温干燥箱：0～200℃。

带盖称量瓶：ϕ25mm×65mm。

干燥器：内盛变色硅胶。

4）样品制备

称取速凝剂试样(10±0.2)g。

5）实验步骤

（1）将洁净带盖的称量瓶放入烘箱内，于 105～110℃烘 30min。取出称量瓶置于干燥器内，冷却 30min 后称量，重复上述步骤至恒重（两次称量之差≤0.3mg），称其质量 m_0；

（2）将速凝剂装入已烘至恒重的称量瓶内，盖上盖，称出试样及称量瓶的总质量 m_1；

（3）将盛有试样的称量瓶放入烘箱内，开启瓶盖升温至 105～110℃，恒温 2h，取出后盖上盖，立即置于干燥器内，冷却 30min 后称量，重复上述步骤至恒重，称其质量 m_2。

6）实验结果

含水率按式（3-8）计算：

$$W=\frac{m_1-m_2}{m_1-m_0} \tag{3-8}$$

式中 W——含水率（%）；

m_0——称量瓶质量，单位为克（g）；

m_1——称量瓶加干燥前试样质量，单位为克（g）；

m_2——称量瓶加干燥后试样质量，单位为克（g）。

含水率实验结果以三个试样实验结果的算术平均值表示，精确至 0.1%。三个数据中有一个与平均值相差超过 5%，取剩余两个数据的平均值；有两个数据与平均值相差超过 5%，该组数据作废，应重新实验。

3.2.2 凝结时间

1）实验目的

凝结时间是指掺入速凝剂的水泥净浆开始失去塑性以及完全失去塑性并形成强度所需的

时间，是评价速凝剂性能的重要指标。掌握速凝剂凝结时间的实验方法，熟悉水泥净浆搅拌机和维卡仪的操作规程，了解现行行业标准《喷射混凝土用速凝剂》JC 477 中速凝剂等级的划分和指标要求。

2）实验依据及环境要求

（1）实验依据

《喷射混凝土用速凝剂》JC 477

《水泥标准稠度用水量、凝结时间、安定性检验方法》GB/T 1346

（2）环境要求

实验室环境：温度（20±2）℃，相对湿度应不低于50%。

水泥试样、拌合水、仪器和用具的温度与实验室一致。

湿气养护箱的环境要求：温度（20±1）℃，相对湿度不低于90%。

3）主要仪器设备

水泥净浆搅拌机：应符合现行行业标准《水泥净浆搅拌机》JC/T 729 的要求。

电子天平：量程2000g，分度值2g。

电子天平：量程100g，分度值0.1g。

标准法维卡仪：试针由钢制成，其有效长度初凝为（50 ±1)mm、终凝为（30±1)mm、直径为ϕ(1.13±0.5)mm的圆柱体。滑动部分的总质量为(300±1)g。与试针联结的滑动杆表面应光滑，能靠重力自由下落，不得有紧涩和旷动现象。

盛浆试模由耐腐蚀、有足够硬度的金属制成。试模为深（40±0.2)mm、顶内径ϕ（65±0.5)mm、底内径ϕ（75±0.5)mm的截顶圆锥体。

底板：边长或直径约100mm，厚度4～5mm的平板或金属底板。

直径400mm、高100mm的拌合锅，直径100mm的拌合铲。

秒表、温度计、200mL量筒等。

4）样品制备

称取水泥400g和水160mL（如为液体速凝剂，先计算推荐掺量速凝剂中的水量，从总水量中扣除），速凝剂按推荐掺量称取。

5）实验步骤

（1）对于粉状速凝剂，将速凝剂加入水泥中，在拌合锅内干拌均匀后再入水。迅速搅拌25～30s，将水泥浆立即装入圆模，人工振动数次，削去多余的水泥浆，并用洁净的刮刀修平表面。从加水时算起，操作时间不应超过50s；

（2）对于液体速凝剂，先将水泥与水搅拌均匀后，再加入液体速凝剂，迅速搅拌25～30s，立即装入圆模，人工振动数次，削去多余的水泥浆，并用洁净的刮刀修平表面。从加入液体速凝剂算起，操作时间不应超过50s；

（3）将装满水泥浆的试模放在水泥净浆标准稠度与凝结时间测定仪下，使针尖与水泥浆表面接触；

（4）迅速放松测定仪杆上的固定螺丝，试针即自由插入水泥净浆中，观察指针读数，每隔10s测定一次，直到终凝为止；

（5）粉状速凝剂由加水时起，液体速凝剂从加入速凝剂起至试针沉入净浆中距底板（4±1)mm时达到初凝；当试针沉入浆体中小于0.5mm时，为浆体达到终凝。

6）实验结果

每个样品应进行两次实验，实验结果以两次结果的算术平均值表示，单位为 s。如两次实验结果的差值大于 30s 时，本次实验无效，应重新进行实验。

3.2.3 抗压强度比

1）实验目的

抗压强度比反映的是速凝剂的掺入对水泥胶砂抗压强度的影响程度，是评价速凝剂性能的指标之一。掌握胶砂试件的制备步骤、要点和抗压强度测试的实验方法，熟悉压力试验机的操作规程，了解现行行业标准《喷射混凝土用速凝剂》JC 477 中速凝剂对抗压强度比的技术要求。

2）实验依据及环境要求

（1）实验依据

《喷射混凝土用速凝剂》JC 477

《水泥胶砂强度检验方法（ISO 法）》GB/T 17671

（2）环境要求

实验室环境：温度（20±2）℃，相对湿度应不低于 50%。

原材料、仪器和用具的温度：与实验室一致。

湿气养护箱环境要求：温度（20±1）℃，相对湿度不低于 90%。

试件标准养护室温度：(20±2)℃，相对湿度 95%以上。

3）主要仪器设备

水泥胶砂搅拌机：应符合现行行业标准《行星式水泥胶砂搅拌机》JC/T 681 要求。

抗压强度实验机：量程 200kN。

水泥抗压夹具：应符合现行行业标准《40mm×40mm 水泥抗压夹具》JC/T 683 要求，受压面积为 40mm×40mm。

胶砂振实台：应符合现行行业标准《水泥胶砂试体成型振实台》JC/T 682 要求，振实台应安装在高度约 400mm 的混凝土基座上，混凝土体积约为 0.25m^3，重约 500kg。

试模：由三个水平试模槽组成，可同时成型三条截面为 40mm×40mm×160mm 的棱形试体，其材质和尺寸应符合现行行业标准《水泥胶砂试模》JC/T 726 要求。在组装备用的干净模型时，应用黄干油等密封材料涂覆模型的外接缝。试模的内表面应涂上一薄层模型油或机油。成型操作时，应在试模上面加一个壁高 20mm 的金属模套。

电子天平：量程不小于 500g，分度值为 0.5g。

播料器、金属刮平尺、搅拌铲等。

4）样品制备

称取基准水泥 900g，标准砂 1350g，水 450mL（如为液体速凝剂，先计算推荐掺量速凝剂中的水量，从总水量中扣除），速凝剂按推荐掺量称量。

5）实验步骤

（1）如为粉状速凝剂，将速凝剂加入胶砂中干拌均匀，然后加入 450mL 水，人工迅速搅拌 40～50s；如为液体速凝剂，先计算推荐掺量速凝剂中的水量，从总水量中扣除，加入水后将胶砂搅拌至均匀，再加入液体速凝剂，人工迅速搅拌 40～50s；

(2) 将胶砂装入 40mm×40mm×160mm 的试模中，立即在胶砂振动台上振实台 30s，刮去多余部分，抹平；

(3) 成型掺速凝剂的试件两组，不掺者一组，每组三块。在温度为（20±2)℃的室内放置。

(4) 试件脱模后立即测试掺速凝剂试块的 1d 强度（从加水时计算时间），测定 1d 强度的时间误差应为（24±0.5)h。

(5) 检测时应先做抗折强度，再做抗压强度。其余试块仍放于标准养护室养护，测试胶砂试件 28d 强度，并求出抗压强度比。

6）实验结果

胶砂试件的抗压强度按式（3-9）进行计算：

$$f=\frac{F}{S} \tag{3-9}$$

式中 f——抗压强度，单位为兆帕（MPa）；

F——试体受压破坏荷载，单位为牛顿（N）；

S——试体受压面积，单位为平方毫米（mm^2）。

每个龄期的三个试件可得出六个抗压强度值，其中与平均值相差超过 10%的数值应予剔除，将剩下的数值取算术平均值。剩余的数值少于三个时，必须重做实验。

抗压强度比按式（3-10）计算：

$$R_r=\frac{f_t}{f_r}\times 100 \tag{3-10}$$

式中 R_r——抗压强度比（%）；

f_t——掺速凝剂砂浆抗压强度，单位为兆帕（MPa）；

f_r——不掺速凝剂砂浆抗压强度，单位为兆帕（MPa）。

3.3 膨胀剂

膨胀剂是指与水泥、水拌和后经水化反应生成钙矾石、氢氧化钙等膨胀性产物，引起混凝土膨胀，产生一定预应力，进而提高混凝土抗裂性的外加剂。按膨胀源不同可分为硫铝酸钙类（钙矾石系）、氧化钙类（石灰系）、硫铝酸钙-氧化钙类和氧化镁类（多用于灌浆材料或水工混凝土中）四种。主要应用于有较高抗渗和抗裂要求的地下工程、结构自防水、超长结构无缝施工、钢管混凝土等领域，例如建造地下车库、水池、游泳池、水塔、贮罐、大型容器、粮仓、油罐、山洞内贮存库等工程。

膨胀剂是一类较为特殊的外加剂，表现在其掺量通常为胶凝材料质量的 8%～12%（而不是≤5%），每立方米混凝土掺加 35～55kg。因为膨胀性产物的生成依赖于充足的水分供给，掺加膨胀剂的混凝土应在浇筑前 7d 内加强湿养护。

混凝土膨胀剂的技术指标包括：氧化镁含量、含水率、总碱含量、氯离子含量、细度、凝结时间、水中 7d 的限制膨胀率、抗压强度（7d 和 28d）和抗折强度（7d 和 28d）。

3.3.1 细度

1）实验目的

细度反映了膨胀剂颗粒的粗细程度，对膨胀剂的凝结时间、强度、需水量及补偿收缩效果均有很大影响，是评价膨胀剂物理性能的指标之一。掌握膨胀剂细度的实验方法，了解现行国家标准《混凝土膨胀剂》GB 23439 中膨胀剂对细度的技术要求。

2）实验依据及环境要求

（1）实验依据

《混凝土膨胀剂》GB 23439

（2）环境要求

保证负压筛和手工筛在干燥的环境内运行工作。

3）主要仪器设备

实验筛：金属筛，筛孔直径为 0.08mm。

电子天平：量程 2kg，分度值 0.01g。

磁盘、毛刷等。

4）样品制备

称取试样 25g，精确至 0.01g。

5）实验步骤

（1）将称取的试样置于洁净的手工筛中；

（2）用一只手持筛往复摇动，另一只手轻轻拍打，往复摇动和拍打过程应保持近于水平；

（3）拍打速度每分钟约 120 次，每 40 次向同一方向转动 60°，使试样均匀分布在筛网上，直至每分钟通过的试样数量不超过 0.03g 为止，称量全部筛余物。

6）实验结果

膨胀剂试样筛余百分数按式（3-11）计算，结果精确至 0.1%。

$$F=\frac{R_t}{W}\times 100 \tag{3-11}$$

式中 F——试样的筛余百分数（%）；

R_t——筛余物的质量，单位为克（g）；

W——水泥试样的质量，单位为克（g）。

筛析结果应进行修正。修正的方法是将试样的筛余百分数乘上实验筛的标定修正系数。合格评定时，每个样品应称取两个试样分别筛析，取筛余平均值为筛析结果。若两次筛余结果绝对误差大于 0.5%时（筛余值大于 5.0%时，可放至 1.0%），应再做一次实验，取两次相近结果的算术平均值，作为最终结果。

3.3.2 凝结时间

1）实验目的

凝结时间是指试针沉入标准稠度水泥净浆至一定深度所需的时间，主要考察膨胀剂的掺入对水泥凝结时间的影响程度，为膨胀剂在水泥混凝土中的应用提供技术数据。掌握凝结时间的实验方法，熟悉水泥净浆搅拌机和维卡仪的操作规程，了解现行国家标准《混凝土膨胀剂》GB 23439 中膨胀剂对凝结时间的技术要求。

2）实验依据及环境要求

（1）实验依据

《混凝土膨胀剂》GB 23439

《水泥标准稠度用水量、凝结时间、安定性检验方法》GB/T 1346

（2）环境要求

实验室环境：温度（20±2）℃，相对湿度不低于 50%。

水泥试样、膨胀剂样品、拌合水、仪器和用具：温度应与实验室温度一致。

湿气养护箱：温度（20±1）℃，相对湿度不低于 90%。

3）主要仪器设备

水泥净浆搅拌机：应符合现行行业标准《水泥净浆搅拌机》JC/T 729 的要求。

标准法维卡仪：标准稠度测定用试杆有效长度为（50±1）mm、由直径为 ϕ(10±0.05) mm 的圆柱形耐腐蚀金属制成。测定凝结时间时取下试杆，用试针代替试杆。试针由钢制成，其有效长度初凝为（50±1)mm、终凝为（30±1)mm、直径为 ϕ(1.13±0.5)mm 的圆柱体。滑动部分的总质量为（300±1)g。与试杆、试针联结的滑动杆表面光滑，靠重力自由下落。

试模：盛装水泥净浆，由耐腐蚀的、有足够硬度的金属制成。试模为深（40±0.2) mm、顶内径 ϕ(65±0.5)mm、底内径 ϕ(75±0.5)mm 的截顶圆锥体。

金属板或玻璃板：边长或直径约 100mm，厚度 4～5mm。

4）样品制备

称取 450g 水泥，膨胀剂 50g，按照标准稠度用水量制成标准稠度水泥净浆。

5）实验步骤

（1）用湿布擦拭搅拌锅和搅拌叶后，将称好的水倒入搅拌锅内，然后在 5～10s 内将水泥、膨胀剂加入水中，并防止水和水泥溅出；

（2）将搅拌锅放在搅拌机的锅座上，升至搅拌位置，启动搅拌机，低速搅拌 120s，停 15s，同时将叶片和锅壁上的水泥浆刮入锅中间，接着高速搅拌 120s 后停机；

（3）立即将拌制好的水泥净浆一次性装入已置于玻璃底板上的试模中，浆体超过试模上端，用宽约 25mm 的直边刀轻轻拍打超出试模部分的浆体 5 次，以排除浆体中的孔，然后在试模上表面约 1/3 处，略倾斜于试模分别向外轻轻刮掉多余净浆，再从试模边沿轻抹顶部一次，使净浆表面光滑；

（4）在刮掉多余净浆和抹平的操作过程中，注意不要压实净浆。将刮平后的净浆试模及玻璃板立即放入湿气养护箱中。记录水泥全部加入水中的时间作为凝结时间的起始时间；

（5）调整凝结时间测定仪的试针接触玻璃板时，指针对准零点；

（6）试件在湿气养护箱中养护至加水后 30min 时进行第一次测定：测定时，将维卡仪装上凝结时间测定用初凝针，从湿气养护箱中取出试模放到试针下，降低试针直至与水泥净浆表面接触，拧紧螺丝 1～2s 后，突然放松，使试针垂直自由地沉入水泥净浆中。观察试针停止下沉或释放试针 30s 时指针的读数；

（7）当试针沉至距底板(4±1)mm 时，为水泥达到初凝状态。在最初测定的操作时应轻轻扶持金属柱，使其徐徐下降，以防试针撞弯，但结果以自由下落为准，临近初凝时，每隔5min（或更短时间）测定一次；

（8）在完成初凝时间的测定后，立即将试模连同浆体以平移的方式从玻璃板上取下，翻转180°，直径大端向上、小端向下放在玻璃板上，再放入湿气养护箱继续养护，并将维卡仪换上终凝时间测试针。测试时，当试针沉入试件0.5mm时，即环形附件开始不能在试件上留下痕迹时，水泥达到终凝状态。临近终凝时间时每隔15min（或更短时间）测定一次；

（9）初、终凝测定时均应注意：到达初凝时应立即重复测一次，当两次结论相同时才能定为到达初凝状态。到达终凝时，需要在试件另外两个不同点测试，确认结论相同才能确定到达终凝状态；

（10）在整个测试过程中试针沉入的位置至少要距试模内壁10mm，且不能让试针落入原针孔。每次测试完毕须将试针擦净，并将试模放回湿气养护箱内，整个测试过程要防止试模受振。

6）实验结果

水泥全部加入水中至初凝状态的时间为水泥的初凝时间，用“min”表示；水泥全部加入水中至终凝状态的时间为水泥的终凝时间，用“min”表示。

3.3.3 限制膨胀率

1）实验目的

限制膨胀率是指混凝土或胶砂的膨胀被钢筋等约束体限制时导入钢筋的应变值，可用钢筋的单位长度伸长值表示，膨胀剂的细度、膨胀熟料的矿物组成、三氧化硫含量等是膨胀剂限制膨胀率的主要影响因素，限制膨胀率是评价膨胀剂性能的一个非常重要的参数。熟悉限制膨胀率的实验方法，熟悉测长装置和水泥胶砂搅拌机的操作规程，了解现行国家标准《混凝土膨胀剂》GB 23439中不同品种的膨胀剂对限制膨胀率的技术要求。

2）实验依据与环境要求

（1）实验依据

《混凝土膨胀剂》GB 23439

《水泥胶砂强度检验方法（ISO法）》GB/T 17671

（2）环境要求

实验室环境：温度（20±2)℃，相对湿度不低于50%。

水泥试样、膨胀剂样品、拌合水、仪器和用具：温度应与实验室温度一致。

标准养护箱：温度（20±2)℃，相对湿度不低于95%。

恒温恒湿（箱）室：温度（20±2)℃，湿度为60%±5%。

试件养护水池：温度（20±1)℃。

3）主要仪器设备

水泥胶砂搅拌机：应符合现行行业标准《行星式水泥胶砂搅拌机》JC/T 681要求。

胶砂振实台：应符合现行行业标准《水泥胶砂试体成型振实台》JC/T 682要求，振实台应安装在高度约400mm的混凝土基座上，混凝土体积约为0.25m^3，重约500kg。

试模：由三个水平试模槽组成，可同时成型三条截面为40mm×40mm×160mm的棱形试体，其材质和尺寸应符合现行行业标准《水泥胶砂试模》JC/T 726要求。在组装备用的干净模型时，应用黄干油等密封材料涂覆模型的外接缝。试模的内表面应涂上一薄层模型油或机油。成型操作时，应在试模上面加一个壁高20mm的金属模套。

测量仪：由千分表、支架和标准杆组成，千分表的分辨率为0.001mm。

纵向限制器：由纵向钢丝与钢板焊接制成。检验使用次数不应超过5次，仲裁检验不应超过1次。

电子天平：量程不小于500g，分度值为0.5g。

4）样品制备

（1）实验用材料及胶砂配合比如表3-1所示。

表3-1 胶砂配合比

水泥（g）	标准砂（g）	膨胀剂（g）	水（g）
405±2.0	1350±5.0	45±0.1	225±1.0

（2）按以上比例拌制砂浆，同条件下的测长试件为3个，试件全长158mm，其中胶砂部分尺寸为40mm×40mm×140mm。当试件抗压强度达到(10±2)MPa时进行脱模。

5）实验步骤

（1）测量试件的长度时，应提前3h将测量仪、标准杆放在标准养护室内；

（2）用标准杆校正测量仪并调整千分表零点；

（3）测量前，将试件及测量仪测头擦净；

（4）每次测量时，试件记有标志的一面与测量仪的相对位置必须一致，纵向限制器测头与测量仪测头应正确接触，读数应精确至0.001mm，不同龄期的试件应在规定时间±1h内测量；

（5）试件脱模后在1h内测量试件的初始长度；

（6）测量完初始长度的试件立即放入水中养护，到龄期时测量第7d的长度；

（7）试件测完7d长度后放入恒温恒湿（箱）室养护，测量第21d的长度。也可以根据需要测量不同龄期的长度，观察膨胀收缩变化趋势；

（8）养护时，应注意不损伤试件测头。试件之间应保持15mm以上间隔，试件支点距限制钢板两端约30mm。

6）实验结果

掺膨胀剂的胶砂限制膨胀率用式（3-12）进行计算：

$$\varepsilon = \frac{L_1 - L}{L_0} \times 100 \tag{3-12}$$

式中 ε——所测龄期的限制膨胀率（%）；

L_1——所测龄期的试体长度测量值，单位为毫米（mm）；

L——试体的初始长度测量值，单位为毫米（mm）；

L_0——试体的基准长度，140mm。

取相近的两个试件测定值的平均值作为限制膨胀率的测量结果，计算值精确至0.001%。

3.3.4 抗压强度

1）实验目的

抗压强度反映了膨胀剂的掺入对水泥胶砂强度的影响程度，是评价膨胀剂质量的技术指标之一。掌握胶砂试件的制备步骤、要点和抗压强度测试的实验方法，熟悉水泥胶砂搅拌机和压力试验机的操作规程，了解现行国家标准《混凝土膨胀剂》GB 23439 中膨胀剂对抗压强度的技术要求。

2）实验依据及环境要求

（1）实验依据

《混凝土膨胀剂》GB 23439

《水泥胶砂强度检验方法（ISO 法）》GB/T 17671

（2）环境要求

实验室环境：温度（20±2)℃，相对湿度应不低于 50%。

原材料、仪器和用具：温度与实验室一致。

湿气养护箱环境：温度（20±1)℃，相对湿度不低于 90%。

试件标准养护室：温度（20±2)℃，相对湿度 95%以上。

3）主要仪器设备

水泥胶砂搅拌机：应符合现行行业标准《行星式水泥胶砂搅拌机》JC/T 681 要求。

抗压强度实验机：量程 200kN。

水泥抗压夹具：应符合现行行业标准《40mm×40mm 水泥抗压夹具》JC/T 683 要求，受压面积为 40mm×40mm。

胶砂振实台：应符合现行行业标准《水泥胶砂试体成型振实台》JC/T 682 要求，振实台应安装在高度约 400mm 的混凝土基座上，混凝土体积约为 0.25m^3，重约 500kg。

试模：由三个水平试模槽组成，可同时成型三条截面为 40mm×40mm×160mm 的棱形试体，其材质和尺寸应符合现行行业标准《水泥胶砂试模》JC/T 726 要求。在组装备用的干净模型时，应用黄干油等密封材料涂覆模型的外接缝。试模的内表面应涂上一薄层模型油或机油。成型操作时，应在试模上面加一个壁高 20mm 的金属模套。

电子天平：量程不小于 500g，分度值为 0.5g。

播料器、金属刮平尺、搅拌铲等。

4）样品制备

（1）称基准水泥 405g，膨胀剂 45g，标准砂 1350g，水 225g；

（2）实验前先检查水泥胶砂搅拌机、水泥胶砂振实台是否正常运转；

（3）用湿抹布擦拭搅拌锅及叶片；

（4）把水加入锅里，再加入水泥，把锅放在固定架上，上升至固定位置，立即开动机器，低速搅拌 30s 后，在第二个 30s 开始的同时均匀地将砂子加入（当各级砂是分装时，从最粗粒级开始，依次加完），机器转至高速再拌 30s。停拌 90s，在第一个 15s 内用一胶皮刮具将叶片和锅壁上的胶砂刮入锅中间。在高速下继续搅拌 60s 后成型。各个搅拌阶段的时间误差应在±1s 以内。

5）实验步骤

（1）胶砂试件于成型后 20～24h 之间脱模；

（2）到达龄期时，将试件提前 15min 从水中取出，揩去试体表面沉积物，并用湿布覆盖至实验为止；

(3) 测定抗压强度时，将经抗折实验折断的半截棱柱体放入抗压夹具，并保证半截棱柱体中心与实验机压板的中心差应在±0.5mm内，棱柱体露出抗压夹具压板的部分约有10mm；

(4) 在整个加荷过程中，以(2400±200)N/s的速率均匀地加荷直至破坏。

6) 结果计算

抗压强度以兆帕(MPa)表示，按式(3-13)进行计算：

$$P=\frac{F}{A} \tag{3-13}$$

式中 F——破坏时的最大荷载，单位为牛顿(N)；

P——胶砂试件抗压强度值，单位为兆帕(MPa)；

A——受压部分面积，单位为平方毫米(mm^2)。

以一组三个棱柱体上得到的六个抗压强度测定值的算术平均值作为实验结果。当六个测定值中有一个超出六个平均值±10%时，就应剔除这个结果，然后取其他平均值作为抗压强度结果；如果五个测定值中再有超出它们平均数±10%的，则此组结果作废。单个抗压强度记录至0.1MPa，平均值计算精确至0.1MPa。

第4章　混　凝　土

4.1　普通混凝土

水泥混凝土是由水泥、粗细骨料、水以及根据需求掺入的化学外加剂、矿物掺合料等组分按一定比例配合、经搅拌振捣成型的复合材料，简称混凝土（简写为砼，即人工石）。混凝土中，水泥是主要的胶凝材料，起胶结作用；粗细骨料为粒状松散材料，起骨架或填充作用；水不仅是水泥水化反应的材料，也是提供混凝土工作性能的介质；外加剂具有减水、缓凝、引气、保塑、增强等改善混凝土性能的作用；矿物掺合料具有次要的胶结、填充、减水、提高混凝土耐久性的作用。

混凝土按表观密度可分为重混凝土、普通混凝土、轻混凝土。按用途可分为结构混凝土、道路混凝土、水工混凝土、隔热混凝土、耐火混凝土、耐酸混凝土、耐碱混凝土、装饰混凝土、防水混凝土、防辐射混凝土等。按性能可分为高强混凝土、高性能混凝土、透水混凝土、干硬性混凝土、流动性混凝土等。按制备工艺可分为泵送混凝土、自密实混凝土、预拌混凝土等。

自从阿斯普丁（J. Aspdin）于1824年发明波特兰水泥后，水泥与混凝土的生产技术迅速发展，混凝土的用量急剧增加。由于混凝土具有原材料丰富、成本低、制作工艺简单、抗压强度范围宽、耐久性好等优点，因此广泛应用于各类工程，例如房屋建筑、道路桥梁、码头大坝、核反应堆等。至今，混凝土已成为人类社会用量最多的人造材料。

普通混凝土的技术指标包括：新拌混凝土工作性能（稠度、凝结时间、含气量、泌水实验、表观密度等）、硬化混凝土的力学性能（立方体抗压强度、弹性模量、抗折强度及抗拉强度）和耐久性能（抗冻性能、抗氯离子渗透性能、抗碳化性能、抗水渗透性能等）。

4.1.1　稠度实验——坍落度和坍落扩展度

1）实验目的

混凝土拌合物在自重作用下产生坍落变形，测量拌合物锥体坍落的高度即为坍落度值，坍落度作为稠度指标，反映混凝土拌合物的流动性能，流动性、粘聚性和保水性是表征混凝土拌合物和易性的三个主要方面，影响混凝土拌合物和易性的因素主要有水泥品种与用量、骨料的种类及性质、外加剂和掺和料的种类和掺量、水灰比、砂率、环境条件、施工工艺等。掌握坍落度的实验方法和适用范围，熟悉混凝土搅拌机的操作规程，了解现行国家标准《预拌混凝土》GB/T 14902中混凝土拌合物坍落度等级的划分和要求。

2）实验依据及环境要求

（1）实验依据

《普通混凝土拌合物性能试验方法标准》GB/T 50080

本方法适用于骨料最大粒径不大于40mm、坍落度不小于10mm的混凝土拌合物稠度测定。

（2）环境要求

混凝土成型实验室环境：温度（20±5）℃。

原材料：温度与制备拌合物的环境温度一致。

稠度实验测试环境：温度（20±5）℃或与现场一致。

3）主要仪器设备

混凝土搅拌机：应符合现行行业标准《混凝土试验用搅拌机》JG 244 要求的公称容量为 60L 的双卧轴强制式搅拌机。

坍落度筒：应符合现行行业标准《混凝土坍落度仪》JG/T 248 中有关技术要求的规定，底部直径（200±2）mm，顶部直径（100±2）mm，高度（300±2）mm，筒壁厚度不小于 1.5mm。

捣棒：直径为 ϕ(16±0.2)mm，长度(600±5)mm，端部应呈圆形。

钢直尺：量程 500mm 和量程 300mm 各一把。

电子秤：精度不小于 0.01kg。

电子天平：分度值不大于 0.1g。

小铲、拌板、镘刀、下料斗等。

4）样品制备

（1）按照混凝土配合比称取材料，称量精度：骨料为±1%；水、水泥、掺合料、外加剂均为±0.5%。

（2）将水泥、掺合料、粗细骨料倒入搅拌机，干拌均匀后加水和外加剂，搅拌时间不少于 2min。

5）实验步骤

（1）将坍落度筒及底板润湿，确保坍落度筒内壁和底板上无明水。底板应放置在坚实水平面上，并把筒放在底板中心，然后用脚踩住两边的脚踏板，坍落度筒在装料时应保持固定的位置。

（2）将新拌混凝土用小铲分三层均匀地装入筒内，使捣实后每层高度为筒高的三分之一左右，每层用捣棒插捣 25 次。插捣应沿螺旋方向由外向中心进行，各次插捣应在截面上均匀分布。插捣筒边混凝土时，捣棒可以稍稍倾斜。插捣底层时，捣棒应贯穿整个深度，插捣第二层和顶层时，捣棒应插透本层至下一层的表面；浇灌顶层时，混凝土应灌到高出筒口。插捣过程中，如混凝土沉落到低于筒口，则应随时添加。顶层插捣完后，刮去多余的混凝土，并用抹刀抹平。

（3）清除筒边底板上的混凝土，垂直平稳地提起坍落度筒。坍落度筒的提离过程应在 5～10s 内完成；从开始装料到提坍落度筒的整个过程应不间断地进行，并应在 150s 内完成。

（4）提起坍落度筒后，测量筒高与坍落后混凝土试体最高点之间的高度差，即为该混凝土拌合物的坍落度值；坍落度筒提离后，如混凝土发生崩坍或一边剪坏现象，则应重新取样另行测定；如第二次实验仍出现上述现象，则表示该混凝土和易性不好，应作记录。

（5）观察坍落后的混凝土试体的粘聚性及保水性。用捣棒在已坍落的混凝土锥体侧面轻轻敲打，此时如果锥体逐渐下沉，则表示粘聚性良好，如果锥体倒塌、部分崩裂或出现离析现象，则表示粘聚性不好。保水性以混凝土拌合物稀浆析出的程度来评定，坍落度筒提起后如有较多的稀浆从底部析出，锥体部分的混凝土也因失浆而骨料外露，则表明此混凝土拌合物的保水性能不好；如坍落度筒提起后无稀浆或仅有少量稀浆自底部析出，则表明此混凝土拌合物保水性良好。

（6）当混凝土拌合物的坍落度大于220mm时，用钢尺测量混凝土扩展后最终的最大直径和最小直径，在这两个直径之差小于50mm的条件下，用其算术平均值作为坍落扩展度值；否则，此次实验无效。

（7）如果发现粗骨料在中央挤堆或边缘有水泥浆析出，表示此混凝土拌合物抗离析性不好，应作记录。

6）实验结果

混凝土拌合物坍落度和坍落扩展度值以毫米为单位，测量精确至1mm，结果表达修约至5mm。

4.1.2 稠度实验——维勃稠度法

1）实验目的

维勃稠度是指将混凝土拌合物按规定方法成型后，经震动后水泥浆溢满指定圆盘时所需的时间，是评价干硬性混凝土拌合物流动性能的主要指标。掌握维勃稠度的实验方法和适用范围，熟悉混凝土搅拌机和维勃稠度仪的操作规程，了解现行国家标准《预拌混凝土》GB/T 14902中混凝土拌合物对流动性能的技术要求。

2）实验依据及环境要求

（1）实验依据

《普通混凝土拌合物性能试验方法标准》GB/T 50080

本方法适用于骨料最大粒径不大于40mm，维勃稠度在5～30s之间的混凝土拌合物稠度测定。

（2）环境要求

混凝土成型实验室环境：温度（20±5）℃。

原材料：温度与制备拌合物的环境温度一致。

稠度实验测试环境：温度（20±5）℃或与现场一致。

3）主要仪器设备

混凝土搅拌机：应为符合现行行业标准《混凝土试验用搅拌机》JG 244要求的公称容量为60L的双卧轴强制式搅拌机。

维勃稠度仪：应符合行业现行标准《维勃稠度仪》JG/T 250有关技术要求的规定：

（1）容器内径（240±5）mm，高（200±2）mm。

（2）旋转架与测杆及喂料口相连，测杆下部安装有透明且水平的圆盘，并用定位螺钉把测杆固定在数显表中，旋转架安装在立柱上通过十字凹槽来控制方向，并用固定螺丝来固定其位置，就位后测杆与喂料口的轴线与容器的轴线重合。

（3）透明圆盘直径为（230±2）mm，厚度为（10±2）mm。荷重块直接固定在圆盘上。由测杆、圆盘及荷重块组成的滑动部分总重量为（2750±50）g。

坍落度筒：应符合现行行业标准《混凝土坍落度仪》JG/T 248中有关技术要求的规定，

底部直径（200±2)mm，顶部直径（100±2)mm，高度（300±2)mm，筒壁厚度不小于1.5mm。

捣棒：直径为ϕ(16±0.2)mm，长度（600±5)mm，端部应呈圆形。

震动台：工作频率（50±3)Hz。

电子秤：精度不小于0.01kg。

电子天平：分度值不大于0.1g。

小铲、拌板、镘刀、下料斗等。

4）样品制备

（1）按照混凝土配合比称取材料，称量精度：骨料为±1%；水、水泥、掺合料、外加剂均为±0.5%。

（2）将水泥、掺合料、粗细骨料倒入搅拌机，干拌均匀后加水和外加剂，搅拌时间不少于2min。

5）实验步骤

（1）维勃稠度仪应放置在坚实水平面上；

（2）用湿布把容器、坍落度筒、喂料斗内壁及其他用具润湿并无明水；

（3）将喂料斗提到坍落度筒上方扣紧，校正容器位置，使其中心与喂料中心重合，然后拧紧固定螺丝；

（4）把混凝土拌合物试样用小铲分三层经喂料斗均匀地装入筒内，装料及插捣的方法与坍落度法相同；

（5）把喂料斗转离，垂直提起坍落度筒，此时应注意不使混凝土试体产生横向的扭动；

（6）把透明圆盘转到混凝土圆台体顶面，放松测杆螺钉，降下圆盘，使其轻轻接触到混凝土顶面；

（7）拧紧定位螺钉，并检查测杆螺钉是否已经完全放松；

（8）开启震动台的同时用秒表计时，当震动到透明圆盘的底面被水泥浆布满的瞬间，停止计时并关闭震动台，记录秒表读数。

6）实验结果

震动台开启到透明圆盘的底面被水泥浆布满的时间即为该混凝土拌合物的维勃稠度值，结果精确至1s。

4.1.3　凝结时间

1）实验目的

混凝土凝结时间分为初凝时间和终凝时间，初凝时间是指从加水起至混凝土开始失去塑性所需的时间，终凝时间是指从加水起至混凝土完全失去塑性并开始产生强度所需的时间，凝结时间可用于确定混凝土是否易于浇筑施工及适合承受荷载，是评价混凝土拌合物性能的重要技术指标。掌握凝结时间的实验方法和适用范围，熟悉混凝土搅拌机和贯入阻力仪的操作规程，了解现行国家标准《预拌混凝土》GB/T 14902中混凝土拌合物对凝结时间的技术要求。

2）实验依据及环境要求

（1）实验依据

《普通混凝土拌合物性能试验方法标准》GB/T 50080

本方法适用于从混凝土拌合物中筛出的砂浆用贯入阻力法来确定坍落度值不为零的混凝土拌合物凝结时间的测定。

(2) 环境要求

混凝土成型实验室环境：温度（20±5）℃。

原材料：温度与制备拌合物的环境温度一致。

凝结时间测试环境：温度（20±2）℃或与现场同条件。

3) 主要仪器设备

混凝土搅拌机：应为符合现行行业标准《混凝土试验用搅拌机》JG 244 要求的公称容量为 60L 的双卧轴强制式搅拌机。

振动台：应符合现行国家标准《混凝土振动台》GB/T 25650 中技术要求的规定。

贯入阻力仪：由加荷装置、测针、砂浆试样筒组成。其中，加荷装置的最大测量值应不少于 1000N，精度为±10N。

测针：长 100mm，承压面积为 $100mm^2$、$50mm^2$ 和 $20mm^2$ 三种，在距贯入端 25mm 处刻有一圈标记。

砂浆试样筒：刚性不透水的金属圆筒带盖，筒圆上口径 160mm，下口径 150mm，净高 150mm。

电子秤：精度不小于 0.01kg。

电子天平：分度值不大于 0.1g。

标准筛：筛孔直径 5mm。

小铲、拌板、镘刀等。

4) 样品制备

(1) 按照混凝土配合比称取材料，称量精度：骨料为±1%；水、水泥、掺合料、外加剂均为±0.5%。

(2) 将水泥、掺合料、粗细骨料倒入搅拌机，干拌均匀后加水和外加剂，搅拌时间不少于 2min。

(3) 用 5mm 标准筛将混凝土拌合物中石子筛除，并将筛出的砂浆拌合均匀。

(4) 将砂浆一次分别装入三个试样筒中并编号。混凝土拌合物坍落度不大于 70mm 的混凝土宜用振动台振实砂浆；混凝土拌合物坍落度大于 70mm 的宜用捣棒人工捣实。用振动台振实砂浆时，振动应持续到表面出浆为止，不得过振；用捣棒人工捣实时，应沿螺旋方向由外向中心均匀插捣 25 次，然后用橡皮锤轻轻敲打筒壁，直至插捣孔消失为止。振实或插捣后，砂浆表面应低于砂浆试样筒口约 10mm；完成装料后，砂浆试样筒应立即加盖。

5) 实验步骤

(1) 凝结时间测定从水泥与水接触瞬间开始计时。根据混凝土拌合物的性能，确定测针实验时间，以后每隔 0.5h 测试一次，在临近初、终凝时可增加测定次数；

(2) 在每次测试前 2min，将一片 20mm 厚的垫块垫入筒底一侧使其倾斜，用吸管吸去表面的泌水，吸水后平稳地复原。应注意，在整个测试过程中，除在吸取泌水或进行贯入实验外，试样筒应始终加盖；

(3) 测试时，将砂浆试样筒置于贯入阻力仪上，测针端部与砂浆表面接触，然后在（10

±2)s内均匀地使测针贯入砂浆（25±2)mm深度，记录贯入压力，精确至10N；记录测试时间，精确至1min；记录环境温度，精确至0.5℃；

（4）各测点的间距应大于测针直径的两倍且不小于15mm，测点与试样筒壁的距离应不小于25mm；

（5）贯入阻力测试在0.2～28MPa之间应至少进行6次，直至贯入阻力大于28MPa为止；

（6）在测试过程中应根据砂浆凝结状况，适时更换测针，更换测针宜按表4-1进行。

表4-1 测针选用规定表

贯入阻力（MPa）	0.2～3.5	3.5～20	20～28
测针面积（mm^2）	100	50	20

6）实验结果

贯入阻力的结果计算以及初凝时间和终凝时间的确定按下述方法进行：

贯入阻力应按式（4-1）计算，结果精确至0.1MPa：

$$f_{PR}=\frac{P}{A} \tag{4-1}$$

式中 f_{PR}——贯入阻力（MPa）；

P——贯入压力（N）；

A——测针面积（mm^2）。

凝结时间宜通过线性回归方法确定，是将贯入阻力f_{PR}和时间t分别取自然对数$\ln(f_{PR})$和$\ln(t)$，然后把$\ln(f_{PR})$当做自变量，$\ln(t)$当做因变量作线性回归得到回归方程式（4-2）：

$$\ln(t)=A+B\ln(f_{PR}) \tag{4-2}$$

式中 t——时间（min）；

f_{PR}——贯入阻力（MPa）；

A、B——线性回归系数。

根据上式求得当贯入阻力为3.5MPa时的时间即为初凝时间t_s，贯入阻力为28MPa时的时间即为终凝时间t_e。

凝结时间也可用绘图拟合方法确定，以贯入阻力为纵坐标，经过的时间为横坐标（精确至1min），绘制出贯入阻力与时间之间的关系曲线，以3.5MPa和28MPa划两条平行于横坐标的直线，分别与曲线相交的两个交点的横坐标即为混凝土拌合物的初凝和终凝时间。

三个实验结果的初凝/终凝时间的算术平均值作为此次实验的初凝/终凝时间。如果三个测值的最大值或最小值中有一个与中间值之差超过中间值的10%，则以中间值为实验结果；如果最大值和最小值与中间值之差均超过中间值的10%时，则此次实验无效。

凝结时间用h:min表示，并修约至5min。

4.1.4 泌水率

1）实验目的

泌水是指混凝土拌合物中固体颗粒下沉及与此同时水分向上迁移而产生的在混凝土、水泥砂浆或净浆表面上积聚一些洁净水的现象，在混凝土拌合物表面产生少量的泌水是正常现象，但过度的泌水不仅影响正常施工作业，还会对混凝土性能产生不利影响，所以泌水特性不仅是评价混凝土拌合物质量的重要参数，也是控制混凝土质量的一个重要方面。掌握泌水特性的实验方法和适用范围，熟悉混凝土搅拌机的操作规程，了解现行国家标准《预拌混凝土》GB/T 14902 中混凝土拌合物对泌水率的技术要求。

2）实验依据及环境要求

（1）实验依据

《普通混凝土拌合物性能试验方法标准》GB/T 50080

本方法适用于骨料最大粒径不大于 40mm 的混凝土拌合物泌水测定。

（2）环境要求

混凝土成型实验室环境：温度（20±5)℃。

原材料：温度与制备拌合物的环境温度一致。

泌水实验测试环境：温度（20±2)℃。

3）主要仪器设备

混凝土搅拌机：应为符合现行行业标准《混凝土试验用搅拌机》JG 244 要求的公称容量为 60L 的双卧轴强制式搅拌机。

振动台：应符合现行国家标准《混凝土振动台》GB/T 25650 中技术要求的规定。

试样筒：容量筒配盖，容积 5L，内径 185mm，高 200mm。

台秤：最大称量 50kg、感量为 50g。

量筒：容量为 10mL、50mL、100mL 的量筒及吸管。

振动台：应符合现行国家标准《混凝土振动台》GB/T 25650 中技术要求的规定。

捣棒、小铲等。

4）样品制备

（1）按照混凝土配合比称取材料，称量精度：骨料为±1%；水、水泥、掺合料、外加剂均为±0.5%。

（2）将水泥、掺合料、粗细骨料倒入搅拌机，干拌均匀后加水和外加剂，搅拌时间不少于 2min。

5）实验步骤

（1）用湿布湿润试样筒内壁后称量，记录试样筒的质量 m_0；

（2）将混凝土试样装入试样筒，可用振动台或捣棒捣实均匀。采用振动台振实时，将试样一次性装入试样筒，开启振动台，持续到表面出浆为止，避免过振。采用捣棒捣实时，混凝土拌合物分两层装入，每层插捣 25 次；捣棒由边缘向中心均匀地插捣，插捣底层时捣棒贯穿整个深度，插捣第二层时，捣棒插透本层至下一层的表面；每一层捣完后用橡皮锤轻轻沿容器外壁敲打 5～10 次，直至拌合物表面插捣孔消失并不见大气泡为止。同时，控制混凝土拌和物表面低于试样筒筒口（30±3)mm，用抹刀抹平、不受振动；

（3）混凝土拌合物经捣实抹平后，立即计时并称量，记录试样筒和试样的总质量；

（4）从计时开始后 60min 内，每隔 10min 吸取 1 次试样表面渗出的水；

（5）60min 后，每隔 30min 吸 1 次水，直至不再泌水为止；

（6）吸出的水放入量筒中，记录每次吸水的水量并计算累计水量，精确至 1mL；

（7）在吸取混凝土拌合物表面泌水的整个过程中，应使试样筒保持水平、不受振动。除了吸水操作外，应始终盖好盖。

6）实验结果

混凝土拌合物的泌水量按式（4-3）计算，结果精确至0.01mL/mm²：

$$B_a = \frac{V}{A} \tag{4-3}$$

式中　B_a——泌水量（mL/mm²）；

V——最后一次吸水后累计的泌水量（mL）；

A——试样外露的表面面积（mm²）。

泌水率按式（4-4）计算，结果精确至1%。

$$B = \frac{V_W}{\frac{W}{G} \times G_W} \times 100 \tag{4-4}$$

式中　B——泌水率（%）；

V_W——泌水总量（mL）；

G_W——试样质量（g）；

W——混凝土拌合物总用水量（mL）；

G——混凝土拌合物总质量（g）。

泌水量和泌水率均取三个试样测值的平均值作为最后结果。三个测值中的最大值或最小值，如果有一个与中间值之差超过中间值的15%，则以中间值为实验结果；如果最大值和最小值与中间值之差均超过中间值的15%时，则此次实验无效，应重做实验。

4.1.5　湿表观密度

1）实验目的

湿表观密度是指混凝土拌合物振捣密实后的毛体积密度，混凝土的含气量与湿表观密度有着密切联系，湿表观密度是评价混凝土拌合物性能的主要指标之一。掌握湿表观密度的实验方法和适用范围，熟悉混凝土搅拌机的操作规程，了解现行国家标准《预拌混凝土》GB/T 14902中不同种类的混凝土对湿表观密度的技术要求。

2）实验依据及环境要求

（1）实验依据

《普通混凝土拌合物性能试验方法标准》GB/T 50080

（2）环境要求

混凝土成型实验室环境：温度（20±5）℃。

原材料：温度与制备拌合物的环境温度一致。

湿表观密度测试环境：温度（20±5）℃。

3）主要仪器设备

混凝土搅拌机：应为符合现行行业标准《混凝土试验用搅拌机》JG 244要求的公称容量为60L的双卧轴强制式搅拌机。

容量筒：金属制圆筒，两旁装有提手，容积5L。容量筒容积应采用以下方法标定：

用一块能盖住容量筒顶面的玻璃板，先称出玻璃板和空筒的质量，然后向容器中灌入清水，当水接近上口时，一边不断加水，以便把玻璃板沿筒口徐徐推入盖严，应注意使玻璃板下不带入任何气泡；然后擦净玻璃板面及筒壁外的水分，将容量筒连同玻璃板放在台秤上称其质量，两次质量之差（kg）即为容量筒的容积 L。

台秤：称量 50kg，感量 50g。

振动台，捣棒等。

4）样品制备

（1）按照混凝土配合比称取材料，称量精度：骨料为±1%；水、水泥、掺合料、外加剂均为±0.5%。

（2）将水泥、掺合料、粗细骨料倒入搅拌机，干拌均匀后加水和外加剂，搅拌时间不少于 2min。

5）实验步骤

（1）用湿布将容量筒内外擦干净，称出容量筒质量，精确至 50g；

（2）装料后，坍落度不大于 70mm 的混凝土，用振动台振实为宜；大于 70mm 的用捣棒捣实为宜。采用捣棒捣实时，混凝土拌合物应分两层装入，每层的插捣次数应为 25 次。采用振动台振实时，应一次将混凝土拌合物灌到高出容量筒筒口。装料时可用捣棒稍加插捣，振动过程中如混凝土低于筒口，应随时添加混凝土，振动直至表面出浆为止；

（3）用刮尺将筒口多余的混凝土拌合物刮去，表面如有凹陷应填平；

（4）将容量筒外壁擦净，称出混凝土试样与容量筒总质量，精确至 50g。

6）实验结果

混凝土拌合物的湿表观密度用式（4-5）计算，实验结果精确至 10kg/m³：

$$\gamma_h = \frac{W_2 - W_1}{V} \times 100 \tag{4-5}$$

式中 γ_h——表观密度（kg/m³）；

W_1——容量筒质量（kg）；

W_2——容量筒和试样总质量（kg）；

V——容量筒容积（L）。

4.1.6 含气量

1）实验目的

含气量反映的是混凝土在搅拌成型过程中引入的气体质量，是评价混凝土拌合物性能的一个重要参数，合理的含气量有利于混凝土的抗冻性能，但过多的气体引入会对混凝土的力学性能产生不利影响。引气剂的种类及掺入量、水泥化学组成及碱含量、混凝土拌合物的温度、搅拌时间及搅拌强度等均会影响混凝土的含气量。掌握含气量的实验方法和适用范围，熟悉含气量测定仪的操作规程，了解现行国家标准《预拌混凝土》GB/T 14902 中混凝土拌合物对含气量的技术要求。

2）实验依据及环境要求

（1）实验依据

《普通混凝土拌合物性能试验方法标准》GB/T 50080

（2）环境要求

混凝土成型实验室环境：温度（20±5)℃。

原材料：温度与制备拌合物的环境温度一致。

含气量测试环境：温度（20±5)℃。

3）主要仪器设备

混凝土搅拌机：应为符合现行行业标准《混凝土试验用搅拌机》JG 244 要求的公称容量为 60L 的双卧轴强制式搅拌机。

振动台：应符合现行国家标准《混凝土振动台》GB/T 25650 中技术要求的规定。

电子秤：称量 50kg，感量 50g。

电子天平：分度值不大于 0.1g。

含气量测定仪：应符合现行国家标准《混凝土含气量测定仪》中的规定。

捣棒、镘刀、小铲等。

4）样品制备

（1）按照混凝土配合比称取材料，称量精度：骨料为±1%；水、水泥、掺合料、外加剂均为±0.5%。

（2）将水泥、掺合料、粗细骨料倒入搅拌机，干拌均匀后加水和外加剂，搅拌时间不少于 2min。

5）实验步骤

（1）用湿布擦净容器和盖的内表面，装入混凝土拌合物试样；

（2）捣实采用人工或机械的方法：当拌合物坍落度大于 70mm 时，采用人工插捣；当拌合物坍落度不大于 70mm 时，采用振动台振捣均匀。振动至混凝土表面平整、表面出浆即止，不得过度振捣；

（3）捣实完毕后立即用刮尺刮平，表面如有凹陷应予填平抹光；

（4）在正对操作阀孔的混凝土拌合物表面贴一小片塑料薄膜，擦净容器上口边缘，装好密封垫圈，加盖并拧紧螺栓；

（5）关闭操作阀和排气阀，打开排水阀和加水阀，通过加水阀，向容器内注入水；

（6）当排水阀流出的水流不含气泡时，在注水的状态下，同时关闭加水阀和排水阀；

（7）开启进气阀，用气泵注入空气至气室压力略大于 0.1MPa，待压力示值仪表示值稳定后，微微开启排气阀，调整压力至 0.1MPa，关闭排气阀；

（8）开启操作阀，待压力表示值稳定后，读出含气量示值 A_1（%）；

（9）开启排气阀，压力表示值回零；

（10）重复上述步骤，对容器内试样再测一次含气量 A_2（%）。

6）实验结果

混凝土拌合物含气量应按式（4-6）计算，结果精确至 0.1%：

$$A = A_0 - A_g \tag{4-6}$$

式中　A——混凝土拌合物含气量（%）；

A_0——两次含气量测定的平均值（%）；

A_g——骨料含气量（%）。

若 A_1 和 A_2 的相对误差小于 0.2%时，则取 P_{01}、P_{02} 的算术平均值，若不满足，则应进行第三次实验，测得压力值 A_3（MPa）。当 A_1 与 A_2、A_3 中较接近一个值的相对误差不大于 0.2%时，则取此二值的算术平均值。当仍大于 0.2%，此次实验无效，应重做实验。

4.1.7 立方体抗压强度

1）实验目的

立方体抗压强度作为确定混凝土抗压强度等级的依据，是反映混凝土力学性能的主要指标，也是混凝土结构设计的主要参数，混凝土的组成材料（水泥、骨料等）、混凝土配合比（水灰比、砂率等）、养护工艺、试验环境等是影响混凝土抗压强度的主要因素。掌握强度试件的制作步骤、要点和强度测试的实验方法，熟悉压力试验机的操作规程，了解现行国家标准《混凝土结构设计规范》GB 50010 中混凝土强度等级的划分和要求。

2）实验依据及环境要求

（1）实验依据

《普通混凝土力学性能试验方法标准》GB/T 50081

（2）环境要求

混凝土成型实验室环境：温度（20±5)℃。

原材料：温度与制备拌合物的环境温度一致。

试件养护温环境：拆模前，温度为（20±5)℃；拆模后，养护温度为（20±2)℃，相对湿度为 95%以上。

3）主要仪器设备

混凝土搅拌机：应为符合现行行业标准《混凝土试验用搅拌机》JG 244 要求的公称容量为 60L 的双卧轴强制式搅拌机。

振动台：应符合现行国家标准《混凝土振动台》GB/T 25650 中技术要求的规定。

压力实验机：应符合现行国家标准《液压式压力试验机》GB/T 3722 和《试验机通用技术要求》GB/T 2611 中的技术要求，测量精度为±1%，同时，试件破坏荷载应大于压力机全量程的 20%，且小于压力机全量程的 80%。

4）样品制备

（1）按照混凝土配合比称取材料，称量精度：骨料为±1%；水、水泥、掺合料、外加剂均为±0.5%。将所有原材料倒入搅拌机，干拌均匀后加水搅拌。

（2）将试模（试模尺寸为 100mm×100mm×100mm，150mm×150mm×150mm，200mm×200mm×200mm）刷一层脱模剂后，装入混凝土拌合物并振捣均匀，刮除试模上口多余的混凝土，待混凝土临近初凝时，用抹刀抹平。

（3）带模试件在温度为（20±5)℃的环境中静置一昼夜至二昼夜，编号后拆模。放入温度为（20±2)℃，相对湿度为 95%以上的标准养护室中养护。

5）实验步骤

（1）在实验时将试件从养护地点取出，把试件表面与上下承压板面擦干净；

（2）将试件安放在实验机的下压板或垫板上，试件的承压面应与成型时的顶面垂直。试件的中心应与实验机下压板中心对准；

（3）开动实验机，当上压板与试件或钢垫板接近时，调整球座，使接触均衡；

（4）在实验过程中应连续均匀地加荷，混凝土强度等级<C30 时，加荷速度取每秒钟 0.3～0.5MPa；混凝土强度等级≥C30 且<C60 时，取每秒钟 0.5～0.8MPa；混凝土强度等级≥C60 时，取每秒钟 0.8～1.0MPa；

（5）当试件接近破坏开始急剧变形时，应停止调整实验机油门，直至破坏，记录破坏荷载。

6）实验结果

混凝土立方体抗压强度应按式（4-7）计算，结果精确至0.1MPa：

$$f_{cc}=K\times\frac{F}{A} \tag{4-7}$$

式中　f_{cc}——混凝土立方体试件抗压强度（MPa）；

K——尺寸换算系数，混凝土强度等级＜C60时，用非标准试件测得的强度值均应乘以尺寸换算系数，其值为：对200mm×200mm×200mm试件为1.05；对100mm×100mm×100mm试件为0.95。当混凝土强度等级≥C60时，宜采用标准试件；使用非标准试件时，尺寸换算系数应由实验确定；

F——试件破坏荷载（N）；

A——试件承压面积（mm^2）。

三个试件测值的算术平均值作为该组试件的强度值；三个测值中的最大值或最小值中如有一个与中间值的差值超过中间值的15%时，则把最大及最小值一并舍除，取中间值作为该组试件的抗压强度值；如最大值和最小值与中间值的差均超过中间值的15%，则该组试件的实验结果无效。

4.1.8　轴心抗压强度

1）实验目的

轴心抗压强度是采用150mm×150mm×300mm棱柱体作为标准试件所测得的抗压强度，是评价混凝土力学性能的主要指标之一。掌握轴心抗压强度试件的制作步骤、要点和强度测试的实验方法，熟悉压力试验机的操作规程，了解现行国家标准《混凝土结构设计规范》GB 50010中不同强度等级的混凝土对轴心抗压强度的技术要求。

2）实验依据及环境要求

（1）实验依据

《普通混凝土力学性能试验方法标准》GB/T 50081

（2）环境要求

混凝土成型实验室环境：温度（20±5)℃。

原材料：温度与制备拌合物的环境温度一致。

试件养护环境：拆模前，温度为（20±5)℃；拆模后，养护温度为（20±2)℃，相对湿度为95%以上。

3）主要仪器设备

混凝土搅拌机：应为符合现行行业标准《混凝土试验用搅拌机》JG 244要求的公称容量为60L的双卧轴强制式搅拌机。

振动台：应符合现行国家标准《混凝土振动台》GB/T 25650中技术要求的规定。

压力实验机：应符合现行国家标准《液压式压力试验机》GB/T 3722和《试验机通用技术要求》GB/T 2611中的技术要求，测量精度为±1%，同时，试件破坏荷载应大于压力机全量程的20%且小于压力机全量程的80%。

4）样品制备

（1）按照混凝土配合比称取材料，称量精度：骨料为±1%；水、水泥、掺合料、外加剂均为±0.5%。将所有原材料倒入搅拌机，干拌均匀后加水搅拌。

（2）将试模（试模尺寸为150mm×150mm×300mm，100mm×100mm×300mm，200mm×200mm×400mm）刷一层脱模剂后，装入混凝土拌合物并振捣均匀，刮除试模上口多余的混凝土，待混凝土临近初凝时，用抹刀抹平。

（3）带模试件在温度为（20±5）℃的环境中静置1～2d，编号后拆模。放入温度为（20±2）℃，相对湿度为95%以上的标准养护室中养护。

5）实验步骤

（1）试件从养护地点取出后应及时进行实验，用干毛巾将试件表面与上下承压板面擦干净。

（2）将试件直立放置在实验机的下压板或钢垫板上，并使试件轴心与下压板中心对准。

（3）开动实验机，当上压板与试件或钢垫板接近时，调整球座，使接触均衡。

（4）应连续均匀地加荷，不得有冲击。混凝土强度等级<C30时，加荷速度取每秒钟0.3～0.5MPa；混凝土强度等级≥C30且<C60时，取每秒钟0.5～0.8MPa；混凝土强度等级≥C60时，取每秒钟0.8～1.0MPa。

（5）试件接近破坏而开始急剧变形时，应停止调整实验机油门，直至破坏。然后记录破坏荷载。

6）实验结果

混凝土轴心抗压强度应按式（4-8）计算，结果精确至0.1MPa：

$$f_{ce} = K \times \frac{F}{A} \tag{4-8}$$

式中 f_{ce}——混凝土试件轴心抗压强度（MPa）；

K——尺寸换算系数，混凝土强度等级<C60时，用非标准试件测得的强度值均应乘以尺寸换算系数，其值为：对200mm×200mm×400mm试件为1.05；对100mm×100mm×300mm试件为0.95。当混凝土强度等级≥C60时，宜采用标准试件；使用非标准试件时，尺寸换算系数应由实验确定；

F——试件破坏荷载（N）；

A——试件承压面积（mm^2）。

4.1.9 静力受压弹性模量

1）实验目的

混凝土静力受压弹性模量是指对混凝土进行反复加荷卸荷三次以后所得应力-应变曲线中对应的应力与应变的比值，是硬化混凝土力学性能的重要指标之一，混凝土的弹性模量主要取决于集料的弹性模量，弹性模量对保证钢筋混凝土构件的刚度十分重要。掌握静力受压弹性模量的试件制作、加荷卸荷流程及变形测试的实验方法，熟悉微变形测量装置和压力试验机的操作规程，了解现行国家标准《混凝土结构设计规范》GB 50010中对不同强度等级的静力受压弹性模量的技术要求。

2）实验依据及环境要求

（1）实验依据

《普通混凝土力学性能试验方法标准》GB/T 50081

（2）环境要求

混凝土成型实验室环境：温度（20±5)℃。

原材料：温度与制备拌合物的环境温度一致。

试件养护环境：拆模前，温度为（20±5)℃；拆模后，养护温度为（20±2)℃，相对湿度为95%以上。

3）主要仪器设备

混凝土搅拌机：应为符合现行行业标准《混凝土试验用搅拌机》JG 244 要求的公称容量为60L的双卧轴强制式搅拌机。

振动台：应符合现行国家标准《混凝土振动台》GB/T 25650 中技术要求的规定。

压力实验机：应符合现行国家标准《液压式压力试验机》GB/T 3722 和《试验机通用技术要求》GB/T 2611 中的技术要求，测量精度为±1%，同时，试件破坏荷载应大于压力机全量程的20%，且小于压力机全量程的80%。

微变形测量仪：固定架标距为150mm、测量精度不低于0.001mm。

4）样品制备

（1）按照混凝土配合比称取材料，称量精度：骨料为±1%；水、水泥、掺合料、外加剂均为±0.5%。将所有原材料倒入搅拌机，干拌均匀后加水搅拌。

（2）将6个试模（试模尺寸为150mm×150mm×300mm，100mm×100mm×300mm，200mm×200mm×400mm）刷一层脱模剂后，装入混凝土拌合物并振捣均匀，刮除试模上口多余的混凝土，待混凝土临近初凝时，用抹刀抹平。

（3）带模试件在温度为（20±5)℃的环境中静置1～2d，编号后拆模。放入温度为(20±2)℃、相对湿度为95%以上的标准养护室中养护。

5）实验步骤

（1）试件从养护地点取出后先将试件表面与上下承压板面擦干净。

（2）取3个试件测定混凝土的轴心抗压强度。另3个试件用于测定混凝土的弹性模量。

（3）在测定混凝土弹性模量时，微变形测量仪应安装在试件两侧的中线上并对称于试件的两端。

（4）仔细调整试件在压力实验机上的位置，使其轴心与下压板的中心线对准。

（5）开动压力实验机，当上压板与试件接近时调整球座，使其接触均衡。

（6）加荷至基准应力为0.5MPa的初始载值F_0，保持恒载60s并在以后的30s内（仍保持恒载状态）记录每测点的变形读数ε_0。应立即连续均匀地加荷至应力为轴心抗压强度f_{cp}的1/3的荷载值F_a，保持恒载60s并在以后的30s内（仍保护恒载状态）记录每一测点的变形读数ε_a。

（7）当以上这些变形值之差与它们平均值之比大于20%时，应重新对中试件后重复上述步骤。如果无法使其减少到低于20%时，则此次实验无效。

（8）确认试件对中满足第（7）条所述条件后，以与加荷速度相同的速度卸荷至基准应力0.5MPa（F_0），恒载60s；用同样的加荷速度加荷至荷载值F_a，恒荷60s；重复该步骤，反复加荷，卸荷至少两次；在第三次卸荷至F_0时，持荷60s，并在以后的30s（仍保持恒载状态）记录每一测点的变形读数 ε_0；再用同样的加荷速度加荷至 F_a，持荷 60s 并在以后的 30s 内记录每一测点的变形读数 ε_a。

(9) 卸除变形测量仪，以同样的速度加荷至破坏，记录破坏荷载。

6）实验结果

混凝土弹性模量值应按式（4-9）、式（4-10）计算：

$$E_a = \frac{F_a - F_0}{A} \times \frac{L}{\Delta n} \tag{4-9}$$

式中 E_a——混凝土弹性模量（MPa）；

F_a——应力为 1/3 轴心抗压强度时的荷载（N）；

F_0——应力为 0.5MPa 时的初始荷载（N）；

A——试件承压面积（mm^2）；

L——测量标距（mm）。

$$\Delta n = \varepsilon_a - \varepsilon_0 \tag{4-10}$$

式中 Δn——最后一次从 F_0 加荷至 F_a 时试件两侧变形的平均值（mm）；

ε_a——F_a 时试件两侧变形的平均值（mm）；

ε_0——F_0 时试件两侧变形的平均值（mm）。

混凝土受压弹性模量计算精确至 100MPa。弹性模量按 3 个试件测值的算术平均值计算。如果其中有一个试件的轴心抗压强度值与用以确定检验控制荷载的轴心抗压强度值相差超过后者的 20%时，则弹性模量值按另两个试件测值的算术平均值计算；如有两个试件超过上述规定时，则此次实验无效。

4.1.10 抗折强度

1）实验目的

混凝土抗折强度反映的是混凝土单位面积承受弯矩时的极限折断应力，水泥混凝土路面由于直接受车辆荷载的重复作用及环境因素（如温度、湿度）的影响，要求具有较高的抗折强度、耐久性、耐磨性和抗滑性，因此抗折强度是混凝土路面的一项重要控制指标，混凝土的抗折强度在很大程度上取决于原材料的品质、混合料组成以及现场的施工控制。掌握抗折强度的实验方法，熟悉压力试验机的操作规程，了解现行行业标准《公路水泥混凝土路面设计规范》JTG D40 中对混凝土抗折强度的技术要求。

2）实验依据及环境要求

(1) 实验依据

《普通混凝土力学性能试验方法标准》GB/T 50081

(2) 环境要求

混凝土成型实验室环境：温度（20±5)℃。

原材料：温度与制备拌合物的环境温度一致。

试件养护环境：拆模前，温度为（20±5)℃；拆模后，养护温度为（20±2)℃，相对湿度为 95%以上。

3）主要仪器设备

混凝土搅拌机：应为符合现行行业标准《混凝土试验用搅拌机》JG 244 要求的公称容

量为60L的双卧轴强制式搅拌机。

振动台：应符合现行国家标准《混凝土振动台》GB/T 25650中技术要求的规定。

压力实验机：应符合现行国家标准《液压式压力试验机》GB/T 3722和《试验机通用技术要求》GB/T 2611中的技术要求，测量精度为±1%，同时，试件破坏荷载应大于压力机全量程的20%且小于压力机全量程的80%。

4）样品制备

（1）按照混凝土配合比称取材料，称量精度：骨料为±1%；水、水泥、掺合料、外加剂均为±0.5%。将所有原材料倒入搅拌机，干拌均匀后加水搅拌。

（2）将试模（试模尺寸为150mm×150mm×600mm，150mm×150mm×550mm，100mm×100mm×400mm）刷一层脱模剂后，装入混凝土拌合物并振捣均匀，刮除试模上口多余的混凝土，待混凝土临近初凝时，用抹刀抹平。

（3）带模试件在温度为（20±5）℃的环境中静置1～2d，编号后拆模。放入温度为（20±2）℃、相对湿度为95%以上的标准养护室中养护。

5）实验步骤

（1）试件从养护地取出后应及时进行实验，将试件表面擦干净；

（2）装置试件，安装尺寸偏差不得大于1mm。试件的承压面应为试件成型时的侧面。支座及承压面与圆柱的接触面应平稳、均匀，否则应垫平；

（3）施加荷载应保持均匀、连续。当混凝土强度等级<C30时，加荷速度取每秒0.02～0.05MPa；当混凝土强度等级≥C30且<C60时，取每秒钟0.05～0.08MPa；当混凝土强度等级≥C60时，取每秒钟0.08～0.10MPa；

（4）至试件接近破坏时，应停止调整实验机油门，直至试件破坏，然后记录破坏荷载；

（5）记录试件破坏荷载的实验机示值及试件下边缘断裂位置。

6）实验结果

若试件下边缘断裂位置处于二个集中荷载作用线之间，则试件的抗折强度按式（4-11）计算，结果精确至0.1MPa：

$$f_{\mathrm{f}} = \frac{Fl}{bh^2} \tag{4-11}$$

式中 f_{f}——混凝土抗折强度（MPa）；

F——试件破坏荷载（N）；

l——支座间跨度（mm）；

h——试件截面高度（mm）；

b——试件截面宽度（mm）。

三个试件中若有一个折断面位于两个集中荷载之外，则混凝土抗折强度值按另两个试件的实验结果计算。若这两个测值的差值不大于这两个测值的较小值的15%时，则该组试件的抗折强度值按这两个测值的平均值计算，否则该组试件的实验无效。若有两个试件的下边缘断裂位置位于两个集中荷载作用线之外，则该组试件实验无效。

当试件尺寸为100mm×100mm×400mm非标准试件时，应乘以尺寸换算系数0.85；当混凝土强度等级≥C60时，宜采用标准试件；使用非标准试件时，尺寸换算系数应由实验确定。

4.2 特种混凝土

特种混凝土是根据工程环境的要求对混凝土性质提出特殊要求的一类混凝土。目前应用较广泛的特种混凝土主要有轻骨料混凝土、自密实混凝土、抗渗混凝土、抗冻混凝土等。

轻骨料混凝土是指用轻粗骨料、轻砂（或普通砂）、水泥和水配制而成的干表观密度不大于1950kg/m^{3}的混凝土。由轻砂做细骨料配制而成的轻骨料混凝土称为全轻混凝土，由普通砂或部分轻砂做细骨料配制而成的轻骨料混凝土称为砂轻混凝土，用轻粗骨料，水泥和水配制而成的无砂或少砂混凝土称为大孔轻骨料混凝土，在轻粗骨料中掺入适量普通粗骨料，干表观密度>1950kg/m^3、≤2300kg/m^{3}的混凝土称为次轻混凝土。

轻骨料混凝土具有轻质、保温、耐火、抗震等特点，多应用于工业与民用建筑及其他工程，可减轻结构自重、节约材料用量、提高构件运输和吊装效率、减少地基荷载及改善建筑物功能等。

轻骨料混凝土工作性能和力学性能指标同普通混凝土一致，与轻骨料特性有关的性能指标主要有干表观密度、吸水率、软化系数、导热系数和线膨胀系数。

自密实混凝土是具有流动性、均匀性和稳定性、浇筑时无需外力振捣、能够在自重作用下流动密实的混凝土。

与普通混凝土相比，自密实混凝土的突出特点是拌合物具有良好的工作性能，即使在密集配筋和复杂形状的结构，仅依靠自重而无需振捣便能均匀密实填充成型，为施工操作带来极大便利。同时，自密实混凝土在改善混凝土质量和施工环境、加快施工进度、提高劳动生产率、降低工程费用等方面均有显著的技术、经济效益，具有非常广阔的应用前景。

自密实混凝土除满足普通混凝土具有的性能指标外，还应满足混凝土自密实性能，自密实性能包括填充性、间隙通过性和抗离析性。填充性能通过测试坍落扩展度和T_{500}表征，间隙通过性能由J环扩展度表征，抗离析性采用浮浆百分比和离析率表征。

4.2.1 轻骨料混凝土的干表观密度

1）实验目的

干表观密度是指硬化后的轻骨料混凝土单位体积的烘干质量，是反映轻骨料混凝土性能的重要指标。掌握干表观密度的实验方法，熟悉电热鼓风干燥箱的操作规程，了解现行行业标准《轻骨料混凝土应用技术规程》JGJ 51中轻骨料混凝土密度等级的划分和要求。

2）实验依据及环境要求

（1）实验依据

《轻骨料混凝土应用技术规程》JGJ 51

（2）环境要求

混凝土成型实验室环境：温度（20±5）℃。

原材料：温度与制备拌合物的环境温度一致。

试件养护环境：拆模前，温度（20±5）℃；拆模后，温度（20±2）℃，相对湿度95%以上。

3）主要仪器设备

混凝土搅拌机：应为符合现行行业标准《混凝土试验用搅拌机》JG 244要求的公称容

量为 60L 的双卧轴强制式搅拌机。

振动台：应符合现行国家标准《混凝土振动台》GB/T 25650 中技术要求的规定。

电热鼓风干燥箱：调温范围 50～200℃，可恒温。

电子天平：称量 5kg，感量 2g。

钢直尺：300mm。

游标卡尺：150mm，精度 0.02mm。

4）样品制备

（1）按照混凝土配合比称取材料，称量精度：骨料为±1%；水、水泥、掺合料、外加剂均为±0.5%。

（2）轻骨料混凝土拌合时，应将干燥或自然含水的轻粗骨料、细骨料和水泥加入搅拌机内，加入 1/2 的拌合用水，搅拌 1min 后，再加入剩余拌合水量，继续搅拌 2min 即可。

（3）将拌合物装模成型、编号拆模后移入标准养护室待测。

5）实验步骤

（1）将试件置于 105～110℃的烘箱中烘至恒重，称重；

（2）测定试件的尺寸（长×宽×高），做好记录。

6）实验结果

轻骨料混凝土的干表观密度应按式（4-12）计算，结果精确至 $10kg/m^3$。

$$\rho = \frac{m}{V} \tag{4-12}$$

式中 ρ——干表观密度值（kg/m^3）；

m——混凝土烘干后的质量（kg）；

V——混凝土烘干后的体积（mm^3）。

4.2.2 轻骨料混凝土的吸水率及软化系数

1）实验目的

吸水率反映的是轻骨料混凝土在水中通过毛细孔隙吸收并保持水分的性质，吸水率的大小主要取决于轻骨料混凝土孔隙的大小和特征，软化系数表征轻骨料混凝土抵抗水破坏作用的能力，吸水率及软化系数是评价轻骨料混凝土性能的重要参数。掌握吸水率和软化系数的实验方法，熟悉电热鼓风干燥箱和压力试验机的操作规程，了解现行行业标准《轻骨料混凝土应用技术规程》JGJ 51 中轻骨料混凝土对吸水率和软化系数的规定和要求。

2）实验依据及环境要求

（1）实验依据

《轻骨料混凝土应用技术规程》JGJ 51

（2）环境要求

混凝土成型实验室环境：温度（20±5）℃。

原材料：温度与制备拌合物的环境温度一致。

试件养护环境：拆模前，温度（20±5）℃；拆模后，温度（20±2）℃，相对湿度 95%以上。

3）主要仪器设备

混凝土搅拌机：应符合现行行业标准《混凝土试验用搅拌机》JG 244 要求的公称容量

为 60L 的双卧轴强制式搅拌机。

振动台：应符合现行国家标准《混凝土振动台》GB/T 25650 中技术要求的规定。

电热鼓风干燥箱：调温范围 50～200℃。

电子秤：称量 50kg，感量 50g。

压力实验机：应符合现行国家标准《液压式压力试验机》GB/T 3722 和《试验机通用技术要求》GB/T 2611 中的技术要求，测量精度为±1%，同时，试件破坏荷载应大于压力机全量程的 20%，且小于压力机全量程的 80%。

4）样品制备

（1）按照混凝土配合比称取材料，称量精度：骨料为±1%；水、水泥、掺合料、外加剂均为±0.5%。

（2）轻骨料混凝土拌合时，应将干燥或自然含水的轻粗骨料、细骨料和水泥加入搅拌机内，加入 1/2 的拌合用水，搅拌 1min 后，再加入剩余拌合水量，继续搅拌 2min 即可。

（3）将拌合物装模成型、编号拆模后移入标准养护室待测。

（4）采用边长为 100mm 的立方体试件时，每组试件数量为 12 块，采用边长为 150mm 的立方体试件时，每组试件数量为 6 块。

5）实验步骤

（1）将试件置于 105～110 ℃的烘箱中烘至恒重，取 6 块（或 3 块）试件作抗压强度实验，记录绝干状态的混凝土抗压强度（f_0）；

（2）取剩余 6 块（或 3 块）试件，称重并测量尺寸，做好记录，计算质量平均值；

（3）将称重后的试件浸入（20±5)℃的水中，浸水时间分别为 0h、0.5h、1h、3h、6h、12h、24h、48h；

（4）每到上述时间，将试件从水中取出，擦干表面水分、称重并计算质量平均值；

（5）在称得浸水时间为 48h 时试件的质量平均值后，即进行抗压强度实验，确定饱水状态混凝土的抗压强度（f_1）。

6）实验结果

轻骨料混凝土的吸水率应按式（4-13）、式（4-14）计算：

$$\omega = \frac{m_{吸水饱和} - m_0}{V} \tag{4-13}$$

$$\omega_t = \frac{m_t - m_0}{V} \tag{4-14}$$

式中　ω——浸水时间为 48 小时的吸水率（%）；

ω_t——浸水时间为 t 小时的吸水率（%）；

m_0——混凝土烘干后的质量（kg）；

$m_{吸水饱和}$——混凝土吸水饱和 48 小时的质量（kg）；

m_t——混凝土吸水 t 小时的质量（kg）；

V——混凝土烘干后的体积（mm^3）。

轻骨料混凝土的软化系数应按式（4-15）计算：

$$\psi = \frac{f_1}{f_0} \tag{4-15}$$

式中　ψ——吸水率（%）；

f_0——绝干状态混凝土的抗压强度（MPa）；

f_1——饱水状态混凝土的抗压强度（MPa）。

4.2.3 自密实混凝土的坍落扩展度和扩展时间

1）实验目的

坍落扩展度是指坍落度实验中，自密实混凝土停止流动后，展开圆形的最大直径和与最大直径呈垂直方向的直径的平均值（mm），扩展时间是指自坍落度筒提起开始计时至拌合物坍落扩展度达到500mm的时间（s），是表征自密实混凝土填充性能的指标。掌握坍落扩展度和扩展时间的实验方法，熟悉混凝土搅拌机的操作规程，了解现行行业标准《自密实混凝土应用技术规程》JGJ/T 283中自密实混凝土自密实性能等级的划分和指标规定。

2）实验依据和环境要求

（1）实验依据

《自密实混凝土应用技术规程》JGJ/T 283

（2）环境要求

混凝土成型实验室环境：温度（20±5）℃。

原材料：温度与制备拌合物的环境温度一致。

试件养护环境：拆模前，温度（20±5）℃；拆模后，温度（20±2）℃，相对湿度95%以上。

3）主要仪器设备

混凝土搅拌机：应为符合现行行业标准《混凝土试验用搅拌机》JG 244要求的公称容量为60L的双卧轴强制式搅拌机。

坍落度筒：应符合现行行业标准《混凝土坍落度仪》JG/T 248中有关技术要求的规定，底部直径（200±2）mm，顶部直径（100±2）mm，高度（300±2）mm，筒壁厚度不小于1.5mm。

捣棒：直径为ϕ(16±0.2)mm，长度（600±5）mm，端部应呈圆形。

钢直尺：量程1m。

底板：硬质不吸水的光滑正方形平板，边长1000mm，最大挠度不超过3mm，平板表面有坍落度筒中心位置和直径分别为200mm、300mm、500mm、600mm、700mm、800mm及900mm的同心圆。

秒表、铲刀等。

4）样品制备

（1）根据设计的自密实混凝土配合比进行称料，称量精度：骨料为±1%；水、水泥、掺合料、外加剂均为±0.5%。

（2）将水泥、掺合料、外加剂倒入搅拌机，干拌均匀后加水，搅拌时间不少于2min。

5）实验步骤

（1）先润湿底板和坍落度筒，坍落度筒内壁及底板表面应无明水；

（2）底板应放置在坚实的水平面上，并把筒放在底板中心，然后用脚踩住两边的脚踏板，坍落度筒在装料时应保持位置固定不变；

（3）混凝土拌合物在不离析的状态下一次性均匀填满坍落度筒，且不得捣实或振动；

（4）应采用刮刀刮除坍落度筒顶部及周边混凝土余料，使混凝土与坍落度筒的上缘齐平后，随即将坍落度筒沿铅直方向匀速地向上快速提起300mm左右的高度，提起时间宜控制在2s内；

（5）待混凝土停止流动后，测量展开圆形的最大直径及与最大直径呈垂直方向的直径，并做记录，测量值精确到1mm；

（6）测量扩展度达500mm的时间（T_{500}）时，应自坍落度筒提起地面时开始，至扩展开的混凝土外缘初触平板上所绘直径500mm的圆周为止，采用秒表测定时间；

（7）应观察最终坍落后的混凝土状况，当粗骨料在中心堆积或扩展后的混凝土边缘有水泥浆析出时，认为混凝土拌合物抗离析性差，应作记录。

6）实验结果

混凝土的坍落扩展度为相互垂直的两个直径的平均值，结果修约至5mm。

扩展度达500mm的时间（T_{500}）的结果精确至0.1s。

4.2.4 自密实混凝土的J环扩展度实验

1）实验目的

J环扩展度是指J环扩展度实验中，混凝土停止流动后，展开圆形的最大直径和与最大直径呈垂直方向的直径的平均值（mm），表征了混凝土穿越钢筋的能力，是反映自密实混凝土间隙通过性的指标。掌握J环扩展度的实验方法，了解现行行业标准《自密实混凝土应用技术规程》JGJ/T 283中自密实混凝土对J环扩展度的技术要求。

2）实验依据和环境要求

（1）实验依据

《自密实混凝土应用技术规程》JGJ/T 283

（2）环境要求

混凝土成型实验室环境：温度（20±5）℃；

原材料温度：与制备拌合物的环境温度一致；

试件养护环境：拆模前，温度（20±5）℃；拆模后，温度（20±2）℃，相对湿度95%以上。

3）主要仪器设备

坍落度筒：应符合现行行业标准《混凝土坍落度仪》JG/T 248中有关技术要求的规定，底部直径（200±2）mm，顶部直径（100±2）mm，高度（300±2）mm，筒壁厚度不小于1.5mm。

J环：由钢或不锈钢制得，圆环中心直径和厚度分别为300mm和25mm，由螺母和垫圈将16根ϕ16mm×100mm的圆钢锁在圆环上。圆钢中心间距为58.9mm。

底板：硬质不吸水的光滑正方形平板，边长1000mm，最大挠度不大于3mm。

抹刀、钢尺（精度1mm）、盛料容器等辅助工具。

4）样品制备

（1）根据设计的自密实混凝土配合比进行称料，称量精度：骨料为±1%；水、水泥、掺合料、外加剂均为±0.5%。

（2）将水泥、掺合料、外加剂倒入搅拌机，干拌均匀后加水，搅拌时间不少于2min。

5）实验步骤

（1）润湿底板、J环和坍落度筒，保证坍落度筒内壁和底板无明水；

（2）将底板放置在坚实的水平面上，把J环放在底板中心；

（3）将坍落度筒倒置在底板中心，并与J环同心，然后将混凝土不分层一次填充至满；

（4）用抹刀刮除坍落度筒顶部的余料，使其与坍落度筒的上缘齐平后，刮除地板上坍落度筒周围的多余混凝土，以防止影响到自密实混凝土流动，随即将坍落度筒沿铅直方向连续地向上提起（229±76)mm左右的高度，提起时间控制在（3±1)s左右，自开始入料至提起坍落度筒应在2.5min内完成；

（5）待混凝土的流动停止后，测量展开圆形的最大直径（d_1），以及与最大直径呈垂直方向的直径（d_2）。

6）实验结果

J环扩展度为相互垂直的两个直径的平均值，结果修约至5mm。

4.3 普通混凝土配合比设计

混凝土配合比是指混凝土中各组成材料数量之间的比例关系，设计混凝土配合比就是要确定1m^{3}混凝土中各组成材料的最佳相对用量，即结合工程实况和施工要求的基础上，根据原材料性能指标选取合适的原材料及用量比例，以满足必需的强度、工作性和耐久性要求。

混凝土配合比设计，实质上就是确定胶凝材料、水、砂和石这四项基本组成材料用量之间的3个比例关系。即：水与胶凝材料之间的比例关系，用水胶比表示；砂与石子之间的比例关系，用砂率表示；浆体与骨料之间的比例关系，常用单位用水量来反映（1m^{3}混凝土的用水量）。这3个比例关系是混凝土配合比设计的3个重要参数。正确地确定这3个参数，就能使混凝土满足各项技术与经济要求。

在进行混凝土配合比设计时，首先应明确一些基本资料，如原材料的性质及技术指标、混凝土的各项技术要求、施工方法、施工管理质量水平、混凝土结构特征、混凝土所处的环境条件等。进行配合比设计时，首先按原材料性能及对混凝土的技术要求进行初步计算，得出计算配合比（理论配合比），经实验室试拌调整，得出和易性满足要求的试拌配合比，然后经强度复核定出满足设计和施工要求并且比较经济合理的实验室配合比。再根据现场工地砂、石的含水情况对实验室配合比进行修正，修正后的配合比，称为施工配合比。现场材料的实际称量应按施工配合比进行。所以，混凝土配合比设计一般要经过计算配合比、试拌配合比、实验室配合比、施工配合比4个环节。

确定粗细骨料用量时根据所采用假定和公式不同又分为质量法和体积法。目前水工混凝土和自密实混凝土只采用体积法，普通混凝土两种方法均适用，但因为体积法需要测定胶凝材料各组分的密度以及骨料的表观密度，对技术条件要求较高，所以通常采用质量法。

配合比设计应根据混凝土强度等级、施工性能、长期性能和耐久性能等要求，在满足工程设计和施工要求的条件下，遵循低水泥用量、低用水量和低收缩性能的原则进行设计。本节介绍的配合比设计方法适用于工业与民用建筑及一般构筑物的普通混凝土配合比设计。

4.3.1 配合比设计依据

《普通混凝土配合比设计规程》JGJ 55。

《混凝土结构设计规范》GB 50010

4.3.2　基本规定

1）混凝土配合比设计应以干燥状态骨料为基准，细骨料含水率应小于0.5%，粗骨料含水率应小于0.2%。

2）混凝土的最大水胶比应符合现行国家标准《混凝土结构设计规范》GB 50010的规定。

3）混凝土的最小胶凝材料用量应符合表4-2的规定，配制C15及其以下强度等级的混凝土，可不受下表限制。

表4-2　混凝土的最小胶凝材料用量

最大水胶比	最小胶凝材料用量（kg/m^3）		
	素混凝土	钢筋混凝土	预应力混凝土
0.60	250	280	300
0.55	280	300	300
0.50	320		
≤0.45	330		

4）矿物掺合料在混凝土中的掺量应通过实验确定。钢筋混凝土中矿物掺合料最大掺量宜符合表4-3的规定；预应力钢筋混凝土中矿物掺合料最大掺量宜符合表4-4的规定。

表4-3　钢筋混凝土中矿物掺合料最大掺量

矿物掺合料种类	水胶比	最大掺量（%）	
		硅酸盐水泥	普通硅酸盐水泥
粉煤灰	≤0.40	≤45	≤35
	>0.40	≤40	≤30
粒化高炉矿渣粉	≤0.40	≤65	≤55
	>0.40	≤55	≤45
钢渣粉	—	≤30	≤20
磷渣粉	—	≤30	≤20
硅灰	—	≤10	≤10
复合掺合料	≤0.40	≤60	≤50
	>0.40	≤50	≤40

注：① 采用硅酸盐水泥和普通硅酸盐水泥之外的通用硅酸盐水泥时，混凝土中水泥混合材和矿物掺合料用量之和应不大于按普通硅酸盐水泥用量20%，计算混合材和矿物掺合料用量之和；

② 对基础大体积混凝土，粉煤灰、粒化高炉矿渣粉和复合掺合料的最大掺量可增加5%；

③ 复合掺合料中各组分的掺量不宜超过任一组分单掺时的最大掺量。

表4-4 预应力钢筋混凝土中矿物掺合料最大掺量

矿物掺合料种类	水胶比	最大掺量（%）	
		硅酸盐水泥	普通硅酸盐水泥
粉煤灰	≤0.40	≤35	≤30
	>0.40	≤25	≤20
粒化高炉矿渣粉	≤0.40	≤55	≤45
	>0.40	≤45	≤35
钢渣粉	—	≤20	≤10
磷渣粉	—	≤20	≤10
硅灰	—	≤10	≤10
复合掺合料	≤0.40	≤50	≤40
	>0.40	≤40	≤30

注：① 粉煤灰应为Ⅰ级或Ⅱ级F类粉煤灰；

② 在复合掺合料中，各组分的掺量不宜超过单掺时的最大掺量。

5）混凝土拌合物中水溶性氯离子最大含量应符合表4-5的要求。混凝土拌合物中水溶性氯离子含量应按照现行行业标准《水运工程混凝土实验规程》JTJ 270中混凝土拌合物中氯离子含量的快速测定方法进行测定。

表4-5 混凝土拌合物中水溶性氯离子最大含量

环境条件	水溶性氯离子最大含量（%，水泥用量的质量百分比）		
	钢筋混凝土	预应力混凝土	素混凝土
干燥环境	0.3	0.06	1.0
潮湿但不含氯离子的环境	0.2		
潮湿而含有氯离子的环境、盐渍土环境	0.1		
除冰盐等侵蚀性物质的腐蚀环境	0.06		

6）长期处于潮湿或水位变动的寒冷和严寒环境以及盐冻环境的混凝土应掺用引气剂。引气剂掺量应根据混凝土含气量要求经实验确定；掺用引气剂的混凝土最小含气量应符合表4-6的规定，最大不宜超过7.0%。

表4-6 掺用引气剂的混凝土最小含气量

粗骨料最大公称粒径（mm）	混凝土最小含气量（%）	
	潮湿或水位变动的寒冷和严寒环境	盐冻环境
40.0	4.5	5.0
25.0	5.0	5.5
20.0	5.5	6.0

注：含气量为气体占混凝土体积的百分比。

7）对于有预防混凝土碱骨料反应设计要求的工程，混凝土中最大碱含量不应大于3.0kg/m^3，并宜掺用适量粉煤灰等矿物掺合料；对于矿物掺合料碱含量，粉煤灰碱含量可取实测值的1/6，粒化高炉矿渣粉碱含量可取实测值的1/2。

4.3.3　混凝土配制强度的确定

1）混凝土配制强度应按下列规定确定：

（1）当混凝土的设计强度等级小于C60时，配制强度应按式（4-16）计算：

$$f_{cu,0} \geqslant f_{cu,k} + 1.645\sigma \tag{4-16}$$

式中　$f_{cu,o}$——混凝土配制强度（MPa）；

$f_{cu,k}$——混凝土立方体抗压强度标准值，这里取设计混凝土强度等级值（MPa）；

σ——混凝土强度标准差（MPa）。

（2）当设计强度等级大于或等于C60时，配制强度应按式（4-17）计算：

$$f_{cu,0} \geqslant 1.15 f_{cu,k} \tag{4-17}$$

2）混凝土强度标准差应按照下列规定确定：

（1）当具有近1～3个月的同一品种、同一强度等级混凝土的强度资料时，其混凝土强度标准差σ应按式（4-18）计算：

$$\sigma = \sqrt{\frac{\sum_{i=1}^{n} f_{cu,i}^2 - n m_{f_{cu}}^2}{n-1}} \tag{4-18}$$

式中　$f_{cu,i}$——第i组的试件强度（MPa）；

$m_{f_{cu}}$——n组试件的强度平均值（MPa）；

n——试件组数，n值应大于或者等于30。

对于强度等级不大于C30的混凝土：当σ计算值不小于3.0MPa时，应按照计算结果取值；当σ计算值小于3.0MPa时，σ应取3.0MPa。对于强度等级大于C30且不大于C60的混凝土；当σ计算值不小于4.0MPa时，应按照计算结果取值；当σ计算值小于4.0MPa时，σ应取4.0MPa。

（2）当没有近期的同一品种、同一强度等级混凝土强度资料时，其强度标准差σ可按表4-7取值。

表4-7　标准差σ值（MPa）

混凝土强度标准值	≤C20	C25～C45	C50～C55
σ	4.0	5.0	6.0

4.3.4　混凝土配合比计算

1）水胶比

混凝土强度等级不大于C60等级时，混凝土水胶比宜按式计（4-19）算：

$$\frac{W}{B} = \frac{\alpha_a f_b}{f_b - \alpha_a \alpha_a f_b} \tag{4-19}$$

式中　α_a、α_b——回归系数，取值应根据工程所使用的原材料，通过实验建立的水胶比与混凝土强度关系式来确定，当不具备实验统计资料时，可按表4-8确定：

表 4-8 回归系数 α_a、α_b 选用表

系数 \ 粗骨料品种	碎石	卵石
α_a	0.53	0.49
α_b	0.20	0.13

f_b——胶凝材料 28d 胶砂强度（MPa），实验方法应按现行国家标准《水泥胶砂强度检验方法（ISO 法）》GB/T 17671 执行；当无实测值时，可按下列规定确定：

（1）根据 3d 胶砂强度或快测强度推定 28d 胶砂强度关系式推定 f_b 值；

（2）当矿物掺合料为粉煤灰和粒化高炉矿渣粉时，可按式（4-20）推算 f_b 值：

$$f_b = 1.1\gamma_f\gamma_s f_{ce,g} \tag{4-20}$$

式中 γ_f、γ_s——粉煤灰影响系数和粒化高炉矿渣粉影响系数，可按表 4-9 选用；

$f_{ce,g}$——水泥强度等级值（MPa）。

表 4-9 粉煤灰影响系数 γ_f 和粒化高炉矿渣粉影响系数 γ_s

种类 \ 掺量（%）	粉煤灰影响系数 γ_f	粒化高炉矿渣粉影响系数 γ_s
0	1.00	1.00
10	0.90～0.95	1.00
20	0.80～0.85	0.95～1.00
30	0.70～0.75	0.90～1.00
40	0.60～0.65	0.80～0.90
50	—	0.70～0.85

注：① 本表应以 P·O 42.5 水泥为准；如采用普通硅酸盐水泥以外的通用硅酸盐水泥，可将水泥混合材掺量 20%以上部分计入矿物掺合料；
② 宜采用Ⅰ级或Ⅱ级粉煤灰；采用Ⅰ级或Ⅱ级粉煤灰宜取上限值；
③ 采用 S75 级粒化高炉矿渣粉宜取下限值，采用 S95 级粒化高炉矿渣粉宜取上限值，采用 S105 级粒化高炉矿渣粉可取上限值加 0.05；
④ 当超出表中的掺量时，粉煤灰和粒化高炉矿渣粉影响系数应经实验确定。

2）用水量和外加剂用量

（1）当水胶比在 0.40～0.80 范围时，干硬性混凝土或塑性混凝土的单位用水量可按表 4-10 和表 4-11 选取，如混凝土水胶比小于 0.40，可通过实验确定单位用水量。

表 4-10 干硬性混凝土的用水量（kg/m³）

拌合物稠度		卵石最大公称粒径（mm）			碎石最大粒径（mm）		
项目	指标	10.0	20.0	40.0	16.0	20.0	40.0
维勃稠度（s）	16～20	175	160	145	180	170	155
	11～15	180	165	150	185	175	160
	5～10	185	170	155	190	180	165

表 4-11 塑性混凝土的用水量（kg/m³）

拌合物稠度		卵石最大粒径（mm）				碎石最大粒径（mm）			
项目	指标	10.0	20.0	31.5	40.0	16.0	20.0	31.5	40.0
坍落度（mm）	10～30	190	170	160	150	200	185	175	165
	35～50	200	180	170	160	210	195	185	175
	55～70	210	190	180	170	220	205	195	185
	75～90	215	195	185	175	230	215	205	195

注：① 本表用水量系采用中砂时的取值。采用细砂时，每立方米混凝土用水量可增加 5～10kg；采用粗砂时，可减少 5～10kg；

② 掺用矿物掺合料和外加剂时，用水量应相应调整。

设计流动性或大流动性混凝土配合比时，单位用水量（m_{w0}）可按式（4-21）计算：

$$m_{w0} = m_{w0'}(1-\beta) \tag{4-21}$$

式中 $m_{w0'}$——满足实际坍落度要求的每立方米混凝土用水量（kg），以表 4-11 中 90mm 坍落度的用水量为基础，按每增大 20mm 坍落度相应增加 5kg 用水量来计算；

β——外加剂的减水率（%），应经混凝土实验确定。

（2）每立方米混凝土中外加剂用量应按式（4-22）计算：

$$m_{a0} = m_{b0}(1-\beta_a) \tag{4-22}$$

式中 m_{a0}——每立方米混凝土中外加剂用量（kg）；

m_{b0}——每立方米混凝土中胶凝材料用量（kg）；

β_a——外加剂掺量（%），应经混凝土实验确定。

3）胶凝材料用量

每立方米混凝土的胶凝材料用量（m_{b0}）按式（4-23）计算：

$$m_{b0} = \frac{m_{w0}}{W/B} \tag{4-23}$$

根据前文确定的矿物掺和料掺量（β_f）计算矿物掺和料用量（m_{f0}），如式（4-24）所示：

$$m_{f0} = m_{b0}\beta_f \tag{4-24}$$

式中 m_{f0}——每立方米混凝土中矿物掺合料用量（kg）；

m_{b0}——每立方米混凝土中胶凝材料用量（kg）；

β_f——计算水胶比过程中确定的矿物掺合料掺量（%）。

每立方米混凝土的水泥用量（m_{c0}）应按式（4-25）计算：

$$m_{c0} = m_{b0} - m_{f0} \tag{4-25}$$

式中 m_{c0}——每立方米混凝土中水泥用量（kg）。

4）确定合理砂率

当无历史资料可参考时，混凝土砂率的确定应符合下列规定：

（1）坍落度小于 10mm 的混凝土，其砂率应经实验确定。

（2）坍落度为 10～60mm 的混凝土砂率，可根据粗骨料品种、最大公称粒径及水灰比按表 4-12 选取。

（3）坍落度大于 60mm 的混凝土砂率，可经实验确定，也可在表 4-12 的基础上，按坍落度每增大 20mm、砂率增大 1%的幅度予以调整。

表 4-12　混凝土的砂率（%）

水胶比 (W/B)	卵石最大公称粒径（mm）			碎石最大粒径（mm）		
	10.0	20.0	40.0	16.0	20.0	40.0
0.40	26～32	25～31	24～30	30～35	29～34	27～32
0.50	30～35	29～34	28～33	33～38	32～37	30～35
0.60	33～38	32～37	31～36	36～41	35～40	33～38
0.70	36～41	35～40	34～39	39～44	38～43	36～41

注：① 本表数值系中砂的选用砂率，对细砂或粗砂，可相应地减少或增大砂率；
② 采用人工砂配制混凝土时，砂率可适当增大；
③ 只用一个单粒级粗骨料配制混凝土时，砂率应适当增大；
④ 对薄壁构件，砂率宜取偏大值。

5）粗、细骨料用量

计算粗、细骨料用量可采用质量法或体积法。

（1）质量法

采用质量法计算粗、细骨料用量时，应按式（4-26）、式（4-27）计算：

$$m_{fo} + m_{c0} + m_{g0} + m_{s0} + m_{w0} = m_{cp} \tag{4-26}$$

$$\beta_s = \frac{m_{s0}}{m_{g0} + m_{s0}} \times 100\% \tag{4-27}$$

式中 m_{f0}——每立方米混凝土中矿物掺和料用量（kg）；

m_{b0}——每立方米混凝土中水泥用量（kg）；

m_{g0}——每立方米混凝土的粗骨料用量（kg）；

m_{s0}——每立方米混凝土的细骨料用量（kg）；

m_{w0}——每立方米混凝土的用水量（kg）；

β_s——砂率（%）；

m_{cp}——每立方米混凝土拌合物的假定质量（kg），可取 2350～2450kg。

（2）体积法

采用体积法计算粗、细骨料用量时，应按式（4-28）、式（4-29）计算：

$$\frac{m_{c0}}{\rho_c} + \frac{m_{f0}}{\rho_f} + \frac{m_{g0}}{\rho_g} + \frac{m_{s0}}{\rho_s} + \frac{m_{w0}}{\rho_w} + 0.01\alpha = 1 \tag{4-28}$$

$$\beta_s = \frac{m_{s0}}{m_{g0} + m_{s0}} \times 100\% \tag{4-29}$$

式中 ρ_c——水泥密度（kg/m^3），应按现行国家标准《水泥密度测定方法》GB/T 208 测定，也可取 2900～3100kg/m^3；

ρ_f——矿物掺合料密度（kg/m^3），可按现行国家标准《水泥密度测定方法》GB/T 208 测定；

ρ_g——粗骨料的表观密度（kg/m^3），应按现行行业标准《普通混凝土用砂、石质量及检验方法标准》JGJ 52 测定；

ρ_s——细骨料的表观密度（kg/m^3），应按现行行业标准《普通混凝土用砂、石质量及检验方法标准》JGJ 52 测定；

ρ_w——水的密度（kg/m³），可取 1000kg/m³；

α——混凝土的含气量百分数，在不使用引气型外加剂时，α 可取为 1。

4.3.5　配合比试配、调整与确认

1）配合比试配

混凝土试配应采用强制式搅拌机，搅拌机应符合现行行业标准《混凝土试验用搅拌机》JG 244 的规定，并宜与施工采用的搅拌方法相同。

实验室成型条件应符合现行国家标准《普通混凝土拌合物性能试验方法标准》GB/T 50080 的规定。

每盘混凝土试配的最小搅拌量应符合表 4-13 的规定，并不应小于搅拌机额定搅拌量的 1/4。

表 4-13　混凝土试配的最小搅拌量

粗骨料最大公称粒径（mm）	最小搅拌的拌合物量（L）
≤31.5	20
40.0	25

应在计算配合比的基础上进行试拌。宜在水胶比不变、胶凝材料用量和外加剂用量合理的原则下调整胶凝材料用量、外加剂用量和砂率等，直到混凝土拌合物性能符合设计和施工要求，然后提出试拌配合比。

应在试拌配合比的基础上，进行混凝土强度实验，并应符合下列规定：

（1）应至少采用三个不同的配合比。当采用三个不同的配合比时，其中一个应为前文确定的试拌配合比，另外两个配合比的水胶比宜较试拌配合比分别增加和减少 0.05，用水量应与试拌配合比相同，砂率可分别增加和减少 1%。

（2）进行混凝土强度实验时，应继续保持拌合物性能符合设计和施工要求，并检验其坍落度或维勃稠度、粘聚性、保水性及表观密度等，作为相应配合比的混凝土拌合物性能指标。

（3）进行混凝土强度实验时，每种配合比至少应制作一组试件，标准养护到 28d 或设计强度要求的龄期时试压；也可同时多制作几组试件，按现行行业标准《早期推定混凝土强度试验方法标准》JGJ/T 15 早期推定混凝土强度，用于配合比调整，但最终应满足标准养护 28d 或设计规定龄期的强度要求。

2）配合比的调整与确定

配合比调整应符合下述规定：

（1）根据试配混凝土强度实验结果，绘制强度和胶水比的线性关系图，用图解法或插值法求出与略大于配制强度的强度对应的胶水比，包括混凝土强度实验中的一个满足配制强度的胶水比。

（2）实际用水量（m_w）应在试拌配合比用水量的基础上，根据混凝土强度实验时实测的拌合物性能情况做适当调整。

（3）胶凝材料用量（m_b）应以用水量乘以图解法或插值法求出的胶水比计算得出。

（4）粗骨料和细骨料用量（m_g和m_s）应在用水量和胶凝材料用量调整的基础上，进行相应调整。

配合比应按以下规定进行校正：

（1）应根据试配调整后的配合比按式（4-30）计算混凝土拌合物的表观密度理论值$\rho_{c,c}$：

$$\rho_{c,c}=m_c+m_f+m_g+m_s+m_w \tag{4-30}$$

（2）按式（4-31）计算混凝土配合比校正系数δ：

$$\delta=\frac{\rho_{c,t}}{\rho_{c,c}} \tag{4-31}$$

式中　$\rho_{c,t}$——混凝土拌合物表观密度实测值（kg/m^3）；

$\rho_{c,c}$——混凝土拌合物表观密度理论值（kg/m^3）。

（3）当混凝土拌合物表观密度实测值与计算值之差的绝对值不超过计算值的2%时，配合比可维持不变；当二者之差超过2%时，应将配合比中每项材料用量均乘以校正系数δ。

配合比调整后，应测定拌合物水溶性氯离子含量，并应对设计要求的混凝土耐久性能进行实验，符合设计规定的氯离子含量和耐久性能要求的配合比方可确定为设计配合比。

生产单位可根据常用材料设计出常用的混凝土配合比备用，并应在使用过程中予以验证或调整。遇有下列情况之一时，应重新进行配合比设计：

（1）对混凝土性能有特殊要求时；

（2）水泥、外加剂或矿物掺合料品种质量有显著变化时；

（3）该配合比的混凝土生产间断半年以上时。

第5章　砂　　浆

5.1　建筑砂浆

建筑砂浆和混凝土的区别在于不含粗骨料，它是由胶凝材料、细骨料、水以及根据性能确定的其他组分按适当比例配合、拌制并经硬化而成的工程材料。

建筑砂浆在土木结构工程中不直接承受荷载，而是传递荷载，它可以将块体、散粒的材料粘结为整体，修建各种建筑物，如桥涵、堤坝和房屋的墙体等；或薄层涂抹在表面上，在装饰工程中，梁、柱、地面、墙面等在进行表面装饰之前要用砂浆找平抹面，来满足功能的需要，并保护结构的内部。在采用各种石材、面砖等贴面时，一般也用砂浆作粘结和镶缝。

建筑砂浆按所用的胶凝材料可分为水泥砂浆、水泥混合砂浆、石灰砂浆、石膏砂浆和聚合物砂浆等。按用途可分为砌筑砂浆、抹面砂浆和特种砂浆。按生产方式可分为工程施工现场拌制砂浆和专业生产厂生产的预拌砂浆。

建筑砂浆技术指标包括：稠度与分层度、凝结时间、保水性、立方体抗压强度、拉伸粘结强度、抗冻性能、收缩、含气量、吸水率、抗渗性及抗冻性能等。

5.1.1　稠度、分层度

1）实验目的

稠度和分层度是指砂浆在自重力或外力作用下是否易于流动和稳定性能，以确认在运输及停放时砂浆拌合物的稳定性，是评价砂浆工作性能的指标之一。掌握砂浆稠度的实验方法和适用范围，熟悉砂浆稠度和分层度测定仪的操作规程，了解现行行业标准《建筑砂浆基本性能试验方法标准》JGJ/T 70 中对砂浆稠度指标的要求。

2）实验依据及环境要求

（1）实验依据

《建筑砂浆基本性能试验方法》JGJ/T 70

（2）环境要求

在实验室制备砂浆拌合物时，所用材料应提前24h运入室内，拌合时实验室的温度应保持在20℃±5℃。当需要模拟施工条件下所用的砂浆时，所用原材料的温度宜与施工现场保持一致。

3）主要仪器设备

砂浆稠度仪：如图5-1所示，由试锥、容器和支座组成。试锥由钢材或铜材制成，试锥高度145mm，锥底直径75mm，试锥连同滑杆的重量应为（300±2）g；盛浆容器由钢板制成，筒高180mm，锥底内径为150mm；支座包括底座、支架及刻度显示三个部分，由铸铁、钢及其他金属制成。

砂浆分层度测定仪：如图5-2所示，由钢板制成，内径为150mm，上节高度为200mm，下节带底净高为100mm，两节连接处应加宽3～5mm，并设有橡胶垫圈。

振动台：振幅（0.5±0.05）mm，频率（50±3）Hz。

钢制捣棒：直径10mm，长350mm，端部磨圆。

秒表、木槌等。

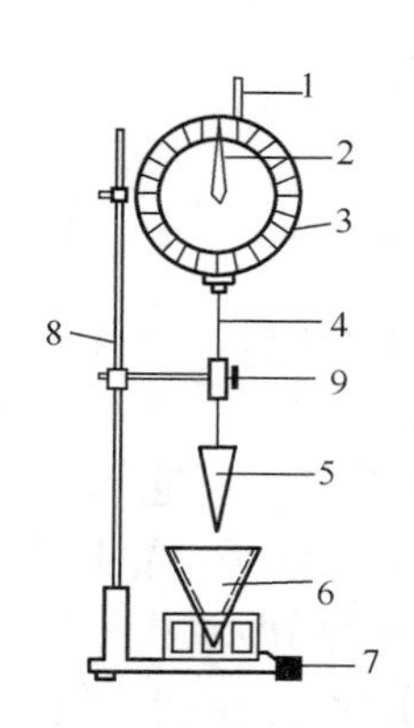

图5-1 砂浆稠度测定仪

1—测杆；2—指针；3—刻度盘；4—滑动杆；5—锥体；6—锥筒；7—底座；8—支架；9—制动螺丝

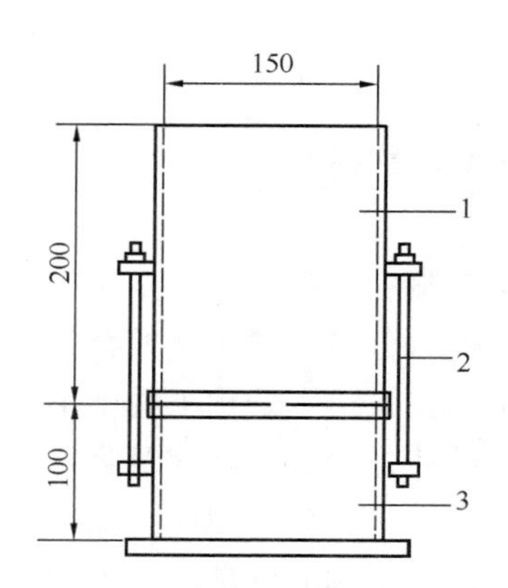

图5-2 砂浆分层度测定仪

1—无底圆筒；2—螺栓；3—有底圆桶

4）样品制备

（1）实验所用原材料应与现场使用材料一致。砂应通过4.75mm筛。

（2）实验室拌制砂浆时，材料用量应以质量计。水泥、外加剂、掺合料等称量精度应为±0.5%，细骨料应为±1%。

（3）在实验室搅拌砂浆时应采用机械搅拌，搅拌机应符合现行行业标准《试验用砂浆搅拌机》JG/T 3033的规定，搅拌用量宜为搅拌机容量的30%～70%，搅拌时间不应少于120s。掺有掺合料和外加剂的砂浆，其搅拌时间不应少于180s。

5）实验步骤

（1）稠度实验

① 先用少量润滑油轻擦滑杆，再将滑杆上多余的油用吸油纸擦净，使滑杆能自由滑动；

② 先用湿布擦净盛浆容器和试锥表面，将砂浆拌合物一次装入容器，砂浆表面宜低于容器口10mm。用捣棒自容器中心向边缘均匀地插捣25次，然后轻轻地将容器摇动或敲击5～6下，使砂浆表面平整，然后将容器置于稠度测定仪的底座上；

③ 拧开制动螺丝，向下移动滑杆，当试锥尖端与砂浆表面刚接触时，拧紧制动螺丝，使齿条侧杆下端刚接触滑杆上端，并将指针对准零点；

④ 拧开制动螺丝，同时计时，10s时立即拧紧螺丝，将齿条测杆下端接触滑杆上端，从刻度盘上读出下沉深度（精确至1mm），即为砂浆的稠度值；

⑤ 盛浆容器内的砂浆，只允许测定一次稠度，重复测定时，应重新取样测定。

（2）分层度实验

① 首先测定砂浆拌合物稠度；

② 将拌合物一次装入分层度筒内，装满后用木槌在容器周围距离大致相等的四个不同部位轻轻敲击1～2下，当砂浆沉落到低于筒口，应随时添加，然后刮去多余砂浆并用抹刀

抹平；

③ 静置30min后，去掉上节200mm砂浆，然后将剩余的100mm砂浆倒出放在拌合锅内拌2min，再按稠度实验方法测其稠度。前后测得的稠度之差即为该砂浆的分层度值(mm)。

注：也可采用快速法测定分层度，其步骤是：按稠度实验方法测定稠度；将分层度筒预先固定在振动台上，砂浆一次装入分层度筒内，振动20s；去掉上节200mm砂浆，剩余100mm砂浆倒出放在拌合锅内拌2min，再按稠度实验方法测其稠度，前后测得的稠度之差即为该砂浆的分层度值。

6）实验结果

（1）稠度实验数据处理

① 同盘砂浆取两次实验结果的算术平均值为测定值，精确至1mm；

② 当两次实验值之差大于10mm，应重新取样测定。

（2）分层度实验数据处理

① 取两次实验结果的算术平均值作为该砂浆的分层度值，精确至1mm；

② 当两次分层度实验值之差如大于10mm时，应重新取样测定；

③ 分层度测定可采用标准法和快速法，当发生争议时，以标准法测定结果为准。

5.1.2 保水性

1）实验目的

保水性是指砂浆保存水分的性能，是评价砂浆工作性能的指标之一。掌握砂浆保水性实验方法和使用范围，熟悉保水率测定装置的操作规程，了解现行国家标准《预拌砂浆》GB/T 25181中砂浆对保水性的技术要求。

2）实验依据及环境要求

（1）实验依据

《建筑砂浆基本性能试验方法》JGJ/T 70

（2）环境要求

在实验室制备砂浆拌合物时，所用材料应提前24h运入室内，拌合时实验室的温度应保持在（20±5)℃。当需要模拟施工条件下所用的砂浆时，所用原材料的温度宜与施工现场保持一致。

3）主要仪器设备

金属或硬塑料圆环试模：内径100mm，内部高度25mm。

可密封的取样容器：应清洁、干燥。

2kg的重物。

圆形金属滤网：网格尺寸45μm，直径（110±1）mm。

超白滤纸：应符合国家现行标准《化学分析滤纸》GB/T1914的中速定性滤纸。直径110mm，单位面积质量200g/m^2。

2片金属或玻璃的方形或圆形不透水片，边长或直径大于110mm。

天平：量程200g，感量0.1g；量程2000g，感量1g。

烘箱。

4）样品制备

（1）实验所用原材料应与现场使用材料一致。砂应通过4.75mm筛。

（2）实验室拌制砂浆时，材料用量应以质量计。水泥、外加剂、掺合料等称量精度应为±0.5%，细骨料应为±1%。

（3）在实验室搅拌砂浆时应采用机械搅拌，搅拌机应符合现行行业标准《试验用砂浆搅拌机》JG/T3033的规定，搅拌用量宜为搅拌机容量的30%～70%，搅拌时间不应少于120s。掺有掺合料和外加剂的砂浆，其搅拌时间不应少于180s。

5）实验步骤

① 称量底部不透水片与干燥试模质量m_1和15片中速定性滤纸质量m_2；

② 将砂浆拌合物一次性填入试模，并用抹刀插捣数次，当装入砂浆略高于试模边缘时，用抹刀以45°角一次性将试模表面多余的砂浆刮去，然后再用抹刀以较平的角度在试模表面反方向将砂浆刮平；

③ 抹掉试模边的砂浆，称量试模、底部不透水片与砂浆总质量m_3；

④ 用圆形金属滤网覆盖在砂浆表面，再在滤网表面放上15片滤纸，用上部不透水片盖在滤纸表面，以2kg的重物把上部不透水片压住；

⑤ 静置2min后移走重物及上部不透水片，取出滤纸（不含滤网），迅速称量滤纸质量m_4；

⑥ 按砂浆配比及加水量计算砂浆含水率，若无法计算，可按规定测定砂浆含水率。

6）实验结果

砂浆保水性应按式（5-1）计算：

$$W=\left[1-\frac{m_4-m_2}{\alpha\times(m_3-m_1)}\right]\times 100\% \tag{5-1}$$

式中　W——砂浆保水率（%）；

m_1——底部不透水片与干燥试模质量（g），精确至1g；

m_2——15片滤纸吸水前的质量（g），精确至0.1g；

m_3——试模、底部不透水片与砂浆总质量（g），精确至1g；

m_4——15片滤纸吸水后的质量（g），精确至0.1g；

α——砂浆含水率（%）。

取两次实验结果的平均值作为测试结果，精确至0.1%，且第二次实验应重新取样测定。当两个测定值之差超过2%时，此组实验结果无效。

5.1.3　立方体抗压强度

1）实验目的

立方体抗压强度是作为确定砂浆抗压强度等级的依据，是反映砂浆力学性能的主要指标，砂浆的实体强度除受砂浆本身的组成材料、配合比、施工工艺、施工及硬化时的条件等因素影响外，还与砌体材料的吸水率有关。掌握砂浆试件的制作步骤、要点和强度测试的实验方法，熟悉压力试验机的操作规程，了解现行国家标准《预拌砂浆》GB/T 25181中砂浆强度等级的划分与要求。

2）实验依据及环境要求

（1）实验依据

《建筑砂浆基本性能试验方法》JGJ/T 70

（2）环境要求

在实验室制备砂浆拌合物时，所用材料应提前24h运入室内，拌合时实验室的温度应保持在（20±5)℃。当需要模拟施工条件下所用的砂浆时，所用原材料的温度宜与施工现场保持一致。

3）主要仪器设备

试模：尺寸为70.7mm×70.7mm×70.7mm的带底试模，应符合现行行业标准《混凝土试模》JG 237规定，应具有足够的刚度并拆装方便。试模的内表面应机械加工，其不平度应为每100mm不超过0.05mm，组装后各相邻面的不垂直度不应超过±0.5°。

钢制捣棒：直径为10mm，长为350mm，端部应磨圆。

压力机：精度为1%，试件破坏荷载应不小于压力机量程的20%，且不大于全量程的80%。

垫板：实验机上、下压板及试件之间可垫以钢垫板，垫板的尺寸应大于试件的承压面，其不平度应为每100mm不超过0.02mm。

振动台：空载中台面的垂直振幅应为（0.5±0.05）mm，空载频率应为（50±3）Hz，空载台面振幅均匀度不大于10%，一次实验至少能固定3个试模。

4）样品制备

（1）实验所用原材料应与现场使用材料一致。砂应通过4.75mm筛。

（2）实验室拌制砂浆时，材料用量应以质量计。水泥、外加剂、掺合料等称量精度应为±0.5%，细骨料应为±1%。

（3）在实验室搅拌砂浆时应采用机械搅拌，搅拌机应符合现行行业标准《试验用砂浆搅拌机》JG/T3033的规定，搅拌用量宜为搅拌机容量的30%～70%，搅拌时间不应少于120s。掺有掺合料和外加剂的砂浆，其搅拌时间不应少于180s。

5）实验步骤

（1）应采用立方体试件，每组试件应为3个；

（2）用黄油等密封材料涂抹试模的外接缝，试模内涂刷薄层机油或脱模剂，将拌制好的砂浆一次性装满砂浆试模，成型方法根据稠度而定。当稠度≥50mm时采用人工振捣成型，当稠度＜50mm时采用振动台振实成型；

人工振捣：用捣棒均匀地由边缘向中心按螺旋方式插捣25次，插捣过程中如砂浆沉落低于试模口，应随时添加砂浆，可用油灰刀插捣数次，并用手将试模一边抬高5～10mm各振动5次，使砂浆高出试模顶面6～8mm；

机械振动：将砂浆一次装满试模，放置到振动台上，振动时试模不得跳动，振动5～10s或持续到表面出浆为止，不得过振。

（3）待表面水分稍干后，将高出试模部分的砂浆沿试模顶面刮去并抹平；

（4）试件制作后应在室温为（20±5)℃的环境下静置（24±2）h，对试件进行编号、拆模。当气温较低时，或者凝结时间大于24h时可适当延长时间，但不应超过2d。试件拆模后应立即放入温度为（20±2)℃，相对湿度为90%以上的标准养护室中养护。养护期间，试件彼此间隔不小于10mm，混合砂浆、湿拌砂浆试件上面应覆盖，以防有水滴在试件上；从搅拌加水开始计时，标准养护龄期为28d，也可根据相关标准要求增加7d或14d；

（5）试件养护至规定龄期，将试件从养护地点取出并及时进行实验。实验前将试件表面擦拭干净，测量尺寸，并检查其外观。并应计算试件的承压面积，如实测尺寸与公称尺寸之差不超过 1mm，可按公称尺寸进行计算；

（6）将试件安放在实验机的下压板或下垫板上，试件的承压面应与成型时的顶面垂直，试件中心应与实验机下压板或下垫板中心对准。开动实验机，当上压板与试件或上垫板接近时，调整球座，使接触面均衡受压。承压实验应连续而均匀地加荷，加荷速度应为 0.25～1.5kN/s；砂浆强度不大于 2.5MPa 时，宜取下限。当试件接近破坏而开始迅速变形时，停止调整实验机油门，直至试件破坏，然后记录破坏荷载。

6）实验结果

砂浆立方体抗压强度应按式（5-2）计算：

$$f_{m,cu} = K\frac{N_u}{A} \tag{5-2}$$

式中　$f_{m,cu}$——砂浆立方体试件抗压强度（MPa），精确至 0.1MPa；

N_u——试件破坏荷载（N）；

A——试件承压面积（mm^2）；

K——换算系数，取 1.35。

以三个试件测值的算术平均值作为该组试件的砂浆立方体试件抗压强度平均值，精确至 0.1MPa。当三个测值的最大值或最小值中有一个与中间值的差值超过中间值的 15%时，应把最大值及最小值一并舍去，取中间值作为该组试件的抗压强度值；当两个测值与中间值的差值均超过中间值的 15%时，则该组实验结果无效。

5.1.4　拉伸粘结强度

1）实验目的

拉伸粘结强度是反映砂浆与基体粘结力大小的一个非常重要的参数，是表针砂浆容易在有各种形变引起的拉应力或剪应力作用下，防止发生空鼓、开裂和脱落能力大小的指标。掌握砂浆拉伸粘结强度试件的制作步骤、要点、养护和强度测试的实验方法，熟悉拉力试验机和专用家具的操作规程，了解现行国家标准《预拌砂浆》GB/T 25181 中不同种类的砂浆对拉伸粘结强度的技术要求。

2）实验依据及环境要求

（1）实验依据

《建筑砂浆基本性能试验方法》JGJ/T 70

（2）环境要求

实验室环境：温度（23±2)℃，相对湿度 45%～75%。

原材料：应提前 24h 运入室内。当需要模拟施工条件下所用的砂浆时，所用原材料的温度宜与施工现场保持一致。

3）主要仪器设备

拉力实验机：破坏荷载应在其量程的 20%～80%范围内，精度 1%，最小示值 1N。

拉伸专用夹具：应符合现行行业标准《建筑室内用腻子》JG/T 3049 要求，如图 5-3、图 5-4 所示。

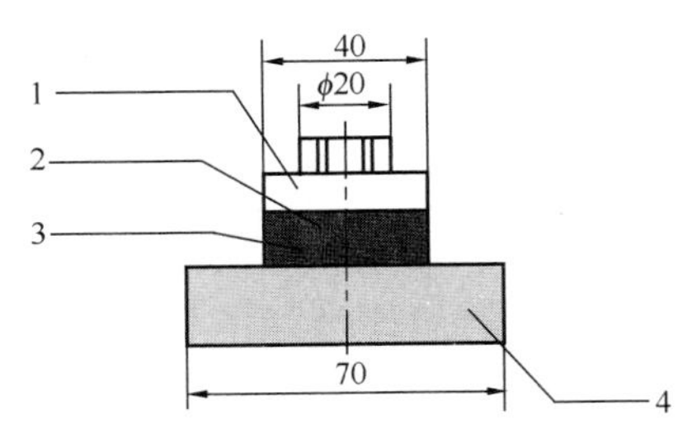

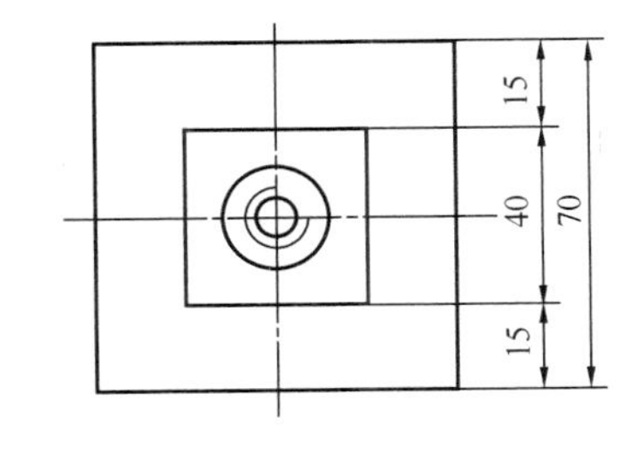

图 5-3 拉伸粘结强度用钢制上夹具（单位：mm）

1—拉伸用钢制上夹具；2—粘合剂；3—检验砂浆；4—水泥砂浆块

成型框：外框尺寸 70mm×70mm，内框尺寸 40mm×40mm，厚度 6mm，材料为硬聚氯乙烯或金属。

钢制垫板：外框尺寸 70mm×70mm，内框尺寸 43mm×43mm，厚度 3mm。

4）样品制备

5）实验步骤

（1）基底水泥砂浆块的制备

将符合现行国家标准《通用硅酸盐水泥》GB 175 的 42.5 级水泥、符合现行行业标准《普通混凝土用砂、石质量及检验方法标准》JGJ 52 的中砂及符合现行行业标准《混凝土用水标准》JGJ 63 的水按质量比为水泥∶砂∶水=1∶3∶0.5 的比例制成水泥砂浆后，倒入 70mm×70mm×20mm 的硬聚氯乙烯或金属模具中，振动成型或按拉伸粘结强度试件制备所用的人工方法成型，试模内壁事先宜涂刷水性隔离剂，待干、备用。

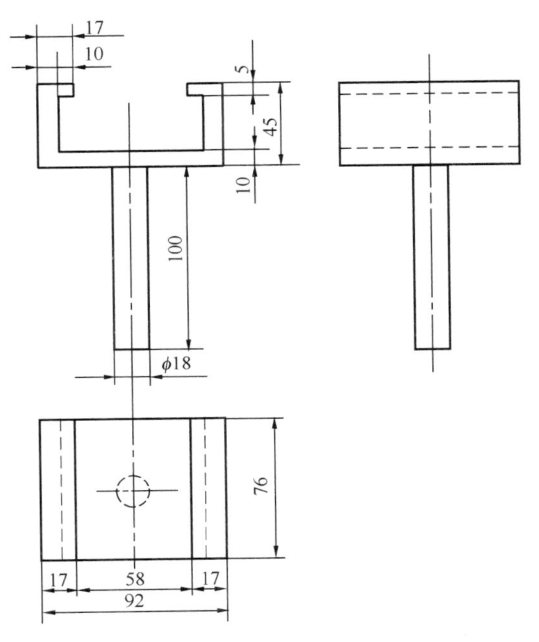

图 5-4 拉伸粘结强度用钢制下夹具（单位：mm）

试件成型 24h 后脱模，放入（20±2)℃水中养护 6d，再在实验条件下放置 21d 以上。实验前用 200 号砂纸或磨石将试件的成型面磨平，备用。

（2）砂浆料浆的制备

干混砂浆料浆的制备：将待检样品在实验条件下放置 24h 以上后，称取不少于 10kg 的待检样品，按产品制造商提供比例进行水的称量，若制造商给出一个值域范围，则采用平均值。将样品放入砂浆搅拌机中，启动机器，徐徐加入规定量的水，搅拌 3～5min。搅拌好的料应在 2h 内用完。

现拌砂浆料浆的制备：将待检样品在实验条件下放置 24h 以上后，按设计要求的配合比进行物料的称量，称取干物料总量不少于 10kg，将称好的物料放入砂浆搅拌机中，启动机器，徐徐加入规定量的水，搅拌 3～5min。搅拌好的料应在 2h 内用完。

（3）拉伸粘结强度试件的制备

将制备好的基底水泥砂浆块在水中浸泡 24h，并提前 5～10min 取出，用湿布擦拭其表面；将成型框放在基底水泥砂浆块的成型面上，再将按制备好的干混砂浆料浆或直接从现场取来的砂浆试样倒入成型框中，用抹灰刀均匀插捣15次，人工颠实5次，转90°，再颠实5次，然后用刮刀以45°方向抹平砂浆表面，24h内脱模，在温度（20±2)℃、相对湿度60%～80%的环境中养护至规定龄期。每组砂浆试样应制备10个试件。

（4）拉伸粘结强度实验

① 将试件在标准实验条件下养护13d，再在试件表面以及上夹具表面涂上环氧树脂等高强度胶粘剂，然后将上夹具对正位置放在粘合剂上，并确保上夹具不歪斜，除去周围溢出的胶粘剂，继续养护24h；

② 测定拉伸粘结强度时，先将钢制垫板套入基底砂浆块上，将拉伸粘结强度夹具安装到实验机上，将试件置于夹具中，夹具与实验机的连接宜采用球铰活动连接，以（5±1）mm/min速度加荷至试件破坏。若破坏型式为拉伸夹具与粘合剂破坏，则实验结果无效。

6）实验结果

拉伸粘结强度应按式（5-3）计算：

$$f_{at} = \frac{F}{A_z} \tag{5-3}$$

式中 f_{at}——砂浆的拉伸粘结强度（MPa）；

F——试件破坏时的荷载（N）；

A_Z——粘结面积（mm^2）。

应以10个试件测值的算术平均值作为拉伸粘结强度的实验结果；当单个试件的强度值与平均值之差大于20%，则逐次舍弃偏差最大的实验值，直至各实验值与平均值之差不超过20%，当10个试件中有效数据不少于6个时，取有效数据的平均值为实验结果，结果精确至0.01MPa；当10个试件中有效数据不足6个时，则此组实验结果无效，应重新制备试件进行实验。

对有特殊条件要求的拉伸粘结强度，先按特殊要求条件处理后，再进行实验。

5.1.5 收缩实验

1）实验目的

收缩是反映砂浆硬化后体积稳定性的主要指标，是引起墙面裂缝最常见的因素之一，它主要包括化学减缩、干燥收缩、自收缩、温度收缩及塑性收缩。掌握砂浆收缩的实验方法和适用范围，熟悉砂浆收缩仪的操作规程，了解现行国家标准《预拌砂浆》GB/T 25181中不同种类的砂浆对收缩值的技术要求。

2）实验依据及环境要求

（1）实验依据

《建筑砂浆基本性能试验方法》JGJ/T 70

（2）环境要求

在实验室制备砂浆拌合物时，所用材料应提前24h运入室内，拌合时实验室的温度应保持在（20±5)℃。

3）主要仪器设备

立式砂浆收缩仪：标准杆长度为（176±1）mm，测量精度为0.01mm，如图5-5所示。

收缩头：黄铜或不锈钢加工而成，如图 5-6 所示。

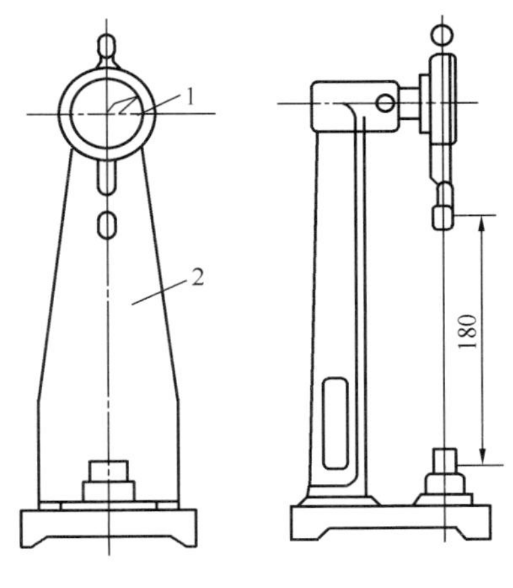

图 5-5 收缩仪（单位：mm）
1—千分表；2—支架

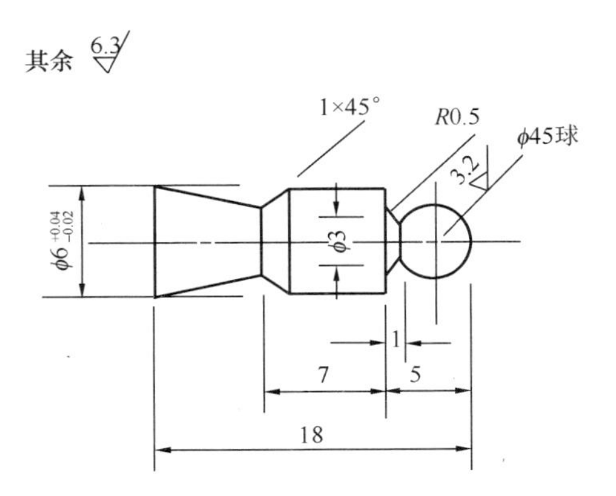

图 5-6 收缩头（单位：mm）

试模：采用 40mm×40mm×160mm 棱柱体，且在试模的两个端面中心，各开一个 φ6.5mm 的孔洞。

4）样品制备

（1）实验所用原材料应与现场使用材料一致。砂应通过 4.75mm 筛。

（2）实验室拌制砂浆时，材料用量应以质量计。水泥、外加剂、掺合料等称量精度应为 ±0.5%，细骨料应为±1%。

（3）在实验室搅拌砂浆时应采用机械搅拌，搅拌机应符合现行行业标准《试验用砂浆搅拌机》JG/T 3033 的规定，搅拌用量宜为搅拌机容量的 30%～70%，搅拌时间不应少于 120s。掺有掺合料和外加剂的砂浆，其搅拌时间不应少于 180s。

5）实验步骤

（1）将收缩头固定在试模两端面的孔洞中，使收缩头露出试件端面（8±1）mm；

（2）将拌合好的砂浆装入试模中，振动密实，置于（20±5)℃的室内，4h 之后将砂浆表面抹平，砂浆带模在标准养护条件（温度为（20±2)℃，相对湿度为 90%以上）下养护 7d 后拆模，编号并标明测试方向；

（3）将试件移入温度（20±2)℃，相对湿度（60±5)%的实验室中预置 4h 后，按标明的测试方向立即测定试件的初始长度，测定前，应先用标准杆调整收缩仪的百分表的原点；

（4）测定初始长度后，将试件置于温度（20±2)℃，相对湿度为（60±5)%的室内，到第 7d、14d、21d、28d、56d、90d 分别测定试件的长度，即为自然干燥后长度。

6）实验结果

砂浆自然干燥收缩值应按式（5-4）计算：

$$\varepsilon_{at} = \frac{L_0 - L_t}{L - L_d} \tag{5-4}$$

式中 ε_{at}——相应为 t 天（7d、14d、21d、28d、56d、90d）时的试件自然干燥收缩值；

L_0——试件成型后 7d 的长度即初始长度（mm）；

L——试件的长度 160mm；

L_d——两个收缩头埋入砂浆中长度之和，即（20±2）mm；

L_t——相应为 t 天（7d、14d、21d、28d、56d、90d）时试件的实测长度（mm）。

取三个试件测值的算术平均值作为干燥收缩值。当一个值与平均值偏差大于 20%时，应剔除；当有两个值超过 20%，则该组试件结果无效。

每块试件的干燥收缩值取二位有效数字，精确至 10×10^{-6}。

5.2 普通砌筑砂浆配合比设计

砌筑砂浆在建筑工程中大量用于砌筑砖、石等各种砌块，起着粘结、衬垫和传递应力的作用。因此，砌筑砂浆是建筑砌体工程的重要组成部分。水泥砂浆宜用于砌筑潮湿环境以及强度要求较高的砌体；水泥石灰砂浆宜用于砌筑干燥环境中的砌体；多层房屋的墙一般采用强度等级为 M5 的水泥石灰砂浆；砖柱、砖拱、钢筋砖过梁等一般采用强度等级为 M5～M10 的水泥砂浆；砖基础一般采用不低于 M5 的水泥砂浆；低层房屋或平房可采用石灰砂浆；简易房屋可采用石灰粘土砂浆。水泥砂浆及预拌砌筑砂浆的强度等级可分为 M5、M7.5、M10、M15、M20、M25、M30；水泥混合砂浆的强度等级可分为 M5、M7.5、M10、M15。

对于砌筑砂浆，一般是根据结构的部位，确定强度等级，查阅有关资料和手册选定配合比。但有时在工程量较大时，为了保证质量和降低造价，应进行配合比设计，并经试验调整确定。

本节介绍的配合比设计方法适用于工业与民用建筑及一般构筑物中所采用的砌筑砂浆的配合比设计。

5.2.1 配合比设计依据

《砌筑砂浆配合比设计规程》JGJ/T 98

5.2.2 基本规定

1）砌筑砂浆拌合物的表观密度宜符合表 5-1 的规定。

表 5-1 砌筑砂浆拌合物的表观密度（kg/m³）

砂浆种类	表观密度
水泥砂浆	≥1900
水泥混合砂浆	≥1800
预拌砌筑砂浆	≥1800

2）砌筑砂浆的稠度、保水率、试配抗压强度应同时满足要求。

3）砌筑砂浆施工时的稠度宜按表 5-2 选用。

表 5-2 砌筑砂浆的施工稠度（mm）

砌体种类	施工稠度
烧结普通砖砌体、粉煤灰砖砌体	70～90
混凝土砖砌体、普通混凝土小型空心砌块砌体、灰砂砖砌体	50～70
烧结多孔砖砌体、烧结空心砖砌体、轻集料混凝土小型空心砌块砌体、蒸压加气混凝土砌块砌体	60～80
石砌体	30～50

4）砌筑砂浆的保水率宜符合表 5-3 的规定。

表 5-3 砌筑砂浆的保水率（%）

砂浆种类	保水率
水泥砂浆	≥80
水泥混合砂浆	≥84
预拌砌筑砂浆	≥88

5）有抗冻性要求的砌体工程，砌筑砂浆应进行冻融实验。砌筑砂浆的抗冻性应符合表 5-4 的规定，且当设计对抗冻性有明确要求时，尚应符合设计规定。

表 5-4 砌筑砂浆的抗冻性

使用条件	抗冻指标	质量损失率（%）	强度损失率（%）
夏热冬暖地区	F15	≤5	≤25
夏热冬冷地区	F25		
寒冷地区	F35		
严寒地区	F50		

6）砌筑砂浆中水泥和石灰膏、电石膏等材料的用量可按表 5-5 选用。

表 5-5 砌筑砂浆的材料用量（kg/m^3）

砂浆种类	材料用量
水泥砂浆	≥200
水泥混合砂浆	≥350
预拌砌筑砂浆	≥200

注：① 水泥砂浆中的材料用量是指水泥用量；
② 水泥混合砂浆中的材料用量是指水泥和石灰膏、电石膏的材料总量；
③ 预拌砌筑砂浆中的材料用量是指胶凝材料用量，包括水泥和替代水泥的粉煤灰等活性矿物掺合料。

7）砌筑砂浆中可掺入保水增稠材料、外加剂等，掺量应试配后确定。

8）砌筑砂浆试配时应采用机械搅拌。搅拌时间应自开始加水算起，并应符合以下规定：

（1）对水泥砂浆和水泥混合砂浆，搅拌时间不得少于 120s；

（2）对预拌砌筑砂浆和掺有粉煤灰、外加剂、保水增稠材料等的砂浆，搅拌时间不得少于 180s。

5.2.3 砌筑砂浆试配强度确定

砂浆试配强度 $f_{m,0}$ 按式（5-5）计算：

$$f_{m,0} = kf_2 \tag{5-5}$$

式中 $f_{m,0}$——砂浆的试配强度，精确至 0.1MPa；

f_2——砂浆强度等级值，精确至 0.1MPa；

k——系数，按表5-6取值。

表5-6 砂浆强度标准差σ及k值

砂浆强度等级 / 施工水平	强度标准差σ（MPa）							k
	M5	M7.5	M10	M15	M20	M25	M30	
优良	1.00	1.50	2.00	3.00	4.00	5.00	6.00	1.15
一般	1.25	1.88	2.50	3.75	5.00	6.25	7.50	1.20
较差	1.50	2.25	3.00	4.50	6.00	7.50	9.00	1.25

强度标准差σ的确定应符合下列规定：

1）当有统计资料时，砂浆强度标准差应按式（5-6）计算：

$$\sigma=\sqrt{\frac{\sum_{i=1}^{n}f_{m,i}^{2}-n\mu_{f_m}^{2}}{n-1}} \tag{5-6}$$

式中 $f_{m,i}$——统计周期内同一品种砂浆第 i 组试件的强度，MPa；

$\mu_{f_m}^{2}$——统计周期内同一品种砂浆 n 组试件强度的平均值，MPa；

n——统计周期内同一品种砂浆试件的总组数，$n\geqslant25$。

2）当不具有近期统计资料时，砂浆现场强度标准差σ可按表5-6取值。

5.2.4 水泥混合砂浆配合比计算

1）水泥用量计算

（1）按式（5-7）计算每立方米砂浆中的水泥用量 Q_c：

$$Q_c=\frac{1000(f_{m,0}-\beta)}{\alpha\cdot f_{ce}} \tag{5-7}$$

式中 Q_c——每立方米砂浆水泥用量，精确至1kg；

$f_{m,0}$——砂浆的试配强度，精确至0.1MPa；

f_{ce}——水泥的实测强度，精确至0.1MPa；

α、β——砂浆的特征系数，其中 $\alpha=3.03$，$\beta=-15.09$。

注：各地区也可用本地区实验资料确定 α、β 值，统计用的实验组数不得少于30组。

（2）当无法取得水泥实测强度值时，可按式（5-8）计算 f_{ce}：

$$f_{ce}=\gamma_c\cdot f_{ce,k} \tag{5-8}$$

式中 $f_{ce,k}$——水泥强度等级对应的强度值；

γ_c——水泥强度等级值的富余系数，按实际统计资料确定。无统计资料时 γ_c 可取1.0。

2）石膏用量计算

按式（5-9）计算石膏用量 Q_D：

$$Q_D=Q_A-Q_c \tag{5-9}$$

式中 Q_D——每立方米砂浆的掺加料用量，精确至1kg；石灰膏、粘土膏使用时的稠度为（120±5）mm；

Q_c——每立方米砂浆的水泥用量，精确至1kg；

Q_A——每立方米砂浆中水泥和掺加料的总量，精确至1kg；宜在300～350kg之间。

3）细集料用量计算

每立方米砂浆中细集料用量按干燥状态(含水率小于0.5%）的堆积密度值作为计算值（kg)。

4）用水量选取

每立方米砂浆用水量根据砂浆稠度等要求可选用240～310kg。

注：① 混合砂浆中的用水量，不包括石灰膏中的水；

② 当采用细砂或粗砂时，用水量分别取上限或下限；

③ 稠度小于70mm时，用水量可小于下限；

④ 施工现场气候炎热或干燥季节，可酌情增加用水量。

5.2.5　水泥砂浆配合比计算

1）水泥砂浆配合比试配强度应按5.2.3节计算，材料用量可按表5-7选用。

表5-7　每立方米水泥砂浆材料用量

强度等级	每立方米砂浆材料用量（kg）		
	水泥	砂	水
M5	200～230	砂的堆积密度值	270～330
M7.5	230～260		
M10	260～290		
M15	290～330		
M20	340～400		
M25	360～410		
M30	430～480		

注：① M15及M15以下强度等级水泥砂浆，水泥强度等级为32.5级，M15以上强度等级水泥砂浆，水泥强度等级为42.5级；

② 当采用细砂或粗砂时，用水量分别取上限或下限；

③ 稠度小于70mm时，用水量可小于下限；

④ 施工现场气候炎热或干燥季节，可酌量增加用水量。

2）水泥粉煤灰砂浆配合比试配强度应按5.2.3节计算，材料用量可按表5-8选用。

表5-8　每立方米水泥粉煤灰砂浆材料用量

强度等级	每立方米砂浆材料用量（kg）			
	水泥和粉煤灰总量	粉煤灰	砂	水
M5	210～240	粉煤灰掺量可占胶凝材料总量的15%～25%	砂的堆积密度值	270～330
M7.5	240～270			
M10	270～300			
M15	300～330			

注：① 表中水泥强度等级为32.5级；

② 当采用细砂或粗砂时，用水量分别取上限或下限；

③ 稠度小于70mm时，用水量可小于下限；

④ 施工现场气候炎热或干燥季节，可酌量增加用水量。

5.2.6 砂浆配合比试配、调整与确定

1）砌筑砂浆试配时应考虑工程实际要求，搅拌应符合5.2.2节第8)条的要求。

2）按计算或查表所得配合比进行试拌时，应按第5.1.1节与第5.1.2节实验方法测定砌筑砂浆拌合物的稠度和保水率。当稠度和保水率不能满足要求时，应调整材料用量，直到符合要求为止，然后确定为试配时的砂浆基准配合比。

3）试配时至少应采用三个不同的配合比，其中一个配合比应为按第5.2.3节～第5.2.5节得出的基准配合比，其余两个配合比的水泥用量应按基准配合比分别增加及减少10%。在保证稠度、保水率合格的条件下，可将用水量、石灰膏、保水增稠材料或粉煤灰等活性掺合料用量作相应调整。

4）砌筑砂浆试配时稠度满足施工要求，测定不同配合比砂浆的表观密度及强度；并应选定符合试配强度及和易性要求、水泥用量最低的配合比作为砂浆的试配配合比。

5）砌筑砂浆试配配合比应按下列步骤进行校正：

（1）应根据本节第4）条确定砂浆配合比材料用量，按式（5-10）计算砂浆的理论表观密度值：

$$\rho_t = Q_c + Q_D + Q_S + Q_W \tag{5-10}$$

式中 ρ_t——砂浆的理论表观密度值（kg/m^3），应精确至$10kg/m^3$。

（2）应按式（5-11）计算砂浆配合比校正系数δ：

$$\delta = \rho_c / \rho_t \tag{5-11}$$

式中 ρ_c——砂浆的实测试表观密度值（kg/m^3），应精确至$10kg/m^3$。

（3）当砂浆的实测表观密度值与理论表观密度值之差的绝对值不超过理论值的2%时，应按本节第4）条得出的试配配合比确定为砂浆设计配合比；当超过2%时，应将试配配合比中每项材料用量均乘以校正系数δ后，确定为砂浆设计配合比。

第 6 章　钢　　材

6.1　热轧带肋钢筋

热轧钢筋的表面形状有两类：光圆钢筋和带肋钢筋，其中热轧带肋钢筋是由低合金钢轧制而成的带肋钢筋。热轧钢筋共分Ⅰ、Ⅱ、Ⅲ、Ⅳ4 个等级，除Ⅰ级钢筋为光圆钢筋外，Ⅱ、Ⅲ、Ⅳ级均为带肋钢筋。Ⅱ、Ⅲ级钢筋广泛用于大、中型钢筋混凝土结构的主筋。其强度较高，塑性和可焊性较好，表面带肋加强了钢筋与混凝土之间的粘结力。Ⅳ级钢筋虽然强度高，但因含碳量较高导致焊接性较差，主要用做预应力钢筋。如需焊接，应采用适当的焊接方法和焊后热处理工艺，以保证焊接接头及其热影响区不产生淬硬组织，不发生脆性断裂。

根据《钢筋混凝土用钢　第 2 部分：热轧带肋钢筋》（GB 1499.2）的规定，由同牌号、同规格的数量不大于 60t 的钢筋为一批，任取两根钢筋，在每根钢筋上分别截去 500mm 后总共得到 2 根 45cm 钢筋、2 根 35cm 钢筋分别做拉伸实验、冷弯实验。然后再任取 1 根钢筋做反向弯曲实验，以及对长度不少于 500mm 试件做重量偏差检验。

热轧带肋钢筋的技术指标包括：化学成分（熔炼分析）、屈服强度、抗拉强度、断后伸长率、最大力总伸长率、弯曲性、反向弯曲、疲劳性、焊接性、晶粒度和表面质量。

6.1.1　拉伸性能

1）实验目的

拉伸性能包括屈服强度、抗拉强度和伸长率等重要技术指标，其中屈服强度是指钢材发生屈服现象时的屈服极限；抗拉强度是指试样在拉伸试验期间的最大抗力；伸长率是指原始标距的伸长与原始标距之比的百分率。拉伸性能是评定钢材强度等级的重要依据。掌握拉伸性能试验的实验方法并加深对钢材拉伸试验的应力-应变特性的认识，熟悉万能试验机和引伸计的操作规程，了解现行国家标准《钢筋混凝土用钢　第 2 部分：热轧带肋钢筋》（GB 1499.2）中对拉伸性能各项技术指标的要求。

2）实验依据及环境要求

（1）实验依据

《钢筋混凝土用钢　第 2 部分：热轧带肋钢筋》GB 1499.2

《金属拉伸实验　第 1 部分：室温试验方法》GB/T 228.1

《钢及其钢产品力学性能试验取样位置及试样制备》GB/T 2975

《拉力、压力和万能试验机检定规程》JJG 139

《单轴试验用引伸计的标定》GB/T 12160

《数值修约规则与极限数值的表示和判定》GB/T 8170

（2）环境要求

实验室环境：温度 10～35℃。对温度要求严格时，温度为（23±5)℃。

3）主要仪器设备

试验机：应备有调速指示装置、记录或显示装置，以满足测定力学性能的要求。其误差应符合现行行业标准《拉力、压力和万能试验机检定规程》JJG 139的要求。

引伸计：用以测定试样的伸长。测定规定比例极限、规定残余伸长应力及屈服强度时，其刻度尺每分格值应分别不大于0.002mm、0.001mm及0.02mm。

根据试样尺寸测量精度的要求选用相应精度的任一种量具或仪器，如游标卡尺、螺旋千分尺或精度更高的测微仪。

4）样品制备

（1）样坯应在外观及尺寸合格的钢材上切取

厚度大于0.1mm且小于3mm薄板和薄带使用的试样夹持头部一般应比平行长度（L_c）部分宽，试样头部与平行长度应有过渡半径至少为20mm的过渡弧相连接，头部宽度应≥$1.2b_0$，b_0预应力混凝土用热处理钢筋为原始宽度。

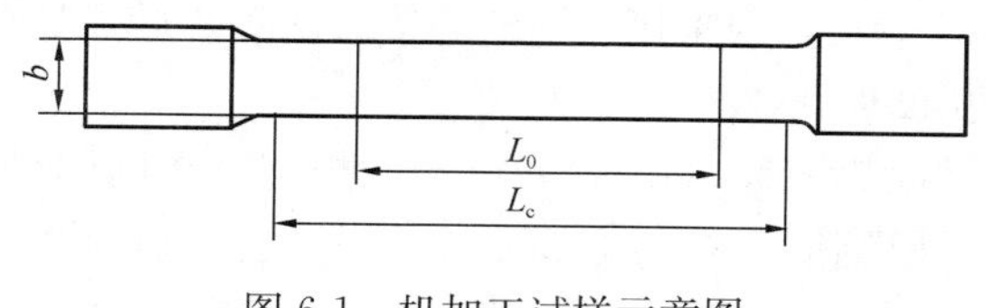

图6-1　机加工试样示意图

平行长度不小于$L_0+b/2$，L_0为原始标距；仲裁实验中，平行长度应为L_0+2b。对于宽度等于或小于20mm的产品，试样宽度可以与产品的宽度相同，原始标距为50mm。试样示意如图6-1。

厚度等于或大于3mm板材和扁材以及直径或厚度等于或大于4mm线材、棒材和型材使用的试样可以加工成圆形、方形和矩形，其平行长度和夹持端间的过渡弧半径应为：圆形横截面试样≥$0.75d_0$（d_0为试样直径）；矩形横截面试样≥12mm。矩形横截面试样推荐宽厚比不大于8∶1，平行长度≥$L_0+1.5\sqrt{S_0}$；仲裁实验平行长度≥$L_0+2\sqrt{S_0}$（S_0为试样原始横截面积）。圆形横截面试样平行部分直径不小于3mm，平行长度≥$L_0+d/2$、仲裁实验平行长度≥L_0+2d。

直径或厚度小于4mm线材、棒材和型材使用的试样通常为产品的一部分，不经机加工，平行长度≥L_0+50mm，原始标距为200mm和100mm。

管材使用的试样可以加工成全壁厚纵向弧形试样、管段试样、全壁厚横向试样或管壁厚度上的圆形截面试样。纵向弧形试样一般适用于管壁厚度大于0.5mm的管材，为便于夹持，可以压平夹持端部，但不应将平行长度部分压平。管状试样应在两端加塞头，塞头至标距标记的距离应不小于$D/4$（D为管状试样外径）；仲裁实验的距离为D，也可将管段试样的两夹持端部压扁后加或不加扁块塞头后进行实验，但仲裁实验不允许压扁。横向弧形试样应采取特别措施进行校直。

（2）割法切取样坯时，从样坯切割线至试样边缘必须留有足够的加工余量。一般应不小于钢材的厚度或直径，但最小不得小于20mm。对厚度或直径大于60mm的钢材，其加工余量可根据双方协议适当减小。

（3）冷剪样坯所留的加工余量可按表6-1选取。

表6-1　冷剪样坯所留的加工余量

厚度或直径（mm）	加工余量（mm）
≤4	4

续表

厚度或直径（mm）	加工余量（mm）
＞4～10	厚度和直径
＞10～20	10
＞20～35	15
＞35	20

样坯需要热处理时，应按有关产品标准规定的尺寸，从圆钢、方钢和六角钢上切取，其切取方法如图 6-2 所示。

试样有不经切削加工的整拉线材，也有经过加工的标准试样。标准试样分圆形试样（图 6-3）和板状试样（图 6-4），其各部分尺寸允许偏差见表 6-2 和表 6-3。

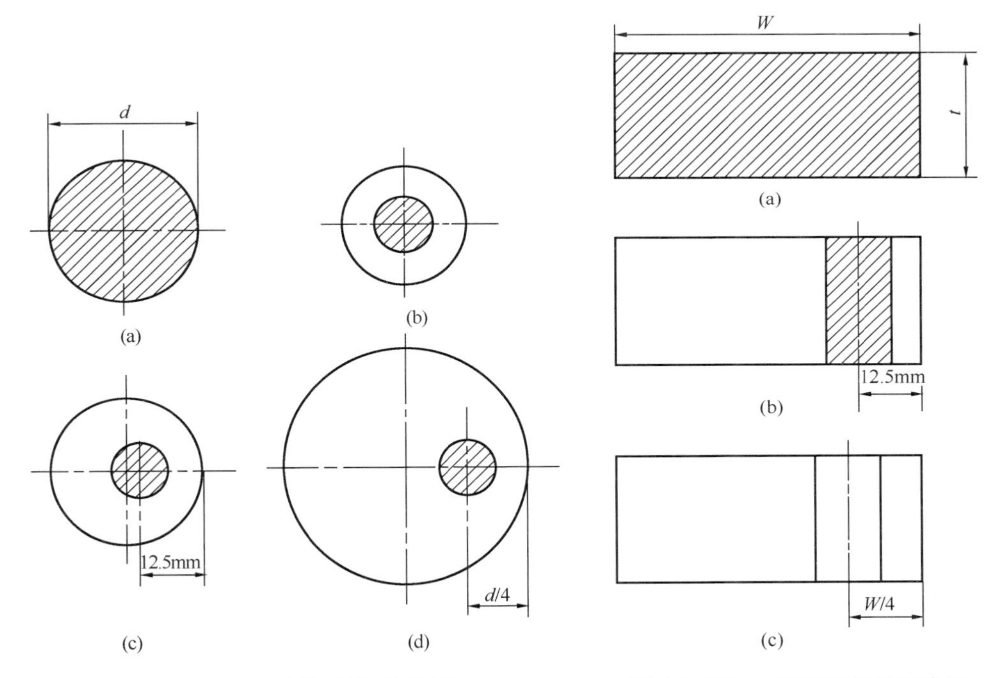

图 6-2（1） 圆钢的切取位置

（a）全横截面试样；（b）$d \leqslant 25$mm；（c）$d > 25$mm；（d）$d > 50$mm

图 6-2（2） 矩形钢的切取位置

（a）全横截面试样；（b）$W \leqslant 50$mm；（c）$W > 50$mm

表 6-2 圆形试件各部分尺寸允许偏差

试样直径 d_0（mm）	试样标距部分直径 d_0 的允许偏差（mm）	试样标距长度内最大与最小直径的允许差值（mm）
＜5	±0.05	0.01
5～＜10	±0.1	0.02
≥10	±0.2	0.05

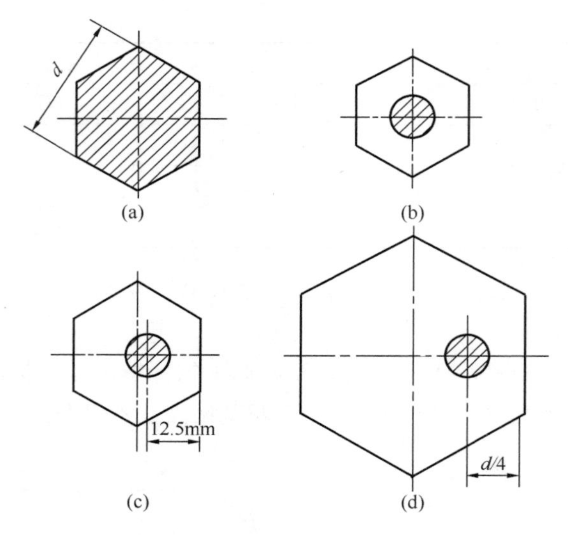

图 6-2（3）　六角钢的切取位置

（a）全横截面试样；（b）$d\leqslant25$mm；（c）$d>25$mm；（d）$d>50$mm

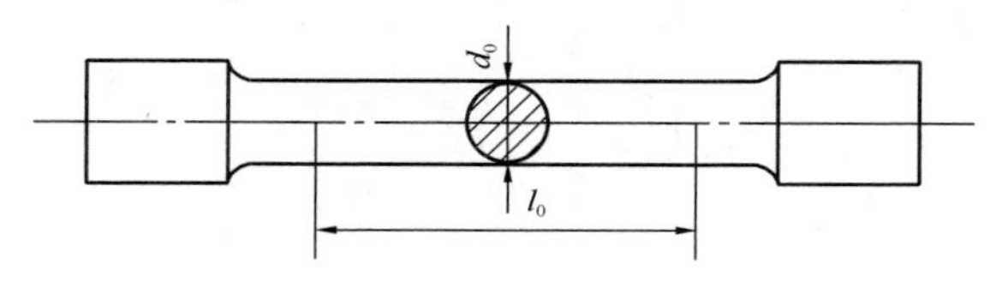

图 6-3　圆形试样

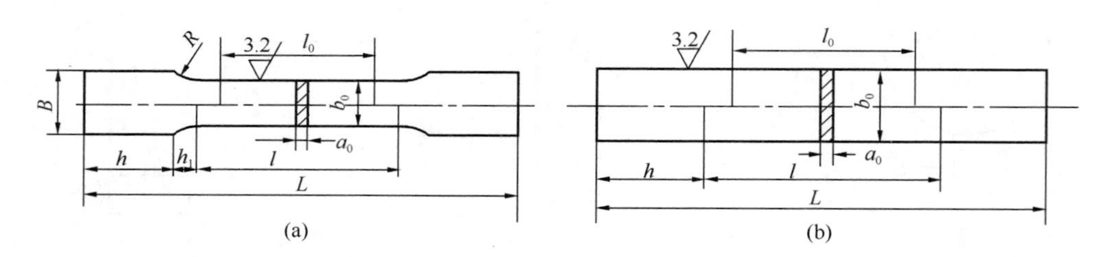

图 6-4　板状试样

（a）板状带头试样；（b）板状不带头试样

表 6-3　板状试件各部分尺寸允许偏差

板状试样宽度 b_0（mm）	试样标距部分宽度 b_0 的允许偏差（mm）	试样标距长度内最大与最小直径的允许差值（mm）
10 15	±0.2	0.1
20 30	±0.5	0.2

5）实验步骤

（1）试样原始横截面积的测定

① 圆形、板状试样截面尺寸（直径、厚度及宽度）应在其标距长度的两端及中间予以测量。圆截面直径应在每处两个相互垂直的方向上各测一次，取其算术平均值。选用三处截面积中的最小值。

② 试样截面尺寸的测量精度应满足表 6-4 的要求。

表 6-4 试样截面尺寸的测量精度

横截面尺寸（mm）	量具最小刻度值（mm）
0.1～0.5	0.001
>0.5～2.0	0.005
>2.0～10.0	0.01
>10.0	0.05

③ 等截面不加工整拉试件的横截面积可采用重量法按式（6-1）计算。

$$S_0 = \frac{m}{\rho L} \times 1000 \tag{6-1}$$

式中 S_0——试样的横截面积（mm^2），取三位有效数字；

m——试样的质量（g），测量精度达 0.5%；

ρ——试样的密度（g/cm^3），取三位有效数字；

L——试样的总长度（mm），测量精度为±0.5%。

（2）试样原始标距的标记

热轧带肋钢筋的原始标距可以用两个或一系列等分小冲点或细划线来标出，标记不应影响试样断裂。原始标距 $L_0 = k\sqrt{S_0}$，统一采用 k 值为 5.65 的比例试样，原始标距为 5 倍的钢筋直径。

比例试样原始标距的计算值，对于短比例试样应修约到最接近 5mm 的倍数；对于长比例试样应修约到最接近 10mm 的倍数。如有中间数值向较大一方修约。

原始标距应精确到标称标距的±0.5%。

（3）实验条件

试样拉伸速度可根据实验机特点及材质，尺寸及实验目的来确定，但需要保证所测性能的准确性除有关技术条件或双方协议有特殊要求外，拉伸速度规定为：

① 在弹性范围和直至上屈服强度，实验机夹头的分离速率应尽可能保持恒定并在表 6-5 规定的应力速率范围内。

② 若仅测定下屈服强度，在试样平行长度的屈服期间应变速率应在 0.00025～0.0025/s 之间。平行长度内的应变速率应尽可能保持恒定如不能直接调节这一应变速率，应通过调节屈服即将开始前的应力速率来调整，在屈服完成之前不再调节实验机的控制。

表 6-5 应力速度

材料弹性模量 E (N/mm^2)	应力速度（N/mm^2）/s	
	最小	最大
<150000	2	20
≥150000	6	60

③ 如在同一实验中测定上屈服强度和下屈服强度，测定下屈服强度的条件应符合实验条件②的要求。

④ 任何情况下，弹性范围内的应力速率不得超过表 6-5 规定的最大速率。

（4）屈服点测定

① 调整实验机测力度盘的指针，使对准零点，并拨动副指针，使其与主指针重叠。

② 将试件固定在实验机夹头内，开动实验机进行拉伸，拉伸速度应满足实验条件规定。

③ 对于具有明显屈服现象的热轧带肋钢筋，应测定其屈服点。

图示法（标准方法）：用自动记录装置绘制力-伸长曲线图或力-夹头位移曲线图时力轴每毫米所代表的应力，一般不大于 10MPa，伸长（夹头位移）放大倍数应根据材质适当选择，曲线至少绘制到屈服阶段结束点。在曲线上确定屈服平台恒定的力 F_{si}或屈服中力首次下降前的最大力 F 或不计初始瞬时效应时的最小力 F_{si}（图 6-5）。

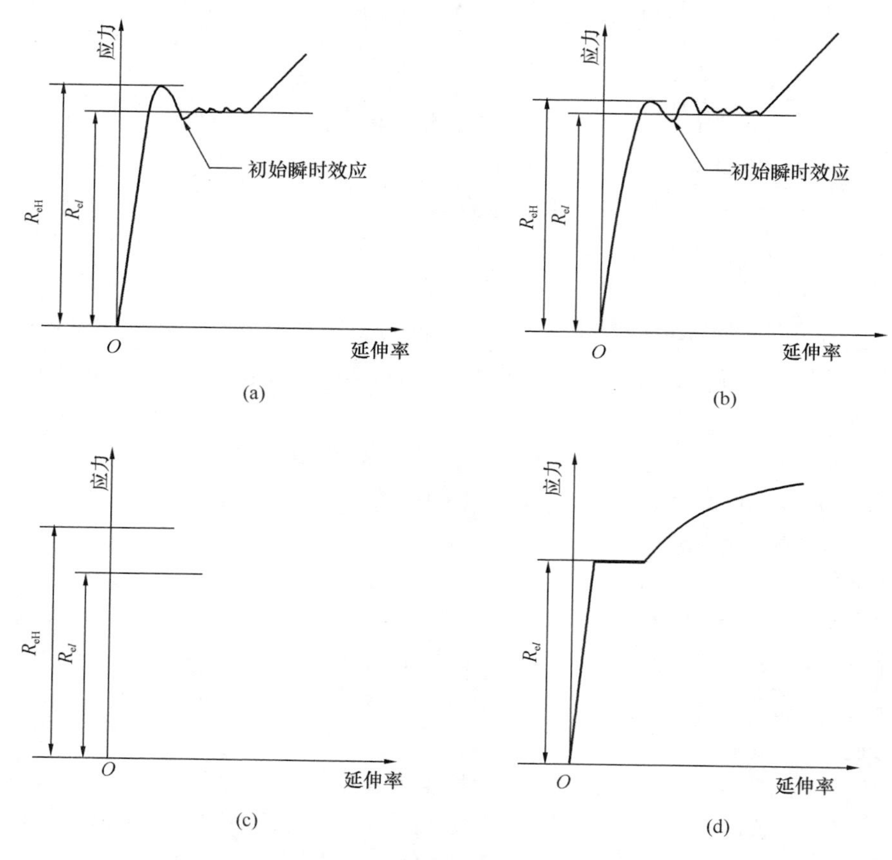

图 6-5　钢材的屈服点

指针法：生产检验允许用指针法测定屈服点。即实验时，当测力度盘的指针首次停止转动的恒定力或不计初始瞬时效应时的最小力，即为屈服点。仲裁实验采用图示法测定。

（5）抗拉强度的测定

试样拉伸至断裂，从拉伸曲线图上确定实验过程中的最大力，或从测力盘上读取最大力。

（6）断后伸长率的测定

试样拉断后，将其断裂部分紧密对接在一起，并尽量使其位于一条轴线上。如断裂处形成缝隙，则此缝隙应计入该试样拉断后的标距内。

断后标距 L_1 的测量：

① 直测法：如拉断处到最邻近标距端点的距离大于 $L_0/3$，且伸长率小于规定值时，直接测量标距两端点间的距离为 L_1。

② 移位法：如拉断处到最邻近标距端点的距离小于或等于 $L_0/3$ 时，则按下述方法测定 L_1：在长段上从拉断处 O 取基本等于短段格数，得 B 点；接着取等于长段所余格数偶数的一半，得 C 点；或者所余格奇数，分别减 1 与加 1 的一半，得 C 点和 C_1 点。移位后 L_0、L_1 分别为：$AB+2BC$ 和 $AB+BC+BC_1$。

测量断后标距的量具其最小刻度值应不大于 0.1mm。

6）实验结果

（1）屈服强度按式（6-2）计算：

$$R_{EL}=\frac{F_s}{S_0} \tag{6-2}$$

式中 R_{EL}——热轧带肋钢筋试样的屈服强度（MPa）；

F_s——测力度盘的指针首次停止转动的恒定力或不计初始瞬时效应时的最小力（N）；

S_0——热轧带肋钢筋试样的公称横截面积（mm^2）。

（2）抗拉强度按式（6-3）计算：

$$R_m=\frac{F_b}{S_0} \tag{6-3}$$

式中 R_m——热轧带肋钢筋试样的抗拉强度（MPa）；

F_b——试样拉伸至断裂过程中的最大力（N）；

S_0——热轧带肋钢筋试样的横截面积（mm^2）。

（3）断后伸长率按式（6-4）计算：

$$A=\frac{L_1-L_0}{L_0}\times 100\% \tag{6-4}$$

式中 A——热轧带肋钢筋试样的断后伸长率（%）；

L_0——实验前的标定长度（mm）；

L_1——实验后的实测长度（mm）。

短、长比例试样的断后伸长率分别以符号 $\delta5$、$\delta10$ 表示。

（4）实验出现下列情况之一者，实验结果无效。

试样断在机械刻划的标记上或标距外，造成性能不合格；操作不当；实验记录有误或设备发生故障影响实验结果。

遇有实验结果作废时，应补做同样数量试样的实验。

（5）拉伸强度、伸长率检测结果应按相关产品标准规定进行修约，若产品标准未作规定，应按以下规定进行修约。

强度性能值修约至 1MPa；

屈服点延伸率修约至 0.1%，其他延伸率和断后伸长率修约至 0.5%；

断后收缩率修约至 1%。

（6）实验后试样出现 2 个或 2 个以上的颈缩以及显示出肉眼可见的冶金缺陷（例如分层、气泡、夹渣、缩孔等），应在实验记录和报告中注明。

（7）当实验结果有一项不合格时，应另取双倍数量的试样重做实验；如仍有不合格项目，则该批热轧带肋钢筋判为不合格。

6.1.2 弯曲性能

1）实验目的

弯曲性能试验是指以圆形、方形、矩形或多边形横截面试样在弯曲装置上经受弯曲塑性变形直至达到规定的弯曲角度，是评价钢材在常温下承受弯曲变形的能力，也是建筑钢材的重要工艺性能。掌握弯曲钢材试样的制备方法、弯曲试验的实验步骤，熟悉万能实验机操作规程和支撑辊的调整方法，了解现行国家标准《钢筋混凝土用钢　第 2 部分：热轧带肋钢筋》GB 1499.2 中对各种牌号热轧带肋钢筋的弯曲性能的技术要求。

2）实验依据及环境要求

（1）实验依据

《金属材料　弯曲试验方法》GB/T 232

《钢及其钢产品力学性能试验取样位置及试样制备》GB/T 2975

《拉力、压力和万能试验机检定规程》JJG 139

（2）环境要求

实验室环境：温度 10～35℃。对温度要求严格时，温度为（23±5）℃。

3）主要仪器设备

压力机或万能试验机。试验机应具备下列装置：应有足够硬度的支承辊，其长度应大于试样的直径或宽度。支承辊间的距离可以调节；具有不同直径的弯心，弯心直径由有关标准规定，其宽度应大于试样的直径和宽度。弯心应有足够的硬度。

4）样品制备

样坯的制备：应从圆钢和方钢端部沿轧带方向切取弯曲样坯，截面尺寸小于或等于 35mm 时，应以钢材全截面进行实验。截面尺寸大于 35mm 时，圆钢应加工成直径 25mm 的圆形试样，并应保留宽度不大于 5mm 的表面层；方钢应加工成厚度为 20mm 并保留一个表面层的矩形试样，如图 6-6 所示。

试样加工时，应去除剪切或火焰切割等形成的影响区域；试样的弯曲外表面不得有划痕。试样未加工保留的原表面应位于受拉的一侧。

5）实验步骤

试样按图 6-7 的条件进行弯曲。在作用力下的弯曲程度可分下列三种类型：

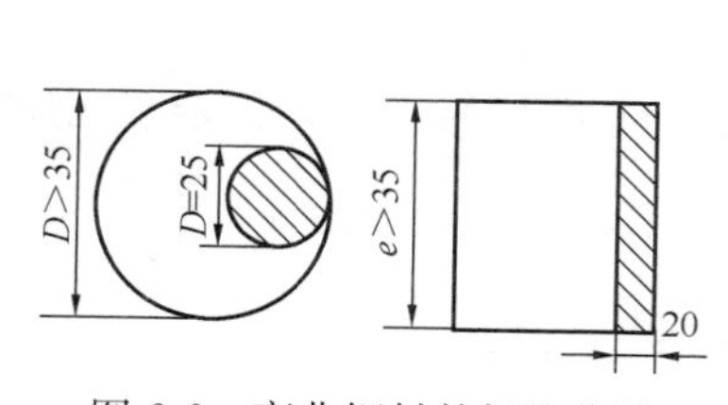

图 6-6　弯曲钢材的切取位置

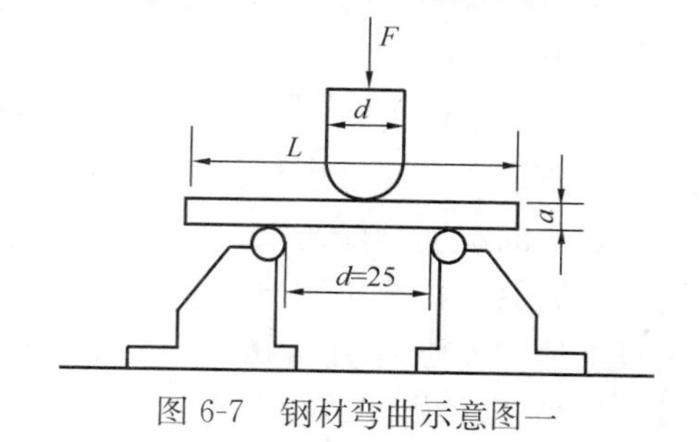

图 6-7　钢材弯曲示意图一

（1）达到某规定角度的弯曲，见图 6-8。

（2）绕着弯心弯到两面平行的弯曲，见图 6-9。

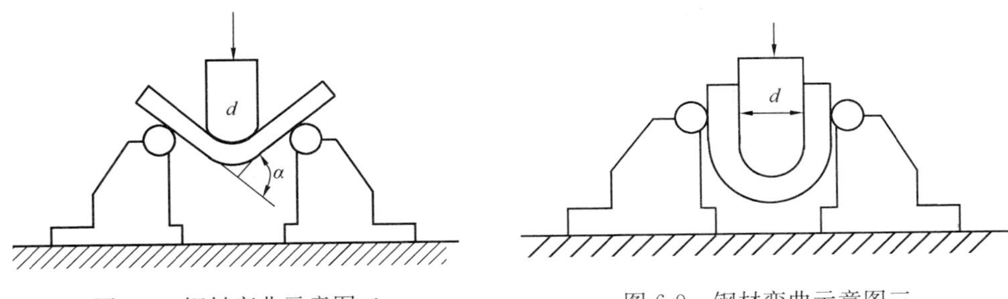

图 6-8 钢材弯曲示意图二

图 6-9 钢材弯曲示意图三

此时，弯心直径必须符合有关标准的规定，其长度必须大于试样的宽度。两支承辊间的距离为（d+2.5a）±0.5a，见图 6-7。

上述任一类型的弯曲，必须在有关标准中规定。

弯曲实验可用压力机、特殊实验机、万能试验机或圆口老虎钳等设备进行。实验时应在平稳压力作用下，缓缓施加实验力。

6）实验结果

（1）弯曲后，按有关标准规定检查试样弯曲外表，进行结果评定。

（2）有关标准未作具体规定时，检查试样的外表面，按以下五种实验结果评定方法进行，若无裂纹、裂缝或断裂，则评定试样合格；否则，评定为不合格。

① 完好。试样弯曲处的表面金属基本上无肉眼可见因弯曲变形产生的缺陷时称为完好。

② 微裂纹。试样弯曲外表面金属基体上出现细小的裂纹，其长度不大于 2mm，宽度不大于 0.2mm 时称为微裂纹。

③ 裂纹。试样弯曲外表面金属基体上出现开裂，其长度大于 2mm、而小于等于 5mm，宽度大于 0.2mm、而小于等于 0.5mm 时称为裂纹。

④ 裂缝。试样弯曲外表面金属基体上出现明显开裂，其长度大于 5mm，宽度大于 0.5mm 时，称为裂缝。

⑤ 断裂。试样弯曲外表面出现沿宽度贯穿的开裂，其深度超过试样厚度的 1/3 时，称为断裂。

（3）当实验结果不合格时，应另取双倍数量的试样重做实验；如仍不合格项目，则该批钢材判为不合格。

6.1.3 反向弯曲性能

1）实验目的

反向弯曲是指先通过弯曲试验和时效热处理，再将试样反向弯曲还原到一定的角度，是反映钢筋在弯曲塑性变形与时效后的反向弯曲变形性能，可作为评定钢筋工艺性能的技术依据之一。掌握反向弯曲试验的实验方法，熟悉万能试验机和反向弯曲装置的操作规程，了解现行国家标准《钢筋混凝土用钢　第 2 部分：热轧带肋钢筋》GB 1499.2 中对热轧带肋钢筋的反向弯曲性能的技术要求。

2）实验依据及环境要求

（1）实验依据

《钢筋混凝土用钢　第2部分：热轧带肋钢筋》GB 1499.2

《钢筋混凝土用钢筋　弯曲和反向弯曲试验方法》YB/T 5126

《金属材料　弯曲试验方法》GB/T 232

《钢及其钢产品力学性能试验取样位置及试样制备》GB/T 2975

《拉力、压力和万能试验机检定规程》JJG 139

（2）环境要求

实验室环境：温度10～35℃。

3）主要仪器设备

压力机或万能试验机：试验机应具备下列装置：应有足够硬度的支承辊，其长度应大于试样的直径或宽度。支承辊间的距离可以调节；具有不同直径的弯心，弯心直径由有关标准规定，其宽度应大于试样的直径和宽度。弯心应有足够的硬度。

反向弯曲装置：图6-10所示为反向弯曲装置的一个实例，反向弯曲角度可以在角度指示器上被指示出来弯曲和反向弯曲角度如图6-11所示。

加热炉：需配备控温装置。

角度测量装置：实验设备应有准确可靠的角度测量或控制装置。

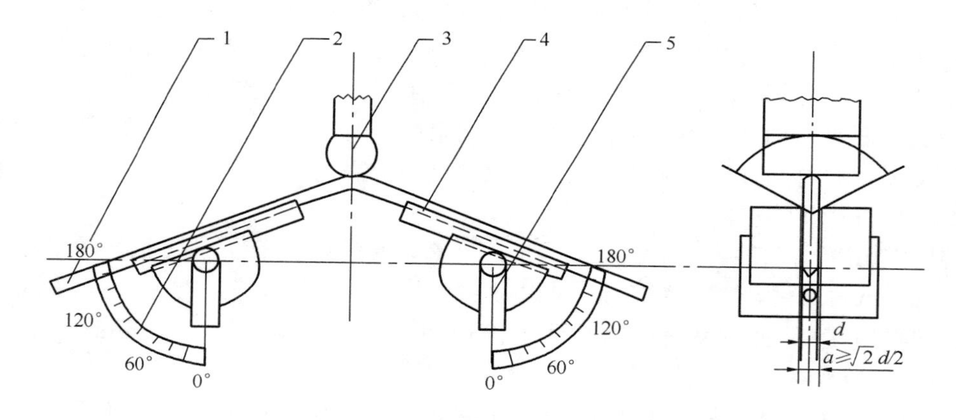

图6-10　带有角度指示器的反向弯曲装置实例

1—试样；2—角度盘；3—弯心；4—翻板滑块；5—指针

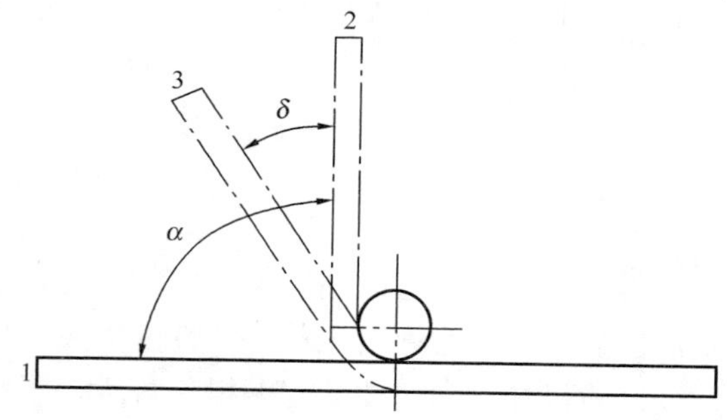

图6-11　弯曲和反向弯曲角度示意图

1—起始位置；2—弯曲α角位置；3—反向弯曲δ角位置

4）样品制备

按6.1.2节样品制备的要求。

5）实验步骤

（1）根据相关产品标准选择弯心直径；

（2）正向弯曲90°正向弯曲的步骤可按照6.1.2节的相关内容；

（3）正向弯曲90°后再利用反向弯曲装置反向弯曲20°，反向弯曲的弯心直径比弯曲实验相应增加一个钢筋公称直径。两个弯曲角度均应在去载之前测量；

（4）反向弯曲实验时，经正向弯曲后的试样应在100℃的温度下保温不少于30min，经自然冷却后再进行反向弯曲。当能保证钢筋经人工时效后的反向弯曲性能时，正向弯曲后的试样也可在室温下直径进行反向弯曲。

6）实验结果

（1）反向弯曲后，按有关标准规定检查试样外表，进行结果评定；

（2）经反向弯曲实验后，钢筋受弯曲部位表面不得产生裂缝。

6.1.4 重量偏差

1）实验目的

重量偏差是指钢筋实际重量与理论重量的偏差程度，可以作为供货方是否偷工减料的依据，从而保证钢筋的质量。掌握重量偏差试样的制作步骤、要点和实验步骤，熟悉电子天平的操作规程，了解现行国家标准《钢筋混凝土用钢　第2部分：热轧带肋钢筋》GB 1499.2中对热轧带肋钢筋的重量偏差性能的技术要求。

2）实验依据及环境要求

（1）实验依据

《钢筋混凝土用钢　第2部分：热轧带肋钢筋》GB 1499.2

《冶金技术标准的数值修约与检测数值的判定》YB/T 081

（2）环境要求

常温，如需同时进行力学性能试验则控制实验室温度10～35℃。

3）主要仪器设备

钢直尺：量程100cm，最小刻度1mm。

电子天平：最小分度不大于总重量的1%，精确至1g。

4）样品制备

试样应从不同根钢筋上截取，数量不少于5支，每支试样长度不小于500mm。为方便实验操作，推荐取5根长度为520mm左右的钢筋试样，每根钢筋两端需打磨成与钢筋轴线垂直的平整面，如图6-12所示。

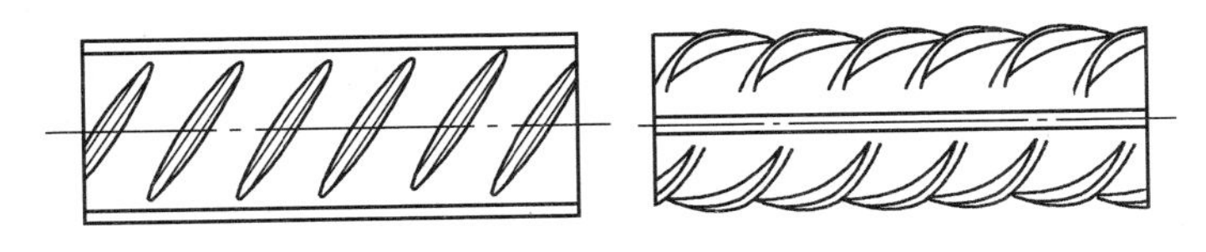

图6-12　钢筋平整端面示意图

5）实验步骤

（1）实验前准备：先清理干净钢筋表面附着的异物（混凝土、沙、泥等）；检查钢尺，检查电子天平并归零；检查钢筋规格是否与接样单及质保书对应，钢筋两端是否平整，初步测量试样长度看是否符合标准要求（不小于500mm）；

（2）将钢筋试样放置于已归零的电子天平上，称量总重量并记录；

（3）用钢尺逐支量取钢筋试样长度，并记录。

6）实验结果

（1）钢筋实际重量与理论重量的偏差（%）按式（6-5）计算：

$$\text{重量偏差} = \frac{\text{试样实际总重量} - (\text{试样总长度} \times \text{理论重量})}{\text{试样总长度} \times \text{理论重量}} \times 100 \tag{6-5}$$

（2）检验结果的数值修约与判定符合 YB/T 081—2013 的规定，即修约至 1%。

6.2 热轧型钢

与钢筋混凝土结构用钢不同，钢结构用钢主要是型钢和钢板。型钢和钢板的成型分热轧和冷轧两种。其中，热轧型钢主要采用碳素结构钢 Q235-A、低合金钢的 Q345 和 Q395 热轧成型。常用的截面形式有角钢、工字钢、槽钢、T 型钢、H 型钢、Z 型钢等。碳素结构钢 Q235-A（碳含量 0.14%～0.20%）制成的热轧型钢，强度适中，塑性和可焊性较好，冶炼容易，成本低，适用于土木工程中的各种钢结构。低合金钢 Q345 和 Q390 制成的热轧型钢，性能较前者好，适用于大跨度、承受动载的钢结构。

根据《热轧型钢》GB/T 706 的规定，每批由同一牌号、同一炉号、同一质量等级、同一品种、同一尺寸、同一交货状态的钢材组成，每批重量应不大于 60t。每一检验批用作拉伸实验取 1 根，用作弯曲实验取 1 根，用作冲击实验取 3 根。

热轧型钢的技术指标包括：钢的牌号、化学成分、屈服强度、抗拉强度、断后伸长率、冲击吸收功、冷弯性能和表面质量。

6.2.1 拉伸性能

1）实验目的

拉伸性能包括屈服强度、抗拉强度和伸长率等重要技术指标，其中屈服强度是指钢材发生屈服现象时的屈服极限；抗拉强度是指试样在拉伸试验期间的最大抗力；伸长率是指原始标距的伸长与原始标距之比的百分率。拉伸性能是评定钢材强度等级的重要依据。掌握各种类型型钢拉伸试样的制备方法、要点以及拉伸试验的实验方法，同时加深对钢材拉伸试验的应力—应变特性的认识，熟悉万能试验机和引伸计的操作规程，了解现行国家标准《热轧型钢》GB/T706 及《低合金高强度结构钢》GB/T 1591 中对拉伸性能各项技术指标的要求。

2）实验依据及环境要求

（1）实验依据

《热轧型钢》GB/T 706

《钢及其钢产品力学性能试验取样位置及试样制备》GB/T 2975

《金属拉伸实验　第 1 部分：室温试验方法》GB/T 228.1

《拉力、压力和万能试验机检定规程》JJG 139

《单轴试验用引伸计的标定》GB/T 12160

《数值修约规则与极限数值的表示和判定》GB/T 8170

（2）环境要求

实验室环境：温度 10～35℃。对温度要求严格时，温度为（23±5)℃。

3）主要仪器设备

试验机：应备有调速指示装置、记录或显示装置，以满足测定力学性能的要求。其误差应符合现行行业标准《拉力、压力和万能试验机检定规程》JJG139 的要求。

引伸计：用以测定试样的伸长。测定规定比例极限、规定残余伸长应力及屈服强度时，其刻度尺每分格值应分别不大于 0.002mm、0.001mm 及 0.02mm。

根据试样尺寸测量精度的要求选用相应精度的任一种量具或仪器，如游标卡尺、螺旋千分尺或精度更高的测微仪。

4）样品制备

（1）切样坯的加工余量可按照 6.1.1 节的相关内容进行。

（2）从角钢和乙字钢腿长以及 T 型钢和球扁钢腰高 1/3 处切取矩形拉伸、弯曲和冲击样坯，如图 6-13 所示。

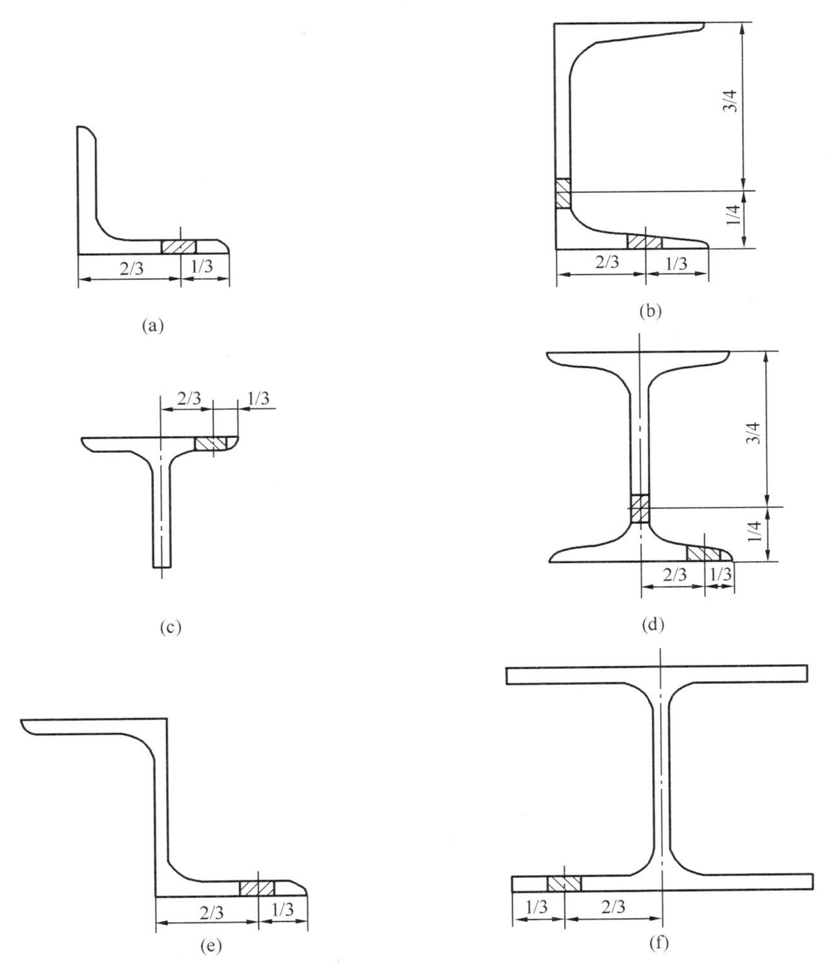

图 6-13 角钢、T 型钢、乙字钢、工字钢和槽钢的取样

（a）角钢；（b）槽钢；（c）T 型钢；（d）工字钢；（e）乙字钢；（f）工字钢

（3）应从工字钢和槽钢腰高 1/4 处沿轧制方向切取矩形拉伸、弯曲和冲击样坯。拉伸、弯曲试样的厚度应是钢材厚度，如图 6-13 所示。

（4）应从扁钢端部沿轧制方向在距边缘为宽度 1/3 处切取拉伸、弯曲和冲击样坯，如图

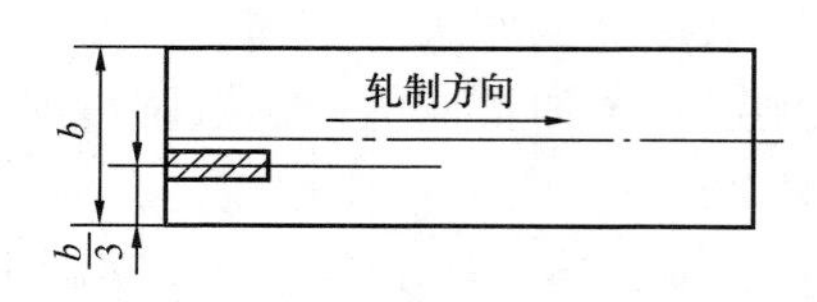

图 6-14　扁钢的取样位置

6-14 所示。

(5) 型钢尺寸如不能满足上述要求时，可使样坯中心线向中部移动或以全截面进行实验。

5) 实验步骤

(1) 试样原始横截面积的测定　按照 6.1.1 节中的要求。

(2) 试样的原始标记　根据型钢试样的横截面积 S_0 确定试件的标距长度 L_0，比例试样系按公式 $L_0=k\sqrt{S_0}$ 计算而得的试样，式中系数 k 通常为 5.65 或 11.3。前者称为短试样，后者称为长试样。

(3) 调整试验机测力度盘的指针，使对准零点，并拨动副指针，使其与主指针重叠。

(4) 将试件固定在实验机夹头内。开动实验机进行拉伸，拉伸速度应满足实验条件规定(同 6.1.1 节的要求一致)。

(5) 对于具有明显屈服现象的热轧型钢，应测定其屈服点。拉伸中测力盘指针停止转动时的恒定荷载或第一次回转时最小荷载，记录屈服点的荷载 F_s。

(6) 试样拉伸至断裂，从拉伸曲线图上确定实验过程中的最大力，或从测力盘上读取最大荷载 F_b。

(7) 试样拉断后，将其断裂部分紧密对接在一起，并尽量使其位于一条轴线上。如断裂处形成缝隙。则此缝隙应计入该试样拉断后的标距内。其中断后标距 L_1 的测量方法参考 6.1.1 中的相关内容。

6) 实验结果

(1) 屈服强度按式 (6-6) 计算：

$$R_{\mathrm{EL}}=\frac{F_s}{S_0} \tag{6-6}$$

式中　R_{EL}——热轧型钢试样的屈服强度 (MPa)；

F_s——测力度盘的指针首次停止转动的恒定力或不计初始瞬时效应时的最小力 (N)；

S_0——热轧型钢试样的横截面积 (mm^2)。

(2) 抗拉强度按式 (6-7) 计算：

$$R_{\mathrm{m}}=\frac{F_{\mathrm{b}}}{S_0} \tag{6-7}$$

式中　R_{m}——热轧型钢试样的抗拉强度 (MPa)；

F_{b}——试样拉伸至断裂过程中的最大力 (N)；

S_0——热轧型钢试样的横截面积 (mm^2)。

(3) 断后伸长率按式 (6-8) 计算：

$$A=\frac{L_1-L_0}{L_0}\times 100\% \tag{6-8}$$

式中　A——热轧型钢试样的断后伸长率 (%)；

L_0——实验前的标定长度 (mm)；

L_1——实验后的实测长度 (mm)。

短、长比例试样的断后伸长率分别以符号 $\delta 5$、$\delta 10$ 表示。

（4）实验出现下列情况之一者，实验结果无效：

试样断在机械刻划的标记上或标距外，造成性能不合格；操作不当；实验记录有误或设备发生故障影响实验结果。

遇有实验结果作废时，应补做同样数量试样的实验。

（5）拉伸强度、伸长率检测结果应按相关产品标准规定进行修约，若产品标准未作规定，应按以下规定进行修约：

强度性能值修约至 1MPa；

屈服点延伸率修约至 0.1%，其他延伸率和断后伸长率修约至 0.5%；

断后收缩率修约至 1%。

（6）实验后试样出现 2 个或 2 个以上的颈缩以及显示出肉眼可见的冶金缺陷（例如分层、气泡、夹渣、缩孔等），应在实验记录和报告中注明。

（7）当实验结果有一项不合格时，应另取双倍数量的试样重做实验；如仍有不合格项目，则该批热轧型钢判为不合格。

6.2.2 冷弯性能

1）实验目的

冷弯性能是指钢材在常温下承受弯曲变形的能力，也是建筑钢材的重要工艺性能。掌握弯曲钢材试样的制备方法、弯曲试验的试验步骤，熟悉万能试验机操作规程和支撑辊的调整方法，了解现行国家标准《热轧型钢》GB/T 706 及《低合金高强度结构钢》GB/T 1591 中对各种类型型钢的冷弯性能的技术要求。

2）实验依据及环境要求

（1）实验依据

《钢及其钢产品力学性能试验取样位置及试样制备》GB/T 2975

《金属材料 弯曲试验方法》GB/T 232

《拉力、压力和万能试验机检定规程》JJG 139

（2）环境要求

实验室环境：温度 10～35℃。对温度要求严格时，温度为（23±5)℃。

3）主要仪器设备

压力机或万能试验机，试验机应具备下列装置：应有足够硬度的支承辊，其长度应大于试样的直径或宽度。支承辊间的距离可以调节；具有不同直径的弯心，弯心直径由有关标准规定，其宽度应大于试样的直径和宽度。弯心应有足够的硬度。

4）样品制备

样坯的切取位置制备按照 6.2.1 节的要求进行。

（1）试样的宽度

如未具体规定，按照以下要求：当产品宽度不大于 20mm 时，试样宽度为原产品宽度；当产品宽度大于 20mm 时的情况下，如果厚度小于 3mm，则试样宽度为（23±5）mm；如果产品宽度大于 20mm 且厚度不小于 3mm，则试样宽度为 20～50mm 之间。

（2）试样的厚度

对于型材，试样厚度应为原产品厚度。如果产品厚度大于25mm，试样厚度可以机械加工减薄至不小于25mm，并保留一侧原表面。弯曲实验时，试样保留的原表面应位于受拉变形的一侧。

(3) 直径或内切圆直径（多边形横截面）不大于30mm的产品，试样的横截面应为原产品的横截面。对于直径或多边形横截面内切圆直径超过30mm的，可以将其机加工成横截面内切圆直径不小于25mm的试样。试样未加工保留的原表面应位于受拉的一侧。

(4) 试样的长度应根据试样厚度（或直径）和所使用的试样设备确定。长度 $L=5a+150$ (mm)（其中 a 指的是试样的厚度或者直径）。

试样加工时，应去除剪切或火焰切割等形成的影响区域；试样的弯曲外表面不得有划痕。

5）实验步骤

试样步骤可按照6.1.2节的要求进行，并应主要以下几点：

(a) 选择弯心直径和弯曲角度；

(b) 调节两支持辊间的距离使其等于 $d+2.5a$（其中 a 指的是试样的厚度或者直径）；

(c) 放置试件，然后平稳地施加压力，钢材绕着弯心弯曲到规定的弯曲角度。

6）实验结果

(1) 弯曲后，按有关标准规定检查试样弯曲外表，进行结果评定。

(2) 有关标准未作具体规定时，检查试样的外表面，如果不使用放大镜观察，试样弯曲外表面无可见裂纹应判定为合格。

(3) 以相关产品标准规定的弯曲角度作为最小值；若规定弯曲压头直径，则以弯曲压头直径作为最大值。

6.2.3 冲击性能

1）实验目的

冲击试验是指将规定几何形状的缺口试样置于试验机两支座中间，缺口背向打击面，用摆锤一次打击试样并测定试样的吸收能量，作为评定钢材承受冲击荷载的能力，揭示材料在冲击荷载下的力学行为。掌握钢材冲击试样的制备方法、要点及冲击韧度的测量方法，熟悉摆锤冲击实验机的操作规程，了解现行国家标准《热轧型钢》GB/T 706及《低合金高强度结构钢》GB/T 1591中对各种牌号型钢的冲击性能的技术要求（主要包括试验温度和冲击吸收能量）。

2）实验依据及环境要求

(1) 实验依据

《钢及其钢产品力学性能试验取样位置及试样制备》GB/T 2975

《金属材料夏比摆锤冲击试验方法》GB/T 229

《摆锤式冲击试验机的检验》GB/T 3808

《摆锤式冲击试验机检定规程》JJG 145

《数据修约规则与极限数值的表示和判定》GB/T 8170

(2) 环境要求

实验室环境：规定温度±2℃范围内实验；如无规定，温度在(23±5)℃范围内进行。

3）主要仪器设备

摆锤冲击实验机；

摆锤刀刃：半径应为 2mm 和 8mm 两种。用符号的下标数字表示：KV_2或者 KV_8。摆锤刀刃半径的选择参考相关产品标准。

4）样品制备

试样样坯的制备按照 6.2.1 节的要求进行。试样及缺口尺寸与偏差见图 6-15 和表 6-6。试样制备过程中由于加热或者冷加工硬化而改变材料冲击性能的影响减至最小。

试样的标记应远离缺口，不应标在与支座、砧座或摆锤刀刃接触的面上。试样标记应避免塑性变形和表面不连续性对冲击吸收能力的影响。

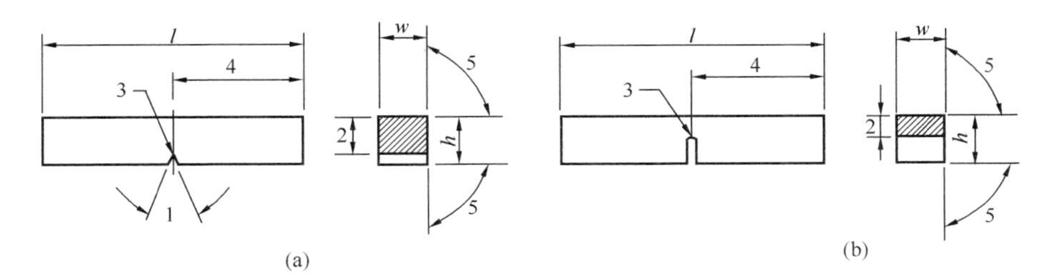

图 6-15　夏比冲击试样

（a）V 型缺口；（b）U 型缺口

注：符号 l、h、w 和数字 1～5 的尺寸见表 6-6

表 6-6　试样的尺寸和偏差

名称		符号及序号	V 型缺口试样		U 型缺口试样	
			公称尺寸	机加工偏差	公称尺寸	机加工偏差
长度		l	55mm	±0.60mm	55mm	±0.60mm
高度[①]		h	10mm	±0.075mm	10mm	±0.11mm
宽度	标准试样	w	10mm	±0.11mm	10mm	±0.11mm
	小试样		7.5mm	±0.11mm	7.5mm	±0.11mm
	小试样		5mm	±0.06mm	5mm	±0.06mm
	小试样		2.5mm	±0.04mm	—	—
缺口角度		1	45°	±2°	—	—
缺口底部高度		2	8mm	±0.075mm	8mm[②] 5mm[②]	±0.09mm ±0.09mm
缺口根部半径		3	0.35mm	±0.025mm	1mm	±0.07mm
缺口对称面-端部距离		4	27.5mm	±0.42[③]	27.5mm	±0.42mm
缺口对称面-试样纵轴角度		—	90°	±2°	90°	±2°
试样纵向面间夹角		5	90°	±2°	90°	±2°

说明：① 除端部外，试样表面粗糙度应优于 Ra5um。

② 如规定其他高度，应规定相应偏差。

③ 对自动定位试样的实验机，建议偏差用±0.165mm 代替±0.42mm。

5）实验步骤

（1）测量试件缺口尺寸，估算材料的冲击吸收能量A_k，选择实验机冲击能量范围。

（2）安装试样前，将摆锤抬起，空摆一次，记录实验机因阻力所消耗的能量A_{k1}。

（3）将摆锤稍微抬起，用顶块顶住，然后安装试样，应使试样紧贴支座，并使其缺口对称面位于两支座对称面上。

（4）将摆锤抬起到需要位置，锁住；然后将操纵杆放在“冲击”位置，摆锤自由下落，将试件冲断。

（5）摆锤停摆后从刻度盘上读出试样的冲击吸收能量A_{k2}，每种材料需作三次。

6）实验结果

（1）冲击吸收能量可按式（6-9）计算：

$$A_k = A_{k2} - A_{k1} \tag{6-9}$$

式中 A_k——冲击吸收能量（J）；

A_{k2}——摆锤停摆后刻盘示数（J）；

A_{k1}——空载时因阻力消耗的能量（J）。

冲击吸收能量取三个试样测值的算术平均值。计算结果应至少估读到0.5J或0.5个标度单位（取两者之间较小值）。实验结果至少应保留两位有效数字，修约方法按GB/T 8170执行。

（2）断裂后进行断口检查，观察试样标记是否在明显的变形部位，如果本次实验结果可能不代表材料的性能，应在实验报告中注明。

6.3 建筑结构用钢板

建筑结构用钢板具有纯净度高，抗震性好，强度波动范围小，强度厚度效应小的特点，充分满足了高层建筑的需要。建筑结构用钢板是用碳素结构钢和低合金钢轧制而成的扁平钢材。以平板状态供货的称钢板，以卷状供货称钢带。厚度大于4mm以上为厚板，厚度小于或等于4mm的为薄板。可热轧或冷轧生产。热轧碳素结构钢厚板，是钢结构的主要用材。薄板用于屋面、墙面或压型板的原料等。低合金钢厚板，用于重型结构、大跨度桥梁和高压容器等。

钢板的牌号由代表屈服强度的汉语拼音字母（Q）、屈服强度数值、代表高性能建筑结构用钢的汉语拼音字母（GJ）、质量等级符号（B，C，D，E）组成，如Q345GJC；对于厚度方向性能钢板，在质量等级后加上厚度方向性能级别（Z15，Z25或Z35），如Q345GJCZ25。

根据《建筑结构用钢板》GB/T 19879的规定，钢板应成批验收，每批钢板由同一牌号、同一炉号、同一厚度、同一交货状态的钢板组成，每批重量不大于60t。对于要求厚度方向性能钢板，如果按批验收，每批应不大于25t。每一检验批用作拉伸实验的1个，用作弯曲实验的1个，用作冲击实验的3个。

建筑结构用钢板的技术指标包括：钢的牌号、化学成分、碳当量（CE）、焊接裂纹敏感性指数（Pcm）、屈服强度、抗拉强度、屈强比、伸长率、冲击功、弯曲性能和表面质量。

6.3.1 拉伸性能

1）实验目的

拉伸性能包括屈服强度、抗拉强度和伸长率等重要技术指标，其中屈服强度是指钢材发生屈服现象时的屈服极限；抗拉强度是指试样在拉伸试验期间的最大抗力；伸长率是指原始标距的伸长与原始标距之比的百分率。以上的技术指标是评定钢材强度等级的重要依据。掌握拉伸性能试验的实验方法并加深对钢材拉伸试验的应力—应变特性的认识，熟悉万能实验机和引伸计的操作规程，了解现行国家标准《建筑结构用钢板》GB/T 19879 中对各种牌号建筑结构用钢板拉伸性能各项技术指标的要求。

2）实验依据及环境要求

（1）实验依据

《建筑结构用钢板》GB/T 19879

《钢及其钢产品力学性能试验取样位置及试样制备》GB/T 2975

《金属拉伸实验　第 1 部分：室温试验方法》GB/T 228.1

《拉力、压力和万能试验机检定规程》JJG 139

《单轴试验用引伸计的标定》GB/T 12160

《数值修约规则与极限数值的表示和判定》GB/T 8170

（2）环境要求

实验室环境：温度 10～35℃。对温度要求严格时，温度为（23±5)℃。

3）主要仪器设备

试验机：应备有调速指示装置、记录或显示装置，以满足测定力学性能的要求。其误差应符合现行行业标准《拉力、压力和万能试验机检定规程》JJG 139 的要求。

引伸计：用以测定试样的伸长。测定规定比例极限、规定残余伸长应力及屈服强度时，其刻度尺每分格值应分别不大于 0.002mm、0.001mm 及 0.02mm。

根据试样尺寸测量精度的要求选用相应精度的任一种量具或仪器。

4）样品制备

样坯的制备参考 6.2.1 节相关内容进行。试样的切取位置应满足以下要求。

（1）应在钢板宽度 1/4 处切取拉伸、弯曲或冲击样坯，如图 6-16 和图 6-17 所示。

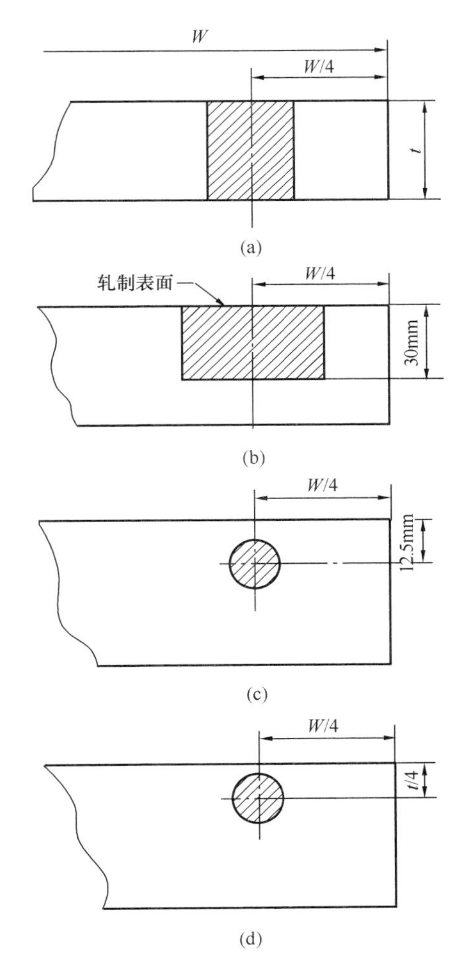

图 6-16　在钢板上切取拉伸、弯曲试样的位置

（a）全厚度试样；（b）$t>30$mm；（c）25mm$<t<$50mm；（d）$t\geqslant 50$mm

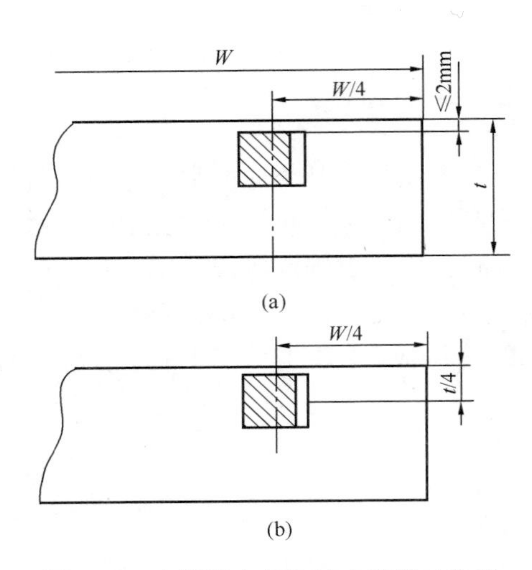

图 6-17 在钢板上切取冲击试样的位置

(a) 对于全部 t 值；(b) $t>40$mm

(2) 对于纵轧钢板，当产品没有规定取样方向时，应在钢板宽度 1/4 处切取横向样坯，如钢板宽度不足，样坯中心可以内移。

(3) 应按图 6-16 在钢板厚度方向切取拉伸样坯。当机加工和实验机能力允许时，应按图 6-16 (a) 取样。

(4) 在钢板厚度方向切取冲击样坯时，根据产品标准或供需双方协议选择图 6-17 规定的取样位置。

5) 实验步骤

(1) 试样原始横截面积的测定 按照 6.1.1 节中的要求进行。

(2) 试样的原始标记 根据型钢试样的横截面积 S_0 确定试件的标距长度 L_0，比例试样系按公式 $L_0=k\sqrt{S_0}$ 计算而得的试样，式中系数 k 取 5.65 的比例试样。

(3) 调整试验机测力度盘的指针 使对准零点，并拨动副指针，使其与主指针重叠。

(4) 将试件固定在实验机夹头内 开动实验机进行拉伸，拉伸速度应满足实验条件规定（同 6.1.1 节的要求一致）。

(5) 对于具有明显屈服现象的钢板试样，应测定其屈服点。拉伸中测力盘指针停止转动时的恒定荷载或第一次回转时最小荷载，记录屈服点的荷载 F_s。

(6) 试样拉伸至断裂，从拉伸曲线图上确定实验过程中的最大力，或从测力盘上读取最大荷载 P_b。

(7) 试样拉断后，将其断裂部分紧密对接在一起，并尽量使其位于一条轴线上。如断裂处形成缝隙。则此缝隙应计入该试样拉断后的标距内。其中断后标距 L_1 的测量方法可参考 6.1.1 节中的相关内容。

6) 实验结果

(1) 屈服强度按式（6-10）计算：

$$R_{EL}=\frac{F_s}{S_0} \tag{6-10}$$

式中 R_{EL}——钢板试样的屈服强度（MPa）；

F_s——测力度盘的指针首次停止转动的恒定力或不计初始瞬时效应时的最小力（N）；

S_0——钢板试样的横截面积（mm^2）。

(2) 抗拉强度按式（6-11）计算：

$$R_m=\frac{F_b}{S_0} \tag{6-11}$$

式中 R_m——钢板试样的抗拉强度（MPa）；

F_s——试样拉伸至断裂过程中的最大力（N）；

S_0——钢板试样的横截面积（mm^2）。

(3) 断后伸长率按式 (6-12) 计算:

$$A = \frac{L_1 - L_0}{L_0} \times 100\% \tag{6-12}$$

式中 A——钢板试样的断后伸长率 (%);

L_0——实验前的标定长度 (mm);

L_1——实验后的实测长度 (mm)。

短、长比例试样的断后伸长率分别以符号 $\delta5$、$\delta10$ 表示。

(4) 实验出现下列情况之一者,实验结果无效。

试样断在机械刻划的标记上或标距外,造成性能不合格;操作不当;实验记录有误或设备发生故障影响实验结果。

遇有实验结果作废时,应补做同样数量试样的实验。

(5) 拉伸强度、伸长率检测结果应按相关产品标准规定进行修约,若产品标准未作规定,应按以下规定进行修约。

强度性能值修约至 1MPa;

屈服点延伸率修约至 0.1%,其他延伸率和断后伸长率修约至 0.5%;

断后收缩率修约至 1%。

(6) 实验后试样出现 2 个或 2 个以上的颈缩以及显示出肉眼可见的冶金缺陷(例如分层、气泡、夹渣、缩孔等),应在实验记录和报告中注明。

(7) 当实验结果有一项不合格时,应另取双倍数量的试样重做实验;如仍有不合格项目,则该批钢板判为不合格。

6.3.2 冷弯性能

1) 实验目的

冷弯性能是指钢材试样在常温下承受规定弯曲程度的弯曲变形性能,也是建筑钢材的重要工艺性能。掌握弯曲钢材试样的制备方法、弯曲试验的实验步骤,熟悉万能实验机操作规程和支撑辊的调整方法,了解现行国家标准《建筑结构用钢板》GB/T 19879 中对各种牌号建筑结构用钢板冷弯性能的技术要求。

2) 实验依据及环境要求

(1) 实验依据

《建筑结构用钢板》GB/T 19879

《钢及其钢产品力学性能试验取样位置及试样制备》GB/T 2975

《金属材料 弯曲试验方法》GB/T 232

《拉力、压力和万能试验机检定规程》JJG 139

(2) 环境要求

实验室环境:温度 10~35℃。对温度要求严格时,温度为 (23±5)℃。

3) 主要仪器设备

压力机或万能试验机:试验机应具备下列装置:应有足够硬度的支承辊,其长度应大于试样的直径或宽度。支承辊间的距离可以调节;具有不同直径的弯心,弯心直径由有关标准规定,其宽度应大于试样的直径和宽度。弯心应有足够的硬度。

4）样品制备

样坯的切取位置制备按照6.3.1节的要求进行。

（1）试样的厚度

对于钢板试样，无特别规定，试样的厚度为原产品厚度。

（2）试样的宽度

如未具体规定，按照以下要求：当产品宽度不大于20mm时，试样宽度为原产品宽度；当产品宽度大于20mm时，如果厚度小于3mm，则试样宽度为（23±5）mm；如果产品宽度大于20mm且厚度不小于3mm，则试样宽度为20～50mm之间。

（3）试样的长度应根据试样厚度（或直径）和所使用的试样设计确定。长度 $L=5a+150$（mm）（其中 a 指的是试样的厚度或者直径）。

试样加工时，应去除剪切或火焰切割等形成的影响区域；试样的弯曲外表面不得有划痕。

5）实验步骤

（1）选择弯曲角度等于180°；

（2）当钢板厚度不大于16mm时，弯心直径 $d=2a$，当钢板厚度大于16mm时，弯心直径 $d=3a$（其中 a 指的是试样的厚度或者直径）；

（3）调节两支持辊间的距离使其等于 $d+2.5a$；

（4）放置试件，然后平稳地施加压力，钢材绕着弯心弯曲到规定的弯曲角度。

6）实验结果

（1）弯曲后，按有关标准规定检查试样弯曲外表，进行结果评定。

（2）有关标准未作具体规定时，检查试样的外表面，如果不使用放大镜观察，试样弯曲外表面无可见裂纹，应判定为合格。

（3）以相关产品标准规定的弯曲角度作为最小值；若规定弯曲压头直径，则以弯曲压头直径作为最大值。

6.3.3 冲击性能

1）实验目的

冲击试验是指将规定几何形状的缺口试样置于试验机两支座中间，缺口背向打击面，用摆锤一次打击试样并测定试样的吸收能量，作为评定钢材承受冲击荷载的能力，揭示材料在冲击荷载下的力学行为。掌握钢材冲击试样的制备方法、要点及冲击韧度的测量方法，熟悉摆锤冲击试验机的操作规程，了解现行国家标准《建筑结构用钢板》GB/T 19879中对各种牌号建筑结构用钢板的冲击性能的技术要求（主要包括试验温度和纵向冲击功）。

2）实验依据及环境要求

（1）实验依据

《钢及其钢产品力学性能试验取样位置及试样制备》GB/T 2975

《金属材料夏比摆锤冲击试验方法》GB/T 229

《摆锤式冲击试验机的检验》GB/T 3808

《摆锤式冲击试验机检定规程》JJG 145

《数据修约规则与极限数值的表示和判定》GB/T 8170

(2) 环境要求

实验室环境：规定温度±2℃范围内实验；如无规定，温度在（23±5)℃范围内进行。

3) 主要仪器设备

摆锤冲击试验机

摆锤刀刃：半径应为 2mm 和 8mm 两种。用符号的下标数字表示：KV_2或者 KV_8。摆锤刀刃半径的选择参考相关产品标准。

4) 样品制备

试样样坯的制备按照 6.3.1 节的要求进行。厚度小于 12mm 的钢板应采用小尺寸试样进行夏比（V 型缺口）冲击实验。钢板厚度＞8～12mm 时，试样尺寸为 7.5mm×10mm×55mm；钢板厚度 6～8mm 时，试样尺寸为 5mm×10mm×55mm。试样及缺口尺寸与偏差如图 6-18 和表 6-7。

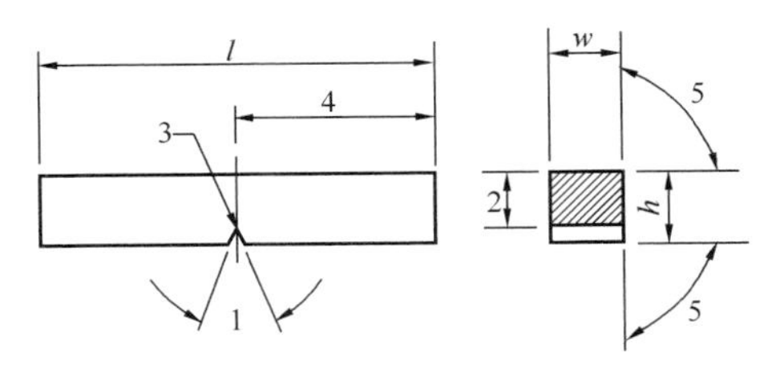

图 6-18 夏比 V 型缺口冲击试样

注：符号 l、h、w 和数字 1～5 的尺寸见表 2。

试样的标记应远离缺口，不应标在与支座、砧座或摆锤刀刃接触的面上。试样标记应避免塑性变形和表面不连续性对冲击吸收能力的影响。

表 6-7 试样的尺寸和偏差

名称	符号及序号	V 型缺口试样	
		公称尺寸（mm）	机加工偏差（mm）
长度	l	55	±0.60
高度①	h	10	±0.075
宽度	w		
——标准试样		10	±0.11
——小试样		7.5	±0.11
——小试样		5	±0.06
——小试样		2.5	±0.04
缺口角度	1	45°	±2°
缺口底部高度	2	8②	±0.075
缺口根部半径	3	0.35	±0.025
缺口对称面-端部距离	4	27.5	±0.42③
缺口对称面-试样纵轴角度	—	90°	±2°
试样纵向面间夹角	5	90°	±2°

说明：① 除端部外，试样表面粗糙度应优于 Ra 5um。

② 如规定其他高度，应规定相应偏差。

③ 对自动定位试样的试验机，建议偏差用±0.165mm 代替±0.42mm。

5) 实验步骤

(1) 测量试件缺口尺寸，估算材料的冲击吸收能量 A_k，选择实验机冲击能量范围。

(2) 安装试样前，将摆锤抬起，空摆一次，记录实验机因阻力所消耗的能量 A_{k1}。

(3) 将摆锤稍微抬起，用顶块顶住，然后安装试样，应使试样紧贴支座，并使其缺口对称面位于两支座对称面上。

（4）将摆锤抬起到需要位置，锁住；然后将操纵杆放在“冲击”位置，摆锤自由下落，将试件冲断。

（5）摆锤停摆后从刻度盘上读出试样的冲击吸收能量 A_{k2}，每种材料需作三次。

6）实验结果

（1）冲击吸收能量可按式（6-13）计算

$$A_{kv} = A_{k2} - A_{k1} \tag{6-13}$$

式中 A_{kv}——V型缺口冲击吸收能量（J）；

A_{k2}——摆锤停摆后刻盘示数（J）；

A_{k1}——空载时因阻力消耗的能量（J）。

V型缺口冲击吸收能量取三个试样测值的算术平均值。计算结果应至少估读到0.5J或0.5个标度单位（取两者之间较小值）。实验结果至少应保留两位有效数字，修约方法按GB/T 8170—2008执行。

（2）允许三个试样中其中一个的值低于表6-8规定值，但不低于规定值的70%。如果不符合上述规定，应从同一张钢板上再取3个试样进行实验，前后两组6个试样的算术平均值不得低于规定值，允许有2个试样小于规定值，但其中小于规定值70%的试样只允许1个。

表6-8 建筑结构用钢板冲击吸收能量 A_{kv} 的技术要求

牌号	Q235GJ/Q345GJ				Q390GJ/Q420GJ/Q460GJ		
温度（℃）	20	0	−20	−40	0	−20	−40
冲击吸收能量 A_{kv}（J）不小于	34				34		

（3）断裂后进行断口检查，观察试样标记是否在明显的变形部位，如果在则本次实验结果可能不代表材料的性能，应在实验报告中注明。

6.4 预应力混凝土用钢绞线

预应力混凝土用钢绞线是用多根圆形断面的优质碳素结构钢钢筋经过冷加工、绞捻和热处理消除应力等工艺制成。它强度高，抗拉强度可达1670MPa以上，柔性好，无接头，多用于大跨度、重负荷的后张法预应力屋架、桥梁、薄腹梁等结构、岩土锚固等用途的预应力钢绞线。

按国家规范《预应力混凝土用钢绞线》GB/T 5224规定，钢绞线的公称直径为9.5mm、11.10mm、12.20mm、15.20mm等四种。钢绞线的破坏荷载为108～300kN，屈服荷载为86.6～255kN。根据《预应力混凝土用钢绞线》（GB/T 5224）的规定，钢绞线应成批验收，每批钢绞线由同一牌号、同一规格、同一生产工艺捻制的钢绞线组成，每批重量不大于60t。每一检验批选3根钢绞线用作整根钢绞线最大力、规定非比例延伸力、最大力总伸长率的检验。

预应力混凝土用钢绞线的技术指标包括：钢的牌号、抗拉强度、整根钢绞线最大力、整根钢绞线最大力的最大值、规定非比例延伸力 $F_{p0.2}$、最大力总伸长率、应力松弛性能、表面质量、伸直性、疲劳性、偏斜拉伸性能和应力腐蚀性能。

6.4.1 最大力

1）实验目的

最大力是指试样在屈服阶段之后所能抵抗的最大荷载，对于无明显屈服（连续屈服）的金属材料，为试验期间的最大力。对预应力混凝土用钢绞线进行拉伸性能实验，可以测得整根钢绞线的最大力，是评定其力学性能的依据之一。掌握钢绞线拉伸试样的制备方法、要点及拉伸实验方法，熟悉万能试验机的操作规程及游标卡尺的使用方法，了解现行国家标准《预应力混凝土用钢绞线》GB/T 5224 中对各类钢绞线结构最大力的技术要求。

2）实验依据及环境要求

（1）实验依据

《预应力混凝土用钢绞线》GB/T 5224

《预应力混凝土用钢材试验方法》GB/T 21839

《拉力、压力和万能试验机检定规程》JJG 139

《钢及其钢产品力学性能试验取样位置及试样制备》GB/T 2975

《金属拉伸实验　第 1 部分：室温试验方法》GB/T 228.1

《单轴试验用引伸计的标定》GB/T 12160

《冶金技术标准的数值修约与检测数值的判定》YB/T 081

（2）环境要求

实验室环境：温度 10～35℃。对温度要求严格时，温度为（23±5）℃。

3）主要仪器设备

实验机：应备有调速指示装置、记录或显示装置，以满足测定力学性能的要求。其误差应符合现行行业标准《拉力、压力和万能试验机检定规程》JJG 139 的要求。

根据试样尺寸测量精度的要求选用相应精度的任一种量具或仪器，如游标卡尺，精度不小于 0.01mm 等。

4）样品制备

样坯的制备按照 6.1.1 节的要求进行。试样的切取位置是从每盘的任意一端截取。

5）实验步骤

（1）试样参考横截面积的测定

测量的位置在试样的两端及中间三处两个互相垂直的方向。参考横截面积计算公式（6-14）：

$$\text{参考横截面积 } S_0 = \frac{1}{4}\pi \times \text{试样直径}^2 \tag{6-14}$$

式中　试样直径分别取三处测量直径的算术平均值。

（2）调整实验机测力度盘的指针，使对准零点，并拨动副指针，使其与主指针重叠。

（3）将试件固定在实验机夹头内。将引伸计固定到钢绞线平行长度的中间位置，并记录引伸计起始标距长度 L_e 并取下引伸计上的插销。

（4）开动实验机进行拉伸，拉伸速度应满足实验条件规定（同 6.1.1 节的要求一致）。在塑性范围和直至规定非比例延伸力前应变速率不应超过 0.0025/s，其后直至抗拉强度应变速率不应超过 0.008/s。

（5）当提示X方向由变形转换为位移时轻轻将引伸计取下。测得钢绞线最大力时卸载至零，松开夹头，取下钢绞线。

（6）另换一根钢绞线重复实验，总共完成3根取样数量的实验。

6）实验结果

（1）钢绞线的最大力：

直接从拉伸曲线图上确定实验过程中的钢绞线最大力 F_m，实验结果取三次实验结果的算术平均值。

数据修约方法参考YB/T 081的相关规定。

（2）如试样在夹头内和距钳口2倍钢绞线公称直径内断裂达不到本标准性能要求时，实验无效。

（3）计算抗拉强度时取钢绞线的参考截面积值。

6.4.2　规定非比例延伸力 $F_{p0.2}$

1）实验目的

规定非比例延伸力 $F_{p0.2}$ 是指非比例延伸达到原始标距0.2%时所受的应力，对预应力混凝土用钢绞线进行拉伸性能实验，可以测得规定非比例延伸力 $F_{p0.2}$，作为评定其力学性能的依据之一。掌握钢绞线拉伸试样的制备方法、要点及拉伸实验方法，熟悉万能试验机的操作规程，了解现行国家标准《预应力混凝土用钢绞线》GB/T 5224中对各类钢绞线结构规定非比例延伸力 $F_{p0.2}$ 的技术要求。

2）实验依据及环境要求

（1）实验依据

《预应力混凝土用钢绞线》GB/T 5224

《预应力混凝土用钢材试验方法》GB/T 21839

《拉力、压力和万能试验机检定规程》JJG 139

《钢及其钢产品力学性能试验取样位置及试样制备》GB/T 2975

《金属拉伸实验　第1部分：室温试验方法》GB/T 228.1

《单轴试验用引伸计的标定》GB/T 12160

《冶金技术标准的数值修约与检测数值的判定》YB/T 081

（2）环境要求

实验室环境：温度10～35℃。对温度要求严格时，温度为（23±5)℃。

3）主要仪器设备

实验机：应备有调速指示装置、记录或显示装置，以满足测定力学性能的要求。其误差应符合现行行业标准《拉力、压力和万能材料试验机检定规程》JJG 139的要求。

根据试样尺寸测量精度的要求选用相应精度的任一种量具或仪器，如游标卡尺，精度不小于0.01mm等。

4）样品制备

按照6.4.1节的要求进行。

5）实验步骤

按照6.4.1节的要求进行。

6）实验结果

（1）规定非比例延伸力 $F_{p0.2}$：

直接从拉伸曲线图上确定非比例延伸达到原始标距 0.2%时所受的力 $F_{p0.2}$，实验结果取三次实验结果的算术平均值。

数据修约方法参考 YB/T 081 的相关规定。

（2）为便于供方日常检验，也可以测定规定总延伸达到原始标距 1%的力（F_{t1}），其值符合本标准规定的 $F_{p0.2}$ 值时可以交货，但仲裁实验时测定 $F_{p0.2}$。

（3）测定 $F_{p0.2}$ 和 F_{t1} 时，预加负荷为规定非比例延伸力的 10%。

6.4.3 最大力总伸长率

1）实验目的

最大力总伸长率是指最大力时原始标距的伸长与原始标距之比的百分率，对预应力混凝土用钢绞线进行拉伸性能实验，可以测得最大力总伸长率，作为评定其力学性能的依据之一。掌握钢绞线拉伸试样的制备方法、要点及拉伸实验方法，熟悉万能试验机的操作规程及游标卡尺的使用方法，了解现行国家标准《预应力混凝土用钢绞线》GB/T 5224 中对各类钢绞线结构最大力总伸长率的技术要求。

2）实验依据及环境要求

（1）实验依据

《预应力混凝土用钢绞线》GB/T 5224

《预应力混凝土用钢材试验方法》GB/T 21839

《拉力、压力和万能试验机检定规程》JJG 139

《钢及其钢产品力学性能试验取样位置及试样制备》GB/T 2975

《金属拉伸实验　第 1 部分：室温试验方法》GB/T 228.1

《单轴试验用引伸计的标定》GB/T 12160

《冶金技术标准的数值修约与检测数值的判定》YB/T 081

（2）环境要求

实验室环境：温度 10～35℃。对温度要求严格时，温度为（23±5）℃。

3）主要仪器设备

实验机：应备有调速指示装置、记录或显示装置，以满足测定力学性能的要求。其误差应符合现行行业标准《拉力、压力和万能试验机检定规程》JJG 139 的要求。

引伸计：用以测定试样的伸长。测定规定比例极限、规定残余伸长应力及屈服强度时，其刻度尺每分格值应分别不大于 0.002mm、0.001mm 及 0.02mm。

根据试样尺寸测量精度的要求选用相应精度的任一种量具或仪器，如游标卡尺，精度不小于 0.01mm 等。

4）样品制备

按照 6.4.1 节的要求进行。

5）实验步骤

按照 6.4.1 节的要求进行。

6）实验结果

（1）最大力总伸长率A_{gt}按式（6-15）计算

$$A_{gt}=\frac{\Delta L_m}{L_e}\times 100 \tag{6-15}$$

式中 A_{gt}——钢绞线的最大力总伸长率（%）；

L_e——引伸计的标距（mm）；

ΔL_m——最大力下的延伸（mm）。

最后的实验结果取三个试样测值的算术平均值。数据修约方法参考YB/T 081—2013的相关规定。

（2）有些材料的最大力时呈现一个平台，当出现这种情况是，取平台中点的最大力对应的总延伸率。

（3）使用计算机采集数据或者使用电子拉伸设备时，测量延伸率时预加负荷对试样产生的延伸率应加在总延伸内。

（4）当试样在距夹具3mm之内发生断裂，原则上实验应判为无效，应允许重新实验。

第7章 防 水 材 料

7.1 防水卷材

将沥青类或高分子类防水材料浸渍在胎体上，制作成的防水材料产品，以卷材形式提供，称为防水卷材，是土木工程防水材料的重要品种之一。主要是用于建筑墙体、屋面以及隧道、公路、垃圾填埋场等处，起到抵御外界雨水、地下水渗漏作用的一种可卷曲成卷状的柔性建材产品，作为工程基础与建筑物之间无渗漏连接，是整个工程防水的第一道屏障，对整个工程起着至关重要的作用。

按组成材料不同可分为有沥青防水卷材、高聚物改性沥青防水卷材和合成高分子防水卷材。按胎体的不同可分为无胎体卷材、纸胎卷材、玻璃纤维胎卷材、玻璃布胎卷材和聚乙烯胎卷材。

沥青防水卷材属传统的防水卷材，在性能上存在着一些缺陷，有的甚至是致命的缺点。与工程建设发展的需求不相适应，正在逐渐被淘汰，如石油沥青纸胎油毡，基本上已在防水工程中停止使用。但由于沥青防水卷材价格低廉、货源充足，对胎体材料进行改进后，性能有所改善，故在防水工程中仍有一定的使用量。而高聚物改性沥青防水卷材和合成高分子防水卷材由于其性能优异，应用日益广泛，是防水卷材的发展方向。

防水卷材要求有良好的耐水性、对温度变化的稳定性（高温下不流淌、不起泡、不滑动；低温下不脆裂）、一定的机械强度、延伸性和抗断裂性，要有一定的柔韧性和抗老化性等。

沥青防水卷材的技术指标包括：单位面积质量、面积、厚度、外观、可溶物含量、耐热性、低温柔性、不透水性、拉力、延伸率、浸水后质量增加、热老化、浸油性、接缝剥离强度、顶杆撕裂强度、矿物粒料粘附性、卷材下表面沥青涂盖层厚度及人工气候加速老化等。

高分子防水卷材的技术指标包括：规格尺寸、外观质量、断裂拉伸强度、扯断伸长率、撕裂强度、不透水性、低温弯折强度、加热伸缩量、热空气老化、耐碱性、臭氧老化、人工气候老化、粘结剥离强度及复合强度等。

7.1.1 拉伸性能

1）实验目的

拉伸性能是指防水卷材承受一定荷载、应力或在一定变形的条件下不断裂的性能，通常用最大拉力、最大拉力时延伸率及断裂延伸率等指标表示。掌握防水卷材拉伸性能的实验方法和适用范围，熟悉拉伸实验机和专用夹具的操作规程，了解现行国家标准《弹性体改性沥青防水卷材》GB 18242 及《塑性体改性沥青防水卷材》GB 18243 中对防水卷材拉伸性能的技术要求。

2）实验依据及环境要求

（1）实验依据

《弹性体改性沥青防水卷材》GB 18242

《塑性体改性沥青防水卷材》GB 18243

《高分子防水材料　第1部分：片材》GB 18173.1

《高分子防水材料　第2部分：止水带》GB 18173.2

《建筑防水卷材试验方法　第8部分：沥青防水卷材拉伸性能》GB/T 328.8

《建筑防水卷材试验方法　第9部分：高分子防水卷材拉伸性能》GB/T 328.9

《拉力、压力和万能试验机检定规程》JJG 139

《建筑防水卷材试验方法　第5部分：高分子防水卷材厚度、单位面积质量》GB/T 328.5

（2）环境要求

沥青防水卷材试件：实验前在（23±2）℃和相对湿度30%～70%的条件下至少放置20h。

高分子防水卷材试件：实验前在（23±2）℃和相对湿度（50±5）%的条件下至少放置20h。

实验室环境：温度（23±2）℃。

3）主要仪器设备

拉伸实验机：有连续记录力和对应距离的装置，能按规定的速度均匀地移动夹具。拉伸实验机有足够的量程（至少2000N）和夹具移动速度（100±10）mm/min，夹具宽度不小于50mm，力值测量应符合JJG 139中的至少2级（即±2%）。

拉伸实验机的夹具：能随着试件拉力的增加而保持或增加夹具的夹持力，对于厚度不超过3mm的产品能夹住试件使其在夹具中的滑移不超过1mm，更厚的产品不超过2mm。试件放入夹具时作记号或用胶带以帮助确定滑移，这种夹持方法不应在夹具内外产生过早的破坏。为防止从夹具中的滑移超过极限值，允许用冷却的夹具，同时实际的试件伸长用引伸计测量。

4）样品制备

（1）沥青防水卷材

整个拉伸实验应制备两组试件，一组纵向5个试件，一组横向5个试件。试件在试样上距边缘100mm以上用模板或裁刀裁取，矩形试件宽为（50±0.5）mm，长为（200+2×夹持长度）mm，长度方向为实验方向。表面的非持久层应去除。

（2）高分子防水卷材

除非有其他规定，整个拉伸实验应准备两组试件，一组纵向5个试件，一组横向5个试件。

试件在距试样边缘（100±10）mm以上用模板或裁刀裁取，尺寸如下：

方法A：矩形试件为（50±0.5）mm×200mm，按图7-1和表7-1。

方法B：哑铃型试件为（6±0.4）mm×115mm，按图7-2和表7-1。

表面的非持力层应去除。

试件中的网格布、织物层，衬垫或层合增强层在长度或宽度方向裁一样的经纬数，以免切断筋。

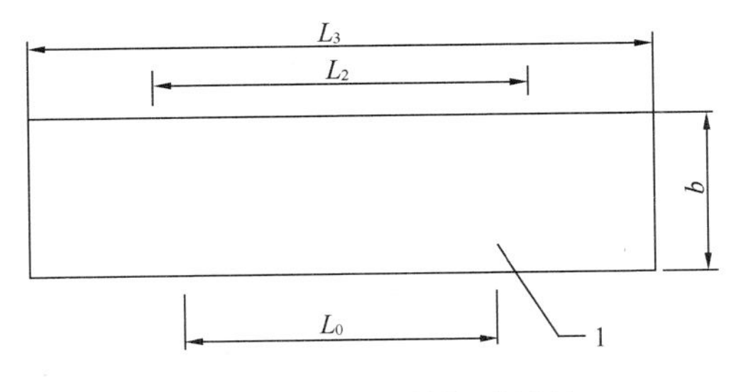

图 7-1 方法 A 的矩形试件

表 7-1 试 件 尺 寸

方 法	方法 A（mm）	方法 B（mm）
全长，至少（L_3）	>200	>115
端头宽度（b_1）	—	25±1
狭窄平行部分长度（L_1）	—	33±2
宽度（b）	50±0.5	6±0.4
方 法	方法 A（mm）	方法 B（mm）
小半径（r）	—	14±1
大半径（R）	—	25±2
标记间距离（L_0）	100±5	25±0.25
夹具间起始间距（L_2）	120	80±5

5）实验步骤

（1）沥青防水卷材拉伸性能实验

① 将试件紧紧地夹在拉伸实验机的夹具中，注意试件长度方向的中线与实验机夹具中心在一条线上。夹具间距离为（200±2）mm，为防止试件从夹具中滑移应作标记。当用引伸计时，实验前应设置标距间距离为（180±2）mm。为防止试件产生任何松弛，推荐加载不超过 5N 的力。

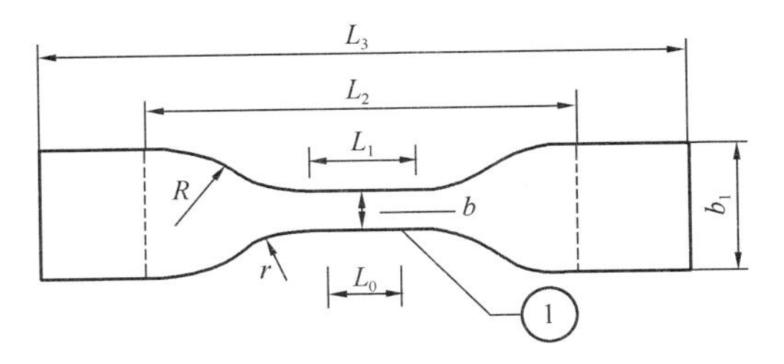

图 7-2 方法 B 的哑铃形试件

② 实验在（23±2)℃进行，夹具移动的恒定速度为（100±10)mm/min。

③ 连续记录拉力和对应的夹具（或引伸计）间距离。

（2）高分子防水卷材拉伸性能实验

① 对于方法 B，厚度是用 GB/T 328.5 方法测量的试件有效厚度。

将试件紧紧地夹在拉伸实验机的夹具中，注意试件长度方向的中线与实验机夹具中心在一条线上。为防止试件产生任何松弛，推荐加载不超过 5N 的力。

② 夹具移动的恒定速度为方法A（100±10)mm/min，方法B（500±50)mm/min。

③ 连续记录拉力和对应的夹具（或引伸计）间分开的距离，直至试件断裂。

注：在1%和2%应变时的正切模量，可以从应力应变曲线上推算，实验速度（5±1)mm/min。试件的破坏形式应记录；对于有增强层的卷材，在应力应变图上有两个或更多的峰值，应记录两个最大峰值的拉力和延伸率及断裂延伸率。

6）实验结果

（1）沥青防水卷材拉伸性能实验结果

① 记录得到的拉力和距离，或数据记录，最大的拉力和对应的由夹具（或引伸计）间距离与起始距离的百分率计算的延伸率。

② 去除任何在夹具10mm以内断裂或在实验机夹具中滑移超过限值的试件的实验结果，用备用件重测。

③ 最大拉力单位为N/50mm，对应的延伸率用百分率表示，作为试件同一方向结果。

④ 分别记录每个方向5个试件的拉力值和延伸率，计算平均值。

⑤ 拉力的平均值修约到5N，延伸率的平均值修约到1%。

⑥ 同时对于复合增强的卷材在应力应变图上有两个或更多的峰值，拉力和延伸率应记录两个最大值。

（2）高分子防水卷材拉伸性能实验结果

① 记录得到的拉力和距离，或数据记录，最大的拉力和对应的由夹具（或标记）间距离与起始距离的百分率计算的延伸率。

② 去除任何在距夹具10mm以内断裂或在实验机夹具中滑移超过极限值的试件的实验结果，用备用件重测。

③ 记录试件同一方向最大拉力，对应的延伸率和断裂延伸率的结果。

④ 测量延伸率的方式，如夹具间距离或引伸计。

⑤ 分别记录每个方向5个试件的值，计算算术平均值和标准偏差，方法A拉力的单位为N/50mm，方法B拉伸强度的单位为MPa(N/mm^2)。

⑥ 拉伸强度MPa（N/mm^2）根据有效厚度计算（见GB/T 328.5）。

⑦ 方法A的结果精确至N/50mm，方法B的结果精确至0.1 MPa（N/mm^2），延伸率精确至两位有效数字。

7.1.2 低温柔性

1）实验目的

低温柔性是指防水卷材在指定低温条件下经受弯曲时的柔韧性能，通常用柔度及冷弯温度等指标表示。掌握防水卷材低温柔性的实验方法和适用范围，熟悉低温柔性实验装置的操作规程，了解现行国家标准《弹性体改性沥青防水卷材》GB 18242及《塑性体改性沥青防水卷材》GB 18243中对防水卷材低温柔性的技术要求。

2）实验依据及环境要求

（1）实验依据

《弹性体改性沥青防水卷材》GB 18242

《塑性体改性沥青防水卷材》GB 18243

《建筑防水卷材试验方法　第14部分：沥青防水卷材　低温柔性》GB/T 328.14

（2）环境要求

实验室环境：温度（23±2)℃。

3）主要仪器设备

实验装置操作示意和方法见图7-3。该装置由两个直径（20±0.1)mm不旋转的圆筒，一个直径（30±0.1)mm的圆筒或半圆筒弯曲轴组成（可以根据产品规定采用其他直径的弯曲轴，如20mm、50mm)，该轴在两个圆筒中间，能向上移动。两个圆筒间的距离可以调节，即圆筒和弯曲轴间的距离能调节为卷材的厚度。

整个装置浸入能控制温度在+20～-40℃、精度0.5℃温度条件的冷冻液中。冷冻液用任一混合物：丙烯乙二醇/水溶液（体积比1∶1）低至-25℃或低于-20℃的乙醇/水混合物（体积比2∶1)。

用一支测量精度0.5℃的半导体温度计检查实验温度，放入实验液体中，与实验试件在同一水平面。

试件在实验液体中的位置应平入且完全浸入，用可移动的装置支撑，该支撑装置应至少能放一组5个试件。

实验时，弯曲轴从下面顶差试件以360mm/min的速度升起，这样试件能弯曲180°，电动控制系统能保证在每个实验过程和实验温度的移动速度保持在（360±40)mm/min。裂缝

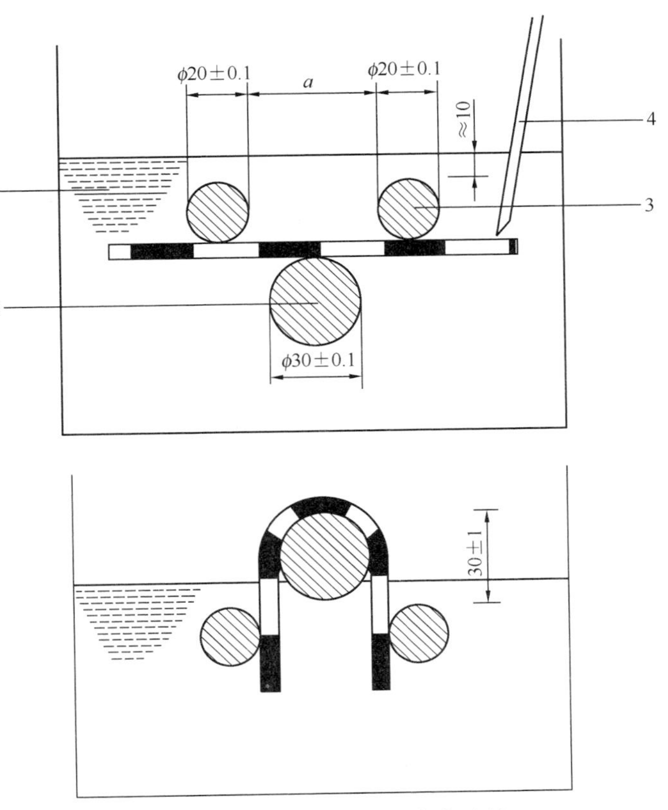

图7-3　实验装置原理和弯曲过程

1—冷冻液；2—弯曲轴；3—固定圆筒；4—半导体温度计（热敏探头）。

通过目测检查，在实验过程中不应有任何人为的影响。为了准确评价，试件移动路径是在实验结束时，试件应露出冷冻液，移动部分通过设置适当的极限开关控制限定位置。

4）样品制备

用于低温柔性测定与冷弯温度测定实验的矩形试件尺寸为（150±1)mm×(25±1)mm，试件从试样宽度方向上均匀裁取，长边在卷材的纵向，试件裁取时应距卷材边缘不少于150mm，试件应从卷材的一边开始做连续的记号，同时标记卷材的上表面和下表面。

去除表面的任何保护膜，适宜的方法是常温下用胶带粘在上面，冷却到接近假设的冷弯温度，然后从试件上撕去胶带，另一方法是用压缩空气吹［压力约 0.5MPa（5bar），喷嘴直径约 0.5mm］，假若上面的方法不能除去保护膜，则用火焰烤，用最少的时间破坏膜而不损伤试件。

试件实验前应在（23±2)℃的平板上放置至少 4h，并且相互之间不能接触，也不能粘在板上。可以用硅纸垫，表面的松散颗粒用手轻轻敲打除去。

5）实验步骤

（1）试件条件

冷冻液达到规定的实验温度，误差不超过 0.5℃，试件放于支撑装置上，且在圆筒的上端，保证冷冻液完全浸没试件。试件放入冷冻液达到规定温度后，开始保持在该温度 1h±5min。半导体温度计的位置靠近试件，检查冷冻液温度，然后试件按实验步骤进行实验。

（2）仪器准备

在开始所有实验前，两个圆筒间的距离（图 7-3）应按试件厚度调节，即弯曲轴直径+2mm+两倍试件的厚度。然后装置放入已冷却的液体中，并且圆筒的上端在冷冻液面下约10mm，弯曲轴在下面的位置。弯曲轴直径根据产品不同可以为 20mm、30mm、50mm。

（3）低温柔性的测定

① 两组各 5 个试件，全部试件按试件条件要求进行温度处理，一组是上表面实验，另一组是下表面实验。

② 试件放置在圆筒和弯曲轴之间，实验面朝上，然后设置弯曲轴以（360±40)mm/min 速度顶着试件向上移动，试件同时绕轴弯曲。轴移动的终点在圆筒上面（30±1)mm 处（图7-3）。试件的表面明显露出冷冻液，同时液面也因此下降。

③ 在完成弯曲过程 10s 内，在适宜的光源下用肉眼检查试件有无裂纹，必要时，用辅助光学装置帮助。假若有一条或更多的裂纹从涂盖层深入到胎体层，或完全贯穿无增强卷材，即存在裂缝。一组 5 个试件应分别实验检查，假若装置的尺寸满足，可以同时实验几组试件。

（4）冷弯温度测定

① 假若沥青卷材的冷弯温度要测定（如人工老化后变化的结果），按测定低温柔性的实验步骤和下面的步骤进行实验。

② 冷弯温度的范围（未知）最初测定，从期望的冷弯温度开始，每隔 6℃实验每个试件，因此每个实验温度都是 6℃的倍数（如－12℃、－18℃、－24℃等）。从开始导致破坏的最低温度开始，每隔 2℃分别实验每组 5 个试件的上表面和下表面，连续的每次 2℃的改变温度，直到每组 5 个试件分别实验后至少有 4 个无裂缝，这个温度记录为试件的冷弯温度。

6）实验结果

（1）规定温度的柔度结果

按测定低温柔性的实验要求进行实验，一个实验面5个试件在规定温度至少4个无裂缝为通过，上表面和下表面的实验结果要分别记录。

（2）冷弯温度测定的结果

测定冷弯温度时，要求按冷弯温度测定实验得到的温度应5个试件中至少4个通过，这冷弯温度是该卷材实验面的，上表面和下表面的结果应分别记录（卷材的上表面和下表面可能有不同的冷弯温度）。

（3）实验方法的精确度

精确度由相关实验室按GB/T 6379.2规定进行测定，采用增强卷材和聚合物改性涂料。

① 重复性

a. 重复性的标准偏差：σ_r =1.2℃

b. 置信水平（95%）值：q_r =2.3℃

c. 重复性极限（两个不同结果）：r =3℃

② 再现性

a. 再现性的标准偏差：σ_R =2.2℃

b. 置信水平（95%）值：q_R =4.4℃

c. 再现性极限（两个不同结果）：R =6℃

7.1.3 撕裂性能

1）实验目的

撕裂性能是指预割口试件要求的最大拉力。掌握防水卷材撕裂性能的实验方法和适用范围，熟悉拉伸实验机和专用夹具的操作规程，了解现行国家标准《弹性体改性沥青防水卷材》GB 18242及《塑性体改性沥青防水卷材》GB 18243中对防水卷材撕裂性能的技术要求。

2）实验依据及环境要求

（1）实验依据

《弹性体改性沥青防水卷材》GB 18242

《塑性体改性沥青防水卷材》GB 18243

《高分子防水材料　第1部分：片材》GB 18173.1

《高分子防水材料　第2部分：止水带》GB 18173.2

《建筑防水卷材试验方法　第18部分：沥青防水卷材撕裂性能（钉杆法）》GB/T 328.18

《建筑防水卷材试验方法　第19部分：高分子防水卷材撕裂性能》GB/T 328.19

《拉力、压力和万能试验机检定规程》JJG 139

（2）环境要求

沥青防水卷材试件：实验前在（23±2)℃和相对湿度（30～70)%的条件下至少放置20h。

高分子防水卷材试件：实验前在（23±2)℃和相对湿度（50±5)%的条件下至少放

置 20h。

实验室环境：温度（23±2)℃。

3）主要仪器设备

（1）沥青防水卷材撕裂实验主要仪器设备

① 拉伸实验机

拉伸实验机应有连续记录力和对应距离的装置，能按规定的速度分离夹具。拉伸实验机有足够的荷载能力（至少 2000N）和足够的夹具分离距离，夹具拉伸速度为（100±10）mm/min，夹持宽度不少于 100mm。

拉伸实验机的夹具能随着试件拉力的增加而保持或增加夹具的夹持力，夹具能夹住试件使其在夹具中的滑移不超过 2mm，为防止从夹具中的滑移超过 2mm，允许用冷却的夹具。这种夹持方法不应在夹具内外产生过早的破坏。

力测量系统满足 JJG 139 至少 2 级（即±2%）。

② U 型装置

U 型装置一端通过连接件连在拉伸实验机夹具上，另一端有两个臂支撑试件，臂上有钉杆穿过的孔，其位置按要求进行实验，如图 7-4 所示。

（2）高分子防水卷材撕裂实验主要仪器设备

拉伸实验机：应有连续记录力和对应距离的装置，能按规定的速度匀速分离夹具；有效荷载范围至少 2000N，夹具拉伸速度为（100±10)mm/min，夹持宽度不少于 50mm；夹具能随着试件拉力的增加而保持或增加夹具的夹持力，对于厚度不超过 3mm 的产品能夹住试件使其在夹具中的滑移不超过 1mm，更厚的产品不超过 2mm。试件在夹具处用一记号或胶带来显示任何滑移；力测量系统满足 JJG 139 至少 2 级（即±2%）。

裁取试件的模板尺寸见图 7-5。

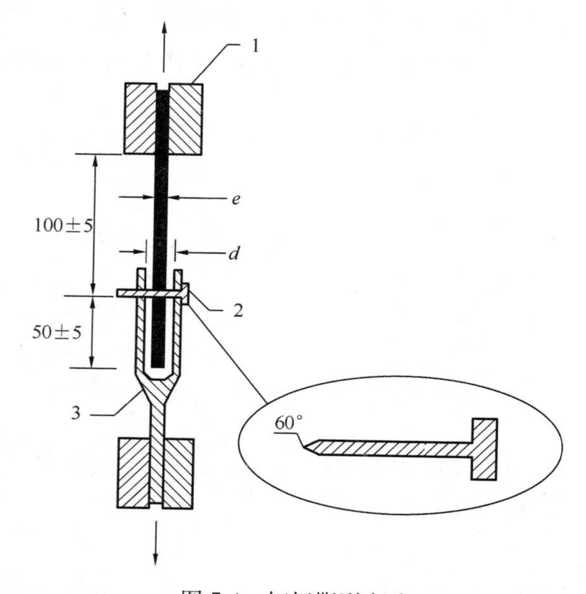

图 7-4　钉杆撕裂实验

1—夹具；2—钉杆（ϕ2.5±0.1）；3—U 型头；e—样品厚度；d—U 型头间隙（$e+1\leqslant d\leqslant e+2$）

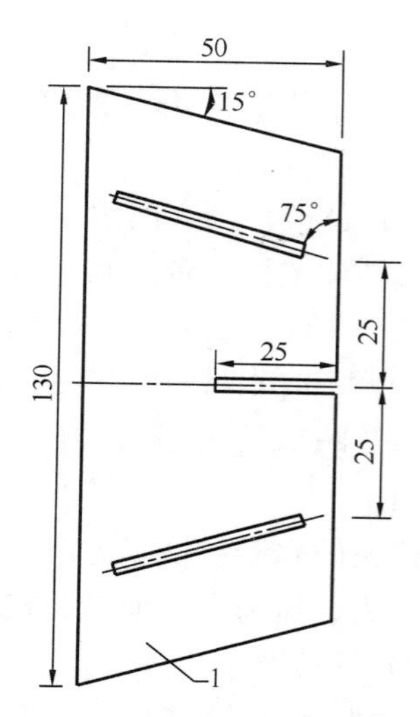

图 7-5　裁取试件模板

1—试件厚：2～3mm

4）样品制备

（1）沥青防水卷材

试件需距卷材边缘100mm以上在试样上用模板或裁刀任意裁取，要求长方形试件宽（100±1）mm，长至少200mm。试件长度方向是实验方向，试件从试样的纵向或横向裁取。

对卷材用于机械固定的增强边，应取增强部位实验。

每个选定的方向实验5个试件，任何表面的非持力层应去除。

（2）高分子防水卷材

试件形状和尺寸见图7-6。

α 角的精度为1°；卷材纵向和横向分别用模板裁取5个带缺口或割口试件；在每个试件上的夹持线位置作好记号。

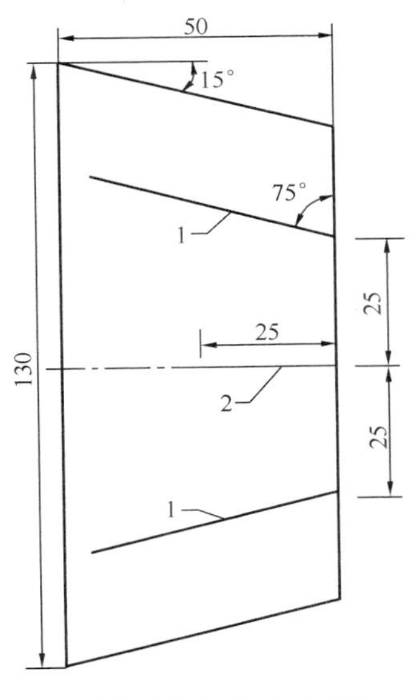

图7-6 试件形状和尺寸（单位：mm）

1—夹持线；2—缺口或割口

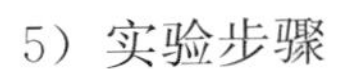

5）实验步骤

（1）沥青防水卷材撕裂性能实验

① 试件放入打开的U型头的两臂中，用一直径（2.5±0.1）mm的尖钉穿过U型头的孔位置，同时钉杆位置在试件的中心线上，距U型头中的试件一端（50±5）mm（图7-4）。

② 钉杆距上夹具的距离是（100±5）mm。

③ 把该装置试件一端的夹具和另一端的U型头放入拉伸实验机，开动实验机使穿过材料面的钉杆直到材料的末端。实验装置的示意图见图7-4，拉伸速度（100±10）mm/min。

④ 穿过试件钉杆的撕裂力应连续记录。

（2）高分子防水卷材撕裂性能实验

① 试件应紧紧地夹在拉伸实验机的夹具中，注意使夹持线沿着夹具的边缘，如图7-7所示。

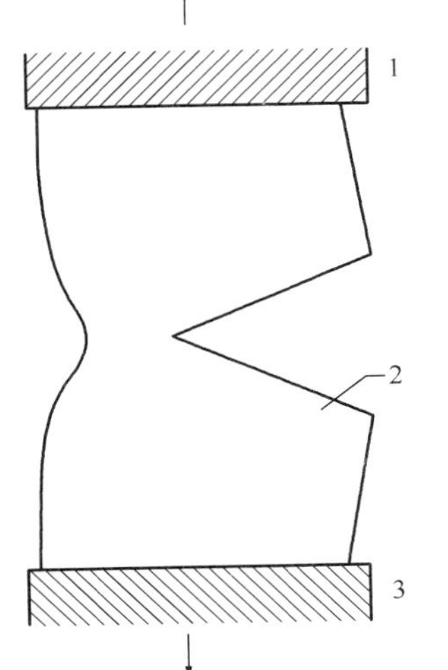

图7-7 试件在夹具中的位置

1—上夹具；2—试件；3—下夹具

② 拉伸速度为（100±10）mm/min。记录每个试件的最大拉力。

6）实验结果

（1）沥青防水卷材撕裂性能实验结果

连续记录的力，试件撕裂性能（钉杆法）是记录实验的最大力。

每个试件分别列出拉力值，计算平均值，精确到5N，记录实验方向。

（2）高分子防水卷材撕裂性能实验结果

每个试件的最大拉力用N表示。

舍去试件从拉伸实验机夹具中滑移超过规定值的结果，用备用件重新实验。

计算每个方向的拉力算术平均值（F_L 和 F_T），用N表示，结果精确到1N。

7.2 防水涂料

防水涂料是一种流态或半流态物质，涂布在基层表面，经溶剂或水分挥发或各组分间的化学反应，固化后形成有一定弹性和一定厚度的连续薄膜，使基层表面与水隔绝，起到防水、防潮作用。防水涂料特别适合于各种结构复杂的屋面、面积相对狭小的厕浴间、地下工程等的防水施工，以及屋面渗漏维修。所形成的防水膜完整、无接缝、施工十分方便，而且大多采用冷施工，不必加热熬制，既减少了环境污染、改善了劳动条件，又便于施工操作、加快了施工进度。此外，涂布的防水涂料既是防水层的主体，又是胶粘剂，因而施工质量容易保证，维修也较简单。但是，防水涂料须用刷子或刮板等逐层涂刷（刮），故防水膜的厚度较难保持均匀一致。防水涂料广泛适用于工业与民用建筑的屋面防水工程，地下室防水工程和地面防潮、防渗等。

防水涂料按液态类型可分为溶剂型、水乳型和反应型三种；按成膜物质的主要成分可分为沥青类、高聚物改性沥青类和合成分子类。

防水涂料的技术指标包括：拉伸强度、断裂伸长率、撕裂强度、低温弯折性、不透水性、固体含量、干燥时间、加热伸缩率等。

7.2.1 固体含量

1）实验目的

固体含量是指防水涂料中所含固体的比例，固体含量与成膜厚度及涂膜质量密切相关。掌握防水涂料固体含量的实验方法和适用范围，熟悉电子天平和烘箱的操作规程，了解国家现行标准《聚氨酯防水涂料》GB/T 19250、《聚合物水泥防水涂料》GB 23445 及《聚合物乳液建筑防水涂料》JC/T 684 中对防水涂料固体含量的技术要求。

2）实验依据及环境要求

（1）实验依据

《聚氨酯防水涂料》GB/T 19250

《聚合物乳液建筑防水涂料》JC/T 684

《聚合物水泥防水涂料》GB 23445

《建筑防水涂料试验方法》GB/T 16777

（2）环境要求

实验室标准实验条件：温度（23±2）℃，相对湿度（50±10）%。

严格条件可选择：温度（23±2）℃，相对湿度（50±5）%。

3）主要仪器设备

电子天平：感量0.001g。

电热鼓风烘箱：控温精度±2℃。

干燥器：内放变色硅胶或无水氯化钙。

培养皿：直径60～75mm。

4）样品制备

将样品在实验环境下静置24h，称量防水涂料样品100g待用。

5）实验步骤

将样品（对于固体含量实验不能添加稀释剂）搅匀后，取（6±1)g 的样品倒入已干燥称量的培养皿（m_0）中并铺平底部，立即称量（m_1），再放入到加热到表 7-2 规定温度的烘箱中，恒温 3h，取出放入干燥器中，在标准实验条件下冷却 2h，然后称量（m_2）。对于反应型涂料，应在称量（m_1）后在标准实验条件下放置 24h，再放入烘箱。

表 7-2 涂料加热温度

涂料种类	水性	溶剂型、反应型
加热温度（℃）	105±2	120±2

6）实验结果

固体含量按式（7-1）计算：

$$X=\frac{m_2-m_0}{m_1-m_0}\times 100 \tag{7-1}$$

式中 X——固体含量（质量分数，%）；

m_0——培养皿质量，单位为克（g）；

m_1——干燥前试样和培养皿质量，单位为克（g）；

m_2——干燥后试样和培养皿质量，单位为克（g）。

实验结果取两次平行实验的平均值，结果计算精确到 1%。

7.2.2 耐热性

1）实验目的

耐热性是反映防水涂膜耐高温性能的主要指标，是指防水涂料成膜后的防水薄膜在高温下不发生软化变形和不流淌的性能。掌握防水涂料样品制备及耐热性的实验方法和适用范围，熟悉烘箱的操作规程，了解现行行业标准《水乳型沥青防水涂料》JC/T 408 及《溶剂型橡胶沥青防水涂料》JC/T 852 中对防水涂料耐热性的技术要求。

2）实验依据及环境要求

（1）实验依据

《水乳型沥青防水涂料》JC/T 408

《溶剂型橡胶沥青防水涂料》JC/T 852

《建筑防水涂料试验方法》GB/T 16777

（2）环境要求

实验室标准实验条件：温度（23±2)℃，相对湿度（50±10)%。

严格条件可选择：温度（23±2)℃，相对湿度（50±5)%。

3）主要仪器设备

电热鼓风烘箱：控温精度±2℃。

铝板：厚度不小于 2mm，面积大于 100mm×50mm，中间上部有一小孔，便于悬挂。

4）样品制备

将样品在实验环境下静置 24h，称量防水涂料样品 100g 待用。

5）实验步骤

将样品搅匀后按产品的要求分2～3次涂覆（每次间隔不超过24h）在已清洁干净的铝板上，涂覆面积为100mm×50mm，总厚度1.5mm，最后一次将表面刮平，按表7-3条件进行养护，不需要脱模。然后将铝板垂直悬挂在已调节到规定温度的电热鼓风干燥箱内，试件与干燥箱壁间的距离不小于50mm，试件的中心宜与温度计的探头在同一位置，在规定温度下放置5 h后取出，观察表面现象。共实验3个试件。

表7-3　涂膜制备的养护条件

分类		脱模前的养护条件	脱模后的养护条件
水性	沥青类	标准条件120h	(40±2)℃48h后，标准条件4h
	高分子类	标准条件96h	(40±2)℃48h后，标准条件4h
溶剂型、反应型		标准条件96h	标准条件72h

6）实验结果

实验后所有试件都不应产生流淌、滑动、滴落，试件表面无密集气泡。

7.2.3　拉伸性能

1）实验目的

拉伸性能是指经过不同条件处理后防水涂膜承受一定荷载及应力时不断裂的性能，通常用拉伸强度、断裂伸长率及保持率等指标表示。掌握防水涂料拉伸性能的实验方法和适用范围，熟悉拉伸实验机、紫外线箱及氙弧灯老化实验箱的操作规程，了解国家现行标准《聚氨酯防水涂料》GB/T 19250、《聚合物水泥防水涂料》GB 23445及《聚合物乳液建筑防水涂料》JC/T 684中对防水涂料拉伸性能的技术要求。

2）实验依据及环境要求

（1）实验依据

《聚氨酯防水涂料》GB/T 19250

《聚合物乳液建筑防水涂料》JC/T 864

《聚合物水泥防水涂料》GB 23445

《建筑防水涂料试验方法》GB/T 16777

《硫化橡胶或热塑性橡胶拉伸应力应变性能的测定》GB/T 528

《建筑防水材料老化试验方法》GB/T 18244

（2）环境要求

实验室标准实验条件：温度（23±2)℃，相对湿度：(50±10)%。

严格条件可选择：温度（23±2)℃，相对湿度（50±5)%。

3）主要仪器设备

涂膜模框：如图7-8所示。

拉伸实验机：测量值在量程的15～85%之间，示值精度不低于1%，伸长范围大于500mm。

电热鼓风干燥箱：控温精度±2℃。

冲片机：应符合现行国家标准《硫化橡胶或热塑性橡胶拉伸应力应变性能的测定》GB/T 528要求的哑铃Ⅰ型裁刀。

紫外线箱：500W 直管汞灯，灯管与箱底平行，与试件表面的距离为 47～50cm。

厚度计：接触面直径 6mm，单位面积压力 0.02MPa，分度值 0.01mm。

氙弧灯老化实验箱：应符合现行国家标准 GB/T 18244 要求的氙弧灯老化实验箱。

4）样品制备

（1）实验前模框、工具、涂料应在标准实验条件下放置 24h 以上。

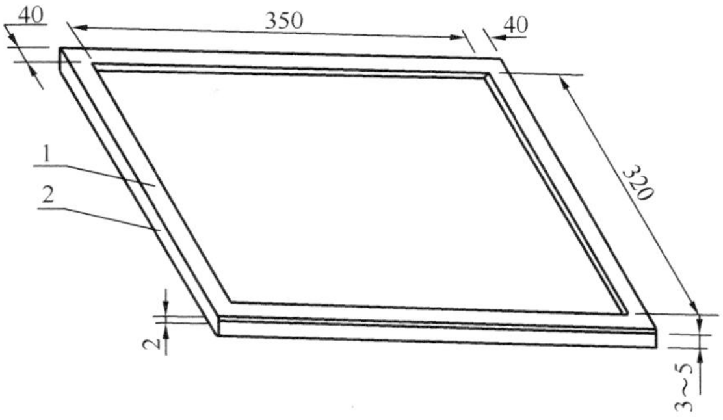

图 7-8 涂膜模框示意图

1—模框；2—平板

（2）称取所需的实验样品量，保证最终涂膜厚度（1.5±0.2)mm。

（3）单组分防水涂料应将其混合均匀作为试料，多组分防水涂料应按生产厂家规定的配比精确称量后，将其混合均匀作为试料。在必要时可以按生产厂家指定的量添加稀释剂，当稀释剂的添加量有范围时，取其中间值。将产品混合后充分搅拌 5min，在不混入气泡的情况下，倒入模框中。模框不得翘曲且表面平滑，为便于脱模，涂覆前可用脱模剂处理。样品按生产厂的要求一次或多次涂覆（最多 3 次，每次间隔不超过 24h），最后一次将表面刮平，然后按表 7-3 进行养护。

（4）应按要求及时脱模，脱模后将涂膜翻面养护，脱模过程中应避免损伤涂膜。为便于脱模可在低温下进行，但脱模温度不能低于低温柔性的温度。

（5）检查涂膜外观。从表面光滑平整、无明显气泡的涂膜上按表 7-4 规定裁取试件。

表 7-4 试件形状（尺寸）及数量

项目		试件形状（尺寸/mm）	数量/个
拉伸性能		符合 GB/T 528 规定的哑铃Ⅰ型	5
撕裂强度		符合 GB/T 529 中 5.1.2 节规定的无割口直角形	5
低温弯折性、低温柔性		100×25	3
不透水性		150×150	3
加热伸缩率		300×30	3
定伸时老化	热处理	符合 GB/T 528 规定的哑铃Ⅰ型	3
	人工气候老化		3
热处理	拉伸性能	120×25，处理后取出再裁取符合 GB/T 528 规定的哑铃Ⅰ型	6
	低温弯折性、低温柔性	100×25	3
碱处理	拉伸性能	120×25，处理后取出再裁取符合 GB/T 528 规定的哑铃Ⅰ型	6
	低温弯折性、低温柔性	100×25	3
酸处理	拉伸性能	120×25，处理后取出再裁取符合 GB/T 528 规定的哑铃Ⅰ型	6
	低温弯折性、低温柔性	100×25	3

续表

项目		试件形状（尺寸/mm）	数量/个
紫外线处理	拉伸性能	120×25，处理后取出再裁取符合GB/T 528规定的哑铃Ⅰ型	6
	低温弯折性、低温柔性	100×25	3
人工气候老化	拉伸性能	120×25，处理后取出再裁取符合GB/T 528规定的哑铃Ⅰ型	6
	低温弯折性、低温柔性	100×25	3

5）实验步骤

（1）无处理拉伸性能

将涂膜按表7-4要求，裁取符合现行国家标准《硫化橡胶或热塑性橡胶拉伸应力应变性能的测定》GB/T 528要求的哑铃Ⅰ型试件，并划好间距25mm的平行标线，用厚度计测量试件标线中间和两端三点的厚度，取其算术平均值作为试件厚度。调整拉伸实验机夹具间距约70mm，将试件夹在实验机上，保持试件长度方向的中线与实验机夹具中心在一条线上，按表7-5的拉伸速度进行拉伸至断裂，记录试件断裂时的最大荷载（P），断裂时标线间距离（L_1），精确到0.1mm，测试五个试件，若有试件断裂在标线外，应舍弃用备用件补测。

表7-5 拉伸速度

产品类型	拉伸速度（mm/min）
高延伸率涂料	500
低延伸率涂料	200

（2）热处理拉伸性能

将涂膜按表7-4要求裁取六个（120×25)mm矩形试件平放在隔离材料上，水平放入已达到规定温度的电热鼓风烘箱中，加热温度：沥青类涂料为（70±2)℃，其他涂料为（80±2)℃。试件与箱壁间距不得少于50mm，试件宜与温度计的探头在同一水平位置，在规定温度的电热鼓风烘箱中恒温（168±1)h取出，然后在标准实验条件下放置4h，裁取符合国家现行标准《硫化橡胶或热塑性橡胶拉伸应力应变性能的测定》GB/T 528要求的哑铃Ⅰ型试件，按本节实验步骤（1）进行拉伸实验。

（3）碱处理拉伸性能

① 在（23±2)℃时，在0.1%化学纯氢氧化钠（NaOH）溶液中，加入$Ca(OH)_2$试剂，并达到过饱和状态。

② 在600mL该溶液中放入按表7-4裁取的六个（120×25)mm矩形试件，液面应高出试件表面10mm以上，连续浸泡（168±1)h取出，充分用水冲洗，擦干，在标准实验条件下放置4 h，裁取符合国家现行标准《硫化橡胶或热塑性橡胶拉伸应力应变性能的测定》GB/T 528要求的哑铃Ⅰ型试件，按本节实验步骤（1）进行拉伸实验。

③ 对于水性涂料，浸泡、取出、擦干后，再在（60±2)℃的电热鼓风烘箱中放置6h±15min，取出在标准实验条件下放置（18±2)h，裁取符合国家现行标准《硫化橡胶或热塑性橡胶拉伸应力应变性能的测定》GB/T 528要求的哑铃Ⅰ型试件，按本节实验步骤（1）

进行拉伸实验。

（4）酸处理拉伸性能

在（23±2)℃时，在600mL的2%化学纯硫酸（H_2SO_4）溶液中，放入按表7-4裁取的六个（120×25)mm矩形试件，液面应高出试件表面10mm以上，连续浸泡（168±1)h取出，充分用水冲洗，擦干，在标准实验条件下放置4h，裁取符合国家现行标准《硫化橡胶或热塑性橡胶拉伸应力应变性能的测定》GB/T 528要求的哑铃Ⅰ型试件，按本节实验步骤（1）进行拉伸实验。

对于水性涂料，浸泡、取出、擦干后，再在（60±2)℃的电热鼓风烘箱中放置6h±15min，取出在标准实验条件下放置（18±2)h，裁取符合国家现行标准《硫化橡胶或热塑性橡胶拉伸应力应变性能的测定》GB/T 528要求的哑铃Ⅰ型试件，按本节实验步骤（1）进行拉伸实验。

（5）紫外线处理拉伸性能

将按表7-4裁取的六个（120×25)mm矩形试件平放在釉面砖上，为了防粘，可在釉面砖表面撒滑石粉。将试件放入紫外线箱中，距试件表面50mm左右的空间温度为（45±2)℃，恒温照射240h。取出在标准实验条件下放置4h，裁取符合国家现行标准《硫化橡胶或热塑性橡胶拉伸应力应变性能的测定》GB/T 528要求的哑铃Ⅰ型试件，按本节实验步骤（1）进行拉伸实验。

（6）人工气候老化材料拉伸性能

将按表7-4裁取的六个（120×25)mm矩形试件放入符合国家现行标准《建筑防水材料老化试验方法》GB/T 18244要求的氙弧灯老化实验箱中，实验累计辐照能量为1500MJ^2/m^2（约720h）后取出，擦干，在标准实验条件下放置4h，裁取符合国家现行标准《硫化橡胶或热塑性橡胶拉伸应力应变性能的测定》GB/T 528要求的哑铃Ⅰ型试件，按本节实验步骤（1）进行拉伸实验。

6）实验结果

（1）拉伸强度

试件的拉伸强度按式（7-2）计算：

$$T_L = P/(B \times D) \tag{7-2}$$

式中 T_L——拉伸强度，单位为兆帕（MPa）；

P——最大拉力，单位为牛顿（N）；

B——试件中间部位宽度，单位为毫米（mm）；

D——试件厚度，单位为毫米（mm）。

取五个试件的算术平均值作为实验结果，结果精确到0.01MPa。

（2）断裂伸长率

试件的断裂伸长率按式（7-3）计算：

$$E = (L_1 - L_0)/L_0 \times 100 \tag{7-3}$$

式中 E——断裂伸长率（%）；

L_0——试件起始标线间距离25mm；

L_1——试件断裂时标线间距离，单位为毫米（mm）。

取五个试件的算术平均值作为实验结果，结果精确到1%。

（3）保持率

拉伸性能保持率按式（7-4）计算，计算精确至1%：

$$R_t = (T_1/T) \times 100 \tag{7-4}$$

式中 R_t——样品处理后拉伸性能保持率（%）；

T——样品处理前平均拉伸强度（MPa）；

T_1——样品处理后平均拉伸强度（MPa）。

7.2.4 撕裂强度

1）实验目的

撕裂强度是指预割口防水涂膜试件要求的最大拉力与试件厚度比值。掌握防水涂料撕裂强度的实验方法和适用范围，熟悉拉伸实验机和冲片机的操作规程，了解现行国家标准《聚氨酯防水涂料》GB/T 19250中对防水涂料撕裂强度的技术要求。

2）实验依据及环境要求

（1）实验依据

《聚氨酯防水涂料》GB/T 19250

《建筑防水涂料试验方法》GB/T 16777

《硫化橡胶或热塑性橡胶撕裂强度的测定》GB/T 529

（2）环境要求

实验室标准实验条件：温度（23±2）℃，相对湿度（50±10）%。

严格条件可选择：温度（23±2）℃，相对湿度（50±5）%。

3）主要仪器设备

拉伸实验机：测量值在量程的15%～85%之间，示值精度不低于1%，伸长范围大于500mm。

电热鼓风干燥箱：控温精度±2℃。

冲片机及符合国家现行标准《硫化橡胶或热塑性橡胶撕裂强度的测定》GB/T 529中要求的直角撕裂裁刀。

厚度计：接触面直径6mm，单位面积压力0.02MPa，分度值0.01mm。

4）样品制备

样品制备应符合本章7.2.3节的制备要求。

5）实验步骤

将涂膜按表7-4要求，裁取符合国家现行标准《硫化橡胶或热塑性橡胶撕裂强度的测定》GB/T 529要求的无割口直角撕裂试件，用厚度计测量试件直角撕裂区域三点的厚度，取其算术平均值作为试件厚度。将试件夹在实验机上，保持试件长度方向的中线与实验机夹具中心在一条线上，按表7-5的拉伸速度进行拉伸至断裂，记录试件断裂时的最大拉力（P），测试五个试件。

6）实验结果

试件的撕裂强度按式（7-5）计算：

$$T_S = P/d \tag{7-5}$$

式中 T_S——撕裂强度，单位为千牛每米（kN/m）；

P——最大拉力，单位为牛顿（N）；

d——试件厚度，单位为毫米（mm）。

取五个试件的算术平均值作为实验结果，结果精确到0.1kN/m。

7.2.5 低温柔性

1）实验目的

低温柔性是反映防水涂料在低温下施工和使用性能的主要指标，是指防水涂料成膜后的膜层在低温下保持柔韧性的性能。掌握防水涂料低温柔性的实验方法和适用范围，熟悉紫外线箱及氙弧灯老化实验箱的操作规程，了解国家现行标准《聚合物水泥防水涂料》GB 23445及《聚合物乳液建筑防水涂料》JC/T 684中对防水涂料低温柔性的技术指要求。

2）实验依据及环境要求

（1）实验依据

《聚合物乳液建筑防水涂料》JC/T 684

《聚合物水泥防水涂料》GB 23445

《建筑防水涂料试验方法》GB/T 16777

（2）环境要求

实验室标准实验条件：温度（23±2）℃，相对湿度：（50±10）%。

严格条件可选择：温度（23±2）℃，相对湿度（50±5）%。

3）主要仪器设备

低温冰柜：控温精度±2℃。

圆棒或弯板：直径10mm、20mm、30mm。

4）样品制备

样品制备应符合本章7.2.3节的制备要求。

5）实验步骤

（1）无处理

将涂膜按表7-4要求裁取（100×25）mm试件三块进行实验，将试件和弯板或圆棒放入已调节到规定温度的低温冰柜的冷冻液中，温度计探头应与试件在同一水平位置，在规定温度下保持1h，然后在冷冻液中将试件绕圆棒或弯板在3s内弯曲180°，弯曲三个试件（无上、下表面区分），立即取出试件用肉眼观察试件表面有无裂纹、断裂。

（2）热处理

将涂膜按表7-4要求裁取三个（100×25）mm矩形试件平放在隔离材料上，水平放入已达到规定温度的电热鼓风烘箱中，加热温度沥青类涂料为（70±2）℃，其他涂料为（80±2）℃。试件与箱壁间距不得少于50mm，试件宜与温度计的探头在同一水平位置，应在规定温度的电热鼓内烘箱中恒温（168±1）h取出，然后在标准实验条件下放置4h，按本节实验步骤（1）进行实验。

（3）碱处理

在（23±2）℃时，在0.1%化学纯NaOH溶液中，加入$Ca(OH)_2$试剂，并达到过饱和状态。

在400mL该溶液中放入按表7-4裁取的三个（100×25）mm试件，液面应高出试件表面10mm以下，连续浸泡（168±1)h取出，充分用水冲洗，擦干，在标准实验条件下放置4h，按本节实验步骤（1）进行实验。

对于水性涂料，浸泡取出擦干后，再在（60±2)℃的电热鼓内烘箱中放置6h±15min，取出在标准实验条件下放置（18±2)h ，按本节实验步骤（1）进行实验。

（4）酸处理

在（23±2)℃时，在400mL的2%化学纯H_2SO_4溶液中，放入按表7-4裁取的三个（100×25)mm试件，液面应高出试件表面10mm以上，连续浸泡（168±1)h取出，充分用水冲洗，擦干，在标准实验条件下放置4h，按本节实验步骤（1）进行实验。

对于水性涂料，浸泡取出擦干后，再在（60±2)℃的电热鼓内烘箱中放置6h±15min，取出在标准实验条件下放置（18±2)h，按本节实验步骤（1）进行实验。

（5）紫外线处理

将按表7-4裁取的三个（100×25)mm试件平放在釉面砖上，为了防粘，可在釉面砖表面撒滑石粉。将试件放入紫外线箱中，距试件表面50mm左右的空间温度为（45±2)℃，恒温照射240h。取出在标准实验条件下放置4h，按本节实验步骤（1）进行实验。

（6）人工气候老化处理

将按表7-4裁取的三个（100×25)mm试件放入符合国家现行标准《建筑防水材料老化试验方法》GB/T 18244要求的氙弧灯老化实验箱中，实验累计辐照能量为1500MJ/m^2（约720h）后取出，擦干，在标准实验条件下放置4h，按本节实验步骤（1）进行实验。

对于水性涂料，取出擦干后，再在（60±2)℃的电热鼓风烘箱中放置6h±15min，取出在标准实验条件下放置（18±2)h，按本节实验步骤（1）进行实验。

6）实验结果

所有试件应无裂纹。

7.3 建筑密封材料

建筑密封材料是嵌入建筑物缝隙、门窗四周、玻璃镶嵌部位以及由于开裂产生的裂缝，能承受位移且能达到气密、水密目的的材料，又称嵌缝材料。密封材料有良好的粘结性、耐老化和对高、低温度的适应性，能长期经受被粘接构件的收缩与振动而不破坏。密封材料按构成类型分为溶剂型、乳液型和反应型密封材料；按使用时的组分分为单组分密封材料和多组分密封材料；按组成材料分为改性沥青密封材料和合成高分子密封材料。

本节以高分子密封材料类中的硅酮建筑密封胶为例，介绍相其相关性能实验方法。

硅酮建筑密封胶是一种新型防水密封材料，贮存条件是避光、通风、防潮。粘结性能好、温度适用范围广、中性固化无毒无腐蚀性。固化后具有优秀的耐候特征及优良的抗紫外线、耐高低温、耐腐蚀、性能。

硅酮建筑密封胶的技术指标包括：外观、下垂度、表干时间、挤出性、弹性恢复率、拉伸模量、定伸粘结性、紫外线辐照后粘结性、冷拉-热压后粘结性、浸水后定伸粘结性及质量损失率。

7.3.1 密度

1）实验目的

密度是指通过在已知容积的金属环内填充等体积的硅酮建筑密封胶所测量的单位体积内密封胶的质量。掌握硅酮建筑密封胶密度的实验方法，熟悉金属环的操作规程，了解现行国家标准《硅酮建筑密封胶》GB/T 14683 中对硅酮建筑密封胶密度的技术要求。

2）实验依据及环境要求

（1）实验依据

《硅酮建筑密封胶》GB/T 14683

《建筑密封材料试验方法　第 2 部分：密度的测定》GB/T 13477.2

（2）环境要求

实验室环境：温度（23±2)℃，相对湿度（50±5)%。

3）主要仪器设备

金属环：如图 7-9 所示，用黄铜或不锈钢制成。高 12mm，内径 65mm，厚 2mm，环的上表面和下表面要平整光滑，与上板和下板密封良好。

上板和下板：用玻璃板，表面平整，与金属环密封良好，上板上有 V 形缺口，上板厚度为 2mm，下板为 3mm，尺寸均为 85mm×85mm。

滴定管：容量 50mL。

天平：感量 0.1g。

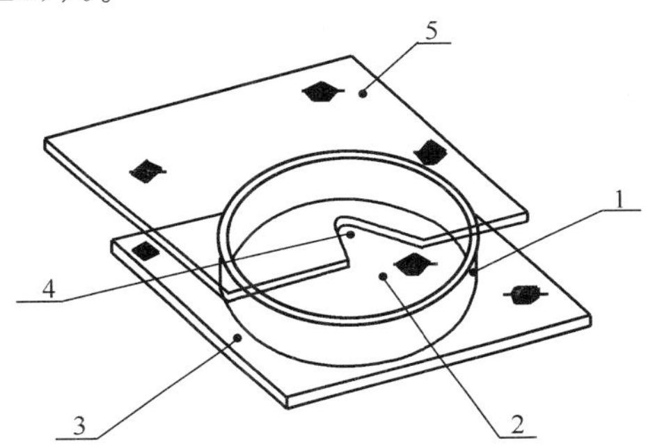

图 7-9　密度实验器具

1—铜环；2—填充试料；3—下板；4—缺口；5—上板

4）样品制备

将样品及所用器具应在标准条件下放置至少 24h。

5）实验步骤

（1）金属环容积的标定

将环置于下板中部，与下板密切接合，为防止滴定时漏水，可用密封材料等密封下板与环的接缝处，用滴定管往金属环中滴注约 23℃的水，即将满盈时盖上上板，继续滴注水，直至环内气泡消除。从滴定管的读数差求取金属环的容积 V（mL)。

（2）质量的测定

将环置于下板中部，测定其质量 m_0。在环内填充试样，将试样在环和下板上填嵌密实，不得有空隙，一直填充到金属环的上部，然后用刮刀沿环上部刮平，测定质量 m_1。

（3）试样体积的校正

对试样表面出现凹陷的试件应采取以下步骤进行体积校正：

将上板小心盖在填有试样的环上，上板的缺口对准试样凹陷处，用滴定管往试样表面的凹陷处滴注水，直至环内气泡全部消除，从滴定管的读数差求取试样表面凹陷的容积 V_C（mL)。

6）实验结果

试样的密度按式（7-6）计算，取三个试件的平均值，结果精确至 0.01g/cm^3：

$$\rho = \frac{m_1 - m_0}{V - V_C} \tag{7-6}$$

式中 ρ——密度，单位为克每立方厘米（g/cm^3）；

V——金属环的容积，单位为立方厘米或毫升（cm^3或mL）；

m_0——下板和金属环的质量，单位为克（g）；

m_1——下板、金属环及试样的质量，单位为克（g）；

V_C——试样凹陷处的容积，单位为立方厘米或毫升（cm^3或mL）。

7.3.2 表干时间

1）实验目的

表干时间是指硅酮建筑密封胶表面失去粘性，使灰尘不再粘附其上的时间。掌握硅酮建筑密封胶表干时间的实验方法，了解现行国家标准《硅酮建筑密封胶》GB/T 14683中对硅酮建筑密封胶表干时间的技术要求。

2）实验依据及环境要求

（1）实验依据

《硅酮建筑密封胶》GB/T 14683

《建筑密封材料试验方法　第5部分：表干时间的测定》GB/T 13477.5

（2）环境要求

实验室环境：温度（23±2)℃，相对湿度（50±5)%。

3）主要仪器设备

黄铜板：尺寸19mm×38mm，厚度约6.4mm。

模框：矩形，用钢或铜制成，内部尺寸25mm×95mm，外形尺寸50mm×120mm，厚度3mm。

玻璃板：尺寸80mm×130mm，厚度5mm。

聚乙烯薄膜：2张，尺寸25mm×130mm，厚度约0.1mm。

刮刀。

无水乙醇。

4）样品制备

用丙酮等溶剂清洗模框和玻璃板。将模框居中放置在玻璃板上，用在（23±2)℃下至少放置过24h的试样小心填满模框，勿混入空气。多组分试样在填充前应按生产厂的要求将各组分混合均匀。用刮刀刮平试样，使之厚度均匀。同时制备两个试件。

5）实验步骤

（1）A法

将制备好的试件在标准条件下静置一定的时间，然后在试样表面纵向1/2处放置聚乙烯薄膜，薄膜上中心位置加放黄铜板。30s后移去黄铜板，将薄膜以90°角从试样表面在15s内匀速揭下。相隔适当时间在另外部位重复上述操作，直至无试样粘附在聚乙烯条上为止。记录试件成型后至试样不再粘附在聚乙烯条上所经历的时间。

（2）B法

将制备好的试件在标准条件下静置一定的时间，然后用无水乙醇擦净手指端部，轻轻接触试件上三个不同部位的试样。相隔适当时间重复上述操作，直至无试样粘附在手指上为止。记录试件成型后至试样不粘附在手指上所经历的时间。

6）实验结果

表干时间的数值修约方法如下：

（1）表干时间少于30min时，精确至5min；

（2）表干时间在30min～1h之间时，精确至10min；

（3）表干时间在1～3h之间时，精确至30min；

（4）表干时间超过3h时，精确至1h。

型式检验应采用A法实验，出厂实验可采用B法实验。

7.3.3　下垂度

1）实验目的

下垂度是反映硅酮建筑密封胶施工性的重要指标之一，是指硅酮建筑密封胶从垂直面的接缝中流出的程度。掌握硅酮建筑密封胶下垂度的实验方法，熟悉下垂度模具的操作规程，了解现行国家标准《硅酮建筑密封胶》GB/T 14683中对硅酮建筑密封胶下垂度的技术要求。

2）实验依据及环境要求

（1）实验依据

《硅酮建筑密封胶》GB/T 14683

《建筑密封材料试验方法　第6部分：流动性的测定》GB/T 13477.6

（2）环境要求

实验室环境：温度（23±2)℃，相对湿度（50±5)%。

3）主要仪器设备

下垂度模具：无气孔且光滑的槽形模具，宜用阳极氧化或非阳极氧化铝合金制成（图7-10）。长度（150±0.2)mm，两端开口，其中一端底面延伸（50±0.5)mm，槽的横截面内部尺寸为：宽（20±0.2)mm，深（10±0.2)mm。其他尺寸的模具也可使用，例如宽（10±0.2)mm，深（10±0.2)mm。

鼓风干燥箱：温度能控制在（50±2)℃、(70±2)℃。

低温恒温箱：温度能控制在（5±2)℃。

钢板尺：刻度单位为0.5mm。

聚乙烯条：厚度不大于0.5mm，宽度能遮盖下垂度模具槽内侧底面的边缘。在实验条件下，长度变化不大于1mm。

4）样品制备

将下垂度模具用丙酮等溶剂清洗干净并干燥之。把聚乙烯条衬在模具底部，使其盖住模具上部边缘，并固定在外侧，然后把已在（23±2)℃下放置24h的密封材料用刮刀填入模具内，制备试件时应注意：

（1）避免形成气泡；

（2）在模具内表面上将密封材料压实；

（3）修整密封材料的表面，使其与模具的表面和末端齐平；

（4）放松模具背面的聚乙烯条。

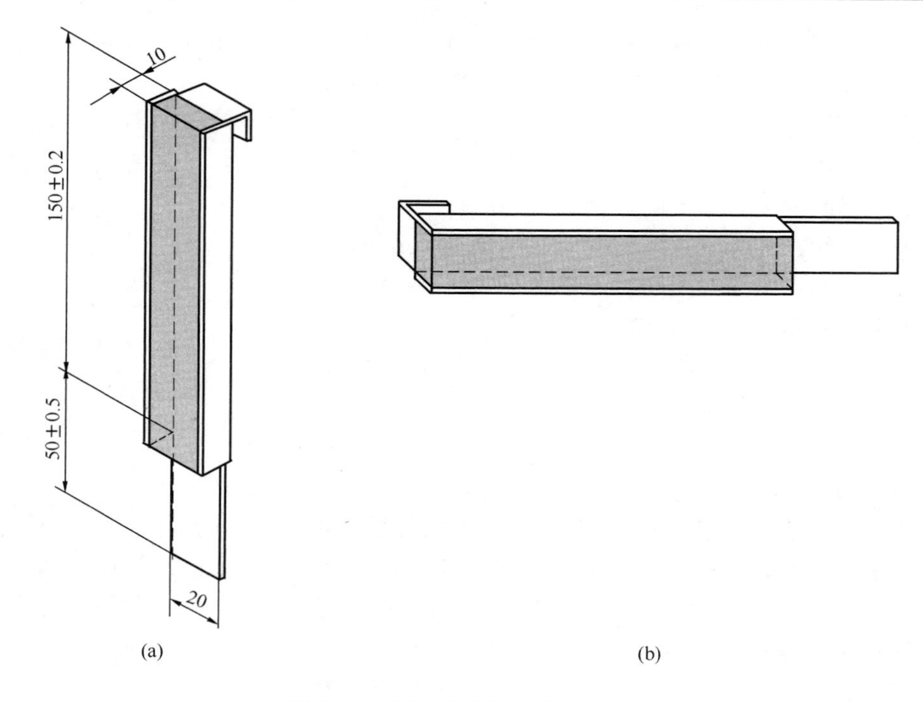

图 7-10　下垂度模具（单位：mm）
（a）试件垂直放置；（b）试件水平放置

5）实验步骤

对每一实验温度 70℃和/或 50℃和/或 5℃及实验步骤（1）或实验步骤（2），各测试一个试件。

（1）将制备好的试件立即垂直放置在已调节至（70±2)℃和/或（50±2)℃的干燥箱和/或（5±2)℃的低温箱内，模具的延伸端向下，见图 7-10（a），放置 24h。然后从干燥箱或低温箱中取出试件。用钢板尺在垂直方向上测量每一试件中试样从底面往延伸端向下移动的距离（mm）。

（2）将制备好的试件立即水平放置在已调节至（70±2)℃和/或（50±2)℃的干燥箱和/或（5±2)℃的低温箱内。使试样的外露面与水平面垂直，见图 7-10（b），放置 24h。然后从干燥箱或低温箱中取出试件。用钢板尺在水平方向上测量每一试件中试样超出槽形模具前端的最大距离(mm)。

如果实验失败，允许重复一次实验，但只能重复一次。

6）实验结果

下垂度实验每一试件的下垂值，精确至 1mm。

7.3.4　拉伸模量

1）实验目的

拉伸模量是指硅酮建筑密封胶在给定伸长率下的拉伸应力与相对伸长的比值。掌握硅酮建筑密封胶拉伸模量的实验方法，熟悉拉力实验机的操作规程，了解现行国家标准《硅酮建筑密封胶》GB/T 14683 中对硅酮建筑密封胶拉伸模量的技术要求。

2）实验依据及环境要求

（1）实验依据

《硅酮建筑密封胶》GB/T 14683

《建筑密封材料试验方法　第8部分：拉伸粘结性的测定》GB/T 13477.8

《建筑密封材料试验方法　第1部分：试验基材的规定》GB/T 13477.1

（2）环境要求

实验室环境：温度（23±2）℃，相对湿度（50±5）%。

3）主要仪器设备

粘结基材：应符合现行国家标准《建筑密封材料试验方法　第1部分：试验基材的规定》GB/T 13477.1规定的水泥砂浆板、玻璃板或铝板，用于制备试件（每个试件用两种基材）。基材的形状及尺寸如图7-11和图7-12所示。

隔离垫块：表面应防粘，用于制备密封材料截面为12mm×12mm的试件，如图7-11和图7-12所示，但如隔离垫块的材质与密封材料相粘结，其表面应进行防粘处理，如薄涂蜡层。

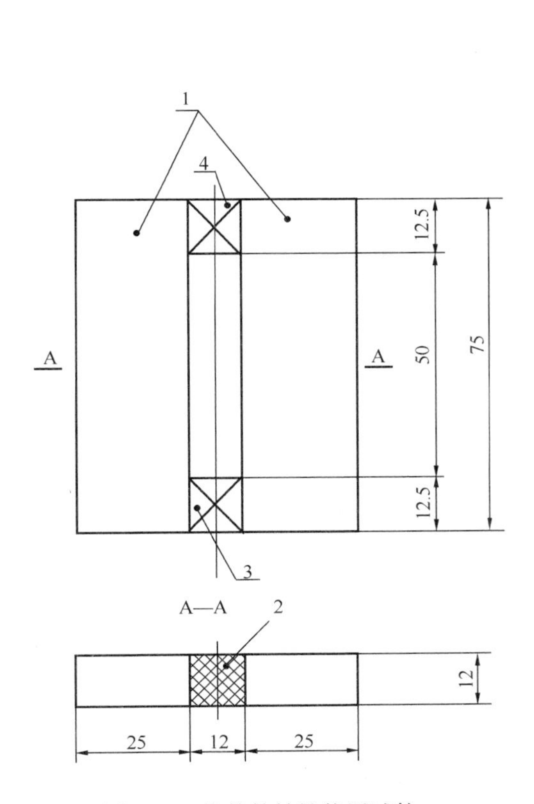

图7-11　拉伸粘结性能用试件一

（水泥砂浆板，单位：mm）

1—水泥砂浆板；2—试样；3和4—隔离垫块

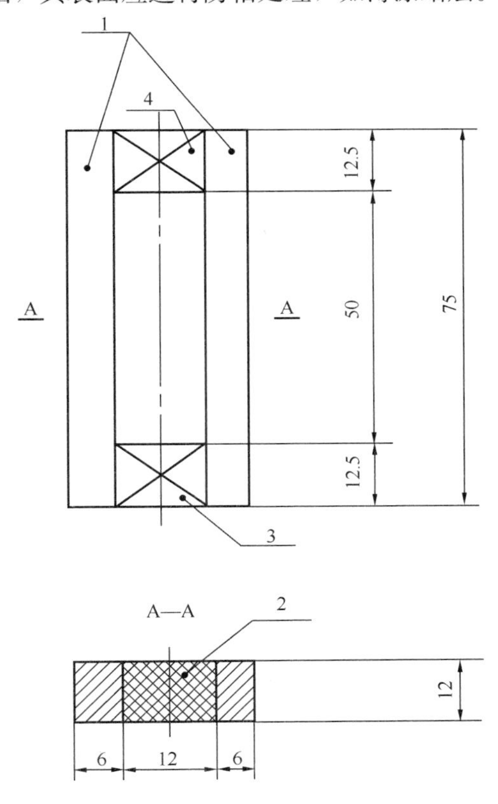

图7-12　拉伸粘结性能用试件二

（铝板或玻璃板，单位：mm）

1—铝板或玻璃板；2—试样；3和4—隔离垫块

防粘材料：防粘薄膜或防粘纸，如聚乙烯薄膜等。

拉力实验机：配有记录装置，拉伸速度可调为5～6mm/min。

制冷箱：容积能容纳拉力实验机拉伸装置，温度可调至（−20±2）℃。

鼓风干燥箱：温度可调至（70±2)℃。

容器：用于按 B 法浸泡处理试件。

4）样品制备

用脱脂纱布清除水泥砂浆板表面浮灰。用丙酮等溶剂清洗铝板和玻璃板，并干燥之。

按密封材料生产方的要求制备试件，如是否使用底涂料及多组分密封材料的混合程序。每种基材同时制备三个试件。

按图 7-11 和图 7-12 所示，在防粘材料上将两块粘结基材与两块隔离垫块组装成空腔。然后将在（23±2)℃下预先处理 24h 的密封材料样品嵌填在空腔内，制成试件。嵌填试样时必须注意：

（1）避免形成气泡；

（2）将试样挤压在基材的粘结面上，粘结密实；

（3）修整试样表面，使之与基材和隔离垫块的上表面齐平。

将试件侧放，尽早去除防粘材料，以使试样充分固化。在固化期内，应使隔离垫块保持原位。

5）实验步骤

（1）试件处理

试件可选用 A 法或 B 法处理。处理后的试件在测试之前，应于标准实验条件下放置至少 24h。

A 法：将制备好的试件于标准实验条件下放置 28d。

B 法：先按照 A 法处理试件，接着再将试件按下述程序处理三个循环：

① 在（70±2)℃干操箱内存放 3d；

② 在（23±2)℃蒸馏水中存放 1d；

③ 在（70±2)℃干操箱内存放 2d；

④ 在（23±2)℃蒸馏水中存放 1d。

上述程序也可以改为③—④—①—②。

注：B 法是利用热和水的影响的一般处理程序，不宜给出有关密封材料耐久性的信息。

（2）拉力值测定

① 实验分别在（23±2)℃和（−20±2)℃温度下进行。每一温度条件下测试三个试件。

② 当试件在−20℃温度下进行测试时，试件事先要在（−20±2)℃温度下放置 4h。

③ 除去试件上的隔离垫块，将试件装入拉力试验机，以 5～6mm/min 的拉伸速度将试件拉伸至相应伸长率（表 7-6），记录此时的拉力值 P。

表 7-6 实验伸长率

项 目	实验伸长率（%）			
	25HM	25LM	20HM	20LM
拉伸模量	100		60	
定伸粘结性	100		60	

6）实验结果

试样的拉伸模量 T_s 按式（7-6）计算，取三个试件的算术平均值，修约至一位小数：

$$T_s = P/S \tag{7-6}$$

式中 T_s——拉伸模量，单位为兆帕（MPa）；

P——拉力值，单位为牛顿（N）；

S——试件截面积，单位为平方毫米（mm^2）。

7.3.5 定伸粘结性

1）实验目的

定伸粘结性是指硅酮建筑密封胶在给定伸长状态下，与给定基材的粘结性能。掌握硅酮建筑密封胶定伸粘结性的实验方法，熟悉拉力实验机的操作规程，了解现行国家标准《硅酮建筑密封胶》GB/T 14683 中对硅酮建筑密封胶定伸粘结性的技术要求。

2）实验依据及环境要求

（1）实验依据

《硅酮建筑密封胶》GB/T 14683

《建筑密封材料试验方法 第10部分：定伸粘结性的测定》GB/T 13477.10

《建筑密封材料试验方法 第1部分：试验基材的规定》GB/T 13477.1

（2）环境要求

实验室环境：温度（23±2)℃，相对湿度（50±5)%。

3）主要仪器设备

粘结基材：应符合国家现行标准《建筑密封材料试验方法 第1部分：试验基材的规定》GB/T 13477.1 规定的水泥砂浆板、玻璃板或铝板，用于制备试件（每个试件用两种基材）。基材的形状及尺寸如图7-13和图7-14所示。

隔离垫块：表面应防粘，用于制备密封材料截面为12mm×12mm的试件（如图7-13和图7-14所示）。

注：如隔离垫块的材质与密封材料相粘结，其表面应进行防粘处理，如薄涂蜡层。

防粘材料：防粘薄膜或防粘纸，如聚乙烯薄膜等。

定位垫块：用于控制被拉伸的试件宽度，使试件保持相应伸长率。

拉力试验机：配有记录装置，拉伸速度可调为5～6mm/min。

制冷箱：容积能容纳拉力实验机拉伸装置，温度可调至（−20±2)℃。

鼓风干燥箱：温度可调至（70±2)℃。

容器：用于按B法浸泡处理试件。

量具：精度为0.5mm。

4）样品制备

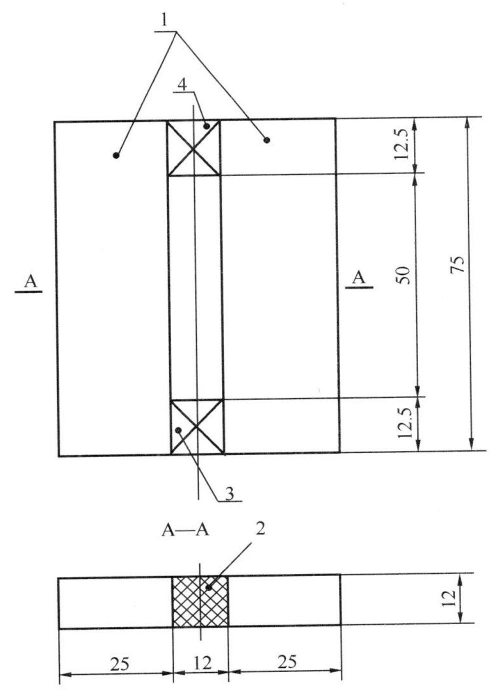

图7-13 拉伸粘结性能用试件一（水泥砂浆板，单位：mm）

1—水泥砂浆板；2—试样；3、4—隔离垫块

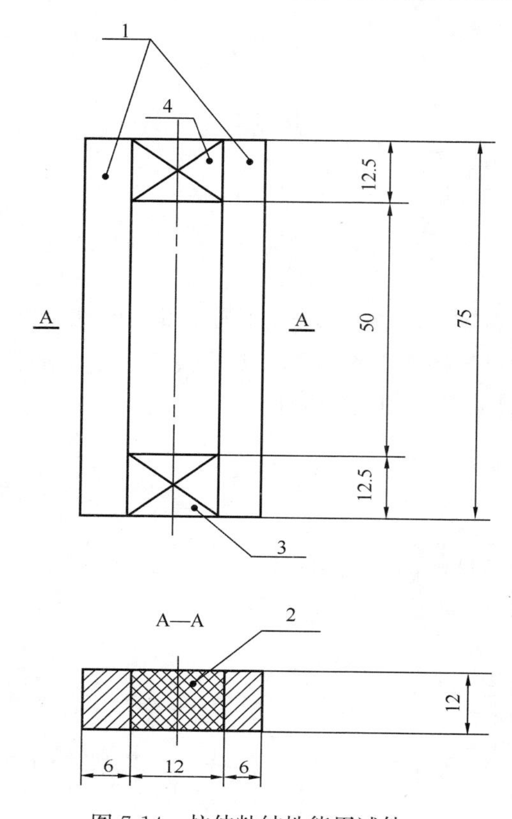

图 7-14　拉伸粘结性能用试件二
（铝板或玻璃板，单位：mm）
1—铝板或玻璃板；2—试样；3、4—隔离垫块

用脱脂纱布清除水泥砂浆板表面浮灰。用丙酮等溶剂清洗铝板和玻璃板，并干燥之。

按密封材料生产方的要求制备试件，如是否使用底涂料及多组分密封材料的混合程序。每种基材同时制备三个试件。

按图 7-13 和图 7-14 所示，在防粘材料上将两块粘结基材与两块隔离垫块组装成空腔。然后将在（23±2）℃下预先处理 24h 的密封材料样品嵌填在空腔内，制成试件。嵌填试样时必须注意：

（1）避免形成气泡；

（2）将试样挤压在基材的粘结面上，粘结密实；

（3）修整试样表面，使之与基材和隔离垫块的上表面齐平。

将试件侧放，尽早去除防粘材料，以使试样充分固化。在固化期内，应使隔离垫块保持原位。

5）实验步骤

（1）试件处理

试件可选用 A 法或 B 法处理。处理后的试件在测试之前，应于标准实验条件下放置至少 24h。

A 法：将制备好的试件于标准实验条件下放置 28d。

B 法：先按照 A 法处理试件，接着再将试件按下述程序处理三个循环：

① 在（70±2）℃干燥箱内存放 3d；

② 在（23±2）℃蒸馏水中存放 1d；

③ 在（70±2）℃干燥箱内存放 2d；

④ 在（23±2）℃蒸馏水中存放 1d。

上述程序也可以改为③—④—①—②。

注：B 法是利用热和水的影响的一般处理程序，不宜给出有关密封材料耐久性的信息。

（2）实验步骤

① 分别在（23±2）℃和（−20±2）℃温度下进行定伸实验。每一温度条件下测试三个试件。当试件在−20℃温度下进行测试时，试件事先要在（−20±2）℃温度下放置 4h。

② 除去试件上的隔离垫块，将试件装入拉力实验机，以 5～6mm/min 的拉伸速度将试件拉伸至相应伸长率(表 7-6)，然后用相应尺寸的定位垫块插入已拉伸至相应伸长率的试件中，并在相应实验温度下保持 24h。实验结束后，用精度为 0.5mm 的量具测量每个试件粘结和内聚破坏深度（试件端部 2mm×12mm×12mm 体积内的破坏部件，见图 7-15 中 A 区），记录试件最大破坏深度（mm）。

③ 实验后，三个时间中有两个破坏，则实验评定为“破坏”；若只有一块试件破坏，则另取备用的一组试件进行复验，若仍有一块试件破坏，则实验评定为“破坏”。

6）实验结果

在密封胶表面任何位置，如果粘结或内聚破坏深度超过 2mm，则试件为“破坏”，见图 7-15，即：

A 区：在 2mm×12mm×12mm 体积内允许破坏，且不报告。

B 区：允许破坏深度不大于 2mm，报告为“无破坏”。

C 区：破坏从密封胶表面延伸至此区域，报告为“破坏”。

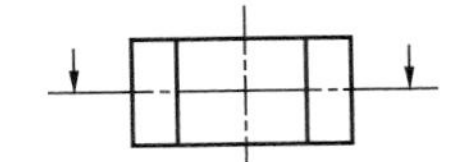

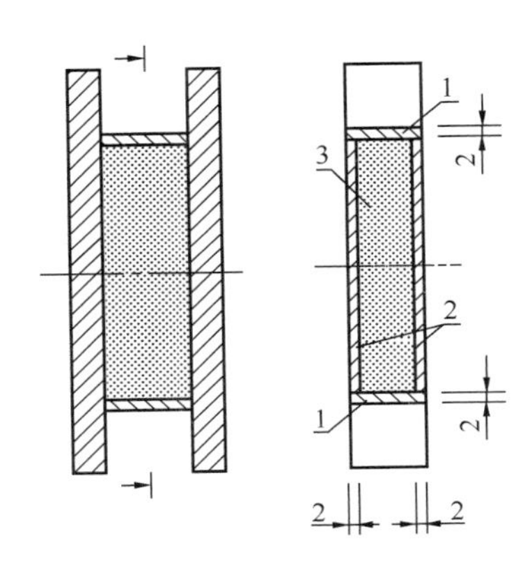

图 7-15 粘结试件破坏分区图（单位：mm）

1—A 区；2—B 区；3—C 区

第 8 章　墙体和屋面材料

8.1　砌墙砖

砌墙砖是指以粘土、工业废料或其他地方资源为主要原料，以不同工艺制造的、用于砌筑承重和非承重墙体的墙砖。砌墙砖是房屋建筑工程的主要墙体材料，具有一定的抗压强度，外形多为直角六面体。

砌墙砖按生产工艺分为烧结砖和非烧结砖，烧结砖包括烧结普通砖、烧结多孔砖以及烧结空心砖；非烧结砖包括蒸压灰砂砖、粉煤灰砖、炉渣砖和碳化砖等。非烧结砖多数不得长期用于受热 200℃以上、受急冷或急热作用的部位，或有酸性介质侵蚀的建筑部位。按生产所用原料，砌墙砖还可分为粘土砖、页岩砖、灰砂砖、煤矸石砖、粉煤灰砖和炉渣砖等。

砌墙砖的技术指标包括尺寸偏差、外观质量、强度等级、抗冻性能、吸水率、饱和系数、泛霜、石灰爆裂、干燥收缩、碳化系数、体积密度等。

8.1.1　尺寸测量与外观质量检查

1）实验目的

尺寸测量与外观检查通常用尺寸允许偏差及外观质量等指标表示。掌握砌墙砖尺寸测量与外观检查的实验方法和适用范围，熟悉砖用卡尺的操作规程，了解现行国家标准《烧结普通砖》GB 5101 及《烧结空心砖和空心砌块》GB 13545 中对砌墙砖尺寸允许偏差及外观质量的技术要求。

2）实验依据及环境要求

（1）实验依据

《烧结普通砖》GB 5101

《烧结空心砖和空心砌块》GB 13545

《烧结多孔砖和多孔砌块》GB 13544

《蒸压粉煤灰砖》JC/T 239

《砌墙砖试验方法》GB/T 2542

（2）环境要求

实验室环境：温度（20±10)℃。

3）主要仪器设备

砖用卡尺：分度值为 0.5mm。

钢直尺：分度值为 1mm。

4）样品制备

尺寸测量试样数量为 20 块，外观质量试样数量为 50 块。

5）实验步骤

（1）尺寸测量

长度应在砖的两个大面的中间处分别测量两个尺寸；宽度应在砖的两个大面的中间处分别测量两个尺寸；高度应在砖的两个条面的中间处分别测量两个尺寸。当被测处有缺损或凸出时，可在其旁边测量，但应选择不利的一侧。精确至0.5mm。

（2）外观质量检查

① 缺损

缺棱掉角在砖上造成的破损程度，以破损部分对长、宽、高三个棱边的投影尺寸来度量，称为破坏尺寸。

缺损造成的破坏面，系指缺损部分对条、顶面（空心砖为条、大面）的投影面积，空心砖内壁残缺及肋残缺尺寸，以长度方向的投影尺寸来度量。

② 裂纹

裂纹分为长度方向、宽度方向和水平方向三种，以被测方向的投影长度表示。如果裂纹从一个面延伸至其他面上时，则累计其延伸的投影长度。

多孔砖的孔洞与裂纹相通时，则将孔洞包括在裂纹内一并测量。

裂纹长度以在三个方向上分别测得的最长裂纹作为测量结果。

③ 弯曲

弯曲分别在大面和条面上测量，测量时将砖用卡尺的两支脚沿棱边两端放置，择其弯曲最大处将垂直尺推至砖面。但不应将因杂质或碰伤造成的凹处计算在内。

以弯曲中测得的较大者作为测量结果。

④ 杂质凸出高度

杂质在砖面上造成的凸出高度，以杂质距砖面的最大距离表示。测量将砖用卡尺的两支脚置于凸出两边的砖平面上，以垂直尺测量。

⑤ 色差

装饰面朝上随机分为两排并列，在自然光下距离砖样2 m处目测。

6）实验结果

① 尺寸测量结果表示：每一方向尺寸以两个测量值的算术平均值表示，精确至1mm。

② 外观测量以毫米为单位，不足1mm者，按1mm计。

8.1.2 抗压强度

1）实验目的

抗压强度是砌墙砖的一项重要指标，是评定砌墙砖强度等级的依据。掌握砌墙砖抗压强度试件的制作步骤、要点、养护和强度测试的实验方法和适用范围，熟悉材料实验机的操作规程，了解现行国家标准《烧结普通砖》GB 5101及《烧结空心砖和空心砌块》GB 13545中对砌墙砖强度等级的划分与技术要求。

2）实验依据及环境要求

（1）实验依据

《烧结普通砖》GB 5101

《烧结空心砖和空心砌块》GB 13545

《烧结多孔砖和多孔砌块》GB 13544

《蒸压粉煤灰砖》JC/T 239

《砌墙砖试验方法》GB/T 2542

《砌墙砖抗压强度试样制备设备通用要求》GB/T 25044

《砌墙砖抗压强度试验用净浆材料》GB/T 25183

（2）环境要求

实验环境：温度（20±10)℃。

3）主要仪器设备

材料实验机：示值误差应不大于±1%，其下加压板应为铰支座，预期破坏荷载应在量程的 20%～80%。

钢直尺：分度值不应大于 1mm。

切割机。

振动台、制样模具、搅拌机：应符合现行国家标准《砌墙砖抗压强度试样制备设备通用要求》GB/T 25044 的要求。

抗压强度实验用净浆材料：应符合现行国家标准《砌墙砖抗压强度试验用净浆材料》GB/T 25183 的要求。

4）样品制备

（1）样品数量

试样数量为 10 块。

（2）试样制作

一次成型制样按以下步骤进行：

① 一次成型制样适用于采用样品中间部位切割，交错叠加灌浆制成强度实验试样的方式。

② 将试样锯成两个半截砖，两个半截砖用于叠合部分的长度不得小于 100mm，如不足 100mm，应另取备用试样补足。

③ 将已切割开的半截砖放入室温的净水中浸 20～30min 后取出，在铁丝网架上滴水 20～30min，已断口相反方向装入制样模具中。用插板控制两个半砖间距不应大于 5mm，砖大面与模具间距不应大于 3mm，砖断面、顶面与模具间垫以橡胶垫或其他密封材料，模具内表面涂油或脱模剂。

④ 将净浆材料按照配置要求，置于搅拌机中搅拌。

⑤ 将装好试样的模具置于振动台上，加入适量搅拌均匀的净浆材料，振动时间为 0.5～1min，停止振动，静置至净浆材料达到初凝时间（约 15～19min）后拆模。

二次成型制样适用于采用整块样品上下表面灌浆制成强度实验试样的方式，按以下步骤进行：

① 将整块试样放入室温的净水中浸 20～30min 后取出，在铁丝网架上滴水 20～30min。

② 按照净浆材料配置要求，置于搅拌机中搅拌均匀。

③ 模具内表面涂油或脱模剂，加入适量搅拌均匀的净浆材料，将整块试样一个承压面与净浆接触，装入制样模具中，承压面找平层厚度不大于 3mm。接通振动电源，振动 0.5～1min，停止振动，静置至净浆初凝（约 15～19min）后拆模。按同样方式完成整块试样另一承压面的找平。

非成型制样适用于试样无需进行表面找平处理制样的方式，按以下步骤进行：

① 将试样锯成两个半截砖，两个半截砖用于叠合部分的长度不得小于100mm，如果不足100mm，应另取备用试样补足。

② 两半截砖切断口相反叠放，叠合部分不得小于100mm。

（3）试件养护

① 一次成型制样，二次成型制样在不低于10℃的室内养护4h。

② 非成型试样不需要养护，试样气干状态直接进行实验。

5）实验步骤

（1）测量每个试样连接面或受压面的长、宽尺寸各两个，分别取其平均值，精确至1mm。

（2）将试样平放在加压板的中央，垂直于受压面加荷，应均匀平稳，不得发生冲击或振动。加荷速度以2～6kN/s为宜，直至试样破坏为止，记录最大破坏荷载P。

6）实验结果

按式（8-1）计算每块试样的抗压强度。

$$R_p = \frac{P}{LB} \tag{8-1}$$

式中 R_p——抗压强度（MPa）；

P——最大破坏荷载（N）；

L——受压面的长度（mm）；

B——受压面的宽度（mm）。

实验结果以试样抗压强度的算术平均值和平均值或单块最小值表示。

8.1.3 体积密度

1）实验目的

体积密度是评定砌墙砖密度等级的依据，是指砌墙砖单位表观体积的质量。掌握砌墙砖体积密度的实验方法和适用范围，熟悉砖用卡尺的操作规程，了解现行国家标准《烧结空心砖和空心砌块》GB 13545中对砌墙砖密度等级的划分及技术要求。

2）实验依据及环境要求

（1）实验依据

《烧结空心砖和空心砌块》GB 13545

《砌墙砖试验方法》GB/T 2542

（2）环境要求

实验环境：温度（20±10）℃。

3）主要仪器设备

鼓风干燥箱：最高温度200℃。

台秤：分度值不大于5g。

钢直尺：分度不大于1mm。

专用卡尺：分度值为0.5mm。

4）样品制备

试样数量为 5 块，所取试样应外观完整。

5）实验步骤

清理试样表面，然后将试样置于（105±5)℃鼓风干燥箱至恒量，称其质量 G_0，并检查外观情况，不得有缺棱、掉角等破损。如有破损者，须重新换取备用试样。将干燥后的试样测量其长、宽、高尺寸各两个，分别取其平均值。

6）实验结果

每块试样的体积密度（ρ）按式（8-2）计算，结果精确至 0.1kg/m³。

$$\rho = \frac{G_0}{L \cdot B \cdot H} \times 10^9 \tag{8-2}$$

式中　ρ——体积密度（kg/m³）；

G_0——试样于质量（kg）；

L——试样长度（mm）；

B——试样宽度（mm）；

H——试样高度（mm）。

实验结果以试样体积密度的算术平均值表示，精确至 1kg/m³。

8.1.4　泛霜实验

1）实验目的

泛霜是指可溶性盐类在砖或砌块表面的盐析现象，一般呈白色粉末、絮团或絮片状，泛霜是引起砖砌体表面产生粉化剥落的主要因素之一。掌握砌墙砖泛霜的实验方法和适用范围，了解现行国家标准《烧结普通砖》GB 5101 及《烧结空心砖和空心砌块》GB 13545 中对砌墙砖泛霜的技术要求。

2）实验依据及环境要求

（1）实验依据

《烧结普通砖》GB 5101

《烧结空心砖和空心砌块》GB 13545

《烧结多孔砖和多孔砌块》GB 13544

《砌墙砖试验方法》GB/T 2542

（2）环境要求

实验环境：温度 16～32℃，相对湿度 35％～60％。

3）主要仪器设备

鼓风干燥箱：最高温度 200℃。

耐磨蚀浅盘：5 个，容水深度 25～35mm。

透明材料：能盖住浅盘，在其中间部位开有大于试样宽度、高度或长度尺寸 5～10mm 的矩形孔。

干、湿球温度计或其他温、湿度计。

4）样品制备

试样数量为 5 块。

5）实验步骤

（1）清理试样表面，然后放入（105±5)℃鼓风干燥箱中干燥24h，取出冷却至常温。将试样顶面或有孔洞的面朝上分别置于浅盘中，往浅盘中注入蒸馏水，水面高度不低于20mm。用透明材料覆盖在浅盘上，并将试样暴露在外面，记录时间。

（2）试样浸在盘中的时间为7d，开始2d内经常加水以保持盘内水面高度；以后则保持浸在水中即可。

（3）7d后取出试样，在同样的环境条件下放置4d。然后在（105±5)℃鼓风干燥箱中干燥至恒重。取出冷却至常温。记录干燥后的泛霜程度。

（4）7d后开始记录泛霜情况，每天一次。

6）实验结果

（1）泛霜程度根据记录以最严重者表示。

（2）泛霜程度划分如下：

① 无泛霜：试样表面的盐析几乎看不到。

② 轻微泛霜：试样表面出现一层细小明显的霜膜，但试样表面仍清晰。

③ 中等泛霜：试样部分表面或棱角出现明显霜层。

④ 严重泛霜：试样表面出现起砖粉、掉屑及脱皮现象。

8.1.5 吸水率和饱和系数

1）实验目的

吸水率是指砌墙砖在规定条件下，在一定时间内吸收的水分质量与其干质量的比值，饱和系数是指砌墙砖或砌块常温水浸泡24h吸水率与煮沸3h吸水率的比值。掌握砌墙砖吸水率与饱和系数的实验方法和适用范围，了解现行国家标准《烧结普通砖》GB 5101及《烧结空心砖和空心砌块》GB 13545中对砌墙砖吸水率及饱和系数的技术要求。

2）实验依据及环境要求

（1）实验依据

《烧结普通砖》GB 5101

《砌墙砖试验方法》GB/T 2542

（2）环境要求

实验环境：温度（20±10)℃。

3）主要仪器设备

鼓风干燥箱：最高温度200℃。

台秤：分度值不大于5g。

蒸煮箱。

4）样品制备

试样数量按产品标准的要求确定，所取试样尽可能用整块试件、如需制取应为整块试样的1/2或1/4。

5）实验步骤

（1）清理试样表面，然后置于（105±5)℃鼓风干燥箱中干燥至恒重除去粉尘后，称其干质量G_0。将干燥试样浸水24h，水温10～30℃。

（2）取出试样，用湿毛巾拭去表面水分，立即称量。称量时试样表面毛细孔渗出于称盘中水的质量亦应计入吸水质量中，所得质量为浸泡 24h 的湿质量 G_{24}。

（3）将浸泡 24h 后的湿试样侧立放入蒸煮箱的箅子板上，试样间距不得小于 10mm，注入清水，箱内水面应高于试样表面 50mm，加热至沸腾，沸煮 3h，饱和系数实验沸煮 5h，停止加热，冷却至常温。

（4）称量沸煮 3h 的湿质量 G_3，饱和系数实验称量沸煮 5h 的湿质量 G_5。

6）实验结果

（1）常温水浸泡 24h 试样吸水率（W_{24}）按式（8-3）计算，结果精确至 0.1%。

$$W_{24}=\frac{G_{24}-G_0}{G_0}\times 100 \tag{8-3}$$

式中　W_{24}——常温水浸泡 24h 试样吸水率（%）；

G_0——试样干质量（g）；

G_{24}——试样浸水 24h 的湿质量（g）。

（2）试样沸煮 3h 吸水率（W_3）按式（8-4）计算，结果精确至 0.1%。

$$W_3=\frac{G_3-G_0}{G_0}\times 100 \tag{8-4}$$

式中　W_3——试样沸煮 3h 吸水率（%）；

G_3——试样沸煮 3h 的湿质量（g）；

G_0——试样干质量（g）。

（3）每块试样的饱和系数（K）按式（8-5）计算，结果精确至 0.001。

$$K=\frac{G_{24}-G_0}{G_5-G_0}\times 100 \tag{8-5}$$

式中　K——试样饱和系数；

G_{24}——常温水浸泡 24h 试样湿质量（g）；

G_0——试样干质量（g）；

G_5——试样沸煮 5h 的湿质量（g）。

（4）吸水率以试样的算术平均值表示；饱和系数以试样的算术平均值表示。

8.2　轻质隔墙板

轻质隔墙板是一种新型节能墙材料，它是一种外形像空心楼板一样的墙材，但是它两边有公母榫槽，安装时只需将板材立起，公、母榫涂上少量嵌缝砂浆后对拼装起来即可。它是由无害化磷石膏、轻质钢渣、粉煤灰等多种工业废渣组成，经变频蒸汽加压养护而成。轻质隔墙板具有质量轻、强度高、多重环保、保温隔热、隔音、呼吸调湿、防火、快速施工、降低墙体成本等优点。内层装有合理布局的隔热、吸声的无机发泡型材或其他保温材料。

轻质隔墙板的技术指标包括：外观质量、尺寸允许偏差、放射性核素限量、抗冲击性能、抗弯承载、抗压强度、软化系数、面密度、含水率、干燥收缩值、吊挂力、抗冻性、空气隔声量、耐火极限及燃烧性能。

8.2.1 抗压强度

1）实验目的

抗压强度是反映轻质隔墙板力学性能的主要指标，是指轻质隔墙板试样在压力作用下达到破坏前所能承受的最大压力，轻质隔墙板抗压强度与生产工艺、断面构造、面密度及含水率等因素有关。掌握轻质隔墙板抗压强度的实验方法，熟悉压力实验机的操作规程，了解现行国家标准《建筑用轻质隔墙条板》GB/T 23451 中对轻质隔墙板抗压强度的技术要求。

2）实验依据及环境要求

（1）实验依据

《建筑用轻质隔墙条板》GB/T 23451

（2）环境要求

实验室环境：温度（20±10）℃。

3）主要仪器设备

压力试验机：应符合现行国家标准《试验机通用技术要求》GB/T 2611 中的规定，其测量精度应为±1%，试件破坏荷载应大于压力机全量程的 20%且小于压力机全量程的 80%。

4）样品制备

沿条板的板宽方向依次截取厚度为条板厚度尺寸、高度为 100mm，长度为 100mm 的单元体试件（对于空心条板，长度包括一个完整孔及两条完整孔间肋的单元体试件），三块为一组样本。

5）实验步骤

（1）处理试件的上表面和下表面，使之成为相互平行且与试件孔洞圆柱轴线垂直的平面。可调制水泥砂浆处理上表面和下表面，并用水平尺调至水平。

（2）表面经处理的试样，置于不低于 10℃的不通风室内养护 72h，用钢直尺分别测量试件受压面长度、宽度尺寸个两个，取其平均值，修约至 1mm。

（3）将试件置于实验机承压板上，使试件的轴线与实验机压板的压力中心重合，以 0.05～0.10MPa/s 的速度加荷，直至试件破坏。记录最大破坏荷载 P。

6）实验结果

每个试件的抗压强度按式（8-6）计算，结果精确至 0.1MPa。

$$R=\frac{P}{LB} \tag{8-6}$$

式中 R——试件的抗压强度，单位为兆帕（MPa）；

P——破坏荷载，单位为牛顿（N）；

L——试件受压面的长度，单位为毫米（mm）；

B——试件受压面的宽度，单位为毫米（mm）。

条板的抗压强度以 3 个试件抗压强度的算术平均值表示，精确至 0.1MPa。如果其中一个试件的抗压强度（Ri）与 3 个试件抗压强度平均值（R）之差超过 20%R，则抗压强度值按另两个试件抗压强度的算数平均值计算；如有两个试件与 R 之差超过规定，则实验结果无效，重新取样进行实验。

8.2.2　软化系数

1）实验目的

软化系数是指一定条件下轻质隔墙板吸水状态下的抗压强度与自然状态下的抗压强度的比值，软化系数是反映轻质隔墙板力学性能的主要指标之一。掌握轻质隔墙板软化系数的实验方法，熟悉压力实验机的操作规程，了解现行国家标准《建筑用轻质隔墙条板》GB/T 23451 中对轻质隔墙板软化系数的技术要求。

2）实验依据及环境要求

（1）实验依据

《建筑用轻质隔墙条板》GB/T 23451

2）环境要求

实验室环境：温度（20±10)℃

3）主要仪器设备

压力试验机：应符合现行国家标准《试验机通用技术要求》GB/T 2611 的规定，其测量精度应为±1%，试件破坏荷载应大于压力机全量程的 20%，且小于压力机全量程的 80%。

钢直尺等。

4）样品制备

取实验条板一块，沿板长方向截取试件，即高度为 100mm、长度为 100mm 的试件，共六块，分为二组样本，每组三块（对于空心条板，长度包括一个完整孔及两条完整孔间肋的单元体试件）。

5）实验步骤

（1）处理试件的上表面和下表面，使之成为相互平行且与试件孔洞圆柱轴线垂直的平面。必要时可调制水泥砂浆处理上表面和下表面，并用水平尺调至水平。

（2）试件处理后，在烘箱内烘制至恒重（不同材料条板的烘干温度参照表 8-1），然后将其中一组 3 块泡入（20±2)℃的水中，72h 后取出，表面用湿毛巾抹干。然后同另一组未泡水的试块一起在压力机上按本章 8.2.1 节第 5）条的规定做抗压强度实验。

表 8-1　不同材料条板的烘干温度

条板名称	烘干温度（℃）
水泥条板	105
石膏条板	50
复合条板	60

6）实验结果

软化系数按式（8-7）计算，结果修约至 0.01。

$$I = \frac{R_1}{R_0} \tag{8-7}$$

式中　I——软化系数；

R_1——饱和含水状态下试件的抗压强度平均值，单位为兆帕（MPa）；

R_0——绝干状态下试件的抗压强度平均值，单位为兆帕（MPa）。

8.2.3 面密度

1）实验目的

面密度是指轻质隔墙板单位面积的质量，与轻质隔墙板的生产工艺、断面构造及含水率等因素有关。掌握轻质隔墙板面密度的实验方法，了解现行国家标准《建筑用轻质隔墙条板》GB/T 23451 中对轻质隔墙板面密度的技术要求。

2）实验依据及环境要求

（1）实验依据

《建筑用轻质隔墙条板》GB/T 23451

（2）环境要求

实验室环境：温度（20±10)℃。

3）主要仪器设备

磅秤：称量不小于 500kg，分度值不大于 0.5kg；

钢卷尺等。

4）样品制备

取条板三块为一组样本进行实验。

5）实验步骤

（1）用磅秤称取实验条板质量 G，读数精确至 0.5kg。

（2）测量条板的长度和宽度，结果以平均值表示，修约至 1mm。

注：长度量测三处：

① 板边两处：靠近两板边 100mm 范围内，平行于该板边；

② 板中一处：过两板端中点。

宽度测量三处：

① 板端两处：靠近两板端的 100mm 范围内，平行于该板边；

② 板中一处：过两板边中点。

6）实验结果

每块实验条板的面密度按式（8-8）计算，结果精确至 0.1kg/m²。

$$P=\frac{G}{L\times B} \tag{8-8}$$

式中 P——实验条板的面密度，单位为公斤每平方米（kg/m²）；

G——实验条板的重量，单位为公斤（kg）；

L——实验条板的长度尺寸，单位为米（m）；

B——实验条板的宽度尺寸，单位为米（m）。

8.2.4 含水率

1）实验目的

含水率是指轻质隔墙板中所含水分质量与其干质量的比值。掌握轻质隔墙板面含水率的实验方法，了解现行国家标准《建筑用轻质隔墙条板》GB/T 23451 中对轻质隔墙板含水率的技术要求。

2）实验依据及环境要求

（1）实验依据

《建筑用轻质隔墙条板》GB/T 23451

（2）环境要求

实验室环境：温度（20±10)℃。

3）主要仪器设备

磅秤：称量不小于 20kg，分度值不大于 0.01kg。

电热鼓风干燥箱。

钢直尺等。

4）样品制备

从条板上沿板长方向截取试件三件为一组样本，试件高度为 100mm，长度与条板宽度尺寸相同、厚度与条板厚度尺寸相同。试件实验地点如远离取样处，则在取样后应立即用塑料袋将试件包装密封。

5）实验步骤

（1）试件取样后立即称取其取样重量 m_1，精确至 0.01kg，如试件为用塑料袋密封运至者，则在开封前先将试件连同包装袋一起称量；然后称量包装袋的重量，称前应观察袋内是否出现由试件析出的水珠，如有水珠，应将水珠擦干计算两次称量所得重量的差值，作为试件取样时重量，精确至 0.01kg。

（2）将试件送入电热鼓风干燥箱内（试件烘干温度见表 8-1）干燥 24h。此后每隔 2h 称量一次，直至前后两次称量值之差不超过后一次称量值的 0.2%为止。

（3）试件在电热鼓风干燥箱内冷却至与室温之差不超过 20℃时取出，立即称量其绝干重量 m_0，精确至 0.01kg。

6）实验结果

每个试件的含水率按式（8-9）计算，结果精确至 0.1%。

$$W_1 = \frac{m_1 - m_0}{m_0} \times 100\% \tag{8-9}$$

式中　W_1——试件的含水率（%）；

m_1——试件的取样重量，单位为公斤（kg）；

m_0——试件的绝干重量，单位为公斤（kg）；

条板的含水率 W_1，以三个试件含水率的算术平均值表示，精确至 0.1%。

8.2.5　干燥收缩

1）实验目的

干燥收缩是反映轻质隔墙板体积稳定性的主要指标，是引起墙面裂缝最常见的因素之一。掌握轻质隔墙板干燥收缩的实验方法，熟悉千分尺的操作规程，了解现行国家标准《建筑用轻质隔墙条板》GB/T 23451 中对轻质隔墙板干燥收缩的技术要求。

2）实验依据及环境要求

（1）实验依据

《建筑用轻质隔墙条板》GB/T 23451

（2）环境要求

实验室环境：温度（20±1）℃，相对湿度（50±5）%。

3）主要仪器设备

千分尺：精度为0.01mm。

4）样品制备

沿条板板长方向截取试件，即高度为100mm、长度为板宽、厚度为板厚的试件3件为一组样本。

5）实验步骤

（1）在每件试件两个端面中心各钻一个直径8～10mm、深度14～16mm的孔洞（如试件端面为凹槽，可做切平处理，之后钻孔），在孔洞内灌入水玻璃调合的水泥浆或其他刚性胶粘剂，采用精度为0.01mm测量两个收缩头的长度η_1和η_2然后在孔洞内埋置如图8-1所示的收缩头，使每个收缩头的中心线均与试件的中心线重合，且使收缩头露在试件外的那部分测头的长度均在4～6mm之间。

（2）试件制备好放置1d之后，检查测头是否安装牢固，否则重新安装。将制备好的试件浸没在（20±2）℃的水中，水面高出试件20mm，浸泡72h。

（3）将试件从水中取出，用拧干的湿布抹去表面水分，并将测头擦干净，立刻采用精度为0.01mm的千分尺测定初始长度L_1（含收缩头），或采用测量精度不低于0.01mm的其他测量仪器，如：采用配有百分表的比长仪测量试件长度的变化量。

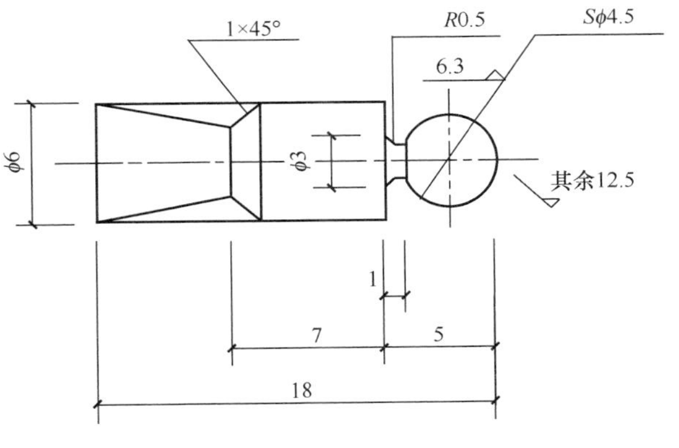

图8-1　收缩头（单位：mm）

（4）将试件放入温度（20±1）℃、相对湿度（50±5）%的恒温恒湿室内，进行收缩值测量，每天测量一次，直至达到干缩平衡，即连续3d内任意3d的测长读数波动值小于0.01mm，量出试件干燥后的长度L_2（含收缩头）。

6）实验结果

试件干缩值按式（8-10）计算：

$$S=\frac{l_1-l_2}{l_1-(\eta_1+\eta_2)}\times 1000 \tag{8-10}$$

式中　S——干燥收缩值，单位为毫米每米（mm/m）；

L_1——试件初始长度，单位为毫米（mm）；

L_2——试件干燥后长度，单位为毫米（mm）；

$(\eta_1+\eta_2)$——两个收缩头露在试件外的部分测头的长度之和，单位为毫米（mm）。

取三块试件干燥收缩值的算数平均值为实验结果，修约至 0.01mm/m。

8.3　泡沫混凝土

泡沫混凝土又称为发泡水泥、轻质混凝土等，是一种利废、环保、节能、价廉且具有不燃性的新型建筑节能材料（泡沫混凝土是通过化学或物理的方式根据应用需要将空气或氮气、二氧化碳气、氧气等气体引入混凝土浆体中，经过合理养护成型，而形成的含有大量细小的封闭气孔，并具有一定强度的轻质多孔保温材料。其发泡方式分为物理发泡和化学发泡两种）。

作为一种新型的节能环保型建筑材料，具有密度小、质量轻、保温、隔音、抗震性能良好等优点。但其还存在一定的缺陷，如强度偏低、开裂、吸水等。泡沫混凝土可应用于修筑挡土墙、修建运动场和田径跑道、夹心构件，用作复合墙板、管线回填、贫混凝土填层、屋面边坡、储罐底脚的支撑等。

泡沫混凝土的技术指标包括：尺寸偏差和外观、干密度、导热系数、抗压强度、吸水率及耐火极限。

8.3.1　干密度

1）实验目的

干密度是评定泡沫混凝土密度等级的依据，与原材料、配合比、生产工艺及养护条件等因素有关。掌握泡沫混凝土干密度的实验方法，了解现行行业标准《泡沫混凝土》JG/T 266 中泡沫混凝土干密度等级的划分及技术要求。

2）实验依据及环境要求

（1）实验依据

《泡沫混凝土》JG/T 266

（2）环境要求

实验室环境：温度（20±10)℃。

3）主要仪器设备

烘箱：可控制温度不低于 110℃，最小分度值不大于 2℃。

天平：分度值不大于 lg。

4）样品制备

（1）试件尺寸和数量

试件应为 100mm×100mm×100mm 立方体试件，每组试件的数量应为 3 块。

（2）试件制备

① 泡沫混凝土的干密度试件应采用符合现行行业标准《混凝土试模》JG 237 规定的规格为 100mm×100mm×100mm 的立方体混凝土试模进行制作，应在现场浇注试模，24h 后脱模，并标准养护 28d。

② 泡沫混凝土制品的干密度试件也可在随机抽样的泡沫混凝土制品中采用机锯或刀锯切取，试件应沿制品的长方向的中央位置均匀切取，试件与试件、试件表面距离制品端头表面的距离不宜小于 30mm。

③ 干密度试件表面应平整，不应有裂缝或明显缺陷，尺寸允许偏差应为±2mm；试件应逐块编号，并应标明取样部位。

5）实验步骤

（1）取一组试件，应逐块量取长、宽、高三个方向的长度值，每一方向的长度值应在其两端和中间各测量1次，再在其相对的面上再各测1次，共测6次，并应精确至1mm，6次测量的平均值作为该方向的长度值。计算每块试件的体积V。

（2）应将3块试件放在温度为（60±5)℃干燥箱内烘干至前后两次相隔4h的质量差不大于1g，取出后，试件应放入干燥器内并在试件冷却至室温后称取试件烘干质量，精确至1g。

6）实验结果

干密度应按式（8-11）计算：

$$\rho_0 = \frac{m_0}{V} \times 10^6 \tag{8-11}$$

式中　ρ_0——干密度，单位为千克每三次方米（kg/m^3），精确至0.1；

m_0——试件烘干质量，单位为克（g）；

V——试件的体积，单位为三次方毫米（mm^3）。

该组试件的干密度值应为3块试件干密度的平均值，精确至$1kg/m^3$。

8.3.2　抗压强度

1）实验目的

抗压强度是反映泡沫混凝土力学性能的主要指标，是评定泡沫混凝土强度等级的依据，是指泡沫混凝土试样在压力作用下达到破坏前所能承受的最大压力。掌握泡沫混凝土抗压强度的实验方法，熟悉压力试验机的操作规程，了解现行行业标准《泡沫混凝土》JG/T 266中泡沫混凝土强度等级的划分及技术要求。

2）实验依据及环境要求

（1）实验依据

《泡沫混凝土》JG/T 266

《普通混凝土力学性能试验方法标准标准》GB/T 50081

（2）环境要求

实验室环境：温度（20±10)℃。

3）主要仪器设备

压力试验机除应符合现行国家标准《试验机通用技术要求》GB/T 2611中技术要求的规定外，其测量精度应为±1%，试件破坏荷载应大于压力机全量程的20%且小于压力机全量程的80%。

烘箱：可控制温度不低于110℃，最小分度值不大于2℃。

4）样品制备

（1）试件尺寸和数量

试件应为100mm×100mm×100mm立方体试件，每组试件的数量应为3块。

（2）试件制备

① 泡沫混凝土的抗压强度试件应采用符合现行行业标准《混凝土试模》JG 237 规定的规格，为 100mm×100mm×100mm 的立方体混凝土试模进行制作，应在现场浇注试模，24h 后脱模，并标准养护 28d。

② 泡沫混凝土制品的抗压强度试件也可在随机抽样的泡沫混凝土制品中采用机锯或刀锯切取，试件应沿制品的长方向的中央位置均匀切取，试件与试件、试件表面距离制品端头表面的距离不宜小于 30mm。

③ 抗压强度试件表面应平整，不应有裂缝或明显缺陷，尺寸允许偏差应为±2mm；试件应逐块编号，并应标明取样部位。抗压强度试件受压面应平行，其表面平整度不应大于 0.5mm/100mm。

5）实验步骤

（1）在实验前，3 块试件应放在温度为(60±5)℃干燥箱内烘干至前后两次相隔 4h 质量差不大于 1g 时的恒质量。

（2）试件受压面尺寸的测量应精确至 1mm，并应按测量得到的尺寸计算试件的受压面积。

（3）在抗压强度实验时，试件的中心应与实验机下压板中心对准，试件的承压面应与成型时的顶面垂直。

（4）开动实验机，当上压板与试件接近时，应调整球座，并应使之接触均匀。

（5）当强度等级为 C0.3～C1 时，其加压速度应为 0.5～1.5kN/s；当强度等级为 C2～C5 时，其加压速度应为 1.5～2.5kN/s；当强度等级为 C7.5～C20 时，其加压速度应为 2.5～4.0kN/s。加压应连续而均匀地加荷，直至试件破坏，应记录最大破坏荷载。

6）实验结果

抗压强度按式（8-12）计算：

$$f = \frac{F}{A} \tag{8-12}$$

式中　f——试件的抗压强度，单位为兆帕（MPa），精确至 0.001MPa；

F——最大破坏荷载，单位为牛（N）；

A——试件受压面积，单位为二次方毫米（mm^2）。

该组试件的抗压强度应为 3 块试件抗压强度的平均值，精确至 0.01MPa。

8.3.3　吸水率

1）实验目的

吸水率是评定泡沫混凝土吸水率等级的依据，是指规定条件下试样在一定时间内吸收的水分质量与其干质量的比值。掌握泡沫混凝土吸水率的实验方法，了解现行行业标准《泡沫混凝土》JG/T 266 中泡沫混凝土吸水率等级的划分及技术要求。

2）实验依据及环境要求

（1）实验依据

《泡沫混凝土》JG/T 266

（2）环境要求

实验室环境：温度（20±10)℃。

3）主要仪器设备

烘箱：可控制温度不低于110℃，最小分度值不大于2℃。

天平：分度值不大于1g。

恒温水槽。

4）样品制备

（1）试件尺寸和数量

试件应为100mm×100mm×100mm立方体试件，每组试件的数量应为3块。

（2）试件制备

① 泡沫混凝土的吸水率试件应采用符合现行行业标准《混凝土试模》JG 237规定的规格为100mm×100mm×100mm的立方体混凝土试模进行制作，应在现场浇注试模，24h后脱模，并标准养护28d。

② 泡沫混凝土制品的吸水率试件也可在随机抽样的泡沫混凝土制品中采用机锯或刀锯切取，试件应沿制品的长方向的中央位置均匀切取，试件与试件、试件表面距离制品端头表面的距离不宜小于30mm。

③ 干吸水率试件表面应平整，不应有裂缝或明显缺陷，尺寸允许偏差应为±2mm；试件应逐块编号，并应标明取样部位。

5）实验步骤

（1）在实验前，3块试件应放在温度为(60±5)℃干燥箱内烘干至前后两次相隔4h质量差不大于1g，并应确定其恒质量。

（2）当试件冷却至室温后，应放入水温为（20±5)℃的恒温水槽内，然后加水至试件高度的1/3，保持24h。再加水至试件高度的2/3，经24h后，加水高出试件30mm以上，保持24h。

（3）将试件从水中取出，用湿布抹去表面水分，应立即称取每块质量（m_g），精确至1g。

6）实验结果

吸水率应按式（8-13）计算：

$$W_g = \frac{m_g - m_0}{m_0} \tag{8-13}$$

式中 W_g——吸水率（%），计算精确至0.1；

m_0——试件烘干后质量，单位为克（g）；

m_g——试件吸水后质量，单位为克（g）。

该组试件的吸水率应为3块试件吸水率的平均值，并应精确至0.1%。

第9章 装饰材料

9.1 陶瓷砖

陶瓷砖，又称瓷砖，是由粘土和其他无机非金属材料，经由研磨混合、压制成型、施釉、烧结等工艺生产得到的一种耐酸碱的瓷质或炽质制品。陶瓷砖按吸水率的不同可分为瓷质砖、炻瓷砖、细炻砖、炻质砖、陶质砖；按工艺可分为釉面砖、通体砖、抛光砖、玻化砖、陶瓷锦砖；按用途可分为外墙砖、内墙砖、地砖、广场砖、工业砖等；按成型方式可分为干压成型砖、挤压成型砖、可塑成型砖；按烧成方式可分为氧化性瓷砖、还原性瓷砖。陶瓷砖广泛用于装饰与保护建筑物、构筑物的墙面和地面。随着现代瓷砖工艺技术不断发展壮大、还衍生出多种创意瓷砖来迎合人们不断更新的家居装修理念。

陶瓷砖的技术指标包括：尺寸偏差（即长度、宽度、厚度、边直度等)、表面质量、吸水率、破坏强度、断裂模数、抗热震性、抗釉裂性、光泽度等。

9.1.1 尺寸偏差

1）实验目的

尺寸偏差是指陶瓷砖实际尺寸相对于工作尺寸的偏差，尺寸偏差越小说明陶瓷砖的加工精度越高，也越有利于陶瓷砖施工质量的控制，尺寸偏差是评价陶瓷砖品质的一个主要指标。掌握尺寸偏差的实验方法，熟悉游标卡尺、测厚仪以及平整度综合测定仪的操作规程，了解现行国家标准《陶瓷砖》GB/T 4100 中不同种类的陶瓷砖对尺寸偏差的技术要求。

2）实验依据和环境要求

（1）实验依据

《陶瓷砖》GB 4100

《陶瓷砖试验方法　第 2 部分：尺寸和表面质量的检验》GB/T 3810.2

（2）环境要求

实验室环境：温度(20±10)℃。

3）主要仪器设备

游标卡尺：量程 150mm，分度值 0.02mm；

测厚仪：测头直径为 5mm 或 10mm 的螺旋测微器或其他合适的仪器；

边直度、直角度和平整度综合测定仪：应符合现行国家标准《陶瓷砖试验方法　第 2 部分：尺寸和表面质量的检验》GB/T 3810.2 规定的测量精度。

4）样品准备

取 10 块整砖进行测量。

5）实验步骤

（1）长度和宽度：在离砖角点 5mm 处测量砖的每条边，测量值精确至 0.1mm。

（2）厚度：对表面平整的砖，在砖面上画两条对角线，测量四条线段每段上最厚的点，每块试样测量4点，测量值精确到0.1mm。

对表面不平整的砖，垂直于一边在砖面上画四条直线，四条直线距砖边的距离分别为边长的0.125、0.375、0.625和0.875倍，在每条直线上的最厚处测量厚度。

（3）边直度

将砖放在边直度、直角度和平整度综合测定仪的支承销（S_A、S_B、S_C）上时，使定位销（I_A、I_B、I_C）离被测边每一角的距离为5mm。

将合适的标准板，准确地置于仪器的测量位置上，调整分度表（D_F、D_A）的读数至合适的初始值。

取出标准板，将砖的正面恰当地放在仪器的定位销上，记录边中央处和离角5mm处的分度表（D_F和D_A）读数。如果是正方形砖，转动砖的位置得到4次测量值。每块砖都重复上述步骤，如果是长方形砖，分别使用合适尺寸的仪器来测量其长边和宽边的直度，测量精确到0.1mm。

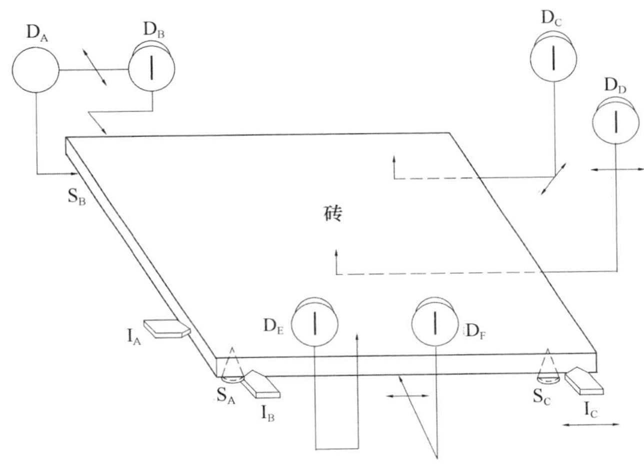

图9-1 边直度、直角度和平整度综合测定仪示意图

6）实验结果

（1）长度和宽度（或边长）：对每块砖以2次（或4次）测量值的平均值作为单块砖的平均尺寸。试样的平均尺寸是20次（或40次）测量值的平均值。

（2）厚度：对每块砖以4次测量值的平均值作为单块砖的平均尺寸。试样的平均尺寸是40次测量值的平均值。

（3）边直度：根据实验结果计算对应工作尺寸偏离直角的最大偏差，用百分比表示。

9.1.2 吸水率

1）实验目的

吸水率反映了陶瓷砖的饱和吸水能力，吸水率的大小主要取决于陶瓷砖本身的孔隙特征、数目和孔径。掌握陶瓷砖水饱和步骤、要点及吸水率计算的实验方法，熟悉陶瓷砖吸水率测定仪的操作规程，了解现行国家标准《陶瓷砖》GB/T 4100中陶瓷砖按吸水率不同的分类与要求。

2）实验依据和环境要求

（1）实验依据

《陶瓷砖》GB 4100

《陶瓷砖试验方法　第3部分：吸水率、显气孔率、表观相对密度和容重的测定》GB/T 3810.3

（2）环境要求

实验室环境：温度（20±10）℃。

3）主要仪器设备

陶瓷砖吸水率测定仪：应符合现行国家标准《陶瓷砖试验方法　第3部分：吸水率、显气孔率、表观相对密度和容重的测定》GB/T 3810.3的测试要求，能容纳要求数量试样的足够大的真空容器、抽真空能达到（10±1）kPa并保持30min的真空系统；

干燥箱：可控制温度不低于110℃，最小分度值不大于2℃；

天平：量程2kg，最小分度值不大于0.01g；

加热装置：用惰性材料制成的用于煮沸的加热装置；

吊环、绳索、玻璃烧杯等。

4）样品准备

取10块整砖进行测量。

5）实验步骤

（1）将砖放在（110±5）℃的烘箱中干燥至恒重，即每隔24h的两次连续质量之差小于0.1%，砖放在有硅胶或其他干燥剂的干燥器中冷却至室温，不能使用酸性干燥剂，称量每块砖的质量并作记录，测量精度见表9-1。

表9-1　砖的质量和测量精度

砖的质量（g）	测量精度（g）
$50 \leqslant m \leqslant 100$	0.02
$100 < m \leqslant 500$	0.05
$500 < m \leqslant 1000$	0.25
$1000 < m \leqslant 3000$	0.50
$m > 3000$	1.00

（2）陶瓷砖的水饱和有三种方法，具体实验内容如下：

①煮沸法

将砖竖直地放在盛有去离子水的加热器中，使砖互不接触。砖的上部和下部应保持有5cm深度的水。在整个实验中都应保持高于砖5cm的水面。将水加热至沸腾并保持煮沸2h。然后切断热源，使砖完全浸泡在水中冷却至室温，并保持（4±0.25）h。也可用常温下的水或制冷器将样品冷却至室温。将一块浸湿过的麂皮用手拧干，并将麂皮放在平台上轻轻地依次擦干每块砖的表面，对于凹凸或有浮雕的表面应用麂皮轻快地擦去表面水分，然后称重，记录每块试样的称量结果。保持与干燥状态下的相同精度。

②真空法

将砖竖直放入真空容器中使砖互不接触，加入足够的水将砖覆盖并高出5cm，抽真空至(10±1)kPa。并保持30min后停止抽真空，让砖浸泡15min后取出。将一块浸湿过的麂皮用手拧干。将麂皮放在平台上依次轻轻擦干每块砖的表面，对于凹凸或有浮雕的表面应用麂皮轻快地擦去表面水分，然后立即称重并记录，与干砖的称量精度相同。

③悬挂称量

试样在真空下吸水后，称量试样悬挂在水中的质量，精确至0.01g。称量时，将样品挂在天平一臂的吊环、绳索或篮子上。实际称量前，将安装好并浸入水中的吊环、绳索或篮子放在天平上，使天平处于平衡位置。吊环、绳索或篮子在水中的深度与放试样称量时相同。

6）实验结果

陶瓷砖的吸水率按式（9-1）计算：

$$E_b = \frac{m_2 - m_1}{m_1} \tag{9-1}$$

式中 m_1——干砖的质量（g）；

m_2——湿砖的质量（g）；

E_b——陶瓷砖的吸水率（%）。

9.1.3 破坏荷载和断裂模数

1）实验目的

破坏强度指的是破坏荷载乘以两根支撑棒之间的跨距，再与试样宽度相比而得出的力，断裂模数是破坏强度除以沿破坏断裂面的最小厚度的平方得出的量值，两者表征了陶瓷砖在外力作用下的抗开裂、断裂能力，是反映陶瓷砖力学性能的重要指标，破坏强度和断裂模数除受陶瓷砖的原料配方影响外，还与烧成温度、时间等生产工艺有关。掌握陶瓷砖破坏强度和断裂模数的实验方法，熟悉数显陶瓷砖抗折试验仪的操作规程，了解现行国家标准《陶瓷砖》GB/T4100中不同种类的陶瓷砖对破坏强度和断裂模数的技术要求。

2）实验依据和环境要求

（1）实验依据

《陶瓷砖》GB 4100

《陶瓷砖试验方法　第4部分：断裂模数和破坏强度的测定》GB/T 3810.4

（2）环境要求

实验室环境：温度(20±10)℃。

3）主要仪器设备

干燥箱：可控制温度不低于（110±5)℃，最小分度值不大于2℃。

数显陶瓷砖抗折试验仪：配有两根圆柱形支撑棒和一根圆柱形中心棒，圆柱形支撑棒用金属制成，与试样接触部分用硬度为（50±5)IRHD橡胶包裹；圆柱形中心棒的直径与支撑棒相同，用来传递荷载，此棒可稍作摆动。结构如图9-2所示：

4）样品准备

应用整砖检验，但对于超大的砖（边长大于300mm）和一些非矩形的砖，有必要时可进行切割，切割成可能最大尺寸的矩形试样，以便安装在仪器上使用。

每种样品的最小试样数量见表9-2：

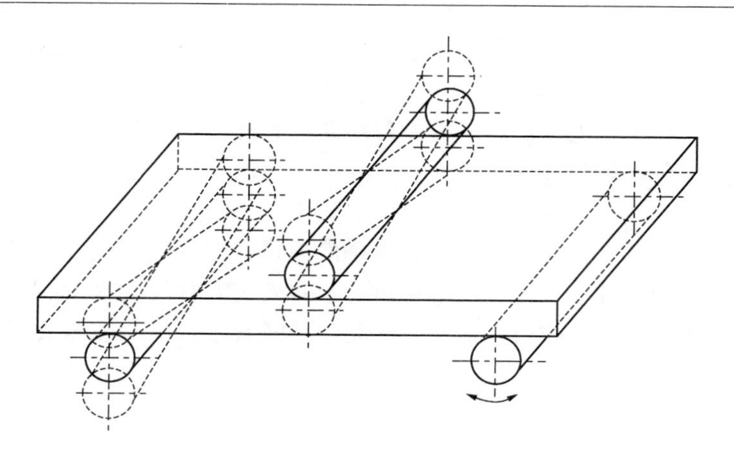

图 9-2

表 9-2　最小试样量

砖的尺寸 K（mm）	最小试样数量（块）
$K \geqslant 48$	7
$18 \leqslant K < 48$	10

5）实验步骤

（1）用硬刷刷去试样背面松散的粘结颗粒。将试样干燥至恒重，冷却至室外温至少 3h 后才能进行实验。

（2）将试样置于支撑上，使釉面或正面朝上，试样伸出每根支撑棒的长度 l 如表 9-3 所示：

表 9-3　棒的直径、橡胶厚度和长度（mm）

砖的尺寸 K	棒的直径 d	砖的厚度 t	砖伸出支撑棒外的长度 l
$K \geqslant 95$	20	5±1	10
$48 \leqslant K < 95$	10	2.5±0.5	5
$18 \leqslant K \leqslant 48$	5	1±0.2	2

（3）对于两面相同的砖，例如无釉马赛克，以哪面向上都可以。对于挤压成型的砖，应将其背肋垂直于支撑棒放置，对所有其他矩形砖，应以其长边垂直于支撑棒放置。

（4）对凸纹浮雕的砖，在与浮雕面接触的中心棒上再垫一层相应厚度的橡胶层；中心棒应与两支撑棒等距，以(1±0.2)N/(mm^2·s)的速率均匀地增加荷载，记录断裂荷载 F。

6）实验结果

只有在宽度与中心棒直径相等的中间部位断裂试样，其结果才能用来计算平均破坏强度和平均断裂模数，计算平均值至少 5 个有效的结果。如果有效结果至少于 5 个，应取加倍数量的砖再作第二组实验，此时至少需要 10 个有效结果来计算平均值。

破坏强度（S）以 N 表示，按式（9-2）计算：

$$S = \frac{FL}{b} \tag{9-2}$$

断裂模数（R）以 N/mm^2 表示，按式（9-3）计算：

$$R = \frac{3FL}{2bh^2} = \frac{3S}{2h^2} \tag{9-3}$$

式中 F——破坏荷载（N）；

L——支撑棒之间的跨距（mm）；

b——试样的宽度（mm）；

h——实验后沿断裂边测得的试件断裂面的最小厚度（mm）。

9.2 天然石材

天然石材是指从天然岩体中开采得到的毛料，或经加工而制成的块状或板状的饰面材料。由于其抗压强度高，耐磨、耐久性好、美观且便于就地取材，所以现仍被广泛使用。

石材在建筑中常被用作砌体材料和装饰材料。建筑装饰用石材主要有大理石和花岗石两大类。天然大理石属于中硬石材，是指变质或沉积的碳酸盐岩类的岩石，主要用于建筑装饰等级要求高的建筑物，用作室内高级饰面材料，也可用作室内地面或踏步（耐磨性次于花岗岩）。但因其主要化学成分为 $CaCO_3$，易被酸性介质侵蚀，使表面很快失去光泽，变得粗糙多孔，从而降低装饰效果。因此，除少数质地纯正、杂质少、比较稳定耐久的品种如汉白玉、艾叶青等大理石可用于外墙饰面外，一般大理石不宜用于室外装饰。天然花岗石是以铝硅酸盐为主要成分的岩浆岩，材质坚硬、化学稳定性好、抗压强度高且耐久性好。但由于其开采运输困难、修琢加工及铺贴施工耗工费时，因此造价较高，一般只用在重要的大型建筑中。常用规格为厚度 20mm，宽 150～915mm，长 300～1220mm 的长方形板材，也可加工成 8～12mm 厚的薄板及异型板材。

天然饰面石材的性能指标主要包括弯曲强度（干燥/水饱和）、压缩强度（干燥、水饱和、冻融循环）、体积密度、真密度、真气孔率和吸水率。

9.2.1 弯曲强度

1）实验目的

弯曲强度是指试件在弯曲负荷下破裂所能承受的最大应力值，反映了天然石材抗弯曲的能力，是衡量天然石材弯曲性能的指标。掌握弯曲强度的实验方法，熟悉压力试验机的操作规程，了解现行国家标准《天然花岗石建筑板材》GB/T 18601 和《天然大理石建筑板材》GB/T 19766 中天然石材对不同环境条件下的弯曲强度的技术要求。

2）实验依据及环境要求

（1）实验依据

《天然饰面石材试验方法　第二部分：干燥、水饱和弯曲强度试验方法》GB/T 9966.2

（2）环境要求

实验室环境：温度(20±10)℃。

3）主要仪器设备

实验机：示值相对误差不超过±1%。实验破坏的载荷在设备示值的 20%～90%范围内。

游标卡尺：读数值为0.10mm。

万能角度尺：精度为2′。

干燥箱：温度可控制在（105±2)℃范围内。

4）样品制备

（1）试样厚度（H）可按实际情况确定。当试样厚度（H）≤68mm时，宽度为100mm；当试样厚度＞68mm时，宽度为1.5H。试样长度为10H＋50mm。长度偏差±1mm，宽度、厚度尺寸偏差±0.3mm。

（2）试样上应标明层理方向。

（3）试样两个受力面应平整且平行。正面与侧面夹角应为90°±0.5°。

（4）试样不得有裂纹、缺棱缺角。

（5）在试样上下两面分别标记出支点的位置。

（6）每种实验条件下的试样取五个为一组。如进行干燥、水饱和条件下的垂直和平行层理的弯曲强度实验，应制备20个试样。

5）实验步骤

（1）干燥弯曲强度实验方法

① 在（105±2)℃的干燥箱内将试样干燥24h后，放入干燥器中冷却至室温；

② 调节支架下支座之间的距离（$L=10H$）和上支座之间的距离（$L/2$），误差在±1.0mm内。按照试样上标记的支点位置将其放在上下支架之间。一般情况下应使试样装饰面处于弯曲拉伸状态，即将饰面朝下放在下支架支座上；

③ 以每分钟1800N±50N的速率对试样施加荷载至试样破坏。记录试样破坏荷载值F，精确至10N；

④ 用游标卡尺测量试样断裂面的宽度K和厚度H，精度至0.1mm。

（2）水饱和弯曲强度实验方法

① 将试样放在（20±2)℃的清水中浸泡48h后取出，用拧干的湿毛巾擦去试样表面水分，立即进行实验；

② 调节支架支座距离、实验加载条件和试样尺寸测量方法同上。

6）实验结果

弯曲强度按式（9-4）计算

$$P_w=\frac{3FL}{4KH^2} \tag{9-4}$$

式中　P_w——弯曲强度（MPa）；

F——试样破坏荷载（N）；

L——支点间距离（mm）；

K——试样宽度（mm）；

H——试样厚度（mm）。

以每组试样弯曲强度的算术平均值作为弯曲强度，实验结果修约到0.1MPa。

9.2.2　压缩强度

1）实验目的

压缩强度是指试件承受单向压缩力而破坏的应力值，表征天然石材抵抗压缩荷载的能力，是评价天然石材力学性能的一个重要参数。掌握压缩强度的实验方法，熟悉压力试验机的操作规程，了解现行国家标准《天然花岗石建筑板材》GB/T 18601 和《天然大理石建筑板材》GB/T 19766 中天然石材对不同环境条件下的压缩强度的技术要求。

2）实验依据及环境要求

（1）实验依据

《天然饰面石材试验方法　第一部分：干燥、水饱和冻融循环后压缩强度试验方法》GB/T 9966.1

（2）环境要求

实验室环境：温度（20±10)℃。

3）主要仪器设备

实验机：示值相对误差不超过±1%。实验破坏的载荷在设备示值的 20%~90%范围。

游标卡尺：读数值为 0.10mm。

万能角度尺：精度为 2′。

干燥箱：温度可控制在（105±2)℃范围内。

4）样品制备

（1）试样尺寸：边长 50mm 的正方体或 ϕ50×50mm 的圆柱体；尺寸偏差±0.5mm；

（2）每种实验条件下的试样取 5 个为一组。若进行干燥、水饱和、冻融循环后的垂直和平行层理的压缩强度实验需制备试样 30 个；

（3）试样应标明层理方向；

（4）试样两个受力面平行、光滑，相邻面夹角应为 90°±0.5°；

（5）试样上不得有裂纹、缺棱和缺角。

5）实验步骤

（1）干燥压缩强度实验方法

① 将试样在 105℃±2℃的干燥箱内干燥 24h，放入干燥器中冷却至室温；

② 用游标卡尺分别测量试样两受力面的边长并计算其面积，以两个受力面面积的平均值作为试样受力面面积，边长测量值精确到 0.5mm；

③ 将试样放置于材料实验机下压板的中心部位，施加荷载至试样破坏并记录试样破坏时的荷载值，读数值准确到 500N。加载速率为（1500±100）N/s 或压板移动的速率不超过 1.3mm/min。

（2）水饱和的压缩强度

① 将试样放在（20±2)℃的清水中浸泡 48h 后取出，用拧干的湿毛巾擦去试样表面水分；

② 受力面积计算和试验操作同上。

6）实验结果

压缩强度按式（9-5）计算：

$$P=\frac{F}{S} \tag{9-5}$$

式中　P——压缩强度（MPa）；

F——试样破坏荷载（N）；

S——实验受力面积（mm^2）。

以每组试样压缩强度的算术平均值作为该条件下的压缩强度，数值修约到1MPa。

9.2.3 体积密度与吸水率

1）实验目的

体积密度是指在自然状态下，单位体积（包括材料实体及其开口孔隙、闭口孔隙）的质量，吸水率是指岩石饱和吸水后的质量与干燥岩石质量之比，两者均是反映天然石材物理性能的指标。掌握体积密度和吸水率的实验方法，了解现行国家标准《天然花岗石建筑板材》GB/T 18601和《天然大理石建筑板材》GB/T 19766中天然石材对体积密度和吸水率的技术要求。

2）实验依据及环境要求

（1）实验依据

《天然饰面石材试验方法　第三部分：体积密度、真密度、真气孔率、吸水率试验方法》GB/T 9966.3

（2）环境要求

实验室环境：温度（20±10）℃。

3）主要仪器设备

干燥箱：温度可控制在（105±2）℃范围内。

天平：最大称量1000g，感量10mg；最大称量200g，感量1mg。

比重瓶：容积25～30mL。

标准筛：63μm。

4）样品制备

试样为边长50mm的正方形或直径、高度均为50mm的圆柱体，尺寸偏差为±0.5mm。每组5块。试样不允许有裂纹。

5）实验步骤

（1）将试样置于（105±2）℃的干燥箱内干燥至恒重（连续两次称量的质量之差小于0.02%），并在干燥器中冷却至室温。称其质量（m_0），精确至0.02g；

（2）将试样放在（20±2）℃的蒸馏水中浸泡48h后取出，用拧干的湿毛巾擦去试样表面水分。称其质量（m_1），精确至0.02g；

（3）立即将水饱和的试样置于网篮并将网篮与试样一起浸入（20±2）℃的蒸馏水中，称其试样在水中质量（m_2）（注意在称量时须先小心除去附着在网篮和试样上的气泡），精确至0.02g。

6）实验结果

（1）体积密度计算：

$$\rho_b = \frac{m_0 \times \rho_w}{m_1 - m_2} \tag{9-6}$$

式中　m_0——干燥试样在空气中的质量（g）；

m_1——水饱和试样在空气中的质量（g）；

m_2——水饱和试样在水中的质量（g）；

ρ_w——室温下蒸馏水的密度（g/cm^3）。

（2）吸水率计算

$$W_a = \frac{m_1 - m_0}{m_0} \times 100 \tag{9-7}$$

式中　m_0——干燥试样在空气中的质量（g）；

m_1——水饱和试样在空气中的质量（g）。

计算每组试样体积密度、吸水率的算术平均值作为实验结果。体积密度取三位有效数字；吸水率取两位有效数字。

第 10 章　建筑节能材料

10.1　绝热用挤塑聚苯乙烯泡沫塑料（XPS）

绝热用挤塑聚苯乙烯泡沫塑料（XPS）是指以聚苯乙烯树脂或共聚物为主要成分，通过加热挤塑成型而制得的具有闭孔结构的硬质泡沫塑料。绝热用挤塑聚苯乙烯泡沫塑料具有特有的微细闭孔蜂窝状结构，与绝热用模塑聚苯乙烯泡沫塑料（EPS）相比，具有密度大、压缩性能高、导热系数小、吸水率低、水蒸气渗透系数小等特点。在长期高湿度或浸水环境下，XPS 板仍能保持其优良的保温性能，在各种常用保温材料中，是目前唯一能在 70%相对湿度下两年后热阻保留率仍在 80%以上的保温材料。绝热用挤塑聚苯乙烯泡沫塑料（XPS）还具有很好的耐冻融性能及较好的抗压缩蠕变性能。

绝热用挤塑聚苯乙烯泡沫塑料（XPS）的技术指标包括：规格尺寸和允许偏差、外观质量、压缩强度、吸水率、透湿系数、导热系数、热阻及尺寸稳定性等。

10.1.1　垂直于板面方向的抗拉强度

1）实验目的

垂直于板面方向的抗拉强度是反映绝热用挤塑聚苯乙烯泡沫塑料（XPS）的力学性能的主要指标，是指在正反向拉力作用下刚性平板（或金属板）与试样脱落过程中所承受的最大拉应力与试样的横断面积的比值。掌握绝热用挤塑聚苯乙烯泡沫塑料（XPS）垂直于板面方向抗拉强度的实验方法，熟悉拉力机的操作规程，了解现行行业标准《胶粉聚苯颗粒外墙外保温系统材料》JG/T 158 中对绝热用挤塑聚苯乙烯泡沫塑料（XPS）垂直于板面方向的抗拉强度的技术要求。

2）实验依据及环境要求

① 实验依据

《胶粉聚苯颗粒外墙外保温系统材料》JG/T 158

《塑料试样状态调节和试验的标准环境》GB/T 2918

② 环境要求

调试环境：实验前温度(23±2)℃和相对湿度(50±10)%。

实验室环境：温度(23±2)℃，相对湿度(50±10)%。

3）主要仪器设备

拉力机：需有合适的测力范围和行程，精度 1%。

固定试样的刚性平板或金属板：互相平行的一组附加装置，避免实验过程中拉力的不均衡。

直尺：精度为 0.1mm。

4）样品制备

试样尺寸与数量：100mm×100mm×50mm，5个。

在保温板上切割下试样，其基面应与受力方向垂直。切割时需离膨胀聚苯板边缘15mm以上，试样的两个受检面的平行度和平整度的偏差不大于0.5mm。试样在调试环境下放置6h以上。

5）实验步骤

（1）试样以合适的胶粘剂粘贴在两个刚性平板或金属板上。

① 胶粘剂对产品表面既不增强也不损害；

② 避免使用损害产品的强力粘胶；

③ 胶粘剂中如含有溶剂，必须与产品相容。

（2）试样装入拉力机上，以（5±1）mm/min的恒定速度加荷，直至试样破坏。最大拉力单位以kN表示。

6）实验结果

按式（10-1）计算垂直于板面方向的抗拉强度σ_{mt}，以五个实验结果的算术平均值表示，精确至0.01kPa。

$$\sigma_{mt} = \frac{F_m}{A} \tag{10-1}$$

式中　σ_{mt}——拉伸强度，单位为千帕（kPa）；

F_m——最大拉力，单位为千牛（kN）；

A——试样的横断面积，单位为平方米（m^2）。

记录试样的破坏形状和破坏方式，或表面状况。破坏面如在试样与两个刚性平板或金属板之间的粘胶层中，则该试样测试数据无效。

10.1.2　压缩强度

1）实验目的

压缩强度是评定绝热用挤塑聚苯乙烯泡沫塑料（XPS）强度等级主要依据，是指绝热用挤塑聚苯乙烯泡沫塑料（XPS）相对形变为10%时的最大压缩力与试样初始横截面积的比值。掌握绝热用挤塑聚苯乙烯泡沫塑料（XPS）压缩强度的实验方法，熟悉压缩实验机和位移测量装置的操作规程，了解现行行业标准《绝热用挤塑聚苯乙烯泡沫塑料（XPS）》GB/T 10801.2中绝热用挤塑聚苯乙烯泡沫塑料（XPS）压缩强度等级的划分及技术要求。

2）实验依据及环境要求

（1）实验依据

《绝热用挤塑聚苯乙烯泡沫塑料（XPS）》GB/T 10801.2

《硬质泡沫塑料　压缩性能的测定》GB/T 8813

《塑料试样状态调节和试验的标准环境》GB/T 2918

《泡沫塑料和橡胶　线性尺寸的测定》GB/T 6342

（2）环境要求

调试环境：实验前温度(23±2)℃和相对湿度(50±10)%。

实验室环境：温度为(23±2)℃，相对湿度为(50±10)%。

3）主要仪器设备

压缩试验机：使用的压缩试验机力和位移的范围应满足本标准要求。需配有两块表面抛光且不会变形的方形或圆形的平行板，板的边长（或直径）至少为 100mm，且大于试样的受压面，其中一块为固定的，另一块可按规定的条件以恒定的速率移动（实验条件应与试样状态调节条件相同，将试样放置在压缩机的两块平行板之间的中心，尽可能以每分钟压缩试样初始厚度 10％的速率压缩试样，直到试样厚度为初始厚度的 85％，记录在压缩过程中的力值）。两板应始终保持水平状态。

位移测量装置：压缩实验机应装有一个能连续测量移动板位移量 χ 的装置，准确度为 ±5％或 ±0.1mm，如果后者的准确度更高则选择后者。

力的测量装置：在压缩实验机的一块平板上安装一个力传感器，可连续测量实验时试样对平板的反作用力 F，准确度为 ±1％，传感器在测最时所产生的自身形变忽略不计［注：推荐同时记录力 F 和位移 χ 的装置，以获得 $F-f(\chi)$ 曲线，在曲线图上］。

测量试样尺寸的量具：应符合现行国家标准《泡沫塑料和橡胶　线性尺寸的测定》GB/T 6342 的规定。

4）样品制备

（1）试件制备

制取试样应使其受压面与制品使用时要承受压力的方向垂直。如需了解各向异性材料完整的特性或不知道各向异性材料的主要方内时，应制备多组试样。通常，各向异性体的特性用一个平面及它的正交面表示，因此考虑用两组试样。制取试样应不改变泡沫材料的结构，制品在使用中不保留模塑表皮的，应除去表皮。

（2）试件尺寸及数量

试样厚度应为（50±1）mm，使用时需带有模塑表皮的制品。其试样应取整个制品的原厚，但厚度最小为 10mm，最大不得超过试样的宽度或直径。

试样的受压面为正方形或圆形，最小而积为 25cm²，最大面积为 230cm²。首选使用受压面为(100±1)mm×(100±1)mm 的正四棱柱试样。

试样两平面的平行度误差不应大于 1％。

不允许几个试样叠加进行实验。

不同厚度的试样测得的结果不具可比性。

从硬质泡沫塑料制品的块状材料或厚板中制取试样时，取样方法和数量应参照有关泡沫塑料制品标准的规定，在缺乏相关规定时，至少要取 5 个试样。

5）实验步骤

（1）测量每个试样的三维尺寸。

（2）将试样放置在压缩机的两块平行板之间的中心，尽可能以每分钟压缩试样初始厚度 10％的速率压缩试样，直到试样厚度为初始厚度的 85％，记录在压缩过程中的力值。

（3）如果要测定压缩弹性模最，应记录力-位移曲线，并画出曲线斜率最大处的切线。

（4）每个试样按上述步骤进行测试。

6）实验结果

按式（10-2）计算压缩强度 σ_m，以五个实验结果的算术平均值表示，精确至 1kPa。

$$\sigma_m = 10^3 \times \frac{F_m}{A_0} \tag{10-2}$$

式中 F_m——相对形变 ξ<10%写时的最大压缩力，单位为牛顿（N）；

A_0——试样初始横截面积，单位为平方毫米（mm^2）。

10.1.3 吸水率

1）实验目的

吸水率是反映绝热用挤塑聚苯乙烯泡沫塑料（XPS）防水、防潮性能的重要指标之一。掌握绝热用挤塑聚苯乙烯泡沫塑料（XPS）吸水率的实验方法，了解现行行业标准《绝热用挤塑聚苯乙烯泡沫塑料（XPS）》GB/T 10801.2 中对绝热用挤塑聚苯乙烯泡沫塑料（XPS）吸水率的技术要求。

2）实验依据及环境要求

（1）实验依据

《绝热用挤塑聚苯乙烯泡沫塑料（XPS）》GB/T 10801.2

《硬质泡沫塑料吸水率的测定》GB/T 8810

《塑料试样状态调节和试验的标准环境》GB/T 2918

《泡沫塑料和橡胶 线性尺寸的测定》GB/T 6342

（2）环境要求

调试环境：实验前温度(23±2)℃和相对湿度(50±10)%。

实验室环境：温度为(23±2)℃，相对湿度为(50±10)%。

3）主要仪器设备

天平：能悬挂网笼，精确到0.1g。

网笼：由不锈钢材料制成，大小能容纳试样，底部附有能抵消试样浮力的重块，顶部有能挂到天平上的挂架（图10-1）。

圆筒容器：直径为250mm，高度为250mm。

低渗透性塑料薄膜：如聚乙烯薄膜。

切片器：应有切割样品薄片厚度为0.1～0.4mm的能力。

载片：将两片幻灯玻璃片用胶布粘接成活叶状，中间放一张印有标准刻度（长度30mm）的塑料薄片（图10-2）。

投影仪：适用于50mm×50mm标准试样的通用型35mm幻灯片投影仪，或者带有标准刻度的投影显微镜。

4）样品制备

（1）试件制备

采用机械切割方式制备试样，试样表面应光滑、平整和无粉尘。常温下放于干燥器中，每隔12h称重一次，直至连续两次称重之差不大于其平均值的1%。

（2）试件尺寸及数量

长度为150mm，宽度为150mm，体积不小于500cm^3。对带有自然表皮或复合表皮的产品，试样厚度为产品厚度；对厚度大于75mm且不带表皮的产品，试样应加工成75mm的厚度，两平面之间的平行度公差不大于1%。

试件数量不得少于3块。

5）实验步骤

（1）称量干燥后试样质量（m_1），准确到 0.1g；

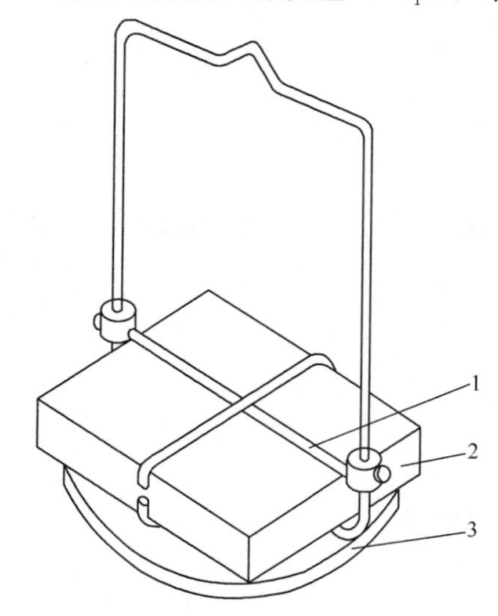

图 10-1　装有试样的网笼

1—网笼；2—试样；3—重块

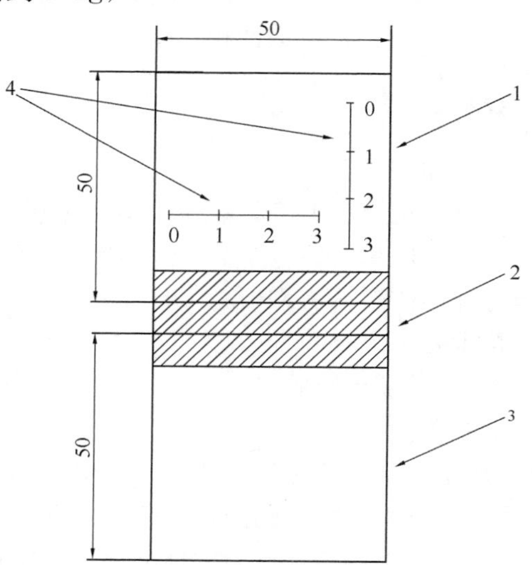

图 10.2　载片装置（单位：mm）

1—标准玻璃载片；2—软胶布粘接；3—空白盖片；4—标准刻度尺

（2）测量试样线性尺寸用于计算 V_0，V_0 准确至 0.1cm³；

（3）在实验环境下，将蒸馏水（蒸馏后至少放置 48h 的蒸馏水）注入圆筒容器内；

（4）将网笼浸入水中，除去网笼表面气泡，挂到天平上，称其表观质量（m_2），准确至 0.1g；

（5）将试样装入网笼，重新浸入水中，并使试样顶面距水面约 50mm，用软毛刷或搅拌杆除去网笼和试样表面气泡；

（6）将低渗透性塑料薄膜盖在圆筒容器上；

（7）经（96±1）h 或其他规定的浸泡时间后，移去塑料薄膜，称量浸在水中装有试样的网笼的表观质量（m_3），准确到 0.1g；

（8）目测试样溶胀现象，并对溶胀现象和切割面泡孔体积进行校正。

6）实验结果

（1）试样经浸泡后没有明显的非均匀溶胀现象时，计算公式如下：

从水中取出试样，立即重新测量其尺寸，为测量方便在测量前用滤纸吸去表面水分。试样均匀溶胀体积校正系数 S_0；

$$S_0 = \frac{V_1 - V_0}{V_0} \tag{10-3}$$

$$V_0 = \frac{d \times l \times b}{1000} \tag{10-4}$$

$$V_1 = \frac{d_1 \times l_1 \times b_1}{1000} \tag{10-5}$$

式中　V_1——试样浸泡后体积，单位为立方厘米（cm³）；

V_0——试样初始体积，单位为立方厘米（cm³）；

d——试样的初始厚度，单位为毫米（mm）；

l——试样的初始长度，单位为毫米（mm）；

b——试样的初始宽度，单位为毫米（mm）；

d_1——试样浸泡后厚度，单位为毫米（mm）；

l_1——试样浸泡后长度，单位为毫米（mm）；

b_1——试样浸泡后宽度，单位为毫米（mm）。

切割表面泡孔的体积校正：从进行吸水实验的相同样品上切片，测量其平均泡孔直径 D，按式（10-6）与式（10-7）计算切割表面表面泡孔体积 V_C。

$$V_C = \frac{0.54D(l \times d + b \times d)}{500} \tag{10-6}$$

各表面均为切割面的试样：

$$V_C = \frac{0.54D(l \times d + l \times b + b \times d)}{500} \tag{10-7}$$

式中　V_C——试样切割面泡孔体积，单位为立方厘米（cm^3）；

D——平均泡孔直径，单位为毫米（mm）。

若平均泡直径小于 0.50mm，且试样体积不小于 500cm^3，切割面泡孔的体积校正系数较小（小于 3.0%）时，可以被忽略。

溶胀和切割表面体积合并校正系数 S_1 由式（10-8）得出：

$$S_1 = \frac{V_2 - V_3 - V_0}{V_0} \tag{10-8}$$

式中　V_2——装有试样的网笼浸在水中排水的体积，单位为立方厘米（cm^3）；

V_3——网笼浸在水中排出水的体积，单位为立方厘米（cm^3）；

V_0——试样的初始体积，单位为立方厘米（cm^3）。

（2）吸水率（WA_V）的可按式（10-9）与式（10-10）计算：

① 方法 A：

$$WA_V = \frac{m_3 + V_1 \times \rho - (m_1 + m_2 + V_C \times \rho)}{V_0 \rho} \times 100 \tag{10-9}$$

式中　WA_V——吸水率，%；

m_1——试样质量，单位为克（g）；

m_2——网笼浸在水中的表观质量，单位为克（g）；

m_3——装有试样的网笼浸在水中的表观质量，单位为克（g）；

V_1——试样浸渍后体积，单位为立方厘米（cm^3）；

V_C——试样切割表面泡孔体积，单位为立方厘米（cm^3）；

V_0——试样初始体积，单位为立方厘米（cm^3）；

ρ——水的密度（1g/cm^3）。

② 方法 B：

$$WA_V = \frac{m_3 + (V_2 - V_3)\rho - (m_1 + m_2)}{V_0 \rho} \times 100 \tag{10-10}$$

式中　WA_V——吸水率（%）；

m_1——试样质量，单位为克（g）；

m_2——网笼浸在水中的表观质量，单位为克（g）；
m_3——装有试样的网笼浸在水中的表观质量，单位为克（g）；
V_2——装有试样的网笼浸在水中排出水的体积，单位为立方厘米（cm^3）；
V_3——网笼浸在水中排出水的体积，单位为立方厘米（cm^3）；
V_0——试样初始体积，单位为立方厘米（cm^3）；
ρ——水的密度（$1g/cm^3$）。

取全部被测试试样吸水率的算术平均值。

10.1.4　表观密度

1）实验目的

表观密度是指单位体积泡沫材料的质量，与绝热用挤塑聚苯乙烯泡沫塑料（XPS）的压缩强度及导热系数等指标密切相关。掌握绝热用挤塑聚苯乙烯泡沫塑料（XPS）表观密度的实验方法，解现行行业标准《胶粉聚苯颗粒外墙外保温系统材料》JG/T 158 中对绝热用挤塑聚苯乙烯泡沫塑料（XPS）表观密度的技术要求。

2）实验依据及环境要求

（1）实验依据

《泡沫塑料和橡胶　线性尺寸的测定》GB/T 6342

《泡沫塑料及橡胶　表观密度的测定》GB/T 6343

《塑料试样状态调节和试验的标准环境》GB/T 2918

（2）环境要求

调试环境：实验前温度(23±2)℃和相对湿度(50±10)%。

实验室环境：温度为(23±2)℃，相对湿度为(50±10)%。

3）主要仪器设备

天平：称量精确度为0.1%；

量具：应符合现行国家标准《泡沫塑料和橡胶　线性尺寸的测定》GB/T 6342 的规定。

4）样品制备

试样总体积至少为$100cm^3$，在仪器允许及保持原始形状不变的条件下，尺寸尽可能大。在测定样品的密度时会用到试样的总体积和总质量。试样应制成体积可精确测量的规整几何体。至少测试5个试样。

5）实验步骤

（1）将游标卡尺的测量面靠拢至恰好接触试样表面而不使试样表面产生任何变形和损伤，将试样轻微地前后移动，感到轻微阻力，记下长度的测量值，单位mm。每一个尺寸至少测量5个位置，分别计算出该尺寸的平均值。测量宽度、厚度时重复以上步骤。

（2）称量试样，精确到0.5%，单位为克（g）。

6）实验结果

按式（10-11）计算表观密度，以五个实验结果的算术平均值表示，精确至$0.1kg/m^3$。

$$\rho=\frac{m}{V}\times10^6 \tag{10-11}$$

式中　ρ——表观密度，单位为千克每立方米（kg/m^3）；

m ——试样的质量，单位为克（g）；

V ——试样的体积，单位为立方毫米（mm^3）。

10.2 蒸压加气混凝土砌块

蒸压加气混凝土是指以硅质材料（砂、粉煤灰、矿渣及含硅尾矿等）和钙质材料（石灰、水泥）为主要原料，掺加发气剂（铝粉）、少量调节剂，通过配料、搅拌、浇注、预养、切割、蒸压、养护等工艺过程制成的轻质多孔硅酸盐制品。由于加气混凝土砌块具有轻质、保温隔热、吸声，耐火、可加工性能好等优点，是我国推广应用最早，使用最广泛的轻质墙体材料之一。蒸压加气混凝土砌块主要作为非承重外墙及内隔墙，也可用于屋面保温，但不得用于建筑物基础和处于浸水、高湿和有侵蚀介质（如强酸、强碱或高浓度二氧化碳）的环境中，也不得用于承重制品表面温度高于 80℃的建筑物。

蒸压加气混凝土砌块的技术指标包括：尺寸偏差和外观、抗压强度、干密度、干燥收缩、抗冻性与导热系数。

10.2.1 干密度、含水率

1）实验目的

干密度是评定蒸压加气混凝土砌块密度等级的依据，与原材料、配合比及养护条件等因素有关；含水率是指材料或制品中所含水分质量与其干质量的比值。掌握蒸压加气混凝土砌块干密度与含水率的实验方法，了解现行国家标准《蒸压加气混凝土砌块》GB11968 中蒸压加气混凝土砌块干密度等级划分及技术要求。

2）实验依据及环境要求

（1）实验依据

《蒸压加气混凝土砌块》GB 11968

《蒸压加气混凝土性能试验方法》GB/T 11969

（2）环境要求

实验室环境：温度为（20±10）℃。

3）主要仪器设备

电热鼓风干燥箱：最高温度 200℃。

托盘天平或磅秤：称量 2000g，感量 1g。

钢板直尺：规格为 300mm，分度值为 0.5mm。

4）样品制备

（1）试件的制备，采用机锯或刀锯，锯切时不得将试件弄湿。

（2）试件应沿制品发气方向中心部分上、中、下顺序锯取一组，“上”块表示上表面距离制品顶面 30mm，“中”块表示在制品正中处，“下”块表示下表面离制品底面 30mm。

（3）制品的高度不同，试件间隔略有不同，以高度 600mm 的制品为例，试件锯取部位如图 10-3 所示。

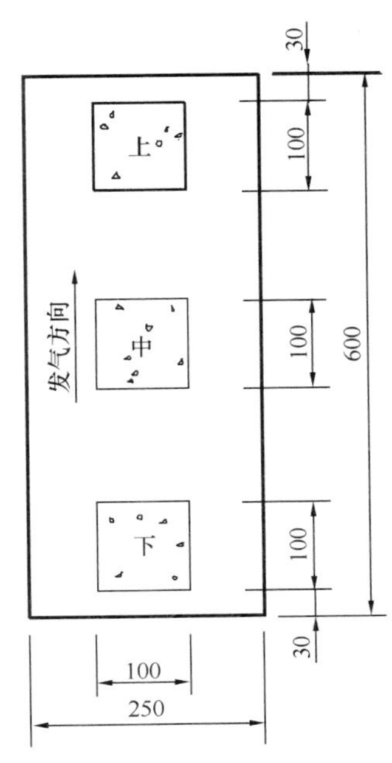

图 10-3 立方体试件锯取示意图（单位：mm）

(4) 试件表面必须平整，不得有裂缝或明显缺陷，尺寸允许偏差为±2mm；试件应逐块编号，标明锯取部位和发气方向。

(5) 试件为 100mm×100mm×100mm 正立方体，一组 3 块。

5) 实验步骤

(1) 取试件一组 3 块，逐块量取长、宽、高三个方向的轴线尺寸，精确至 1mm，计算试件的体积；并称取试件质量 M，精确至 1g。

(2) 将试件放入电热鼓风干燥箱内，在(60±5)℃下保温 24h，然后在(80±5)℃下保温 24h，再在(l05±5)℃下烘至恒质(M_0)。恒质指在烘干过程中间隔 4h，前后两次质量差不超过试件质量的 0.5%。

6) 实验结果

按式 (10-12) 计算干密度，以三个实验结果的算术平均值表示，精确至 $1kg/m^3$。

$$r_0 = \frac{M_0}{V} \times 10^6 \tag{10-12}$$

式中　r_0——干密度，单位为千克每立方米 (kg/m^3)；

M_0——试件烘干后质量，单位为克 (g)；

V——试件体积，单位为立方毫米 (mm^3)

按式 (10-13) 计算含水率，以三个实验结果的算术平均值表示，精确至 0.1%。

$$W_s = \frac{M - M_0}{M_0} \times 100 \tag{10-13}$$

式中　W_s——含水率 (%)；

M_0——试件烘干后质量，单位为克 (g)；

M——试件烘干前质量，单位为克 (g)。

10.2.2　吸水率

1) 实验目的

吸水率是蒸压加气混凝土砌块在规定条件下，在一定时间内吸收的水分质量与其干质量的比值。掌握蒸压加气混凝土砌块吸水率的实验方法。

2) 实验依据及环境要求

(1) 实验依据

《蒸压加气混凝土砌块》GB 11968

《蒸压加气混凝土性能试验方法》GB/T 11969

(2) 环境要求

实验室环境：温度为(20±10)℃。

3) 主要仪器设备

电热鼓风干燥箱：最高温度 200℃。

托盘天平或磅秤：称量 2000g，感量 1g。

钢板直尺：规格为 300mm，分度值为 0.5mm。

恒温水槽：水温 15～25℃。

4) 样品制备

（1）试件的制备，采用机锯或刀锯，锯切时不得将试件弄湿。

（2）试件应沿制品发气方向中心部分上、中、下顺序锯取一组，“上”块表示上表面距离制品顶面 30mm，“中”块表示在制品正中处，“下”块表示下表面离制品底面 30mm。制品的高度不同，试件间隔略有不同，以高度 600mm 的制品为例，试件锯取部位如图 10-3 所示。

（3）试件表面必须平整，不得有裂缝或明显缺陷，尺寸允许偏差为±2mm；试件应逐块编号，标明锯取部位和发气方向。

（4）试件为 100mm×100mm×100mm 正立方体，一组 3 块。

5）实验步骤

（1）将 3 块试件放入电热鼓风干燥箱内，在（60±5)℃下保温 24h，然后再（80±5)℃下保温 24h，再在（105±5)℃下烘至恒质（M_0）。

（2）试件冷却至室温后，放入水温为（20±5)℃的恒温水槽内，然后加水至试件高度的 1/3，保持 24h，再加水至试件高度的 2/3，经 24h 后，加水高出试件 30mm 以上，保持 24h。

（3）将试件从水中取出，用湿布抹去表面水分，立即称取每块质量（M_g），精确至 1g。

6）实验结果

按式（10-14）计算吸水率（以质量分数表示），以三个实验结果的算术平均值表示，精确至 0.1%。

$$W_R = \frac{M_g - M_0}{M_0} \times 100 \tag{10-14}$$

式中 W_R——吸水率（%）；

M_0——试件烘干后质量，单位为克（g）；

M_g——试件吸水后质量，单位为克（g）。

10.2.3 抗压强度

1）实验目的

抗压强度是反映蒸压加气混凝土砌块力学性能的主要指标，是评定蒸压加气混凝土砌块强度等级的依据。掌握蒸压加气混凝土砌块抗压强度的实验方法，熟悉材料实验机的操作规程，了解现行国家标准《蒸压加气混凝土砌块》GB 11968 中蒸压加气混凝土砌块强度等级划分及技术要求。

2）实验依据及环境要求

（1）实验依据

《蒸压加气混凝土砌块》GB 11968

《蒸压加气混凝土性能试验方法》GB/T 11969

（2）环境要求

实验室环境：温度为(20±10)℃。

3）主要仪器设备

材料实验机：精度（示值的相对误差）不应低于±2%，其量程的选择应能使试件的预期最大破坏荷载处在全量程的 20%～80%范围内。

托盘天平或磅秤：称量 2000g，感量 1g。

电热鼓风干燥箱：最高温度200℃。

铜板直尺：规格为300mm，分度值为0.5mm。

4）样品制备

（1）试件的制备，采用机锯或刀锯，锯切时不得将试件弄湿。

（2）试件应沿制品发气方向中心部分上、中、下顺序锯取一组，“上”块表面上表面距离制品顶面30mm，“中”块表示在制品正中处，“下”块表示下表面离制品底面30mm。制品的高度不间，试件间隔略有不同，以高度600mm的制品为例，试件锯取部位如图10-3所示。

（3）试件表面必须平整，不得有裂缝或明显缺陷，尺寸允许偏差为±2mm；试件应逐块编号，标明锯取部位和发气方向。

（4）试件为100mm×100mm×100mm正立方体，一组3块。

（5）试件承压面的不平度应为每100mm不超过0.1mm，承压面与相邻面的不垂直度不应超过±1°。

（6）试件在含水率8%～12%下进行实验。如果含水率超过上述规定范围，则在(60±5)℃下烘至所要求的含水率。

5）实验步骤

（1）检查试件外观。

（2）测量试件的尺寸，精确至1mm，并计算试件的受压面积（A_1）。

（3）将试件放在材料实验机的下压板的中心位置，试件的受压方向应垂直于制品的发气方向。

（4）开动实验机，当上压板与试件接近时，调整球座，使接触均衡。

（5）以（2.0±0.5）kN/s的速度连续而均匀地加荷，直至试件破坏，记录破坏荷载（P_1）。

（6）将实验后的试件全部或部分立即称取质量，然后在（105±5)℃下烘至恒质，计算其含水率。

6）实验结果

按式（10-15）计算抗压强度，以3个实验结果的算术平均值表示，精确至0.1MPa。

$$f_{cc} = \frac{p_1}{A_1} \tag{10-15}$$

式中 f_{cc}——试件的抗压强度，单位为兆帕（MPa）；

p_1——破坏荷载，单位为牛（N）；

A_1——试件受压面积，单位为平方毫米（mm^2）。

10.2.4 抗折强度

1）实验目的

抗折强度是反映蒸压加气混凝土砌块力学性能的主要指标，是指在垂直于蒸压加气混凝土砌块试件轴线的荷载作用下，材料的断裂强度。掌握蒸压加气混凝土砌块抗折强度的实验方法，熟悉材料试验机的操作规程。

2）实验依据及环境要求

(1) 实验依据

《蒸压加气混凝土砌块》GB 11968

《蒸压加气混凝土性能试验方法》GB/T 11969

(2) 环境要求

实验室环境：温度为 (20±10)℃。

3) 主要仪器设备

材料实验机：精度（示值的相对误差）不应低于±2%，其量程的选择应能使试件的预期最大破坏荷载处在全量程的20%～80%范围内。

托盘天平或磅秤：称量2000g，感量1g。

电热鼓风干燥箱：最高温度200℃。

钢板直尺：规格为300mm，分度值为0.5mm。

4) 样品制备

(1) 试件的制备，采用机锯或刀锯，锯切时不得将试件弄湿。

(2) 在制品中心部分平行于制品发气方向锯取，试件锯取部位如图10-4所示。

(3) 试件表面必须平整，不得有裂缝或明显缺陷，尺寸允许偏差为±2mm；试件应逐块编号，标明锯取部位和发气方向。

(4) 试件为100mm×100mm×400mm棱柱体试件，一组3块。

(5) 试件承压面的不平度应为每100mm不超过0.1mm，承压面与相邻面的不垂直度不应超过±1°。

(6) 试件在含水率8%～12%下进行实验。如果含水率超过上述规定范围，则在(60±5)℃下烘至所要求的含水率。

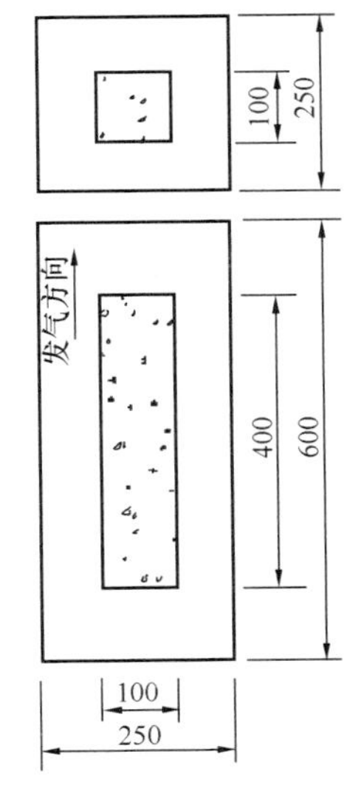

图10-4 抗折强度试件锯取示意图（单位：mm）

5) 实验步骤

(1) 检查试件外观。

(2) 在试件中部测量其宽度和高度，精确至1mm。

(3) 将试件放在抗弯支座车昆轮上，支点间距为300mm，开动实验机，当加压辊轮与试件接近时，调整加压辊轮及支座辊轮，使接触均衡，其所有间距的尺寸偏差不应大于±1mm，加荷方式如图10-5所示。

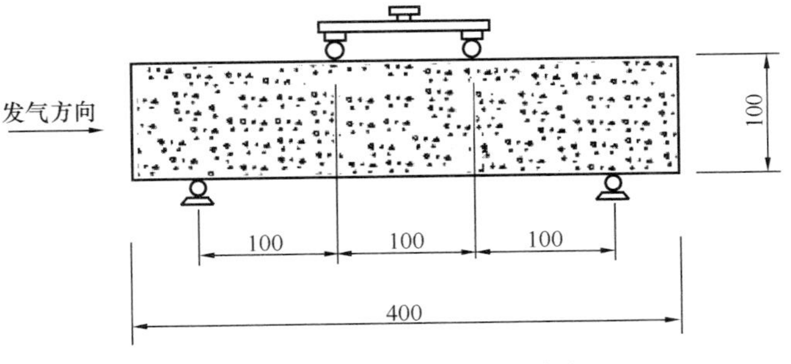

图10-5 抗折强度实验示意图（单位：mm）

(4) 实验机与试件接触的两个支座辊轮和两个加压辊轮应具有直径为30mm的弧形顶

面，并应至少比试件的宽度长 10mm。其中 3 个（一个支座辊轮及两个加压辊轮）尽量做到能滚动并前后倾斜。

（5）以（0.20±0.05）kN/s 的速度连续而均匀地加荷，直至试件破坏，记录破坏荷载（P）及破坏位置。

（6）将实验后的短半段试件，立即称取质量，然后在（105±5)℃下烘至恒质，计算其含水率。

6）实验结果

按式（10-16）计算抗折强度，以三个实验结果的算术平均值表示，精确至 0.01MPa。

$$f_f = \frac{P \cdot L}{b \cdot h^2} \tag{10-16}$$

式中　f_f——试件的抗折强度，单位为兆帕（MPa）；

P——破坏荷载，单位为牛（N）；

b——试件宽度，单位毫米（mm）；

h——试件高度，单位毫米（mm）；

L——制作间距即跨度（mm），精确至 1mm。

10.3　柔性泡沫橡塑绝热制品

柔性泡沫橡塑绝热制品是指以天然合成橡胶和其他有机高分子材料的共混体为基材，加各种添加剂如抗老化剂、阻燃剂、稳定剂、硫化促进剂等，经混炼、挤出、发泡和冷却定型，加工而成的具有闭孔结构的柔性绝热制品。

柔性泡沫橡塑绝热制品的技术指标包括：规格尺寸和允许偏差、外观质量、表观密度、燃烧性能、导热系数、透湿性能、真空吸水率、尺寸稳定性、压缩回弹率与抗老化性。

10.3.1　表观密度

1）实验目的

表观密度是指单位体积的柔性泡沫橡塑绝热制品在规定温度和相对湿度时的质量。掌握柔性泡沫橡塑绝热制品表观密度的实验方法和适用范围，了解现行国家标准《柔性泡沫橡塑绝热制品》GB/T 17794 中对柔性泡沫橡塑绝热制品表观密度的技术要求。

2）实验依据及环境要求

（1）实验依据

《柔性泡沫橡塑绝热制品》GB/T 17794

《泡沫塑料和橡胶　线性尺寸的测定》GB/T 6342

《泡沫塑料及橡胶　表观密度的测定》GB/T 6343

《塑料试样状态调节和试验的标准环境》GB/T 2918

（2）环境要求

调试环境：温度(23±2)℃和相对湿度(50±10)%。

实验室环境：温度为(23±2)℃，相对湿度为(50±10)%。

3）主要仪器设备

天平：称量精确度为0.1%。

钢直尺：分度值为1mm。

精密直径围尺：分度值为0.1mm。

卡尺：分度值为0.05mm。

4）样品制备

（1）板状柔性泡沫橡塑绝热制品

试样总体积至少为$100cm^3$，在仪器允许及保持原始形状不变的条件下，尺寸尽可能大。在测定样品的密度时会用到试样的总体积和总质量。试样应制成体积可精确测量的规整几何体，至少测试5个试样，并在调试环境中至少放置24h。

（2）管状柔性泡沫橡塑绝热制品

试样长度为100mm，在仪器允许及保持原始形状不变的条件下，尺寸尽可能大。在测定样品的密度时会用到试样的总体积和总质量。试样应制成体积可精确测量的规整几何体。至少测试5个试样，并在调试环境中至少放置24h。

5）实验步骤

（1）板状柔性泡沫橡塑绝热制品

① 将游标卡尺的测量面靠拢至恰好接触试样表面而不使试样表面产生任何变形和损伤，将试样轻微地前后移动，感到轻微阻力，记下长度的测量值，单位mm。每一个尺寸至少测量5个位置，分别计算出该尺寸的平均值。测量宽度、厚度时重复以上步骤。根据长度、宽度及厚度的测量值，计算试样体积。

② 称量试样，精确到0.5%，单位为克（g）。

（2）管状柔性泡沫橡塑绝热制品

① 长度测量：用钢直尺测量外侧两端部相对的两处，长度取两次测量的算术平均值，数值修约到整数。

② 外径测量：用精密直径围尺在管的两端头和中部测量，管外径d，为三处测量结果的平均值，数值修约至0.1mm。

③ 壁厚测量：用卡尺在管的两端头测量，壁厚为两处测量结果的平均值，数值修约至0.1mm。

④ 利用测得的外径和壁厚，按式（10-17）计算管的内径，数值修约到小数点后一位数。

$$d_2 = d_1 - 2h \tag{10-17}$$

式中 d_2——管的内径，单位为毫米（mm）；

d_1——管的外径，单位为毫米（mm）；

h——管的壁厚，单位为毫米（mm）。

⑤ 按式（10-18）计算管的体积。

$$V = \pi(d_2 + h)hl \times 10^{-9} \tag{10-18}$$

式中 V——管的体积，单位为立方米（m^3）；

d_2——管的内径，单位为毫米（mm）；

h——管的壁厚，单位为毫米（mm）；

l——管的长度，单位为毫米（mm）。

6）实验结果

按式（10-19）计算表观密度，以五个实验结果的算术平均值表示，精确至0.1kg/m³。

$$\rho = \frac{m}{V} \times 10^6 \quad (10\text{-}19)$$

式中　ρ——表观密度，单位为千克每立方米（kg/m³）；

m——试样的质量，单位为克（g）；

V——试样的体积，单位为立方毫米（mm³）。

10.3.2　真空吸水率

1）实验目的

真空吸水率是指柔性泡沫橡塑绝热制品试样在特定压力真空度的情况下浸入水中保持一定时间，试样所所吸入水的质量与试样初始质量的比值，通常用真空吸水率来表征柔性泡沫橡塑绝热制品的吸水性能。掌握柔性泡沫橡塑绝热制品真空吸水率的实验方法，熟悉真空泵的操作规程，了解现行国家标准《柔性泡沫橡塑绝热制品》GB/T 17794中对柔性泡沫橡塑绝热制品真空吸水率的技术要求。

2）实验依据及环境要求

（1）实验依据

《柔性泡沫橡塑绝热制品》GB/T 17794

《塑料试样状态调节和试验的标准环境》GB/T 2918

（2）环境要求

调试环境：温度(23±2)℃，相对湿度(50±5)%。

实验室环境：温度(23±2)℃，相对湿度为(50±5)%。

3）主要仪器设备

天平：感量为0.01g。

真空容器。

真空泵。

4）样品制备

在试样上切取两块试件。板的试件尺寸为100mm×100mm×原厚；管的试件尺寸为100mm长，在调试环境中至少放置24h。

5）实验步骤

（1）称量试件，精确到0.01g，得到初始质量M_1。

（2）在真空容器中注入适当高度的蒸馏水。

（3）将试件放在试样架上，并完全浸入水中，盖上真空容器盖，打开真空泵，盖上防护罩，当真空度达到85kPa时，开始即时，保持85kPa真空度3min，3min后关闭真空泵，打开真空容器的气孔，3min后取出试件，用吸水纸除去试件表面（包括管内壁和两端）上的水。轻轻抹去表面水分，除去管内壁的水时，可将吸水纸卷成棒状探入管内，此项操作应在1min内完成。

（4）称量试件，精确到0.01g，得到最终质量M_2。

6）实验结果

按式（10-20）计算真空吸水率，以两个实验结果的算术平均值表示，计算结果修约至整数。

$$\rho = \frac{M_2 - M_1}{M_1} \times 100 \tag{10-20}$$

式中　ρ——真空吸水率（%）；

M_1——试件初始质量，单位为（g）；

M_2——试件最终质量，单位为（g）。

10.3.3　尺寸稳定性

1）实验目的

尺寸稳定性是指柔性泡沫橡塑绝热制品试样在特定温度和相对湿度条件下放置一定时间后，互相垂直的三维方向上产生的不可逆尺寸变化。掌握柔性泡沫橡塑绝热制品尺寸稳定性的实验方法，了解现行国家标准《柔性泡沫橡塑绝热制品》GB/T 17794 中对柔性泡沫橡塑绝热制品尺寸稳定性的技术要求。

2）实验依据及环境要求

（1）实验依据

《柔性泡沫橡塑绝热制品》GB/T 17794

《硬质泡沫塑料　尺寸稳定性试验方法》GB/T 8811

《泡沫塑料和橡胶　线性尺寸的测定》GB/T 6342

《塑料试样状态调节和试验的标准环境》GB/T 2918

（2）环境要求

调试环境：温度(23±2)℃，相对湿度(50±5)%。

实验室环境：温度(23±2)℃，相对湿度为(50±5)%。

3）主要仪器设备

恒温或恒温湿箱。

量具：应符合现行国家标准 GB/T 6342 的规定。

4）样品制备

（1）用锯切或其他机械加工方法从样品上切取试样，并保证试样表面平整而无裂纹，若无特殊规定，应除去泡沫塑料的表皮。

（2）试样为长方体，试样最小尺寸为（100±1）mm×（100±1）mm×（25±0.5）mm。

（3）对选定的任一实验条件，每一样品至少测试三个试样，并在调试环境中至少放置 24h。

5）实验步骤

（1）从以下条件中选择实验条件：

(−55±3)℃、(−25±3)℃、(−10±3)℃、(0±3)℃、(23±2)℃、(40±2)℃、(70±2)℃、(85±2)℃、(100±3)℃、(110±3)℃、(125±3)℃、(150±3)℃。

当选择相对湿度 90%～100%时，使用如下温度条件：

(40±2)℃、(70±2)℃。

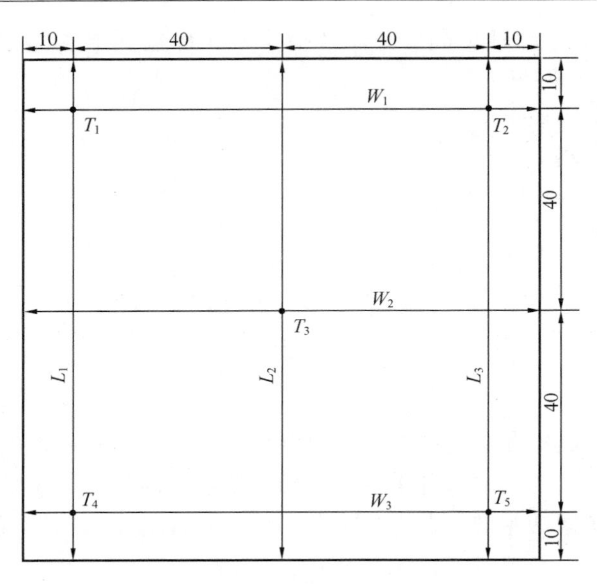

图 10-6　测量试样尺寸的位置（单位：mm）

（2）将游标卡尺的测量面靠拢至恰好接触试样表面而不使试样表面产生任何变形和损伤，将试样轻微地前后移动，感到轻微阻力，记下长度的测量值，单位 mm，每一个尺寸至少测量 5 个位置，分别计算出该尺寸的平均值。测量宽度、厚度时重复以上步骤，测量每个试样三个不同位置的长度（L_1、L_2、L_3），宽度（W_1、W_2、W_3）及五个不同点的厚度（T_1、T_2、T_3、T_4、T_5），如图 10-6 所示。

（3）按本节中步骤（2）的规定测量试样实验前的尺寸。

（4）调节实验箱内温度、湿度至选定的实验条件，将试样水平置于箱内金属网或多孔板上，试样间隔至少 25mm，鼓风以保持箱内空气循环。试样不应受加热元件的直接辐射。

（5）(20±1)h 后，取出试样。

（6）在温度(23±2)℃、相对湿度 45%～55%条件下放置 1～3h。

（7）按本节中步骤（1）的规定测量试样尺寸，并目测检查试样状态。

（8）再将试样置于选定的实验条件下。

（9）总时间(48±2)h 后，在温度(23±2)℃、相对湿度 45%～55%条件下放置 1～3h。

（10）按本节中步骤（2）的规定测量试样尺寸，并目测检查试样状态。

6）实验结果

按式(10-21)～式(10-23)计算试样的尺寸变化率：

$$\varepsilon_L = \frac{L_t - L_0}{L_0} \times 100\% \tag{10-21}$$

$$\varepsilon_w = \frac{W_t - W_0}{W_0} \times 100\% \tag{10-22}$$

$$\varepsilon_T = \frac{T_t - T_0}{T_0} \times 100\% \tag{10-23}$$

式中　ε_L、ε_w、ε_T——分别为试样的长度、宽度及厚度的尺寸变化率的数值（%）；

L_t、W_t、T_t——分别为试样实验后的平均长度、宽度和厚度的数值，单位为毫米(mm)；

L_0、W_0、T_0——分别为试样实验前的平均长度、宽度和厚度的数值，单位为毫米(mm)。

第11章　建筑制品

11.1　混凝土和钢筋混凝土排水管

混凝土和钢筋混凝土排水管是以混凝土和钢筋为主要材料，分别采用挤压成型、离心成型、悬辊成型、芯模振动成型等工艺生产的，用于排放雨水、污水的管子。

根据现行国家标准《混凝土和钢筋混凝土排水管》GB/T 11836 的规定，由相同原材料、相同生产工艺生产的同一种规格、同一种接头型式、同一种外压荷载级别的管子组成的一个受检批，内水压力和外压荷载的检验是从混凝土抗压强度、外观质量和尺寸偏差检验合格的管子中抽取两根管子。混凝土管一根检验内水压力，另一根检验外压荷载；钢筋混凝土管一根检验内水压力，另一根检验外压荷载。

混凝土和钢筋混凝土排水管的技术指标包括：混凝土强度、外观质量、尺寸允许偏差、内水压力、外压荷载和保护层厚度。

11.1.1　内水压力

1）实验目的

内水压力是指输水管道内的水对管道的压力，以单位面积管道上所受水压力大小表示，作为判定排水管力学性能是否合格的重要依据。掌握内水压力试件的制作、养护方法以及试验流程，熟悉内水压实验装置（包括卧式和立式）的操作规程，了解现行国家标准《混凝土和钢筋混凝土排水管》GB/T 11836 中对各种类别不同尺寸混凝土和钢筋混凝土排水管内水压力的技术要求。

2）实验依据及环境要求

（1）实验依据

《混凝土和钢筋混凝土排水管》GB/T 11836

《混凝土和钢筋混凝土排水管试验方法》GB/T 16752

《数值修约规则与极限数值的表示和判定》GB/T 8170

（2）环境要求

实验室环境：温度为 10～30℃。

3）主要仪器设备

内水压实验装置有卧式和立式两种。卧式、立式内水压实验装置分别见图 11-1 和图 11-2。

4）样品制备

（1）按 GB/T 11836、JC/T 640 或其他标准生产的混凝土和钢筋混凝土排水管；

（2）样品应能反映该批产品的质量状况，样品无须加工制备。

5）实验步骤

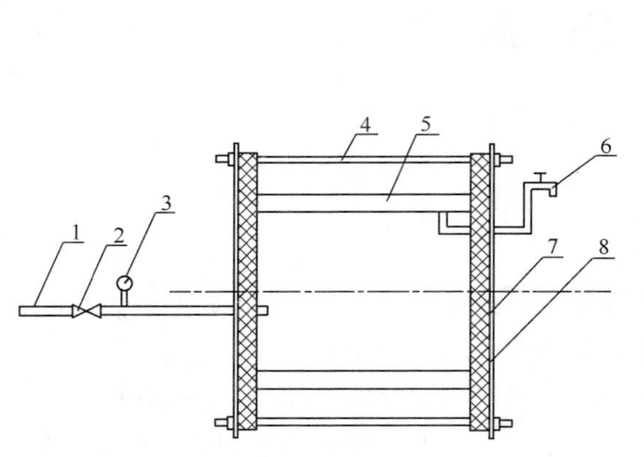

图 11-1　卧式内水压实验装置

1—进水管；2—阀门；3—压力表；4—拉杆；5—管子；6—排气管；7—堵板；8—橡胶垫

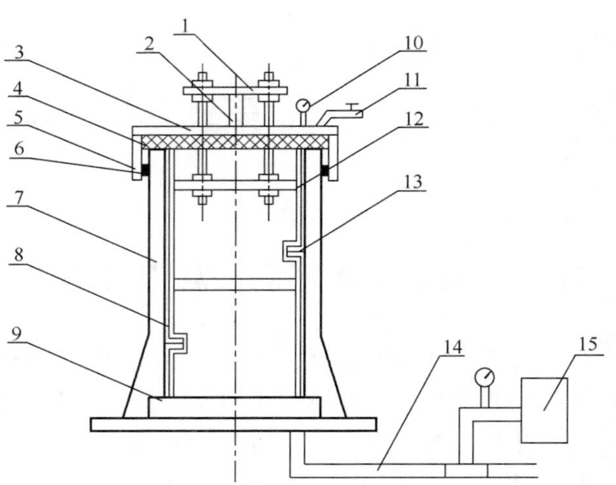

图 11-2　立式内水压实验装置

1—上顶梁；2—千斤顶；3—活动梁；4—胶垫；5—插口堵板；6—胶圈；7—管子；8—内套筒；9—承口底盘；10—压力表；11—排气孔；12—下顶梁；13—定位器；14—进、排水导管；15—电动压泵

（1）实验条件：蒸汽养护的管子龄期不宜少于 14d，自然养护的管子龄期不宜少于 28d。允许实验前将管子湿润 24h。

（2）检查水压试验机两端的堵头是否平行及其中心线是否重合。

（3）水压实验机宜选用直径不小于 100mm、分度值不大于 0.01MPa、准确度不低于 0.25°级的压力表，量程应满足管子检验压力的要求，加压泵能满足水压实验时的升压要求。

（4）对于柔性接口钢筋混凝土排水管，橡胶垫的厚度及硬度应能满足封堵要求，可通过反复实验确定。当采用立式内水压力实验装置进行实验时，所用胶圈应符合排水管用胶圈标准的规定要求。

（5）擦掉管子表面的附着水、清理管子两端，使管子轴线与堵头中心对正，将堵头锁紧。

（6）管内充水直到排尽管内的空气，关闭排气阀。开始用加压泵加压，宜在 1min 内均匀升至规定检验压力值并恒压 10min。

（7）在升压过程中及在规定的内水压力下，检查管子表面有无潮片及水珠流淌，检查管子接头是否滴水并作记录。若接头滴水允许重装。

（8）在规定的内水压力下，允许采用专用装置检查管子接头密封性。

6）实验结果

（1）在规定的检验内水压力下允许有潮片，但潮片面积不得大于总外表面积的 5%，且不得有水珠流淌，则判定产品内水压力检验合格。否则判定为不合格。

（2）如果内水压力检验不合格，允许从同批产品中抽取两根管子进行复检。复检结果如全部符合以上规定时，则剔出原不合格的 1 根，判定该批产品内水压力检验合格。复检结果如仍有 1 根管子不符合规定，则判定该批产品内水压力检验不合格。

11.1.2 外压荷载

1）实验目的

外压荷载是指对钢筋混凝土排水管试件采用三点试验法，通过机械外压力的传递，来检测试件的裂缝荷载和破坏荷载，作为判定其力学性能是否合格的重要依据。掌握外压荷载试件的制作、养护方法及外压荷载实验方法，熟悉外压荷载实验装置的操作规程，了解现行国家标准《混凝土和钢筋混凝土排水管》GB/T 11836 中对各种类别不同尺寸混凝土和钢筋混凝土排水管外压荷载的技术要求。

2）实验依据及环境要求

（1）实验依据

《混凝土和钢筋混凝土排水管》GB/T 11836

《混凝土和钢筋混凝土排水管试验方法》GB/T 16752

《数值修约规则与极限数值的表示和判定》GB/T 8170

（2）环境要求

实验室环境：温度为10～30℃。

3）主要仪器设备

外压荷载实验装置由实验机架、加荷和显示量值的仪表组成，实验机应保证测量荷载的误差为±2%，如图 11-3 所示。

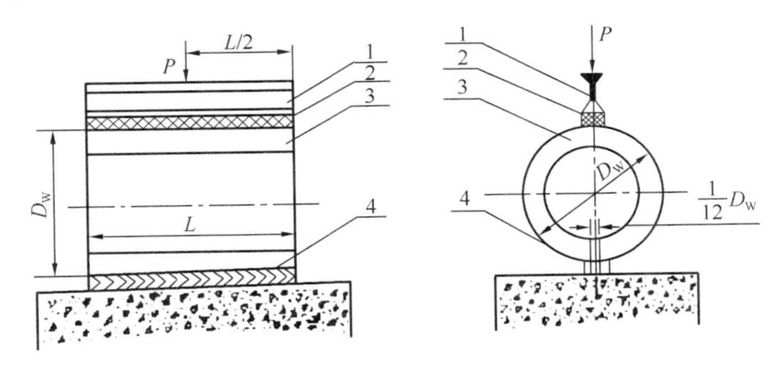

图 11-3 外压荷载实验装置加荷示意图

1—上支承梁（工字钢梁或组合钢梁）；2—橡胶垫；3—管子；4—下支承梁（方木条）

4）样品制备

（1）按 GB/T 11836、JC/T 640 或其他标准生产的混凝土和钢筋混凝土排水管；

（2）样品应能反映该批产品的质量状况，样品无须加工制备。

5）实验步骤

（1）检查设备状况，设备无故障时方可实验。

（2）将管子放在外压实验装置的两条平行的下承载梁上，然后在管子上部放置橡胶垫，将上承载梁放在橡胶垫上面，使上、下承载梁的轴线平行，并确保上承载梁能在通过上、下承载梁中心线的垂直平面内自由移动。

（3）通过上承载梁加载，可以在上承载梁上集中一点加荷，或者是采用二点同步加荷，集中荷载作用点的位置应在加载区域的 1/2 处。

（4）开动油泵，使加压板与上承载梁接触，施加荷载于上承载梁。对于混凝土排水管加荷速率约每分钟 1.5kN/m；对于钢筋混凝土排水管加荷速率约为每分钟 3.0kN/m。

（5）连续匀速加荷至标准规定的裂缝荷载的 80%，恒压 1min，观察有无裂缝。若出现裂缝时，用读数显微镜测量其宽度；若未出现裂缝或裂缝较小，继续按裂缝荷载的 10%加荷，恒压 1min。分级加荷至裂缝荷载，恒压 3min。

（6）裂缝宽度达到 0.20mm 时的荷载为管子的裂缝荷载。恒压结束时裂缝宽度达到 0.20mm，裂缝荷载为该级荷载值；恒压开始时裂缝宽度达到 0.20mm，裂缝荷载为前一级的荷载值。

（7）按上述规定的加荷速度继续加荷至破坏荷载的 80%，恒压 1min，观察有无破坏；若未破坏，按破坏荷载的 10%继续分级加荷，恒压 1min。分级加荷至破坏荷载值时，恒压 3min，检查破坏情况，如未破坏，继续按破坏荷载的 10%分级加荷，每级恒压 1min 直到破坏。

（8）管子失去承载能力时的荷载值为破坏荷载。在加荷过程中管子出现破坏状态时，破坏荷载为前一级荷载值；在规定的荷载持续时间内出现破坏状态时，破坏荷载为该级荷载值与前一级荷载值的平均值；当在规定的荷载持续时间结束后出现破坏状态时，破坏荷载为该级荷载值。

6）实验结果

结果按式（11-1）计算：

$$P=F/L \tag{11-1}$$

式中　P——外压荷载值（kN/m）；

　　F——总荷载值（kN）；

　　L——加压区域长度（m）。

实验结果如不低于现行国家标准 GB/T 11836 中规定的荷载要求则判定为合格。

如果外压荷载检验不合格，允许从同批产品中抽取两根管子进行复检。复检结果如全部符合以上规定时，则剔出原不合格的 1 根，判定该批产品外压荷载检验合格。复检结果如仍有 1 根管子不符合规定，则判定该批产品外压荷载检验不合格。

11.2　纤维增强无规共聚聚丙烯复合管

纤维增强无规共聚聚丙烯复合管是一种内层与外层为 PP-R 材料，中间层为纤维增强 PP-R 复合材料的三层共挤出结构的复合管材，见图 11-4 和图 11-5。主要适用于建筑物内冷热水管道系统，包括工业及民用冷热水、饮用水和采暖系统。

根据《纤维增强无规共聚聚丙烯复合管》CJ/T 258 的规定，由同一原材料、配方和工艺连续生产的同一规格管材作为一批，每批重量应不大于 50t。每一检验批用作纵向回缩率实验的 3 根，用作落锤冲击实验的 10 根，用作静液压实验的 3 根。

纤维增强无规共聚聚丙烯复合管的技术指标包括：颜色、外观、不透光性、规格尺寸、纵向回缩率、真实冲击率、轴向线膨胀系数、静液压性能、熔体质量流动速率、静液压状态下的热稳定性、内压性、热循环性和卫生要求。

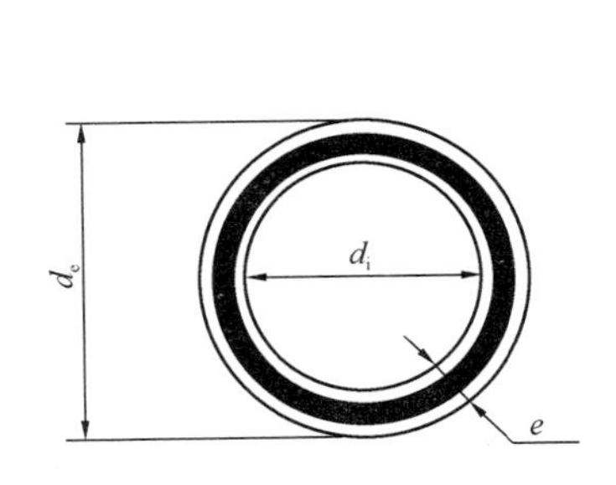

图 11-4 F-PPR 管截面示意图

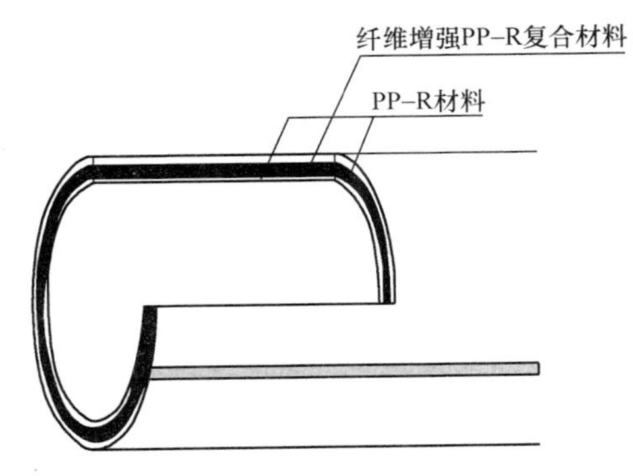

图 11-5 F-PPR 管三层结构示意图

11.2.1 纵向回缩率

1）实验目的

将规定长度的试样置于给定温度下的加热介质（液体或者空气）中保持一定时间，测量加热前后试样标线间的距离，以相对原始长度的长度变化百分率来表示管材的纵向回缩率，其可以表征热塑性管材在高温下的变形性能，作为评定 F-PPR 的物理力学性能是否合格的依据之一。掌握 F-PPR 纵向回缩率试样的制作、预处理方法以及测定纵向回缩率的实验方法（烘箱试验），熟悉烘箱的操作规程及划线器的使用方法，了解现行行业标准《纤维增强无规共聚聚丙烯复合管》CJ/T 258 中对纤维增强无规共聚聚丙烯复合管（F-PPR）纵向回缩率的技术要求。

2）实验依据及环境要求

（1）实验依据

《纤维增强无规共聚聚丙烯复合管》CJ/T 258

《热塑性塑料管材纵向回缩率的测定》GB/T 6671

《塑料试样状态调节和试验的标准环境》GB/T 2918

《塑料管道系统　塑料部件尺寸的测定》GB/T 8806

（2）环境要求

实验室环境：温度（20±10）℃。

3）主要仪器设备

烘箱：除另有规定外，烘箱应恒温控制在(135±2)℃，并保证当试样置入后，烘箱内温度应在 15min 内重新回升到实验温度范围内。

划线器：保证两标线间距为 100mm。

温度计：精度为 0.5℃。

4）样品制备

（1）取（200±20）mm 长的管段为试样。

（2）使用划线器，在试样上划两条相距 100mm 的圆周标线，并使其一标线距任一端至少 10mm。

（3）从一根管材上截取三个试样，对于公称直径≥400mm 的管材，可沿轴向均匀切成 4 片进行实验。

（4）实验开始前，试样在（23±2）℃下至少放置2h。

5）实验步骤

（1）在（23±2）℃下，测量标线间距 L_0，精确到0.25mm；

（2）将烘箱温度调节到（135±2）℃；

（3）将试样放入烘箱，使样品不触及烘箱底和壁。若悬挂试样，则悬挂点应在距标线最远的一端。若把试样平放，则应放于垫有一层滑石粉的平板上，切片试样，应使凸面朝下放置；

（4）将试样放入烘箱内保持规定的时间（公称壁厚 $e_n \leqslant 8$mm：$T=1$h；8mm$<e_n\leqslant$16mm：$T=2$h；$e_n>16$mm：$T=4$h），该时间应从烘箱温度回升到（135±2）℃时算起；

（5）从烘箱中取出试样，平放于一光滑平面上，待完全冷却至（23±2）℃时，在试样表面沿母线测量标线间最大或最小距离 L_i，精确至0.25mm。

6）实验结果

按式（11-2）计算每一试样的纵向回缩率 R_{L_i}：

$$R_{L_i}=\frac{L_0-L_i}{L_0}\times 100 \tag{11-2}$$

式中 R_{L_i}——每一个试样的纵向回缩率（%）；

L_0——放在烘箱前试样两标线间的距离（mm）；

L_i——实验后沿母线测量的两标线间的距离（mm）；

计算三个试件 R_{L_i} 算术平均值，其结果作为管材的纵向回缩率 R_{L_i}。

11.2.2 落锤冲击试验

1）实验目的

落锤冲击试验是指以规定质量和尺寸的落锤从规定高度冲击试样样品规定的部位，测出产品的真实冲击率的试验，用试样承受外冲击下的真实冲击率（TIR值）表征，是评定F-PPR的物理力学性能是否合格的依据之一。掌握F-PPR落锤冲击试样的制作方法、状态调节方法以及落锤冲击实验方法，熟悉落锤冲击实验机的操作规程，了解现行行业标准《纤维增强无规共聚聚丙烯复合管》CJ/T 258中对纤维增强无规共聚聚丙烯复合管（F-PPR）落锤冲击实验的技术指标要求（真实冲击率）。

2）实验依据及环境要求

（1）实验依据

《纤维增强无规共聚聚丙烯复合管》CJ/T 258

《热塑性塑料管材耐外冲击性能 试验方法 时针旋转法》GB/T 14152

（2）环境要求

实验环境：温度（23±2）℃。

3）主要仪器设备

落锤冲击试验机。试验机应具备下列装置：

（1）主机架和导轨：垂直固定，可以调节并垂直、自由释放落锤。校准时，落锤冲击管材的速度不能小于理论速度的95%。

（2）落锤：落锤应符合图11-6、表11-1、表11-2的规定，锤头应为钢质，最小壁厚为

5mm，锤头的表面不应有凹痕、划伤等影响测试结果的可见缺陷。质量为 0.5kg 和 0.8kg 的落锤应具有 d25 型的锤头，质量大于或等于 1kg 的落锤应具有 d90 型的锤头。

（3）试样支架：包括一个 120°角的 V 型托板，其长度不应小于 200mm，其固定位置应使落锤冲击点的垂直投影在距 V 型托板中心线的 2.5mm 以内。仲裁检验时，采用丝杠上顶式支架。

（4）释放装置：可使落锤从至少 2m 高的任何高度落下，此高度指距离试样表面的高度，精确到±10mm。

（5）应具有防止落锤二次冲击的装置：落锤回跳捕捉率应保证 100%。

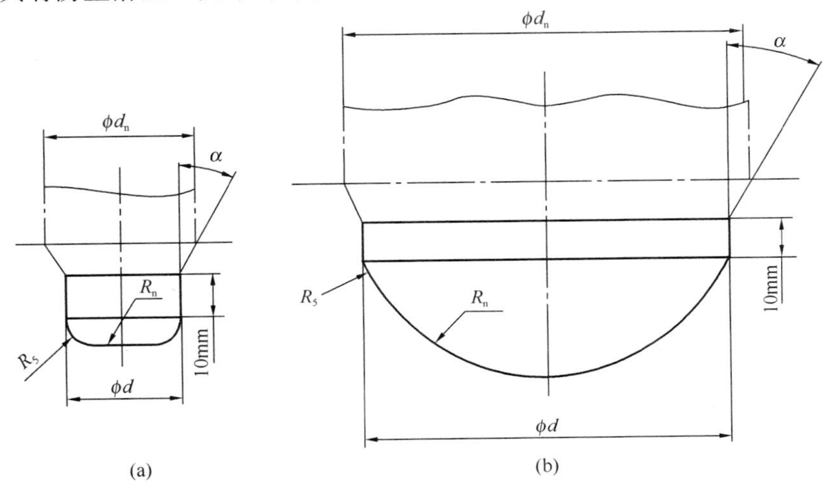

图 11-6 落锤的锤头

（a）d25 型（质量为 0.5kg 和 0.8kg 的落锤）；（b）d90 型（质量大于或等于 1kg 的落锤）

表 11-1 落锤锤头的尺寸（mm）

型号	R_n	$d\pm1$	d_n	α（°）
d25	50	25	任意	任意
d90	50	90	任意	任意

表 11-2 推荐落锤的质量（kg）

0.5	1.6	4.0	10.0
0.8	2.0	5.0	12.5
1.0	2.5	6.3	16.0
1.25	3.2	8.0	

注：落锤质量的允许公差为±0.5%

4）样品制备

（1）试样应从一批或连续生产的管材中随机抽取切割而成，其切割断面应与管材的轴线垂直，切割端应清洁、无损伤。

（2）试样长度：试样长度为（200±10）mm。

（3）试样标线：外径大于 40mm 的试样应沿其长度方向画出等距离标线，并顺序编号。不同外径的管材试样画线的数量见表 11-3。对于外径小于或等于 40mm 的管材，每个试样只进行一次冲击。

（4）试样数量：10 根。

表 11-3　不同外径管材试样应正线数

公称外径（mm）	应正线数	公称外径（mm）	应正线数
≤40		160	8
50	3	180	8
63	3	200	12
75	4	225	12
90	4	250	12
110	6	280	16
125	6	≥315	16
140	8	—	—

5）实验步骤

（1）将管材试样完全浸没在（0±1)℃的冰水浴中进行状态调节，调节时间至少为 1h。试样在进行状态调节后，从冰水浴中取出到实验完毕不应超过 15s；若超过 15s，则应重新调节至少 5min；

（2）按照现行行业标准《纤维增强无规共聚聚丙烯复合管》CJ/T 258 的规定确定落锤质量和冲击高度；

（3）外径小于或等于 40mm 的试样，每个试样只承受一次冲击；

（4）外径大于 40mm 的试样在进行冲击实验时，首先使落锤冲击在 1 号标线上，若试样未破坏，则重新状态调节后对 2 号标线进行冲击，直至试样破坏或全部标线都冲击一次；

（5）逐个对试样进行冲击，直至取得判定结果。

6）实验结果

真实冲击率 TIR 可按式（11-3）计算。

$$\mathrm{TIR}=\frac{N_i}{N_0}\times 100\% \tag{11-3}$$

式中　TIR——F-PPR 的真实冲击率（%）；

N_i——冲击破坏总数（次）；

N_0——冲击总数（次）。

验收检验的判定：

若试样冲击破坏数在图 11-7（表 11-4）的 A 区，则判定该批的 TIR 值≤10%，合格；若试样冲击破坏数在图 11-7（表 11-4）的 C 区，则判定该批的 TIR 值>10%而不予接受，不合格；若试样冲击破坏数在图 11-7（表 11-4）的 B 区，而生产方在出厂检验时已判定其 TIR 值≤10%，则可认为该批的 TIR 值不大于规定值。若验收方对批量的 TIR 值是否满足要求持怀疑时，则应进一步取样试验，直至根据全部冲击试样的累计结果能够作出判定。

以相关产品标准规定的弯曲角度作为最小值；若规定弯曲压头直径，则以弯曲压头直径作为最大值。

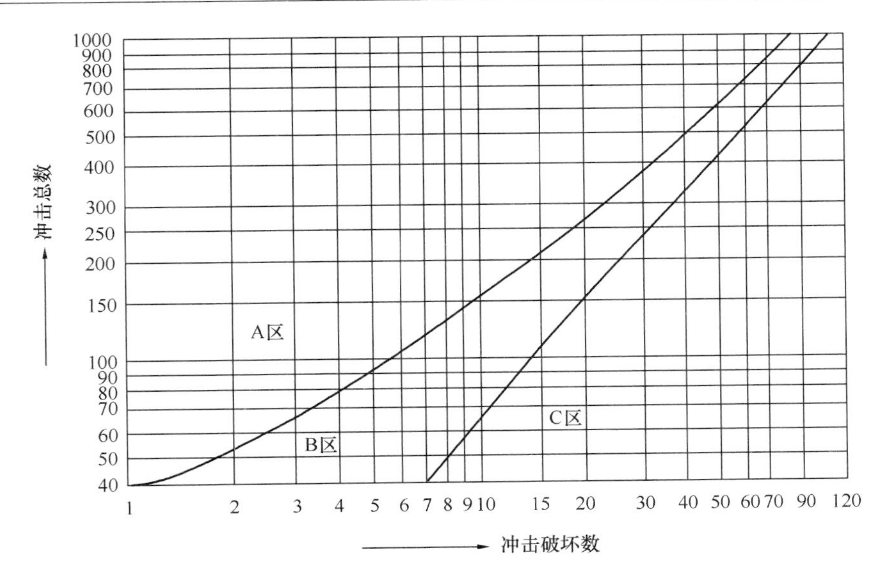

图 11-7 TIR 值为 10%时判定图

表 11-4 TIR 值为 10%时判定表

冲击总数	冲击破坏数			冲击总数	冲击破坏数		
	A 区	B 区	C 区		A 区	B 区	C 区
25	0	1～3	4	48	1	2～6	7
26	0	1～4	5	49	1	2～7	8
27	0	1～4	5	50	1	2～7	8
28	0	1～4	5	51	1	2～7	8
29	0	1～4	5	52	1	2～7	8
30	0	1～4	5	53	2	3～7	8
31	0	1～4	5	54	2	3～7	8
32	0	1～4	5	55	2	3～7	8
33	0	1～5	6	56	2	3～7	8
34	0	1～5	6	57	2	3～8	9
35	0	1～5	6	58	2	3～8	9
36	0	1～5	6	59	2	3～8	9
37	0	1～5	6	60	2	3～8	9
38	0	1～5	6	61	2	3～8	9
39	0	1～5	6	62	2	3～8	9
40	1	2～6	7	63	2	3～8	9
41	1	2～6	7	64	2	3～8	9
42	1	2～6	7	65	2	3～9	10
43	1	2～6	7	66	2	3～9	10
44	1	2～6	7	67	3	4～9	10
45	1	2～6	7	68	3	4～9	10
46	1	2～6	7	69	3	4～9	10
47	1	2～6	7	70	3	4～9	10

续表

冲击总数	冲击破坏数			冲击总数	冲击破坏数		
	A区	B区	C区		A区	B区	C区
71	3	4～9	10	98	5	6～13	14
72	3	4～9	10	99	5	6～13	14
73	3	4～10	11	100	5	6～13	14
74	3	4～10	11	101	5	6～13	14
75	3	4～10	11	102	5	6～13	14
76	3	4～10	11	103	5	6～13	14
77	3	4～10	11	104	5	6～13	14
78	3	4～10	11	105	6	6～13	14
79	3	4～10	11	106	6	7～14	15
80	4	5～10	11	107	6	7～14	15
81	4	5～11	12	108	6	7～14	15
82	4	5～11	12	109	6	7～14	15
83	4	5～11	12	110	6	7～14	15
84	4	5～11	12	111	6	7～14	15
85	4	5～11	12	112	6	7～14	15
86	4	5～11	12	113	6	7～14	15
87	4	5～11	12	114	6	7～15	16
88	4	5～11	12	115	6	7～15	16
89	4	5～12	13	116	6	7～15	16
90	4	5～12	13	117	7	8～15	16
91	4	5～12	13	118	7	8～15	16
92	5	6～12	13	119	7	8～15	16
93	5	6～12	13	120	7	8～15	16
94	5	6～12	13	121	7	8～15	16
95	5	6～12	13	122	7	8～15	16
96	5	6～12	13	123	7	8～16	17
97	5	6～12	13	124	7	8～16	17

11.2.3　静液压实验

1）实验目的

静液压实验是指试样经状态调节后，在规定的恒定静液压下保持一个规定时间或直到试样破坏的过程，是评定纤维增强无规共聚聚丙烯复合管（F-PPR）在恒定温度下耐恒定内水压的能力，作为评定F-PPR物理力学性能是否合格的依据之一。掌握F-PPR静液压实验试样的制作方法、状态调节方法以及静液压实验方法，熟悉恒温箱、加压装置、测温装置的操作规程，了解现行行业标准《纤维增强无规共聚聚丙烯复合管》CJ/T 258 中对纤维增强无规共聚聚丙烯复合管（F-PPR）静液压实验的技术要求。

2）实验依据及环境要求

（1）实验依据

《纤维增强无规共聚聚丙烯复合管》CJ/T 258

《流体输送用热塑性塑料管材耐内压试验方法》GB/T 6111

《塑料管道系统　塑料部件尺寸的测定》GB/T 8806

（2）环境要求

实验环境：温度符合表 11-5 的规定。

表 11-5　F-PPR 静液压实验的实验参数

项目	试验参数		
	试验温度（℃）	试验时间（h）	静态压应力（MPa）
静液压试验	20	1	16.0
	95	22	4.2
	95	165	3.8
	95	1000	3.5

3）主要仪器设备

密封接头：密封接头装在试样两端。通过适当方法，密封接头应密封试样并与压力装置相连。密封接头应采用 a 型封头，这是一种与试样刚性连接的密封接头，两个密封接头彼此不相连接，因此静液压端部推力可以传递到试样中，如图 11-8 所示。对于大口径管材，可根据实际情况在试样与密封接头间连接法兰盘，当法兰、接头、堵头及法兰盘的材料与试样相匹配时，可以把它们焊接在一起。

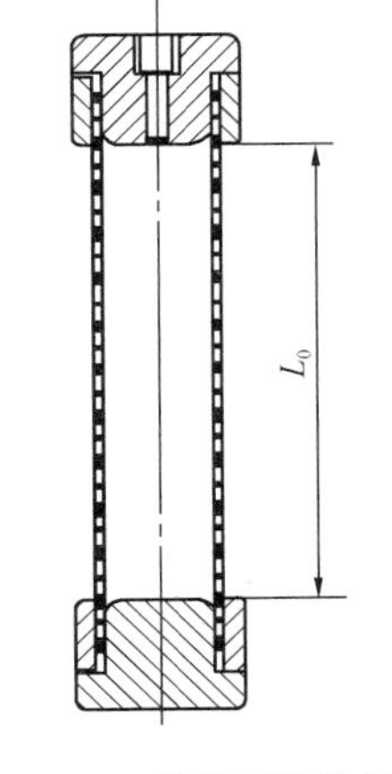

图 11-8　a 型密封接头示意图
（L_0 为试样自由长度）

恒温箱：应符合现行行业标准《纤维增强无规共聚聚丙烯复合管》CJ/T 258 的规定，恒温箱内充满水，保持表 11-5 中恒定的温度，其平均温差为±1℃，最大偏差±2℃。恒温箱为烘箱时，保持在规定温度，其平均温差 $^{+3}_{-1}$℃，最大偏差 $^{+4}_{-2}$℃。

支承或吊架：当试样置于恒温箱中时，能保持试样之间及试样与恒温箱的任何部分不相接触。

加压装置：加压装置应能持续均匀地向试样施加实验所需的压力，在试验过程中，压力偏差应保持在要求值的 $^{+2}_{-1}$%范围内。由于压力对实验结果影响很大，压力偏差应尽可能控制在规定范围内的最小值。

压力测量装置：能检查实验压力与规定压力的一致性，对于压力表或类似的压力测量装置的测量范围是：要求压力的设定值应在所用测量装置的测量范围内。

温度计或测温装置：用于检查实验温度与规定温度的一致性。

计时器：应能记录试样加压后直至试样破坏或渗漏的时间。

其他：测厚仪、管材平均外径尺等。

4）样品制备

自由长度：当管材公称外径 dn≤315mm 时，每个试样在两个密封接头之间的自由长度 L_0（如图 11-8 所示）应不小于试样外径的三倍，但最小不得小于 250mm；当管材 dn＞315mm 时，其最小自由长度 $L_0 \geq 1000$mm。

试样数量：3 根。

5）实验步骤

（1）根据式（11-4）计算实验压力 P，结果取三位有效数字，单位为 MPa。

$$P = \sigma \frac{2e_{min}}{d_{em} - e_{min}} \tag{11-4}$$

式中　σ——由实验压力引起的环应力，单位为兆帕（MPa）；

d_{em}——测量得到的试样平均外径，单位为毫米（mm）；

e_{min}——测量得到的试样最小壁厚，单位为毫米（mm）。

（2）擦除试样表面的污渍、油渍、蜡或其他污染物以使其清洁干燥，然后选择密封接头与其连接起来，并向试样中注满接近实验温度的水，水温不能超过实验温度 5℃。

（3）把注满水的试样，放入水箱中，在实验温度条件下放置表 11-6 所规定的时间，如果状态调节温度超过 100℃，应施加一定压力，防止水蒸发。

表 11-6　试样状态调节时间

壁厚 e_{min}（mm）	状态调节时间
$e_{min}<3$	1h±5min
$3\leq e_{min}<8$	3h±15min
$8\leq e_{min}<16$	6h±30min
$16\leq e_{min}<32$	10h±1h
$32\leq e_{min}$	16h±1h

（4）选择实验类型：水-水实验。将经过状态调节后的试样与加压设备连接起来，排净试样内的空气，然后根据试样的材料、规格尺寸和加压设备情况，在 30s～1h 之间用尽可能短的时间，均匀平稳地施加实验压力至根据式（11-4）计算出的压力值，压力偏差为 $^{+2}_{-1}$%。当达到实验压力时开始计时。

（5）把试样悬放在恒温控制的环境中，整个实验过程中实验介质都应保持恒温，具体温度见表 11-5，保持其平均温差为±1℃，最大偏差为±2℃，直至实验结束。

6）实验结果

（1）当达到规定时间时试样无破裂、无渗漏，则判定管材静液压实验合格。

（2）当试样发生破坏渗漏时，停止实验，记录时间。同时记录其破坏类型，是脆性破坏还是韧性破坏。

（3）如果试样在距离密封接头小于 0.1 L_0 处出现破坏，则实验结果无效，应另取试样重新实验（L_0 为试样的自由长度）。

11.3　预应力混凝土空心板

采用先张法工艺生产的预应力混凝土空心板（简称空心板），通常用作一般房屋建筑的楼板和屋面板。

根据现行国家标准《预应力混凝土空心板》GB/T 14040 及《混凝土结构工程施工质量验收规范》GB 50204 的规定，预应力混凝土空心板作为预制构件，检验批以同一类型的构件，不超过 100 件为一批，每批应抽查构件数量的 5%，且应不少于 3 件。其结构性能检验的承载力、挠度、裂缝宽度三项指标均采用复式抽样检验方案。当第一次检验的预制构件有某些项检验实测值不满足相应的检验指标要求、但能满足第二次检验指标要求时，可进行二次抽样检验。

预应力混凝土空心板的技术指标包括：混凝土强度、构造要求、张拉控制应力、外观质量、尺寸允许偏差和结构性能（承载力、挠度、裂缝宽度）。

1）实验目的

对预应力混凝土空心板进行结构性能实验，是主要测试预应力混凝土空心板的承载力、挠度和裂缝宽度三个重要技术指标，进而评定其结构性能是否满足产品和设计的要求。掌握预应力混凝土空心板试样的制备方法和结构性能实验方法，熟悉加载实验设备（万能试验机或电液伺服结构实验系统）的操作规程，了解现行国家标准《预应力混凝土空心板》GB/T 14040 以及《混凝土结构工程施工质量验收规范》GB 50204 中对预应力混凝土空心板结构性能的技术指标要求。

2）实验依据及环境要求

（1）实验依据

《预应力混凝土空心板》GB/T 14040

《混凝土结构试验方法标准》GB/T 50152

《混凝土结构工程施工质量验收规范》GB 50204

《混凝土结构设计规范》GB/T 50010

（2）环境要求

实验室环境：温度 10～30℃。

3）主要仪器设备

支承装置：四角简支及四边简支双向板试件的支座宜采用图 11-9 所示的形式，其他支承形式双向板试件的简支支座可按图 11-9 的原则设置。

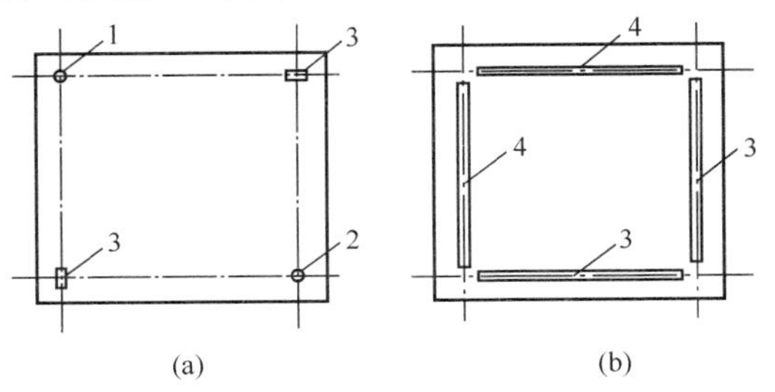

图 11-9　简支双向板的支承方式

（a）四角简支；（b）四边简支

加载实验设备：万能试验机的精度不应低于 1 级；电液伺服结构实验系统的荷载量测允许误差为量程的±1.5%。

荷重块加载：铁块、混凝土块、砖块等加载物重量满足加载分级的要求，单块重物不得超过 250N；加载物应分堆码放，沿单向或双向受力试件跨度方向的堆积长度宜为

1m 左右，且不应大于试件跨度的 1/6～1/4；堆与堆之间之间宜保留不小于 50mm 的间隙，避免试件变形后形成拱作用（图 11-10）。

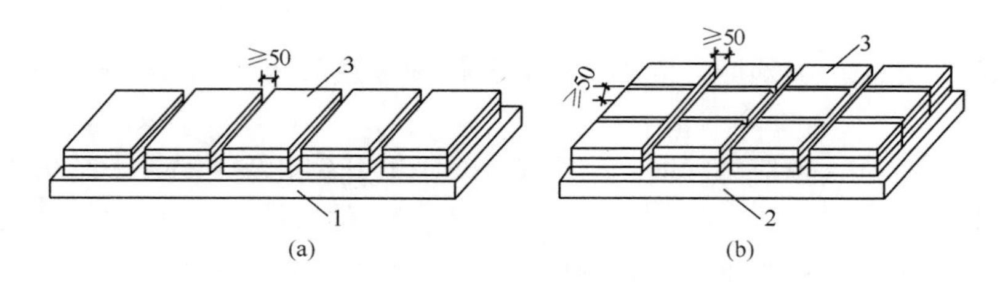

图 11-10　重物均布加载

（a）单向板按区段分堆码放；（b）双向板按区域分堆码放

其他：挠度测量时可采用百分表、位移传感器、水平仪器进行观测。观察裂缝宽度可采用放大镜（精度 0.05mm）。

4）样品制备

（1）空心板的几何形状、结构尺寸、截面配筋数量、配筋形式以及构造措施等参数，与原型结构具有相似关系；

（2）空心板的尺寸宜减小尺寸效应的影响；

（3）实验前空心板的混凝土强度应达到设计强度的 100%以上。

5）实验步骤

（1）实验前量测空心板的实际尺寸和变形情况，并检查试件的表面，在试件上标出已有的裂缝和缺陷。

（2）安装试件、加载设备和量测仪器仪表，对试件进行预加载，检查支座是否平稳，仪器仪表及加载设备是否正常，并对仪器设备进行调零。预加载应控制试件在弹性范围内受力，不应产生裂缝及其他形式的加载残余值。

（3）采用分级加载方式在达到使用状态实验荷载值 Q_s（Fs）以前，每级加载值不宜大于 0.20Q_s（0.20Fs）；超过 Q_s（Fs）以后，每级加载值不宜大于 0.10Q_s（0.10Fs）；

（4）接近开裂荷载计算值 Q_{cr}^{c}（F_{cr}^{c}）时，每级加载值不宜大于 0.05Q_s（0.05Fs）；试件开裂后每级加载值可取 0.10Q_s（0.10Fs）；

（5）加载到承载能力极限状态的实验阶段时，每级加载值不应大于承载力状态荷载设计值 Q_d（Fd）的 0.05 倍。

（6）实验中对每级加载持荷时间应符合以下规定：每级荷载加载完成后的持荷时间不应小于 5～10min，且每级加载时间宜相等；在使用状态实验荷载值 Q_s（Fs）作用下，持荷时间不应少于 15min；在开裂荷载计算值 Q_{cr}^{c}（F_{cr}^{c}）作用下，持荷时间不宜少于 15min；如荷载达到开裂荷载计算值前已经出现裂缝，则在开裂荷载计算值下的持荷时间不应少于 5～10min。

6）实验结果

（1）承载力

（2）对空心板进行承载力检验时，当时间出现表 11-7 所列的任一种承载力标志时，即认为该试件已达到承载能力极限状态，停止加载，并按照表 11-8 取相应的实验荷载值作为承载力检验荷载实测值 $Q_{u,i}^{o}$（$F_{u,i}^{o}$）。如加载至最大的临界实验荷载值，仍未出现任何承载力标志，则应停止加载并判定试件满足承载力要求。

表 11-7 承载力标志及加载系数 $\gamma_{u,i}$

受力类型	标志类型（i）	承载力标志	加载系数 $\gamma_{u,i}$
受拉、受压、受弯	1	弯曲挠度达到跨度 1/50 或悬臂长度的 1/25	1.20（1.35）
	2	受拉主筋处裂缝宽度达到 1.50mm 或钢筋应变达到 0.01	1.20（1.35）
	3	构件的受拉主筋断裂	1.60
	4	弯曲受压区混凝土受压开裂、破碎	1.30（1.50）
	5	受压构件的混凝土受压破碎、压溃	1.60
受剪	6	构件腹部斜裂缝宽度达到 1.50mm	1.40
	7	斜裂缝端部出现混凝土剪压破坏	1.40
	8	沿构件斜截面斜拉裂缝，混凝土断裂	1.45
	9	沿构件斜截面斜拉裂缝，混凝土破碎	1.45
	10	沿构件叠合面、接茬面出现剪切裂缝	1.45
受扭	11	构件腹部斜裂缝宽度达到 1.5mm	1.25
受冲切	12	沿冲切锥面顶、底的环状裂缝	1.45
局部受压	13	混凝土压陷、劈裂	1.40
	14	边角混凝土剥裂	1.50
钢筋的锚固、连接	15	受拉主筋锚固失效，主筋端部滑移达到 0.2mm	1.50
	16	受拉主筋在搭接连接头处滑移，传力性能失效	1.50
	17	受拉主筋搭接脱离或在焊接、机械连接处断裂、传力中断	1.60

注：① 表中加载系数与承载力状态荷载设计值、结构重要性系数的乘积为相应承载力标志的临界试验荷载值；
② 当混凝土强度等级不低于 C60 时，或采用无明显屈服钢筋为受力主筋时，取用括号中的数值；
③ 试验中当试验荷载不变而钢筋应变持续增长时，表示钢筋已经屈服，判断为标志 2。

表 11-8 实验荷载实测值的确定

实验标志出现时间	实验荷载实测值
持荷时间完成后	该级荷载值作为实验荷载实测值
加载过程中	前一级荷载值
持荷过程中	该级荷载和前一级荷载的平均值

② 按照现行国家标准《混凝土结构设计规范》GB 50010 进行结果判定，即符合式（11-5）则认为承载力检验合格。

$$\gamma_u^0 \geqslant \gamma_0[\gamma_u] \tag{11-5}$$

式中 γ_u^0——空心板的承载力检验系数实测值，即试件的荷载实测值与荷载设计值（均包括自重）的比值；

γ_0——结构重要性系数，按设计要求结构等级确定，无专门要求时取1.0；

$[\gamma_u]$——空心板的承载力检验系数允许值。

（2）挠度

①对空心板进行挠度检验时，应在使用状态实验荷载值下持荷结束时测量试件的变形，将扣除支座沉降、试件自重和加载设备重量的影响，并按加载模式进行修正后的挠度作为挠度检验实测值 a_s^o。

②按照现行国家标准《混凝土结构设计规范》GB 50010进行结果判定，即符合式（11-6），则认为挠度检验合格。

$$a_s^o \geqslant [a_s] \tag{11-6}$$

式中 a_s^o——在检验用荷载标准组合值或荷载准永久组合值作用下的构件挠度实测值；

$[a_s]$——挠度检验允许值，按下条规定③计算。

③挠度检验允许值应按式（11-7）、式（11-8）进行计算：

按荷载永久组合值计算空心板挠度，见式（11-7）：

$$[a_s]=[a_l]/\theta \tag{11-7}$$

按荷载标准组合值计算空心板挠度，见式（11-8）

$$[a_s]=\frac{M_k}{M_q(\theta-1)+M_k}[a_l] \tag{11-8}$$

式中 M_k——按荷载标准组合值计算的弯矩值；

M_q——按荷载准永久组合值计算的弯矩值；

θ——考虑荷载长期效应组合对挠度增大的影响系数，按《混凝土结构设计规范》GB 50010确定；

$[a_l]$——受弯构件的挠度限值，按照现行国家标准《混凝土结构设计规范》GB 50010确定。

（3）裂缝宽度

①对空心板进行裂缝宽度检验时，应在使用状态实验荷载值下持荷结束时测量最大裂缝的宽度，并取量测结果的最大值作为最大裂缝宽度实测值 $\omega_{s,max}^o$。

②空心板的裂缝宽度检验符合式（11-9），则认为裂缝宽度检验合格。

$$\omega_{s,max}^o \leqslant [\omega_{s,max}] \tag{11-9}$$

式中 $\omega_{s,max}^o$——在检验用荷载标准组合值或荷载准永久组合值作用下的空心板最大裂缝宽度实测值；

$[\omega_{s,max}]$——空心板检验的最大裂缝宽度允许值，按表11-9取用。

表11-9 预应力混凝土空心板的最大裂缝宽度允许值（mm）

设计要求的最大裂缝宽度限值	0.1	0.2	0.3	0.4
$[\omega_{s,max}]$	0.07	0.10	0.15	0.20

（4）结构性能

①当预应力混凝土空心板结构性能的以上三大指标（承载力、挠度、裂缝宽度）均检验

合格时，这批空心板结构性能合格。

②空心板的三大指标中至少一项检验不合格，但又能满足第二次检验指标要求时，可再抽两块空心板进行二次检验。第二次检验指标时对承载力取规定允许值减 0.05；对挠度的允许值取规定允许值的 1.10 倍。

③当进行二次检验时，如第一个检验的预应力混凝土空心板的全部检验结果均合格。该批空心板可判为合格；如果两块空心板的全部检验结果均满足第二次检验指标的要求，该批空心板也可判为合格。

第12章　土

12.1　土

土既是一种建筑材料，如作为路基填料、路基基层材料；也是工程结构物周围的介质或环境，如隧道、涵洞及地下建筑等。土是由土颗粒（固相）、土孔隙中存在的水（液相）及土孔隙中充填的空气（气相）三相组成的集合体，土体三相比例不同，土的状态和工程特性也随之各异。土最大的特点就是分散性，同时也具有复杂性和易变性。因此对土进行实验和检测是建设工程中设计、施工和科研必不可少的工作。

按土的主要工程特征分类，可分为巨粒土、粗粒土、细粒土和特殊土4类，进一步细分为漂石土、卵石土、砾类土、砂类土、粉质土、黏质土、有机质土、黄土、膨胀土、红粘土、盐渍土、冻土12种土。

对土样的质量及其工程性质进行评价时，主要通过对土样进行密度实验、塑性指标实验等，以此对其分类并了解其基本性能。在此基础上进行土的击实实验等工程性能实验，为控制施工质量提供技术参数。

土的主要技术指标包括：含水率、密度、不均匀系数、曲率系数、液限、塑限、缩限、收缩、天然稠度、最大干密度、最佳含水率、压缩系数、压缩指数、压缩模量、回弹模量、固结系数、渗透系数、抗剪强度和无侧限抗压强度。

12.1.1　密度（环刀法）

1）实验目的

土的密度是指单位体积土的质量，本实验方法适用于细粒土，土样密度可作为土样的一个基本性能参数。掌握原状土样和扰动土样的制备方法、要点以及环刀法的适用范围，熟悉环刀和修土刀的使用方法，了解现行国家标准《土工试验方法标准》GB/T 50123中对环刀法测密度的技术要点。

2）实验依据及环境要求

（1）实验依据

《土的工程分类标准》GB/T 50145

《土工试验方法标准》GB/T 50123

《公路土工试验规程》JTG E40

《岩土工程仪器基本参数及通用技术条件》GB/T 15406

（2）环境要求

实验室环境：温度为10～35℃。

3）主要仪器设备

环刀：内径61.8mm和79.8mm，高度20mm。

天平：量程500g，最小分度值0.1g；量程200g，最小分度值0.01g。

其他：修土刀、钢丝锯、凡士林等。

4）样品制备

根据需要取原状土或制备所需状态的扰动土。

5）实验步骤

（1）取到土样后整平两端，环刀内壁涂一薄层凡士林，刃口向下放在土样上。

（2）用修土刀或者钢丝锯将土样上部削成略大于环刀直径的土柱，然后将环刀垂直下压，边压边削，至土样伸出环刀上部为止。削去两端余土，使土样与环刀口齐平，并用余土样测定含水率。

（3）擦净环刀外壁，称量环刀与土的合质量 m_1，准确至0.1g。

6）实验结果

试样的湿密度按式（12-1）计算：

$$\rho_0=\frac{m_1-m_0}{V} \tag{12-1}$$

式中 ρ_0——湿密度（g/m^3），计算至0.01；

m_1——环刀与土合质量（g）；

m_0——环刀质量（g）；

V——环刀体积（cm^3）。

试样的干密度按式（12-2）计算：

$$\rho_d=\frac{\rho_0}{1+0.01\omega_0} \tag{12-2}$$

式中 ρ_d——干密度 g/cm^3，计算至0.01；

ρ_0——湿密度 g/cm^3，计算至0.01；

ω_0——含水率（%）。

12.1.2 液限和塑限

1）实验目的

液限是指细粒土流动状态与可塑状态间的界限含水率，塑限是指细粒土可塑状态与半固体状态间的界限含水率。联合测定土的液限和塑限，可以作为划分土类、计算天然稠度塑性指数的依据，供公路工程设计和施工使用。本实验适用于粒径不大于0.5mm、有机质含量不大于实验总质量5%的土。掌握土样的制备方法及测定液限、塑限的实验方法，熟悉液限塑限联合测定仪（主要包括圆锥仪）的操作规程，了解现行国家标准《土的工程分类标准》GB/T 50145中按照液限和塑限对土进行分类的技术要求。

2）实验依据及环境要求

（1）实验依据

《土的工程分类标准》GB/T 50145

《土工试验方法标准》GB/T 50123

《公路土工试验规程》JTG E40

《岩土工程仪器基本参数及通用技术条件》GB/T 15406

（2）环境要求

实验室环境：温度为 10～35℃。

3）主要仪器设备

圆锥仪：锥质量为 100g 或 76g，锥角为 30°，读数显示形式直采用光电式、游标式、百分表式。

盛土杯：直径 5cm，深度 4～5cm。

天平：称量 200g，感量 0.01g。

其他：筛（孔径 0.5mm）、调土刀、调土皿、称量盒、研钵（附带橡皮头研杵或橡皮板、木棒）、干燥器、吸管、凡士林等。

4）样品制备

取有代表性的天然含水量或风干土样进行实验。如土中含大于 0.5mm 的土粒或杂物时，应将风干土样用带橡皮头的研杵研碎或用木棒在橡皮板上压碎，过 0.5mm 的筛。

5）实验步骤

（1）取 0.5mm 筛下的代表性土样 200g，取有代表性的天然含水量或风干土样进行实验。如土中含大于 0.5mm 的土粒或杂物时，应将风干土样用带橡皮头的研杵研碎或用木棒在橡皮板上压碎，过 0.5mm 的筛。取 0.5mm 筛下的代表性土样 200g，分开放入三个调土皿中，加不同数量的蒸馏水，土样的含水量分别控制在液限（a 点）、略大于塑限（c 点）和二者的中间状态（b 点）。用调土刀调匀，盖上湿布，放置 18h 以上。测定 a 点的锥入深度，对于 100g 锥应为（20±0.2）mm，对于 76g 的锥应为 17mm。测定 c 点的锥入深度，对于 100g 锥应控制在 5mm 以下，对于 76g 锥应控制在 2mm 以下。对于砂类土，用 100g 锥测定 c 点的锥入深度可大于 5mm，用 76g 锥测定 c 点锥入深度可大于 2mm。

（2）将制备的土样充分搅拌均匀，分层装入盛土杯，用力压密，使空气逸出。对于较干的土样，应先充分揉搓、用调土刀反复压实。试杯装满后，刮成与杯边齐平。

（3）当用游标式或百分表式液限塑限联合测定仪实验时，调平仪器，提起锥杆（此时游标或百分表读数为零），锥头上涂少许凡士林。

（4）将装好土样的试杯放在液限塑限联合测定仪的升降座上，转动升降旋钮，待锥尖与土样表面刚好接触时停止升降，扭动锥下降旋钮，同时开动称表，经 5s 时，松开旋钮，锥体停止下落，此时游标读数即为锥入深度 h_1。

（5）改变锥尖与土接触位置（锥尖两次锥入位置距离不小于 1cm），重复上述步骤，得出锥入深度 h_2，h_1、h_2 允许误差为 0.5mm，否则，应重作。取 h_1、h_2 平均值作为该点的锥入深度。

（6）去掉锥尖入土处的凡士林，取 10g 以上的土样两个，分别装入称量盒内，称质量（准确至 0.001g），测定其含水率 w_1、w_2（计算到 0.1%）。计算含水率平均值 w。

（7）对其他两个含水量土样进行实验，测其锥入深度和含水量。

（8）用光电式或数码式液限塑限联合测定仪测定时，接通电源，调平机身，打开开关，提上锥体（此时刻度或数码显示应为零）。将装好土样试杯放在升降座上，转动升降旋钮，试杯徐徐上升，土样表面和锥尖刚好接触，指示灯亮，停止转动旋钮，锥体立刻自行下沉，5s 时，自动停止下落，读数窗上或数码管上显示锥入深度。实验完毕，按动复位按钮，锥体复位，读数显示为零。

6）实验结果

（1）锥入深度与含水率的关系（$h-w$）：

在二级双对数坐标纸上，以含水量 w 为横坐标，锥入深度 h 为纵坐标，点绘 a、b、w 三点含水量的 $h-w$ 图，连此三点，应呈一条直线（图 12-1）。如三点不在同一直线上，要通过 a 点与 b、c 两点连成两条直线，根据液限（a 点含水量）在 h_p-w_L 图上得知 h_p，以此 h_p 再在 $h-w$ 图上的 ab 及 ac 两直线上求出两个含水量，当两个含水量的差值小于 2%时，以该两点含水量平均值与 a 点连成直线。当两个含水量的差值大于 2%，应重做实验。

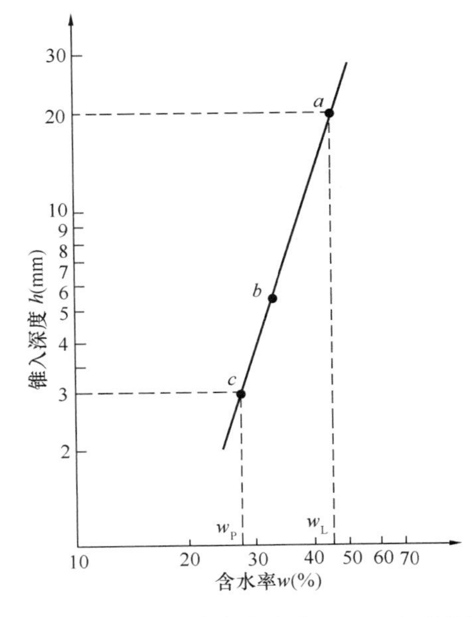

图 12-1 锥入深度与含水率（$h-w$）关系

（2）液限

若采用 76g 锥做液限实验，则在 $h-w$ 图上，查得纵坐标入土深度 $h=17$mm 所对应的横坐标的含水率 w，即为该土样的液限 w_L。

若采用 100g 锥做液限实验，则在 $h-w$ 图上，查得纵坐标入土深度 $h=20$mm 所对应的横坐标的含水率 w，即为该土样液限 w_L。

（3）塑限

根据 76g 锥做液限实验得到的液限，通过 76g 锥入深度 h 与含水率 w 的关系曲线，查得锥入深度为 2mm 所对应的含水率即为该土的塑限 w_p。

根据 100g 锥做液限实验得到的液限，过液限 w_L 与塑限时入土深度 h_p 的关系曲线（图 12-2），查得 h_p，再由图求出入土深度为 h_p 时所对应的含水率，即为该土样的塑限 w_p。查 h_p-w_L 关系图时，须先通过简易鉴别法及筛分法把砂类土与细粒土区别开来，再按这两种土分别采用相应的 h_p-w_L 关系曲线；

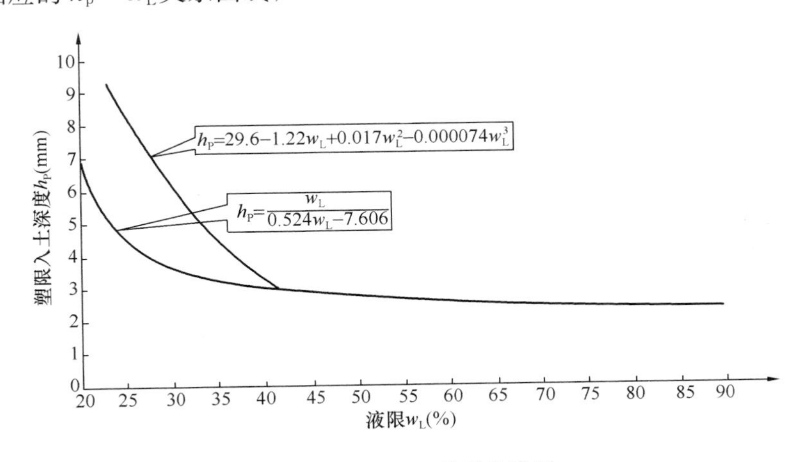

图 12-2 h_p-w_L 关系曲线图

对于细粒土，用双曲线确定 h_p 值；对于砂类土，则用多项式曲线确定 h_p 值。

根据 100g 锥做液限实验得到的液限，当 a 点的锥入深度在（20±0.2）mm 范围内时，应在 ad 线上查得入土深度为 20mm 处相对应的含水率，此为液限 w_L。再用此液限在 h_p-

w_L关系曲线上找出与之相对应的塑限入土深度 h_p，然后到 $h-w$ 图 ad 直线上查得 h_p相对应的含水率，此为塑限 w_p。

（4）精度和允许误差

本实验需进行两次平行测定，取其算术平均值，以整数（%）表示。其允许误差为：高液限土小于或等于 2%，低液限土小于或等于 1%。

12.1.3　最大干密度和最佳含水率

1）实验目的

土的干密度是指单位体积干土的质量，含水率是指土中水的质量与土颗粒质量的比值。对不同含水率的土样依次进行击实试验（轻型击实或重型击实），测定每个土样的干密度，然后在直角坐标纸上绘制干密度和含水率的关系曲线，取曲线峰值点相应的纵坐标为击实试样的最大干密度，相应的横坐标为击实试样的最佳含水率。掌握土样制备的方法（干土法或湿土法）以及土样干密度的实验方法，认识干密度和含水率的关系曲线并能找出最大干密度和最佳含水率，熟悉击实仪的操作规程，了解现行国家标准《土工试验方法标准》GB/T 50123 中对轻型击实和重型击实试验的技术要求。

2）实验依据及环境要求

（1）实验依据

《土的工程分类标准》GB/T 50145

《土工试验方法标准》GB/T 50123

《公路土工试验规程》JTG E40

《岩土工程仪器基本参数及通用技术条件》GB/T 15406

（2）环境要求

实验室环境：温度为 10～35 ℃。

3）主要仪器设备

标准击实仪：如图 12-3 和图 12-4 所示。

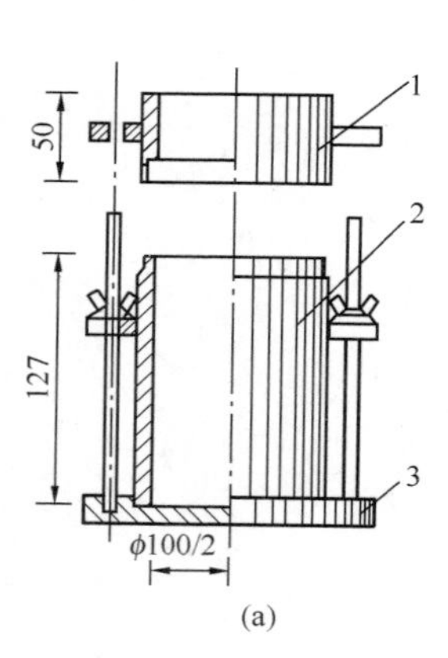

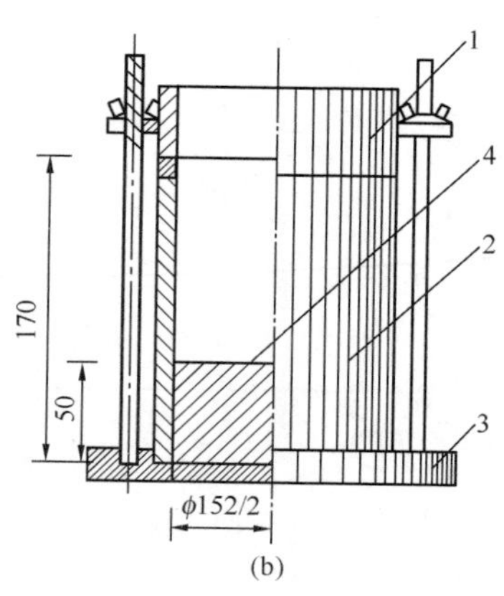

图 12-3　击实筒（mm）

（a）小击实筒；（b）大击实筒

1—套筒；2—击实筒；3—底板；4—垫块

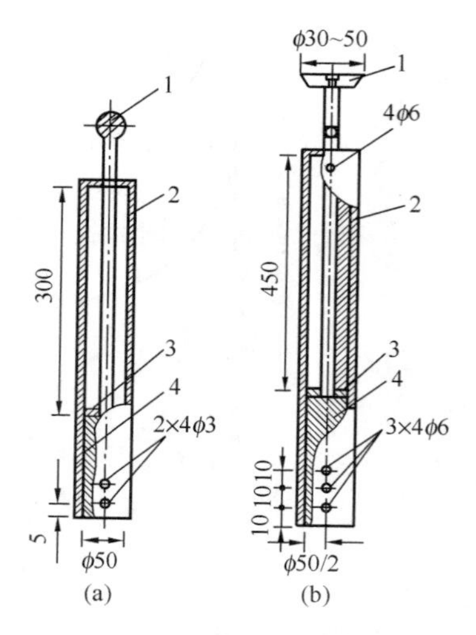

图 12-4　击锤和导筒（mm）

（a）2.5kg 击锤（落高 30cm）；

（b）4.5kg 击锤（落高 45cm）

1—提手；2—导筒；3—硬橡皮垫；4—击锤

烘箱及干燥器。

天平：感量 0.01g。

台秤：称量 10kg，感量 5g。

圆孔筛：圆孔筛，孔径 40mm、20mm 和 5mm 各 1 个。

拌和工具：400mm×600mm、深 70mm 的金属盘、土铲。

其他：喷水设备、碾土器、盛土盘、量筒、推土器、铝盒、修土刀、平直尺等。

4）样品制备

本实验可分别采用不同的方法制备试样。各方法可按表 12-1 准备试样。

表 12-1　试料用量

使用方法	类别	试筒内径（mm）	最大粒径（mm）	试料用量（kg）
干土法，试验不重复使用	b	10 15.2	20 40	至少 5 个试样，每个 3 至少 5 个试样，每个 6
湿土法，试验不重复使用	c	10 15.2	20 40	至少 5 个试样，每个 3 至少 5 个试样，每个 6

（1）干土法（土不重复使用）

按四分法至少准备 5 个试样，分别加入不同水分（按 2%～3%含水量递增），拌匀后闷料一夜备用。

（2）湿土法（土不重复使用）

对于高含水率土，可省略过筛步骤，用手拣除大于 40mm 的粗石子。保持天然含水率的第一个土样，可立即用于击实实验。其余几个试样，将土分成小土块，分别风干，使含水率按 2%～3%递减。

5）实验步骤

（1）根据工程要求，按规定选择轻型或重型实验。根据土的性质（含易击碎风化石数量多少，含水量高低），按表 12-1 规定选用干土法或湿土法。

（2）将击实筒放在坚硬的地面上，在筒壁上抹一层凡士林，并在筒底（小试筒）或垫块（大试筒）上放置蜡纸或塑料薄膜。取制备好的土样分 3～5 次倒入筒内。小筒按三层法时，每次约 800～900g（其量应使击实后的试样等于或略高于筒高的 1/3）；按五层法时，每次 400～500g（其量应使击实的土样等于或略高于筒高的 1/5）。对于大试筒，先将垫块放入筒内底板上，按五层法时，每层需试样约 900g（细粒土）～1100g（粗粒土）；按三层法时，每层需试样约 1700g 左右。整平表明，并稍加压紧，然后按规定的击数进行第一层土的击实，击实时击锤应自由垂直落下，锤迹必须均匀分布于土样面，第一层击实完后，将试样层面“拉毛”，然后再装入套筒，重复上述方法进行其余各层土击实。小试筒击实后，试样不应高出筒顶面 5mm；大试筒击实后，试样不应高出筒顶面 6mm。

（3）用修土刀沿套筒内壁削刮，使试层与套筒脱离后，扭动并取下套筒，齐筒顶细心削平试样，拆除底板，擦净筒外壁，称量，准确至 1g。

（4）用推土器推出筒内试样，从试样中心处取样测其含水量，计算至 0.1%。测定含水量用试样的数量按表 12-2 测定取样（取出有代表性的土样）。

表 12-2　测定含水率用试样的数量

最大粒径（mm）	试样质量（g）	个数
<5	15～20	2
约 5	约 50	1
约 20	约 250	1
约 40	约 500	1

（5）对于干土法（土不重复使用）。将试样搓散，然后进行洒水、拌和，但不需闷料，每次约增加 2%～3%的含水量，其中有两个大于和两个小于最佳含水率。

6）实验结果

（1）干密度

按式（12-3）计算击实后各点的干密度：

$$\rho_d=\frac{\rho}{1+0.01w} \tag{12-3}$$

式中　ρ_d——干密度（g/cm^3），计算精确至 0.01；

ρ——湿密度（g/cm^3）；

w——含水率（%）。

（2）最大干密度和最佳含水率

以干密度 ρ_d 为纵坐标，含水率 w 为横坐标，绘 ρ_d-w 关系曲线（图 12-5），曲线上峰点的纵、横坐标分别为最大干密度和最佳含水量。如果曲线不能绘出明显的峰值点，应进行补点或重做。

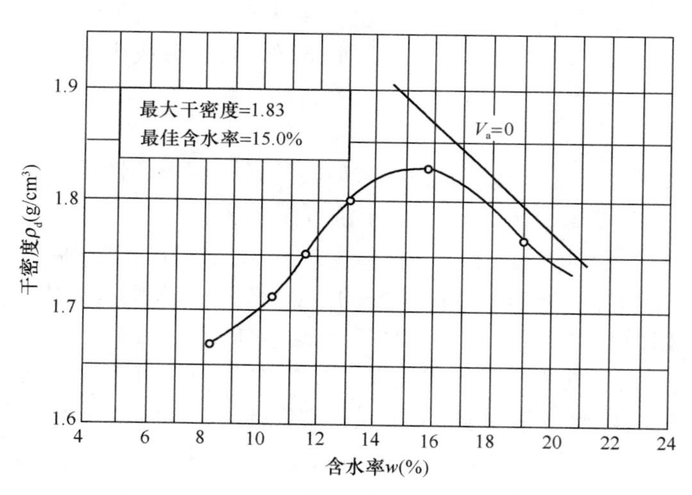

图 12-5　含水量和干密度的关系

（3）饱和含水率 w_{max}

按式（12-4）或式（12-5）计算饱和曲线的饱和含水率 w_{max}，并绘制饱和含水率与干密度的关系曲线图。

$$w_{max}=\left[\frac{G_s\rho_d(1+w)-\rho_d}{G_s\rho_d}\right]\times 100 \tag{12-4}$$

或
$$w_{max}=\left(\frac{\rho_w}{\rho_d}-\frac{1}{G_s}\right)\times 100 \tag{12-5}$$

式中 w_{max}——饱和含水率（%），计算至0.01；

ρ——试样的湿密度（g/cm^3）；

ρ_w——水在4℃时的密度（g/cm^3）；

ρ_d——试样的干密度（g/cm^3）；

G_s——试样土粒比重，对于粗粒土，则为土中粗细颗粒的混合比重；

w——试样的含水率。

（4）最大干密度和最佳含水量的校正

当试样中有大于40mm颗粒时，应先取出大于40mm颗粒，并求得其百分率ρ，把小于40mm部分做击实实验，按下面公式分别对实验所得的最大干密度和最佳含水率进行校正（适用于大于40mm颗粒的含水率小于30%时）。分别见式（12-6）和式（12-7）。

最大干密度按式（12-6）校正：

$$\rho'_{dm}=\frac{1}{\frac{1-0.01p}{\rho_{dm}}+\frac{0.01p}{\rho_w G'_s}} \tag{12-6}$$

式中 ρ'_{dm}——校正后的最大干密度（g/cm^3）；计算至0.01；

ρ_{dm}——粒径小于40mm试样击实后的最大干密度（g/cm^3）；

p——粒径大于40mm颗粒的含率（%）；

G'_s——粒径大于40mm颗粒的毛体积比重，计算至0.01。

最佳含水率按式（12-7）校正：

$$w'_0=w_0(1-0.01p)+0.01pw_2 \tag{12-7}$$

式中 w'_0——校正后的最佳含水率（%）；

w_0——用粒径小于40mm的土试样所得的最佳含水率（%）；

p——粒径大于40mm颗粒的含率（%）；

w_2——粒径大于40mm颗粒的吸水率（%）。

第 13 章　常用建筑材料实验原始记录和报告

13.1　混凝土用原材料性能实验

通用硅酸盐水泥性能实验原始记录

样品信息	样品编号					
	水泥品种	□复合硅酸盐水泥　□普通硅酸盐水泥　□其他：				
	强度等级	□32.5R　□42.5　□42.5R　□其他：				
	样品说明					
实验信息	实验依据					
	室温（℃）			相对湿度（%）		
	实验项目	实验数据（或结果）				
	标准稠度用水量（标准法）	试样质量（g）	加水量（mL）	试杆距底板距离（mm）	标准稠度用水量（%）	
	安定性	雷氏法（mm）	$A_1=$		$C_1=$	
			$A_2=$		$C_2=$	
		试 饼 法	煮后试饼状况	试饼 1：	试饼 2：	
	强　度	成型时间	年　月　日　时　分			
		胶 砂	加水时间	时　分	加水量（mL）	
			胶砂流动度（mm）	纵向：	横向：	
		快测 破型时间	年　月　日　时　分	待定系数	$a=$　；$b=$	
		快测 荷载（kN）				
		标准养护 破型时间	3d	年　月　日　时　分		
			28d	年　月　日　时　分		
		标准养护 抗折 □kN□MPa	3d			
			28d			
		标准养护 抗压（kN）	3d			
			28d			
	凝结时间	加水时间：　时　分	初凝时间：　时　分	终凝时间：　时　分		
		各时刻（h：min）试针下沉深度（mm）测试				
		序号 / 测试时刻 / 下沉深度	序号 / 测试时刻 / 下沉深度	序号 / 测试时刻 / 下沉深度		
	主要仪器设备名称及编号		仪器设备运行状况	□正常 □实验前（中、后）有故障。故障情况见运行记录，故障设备：		
备注						

校核：　　　　　　　　　　　　　　检验：

通用硅酸盐水泥性能实验报告

报告编号：

<table>
<tr><td rowspan="5">样品信息</td><td colspan="2">样品名称</td><td></td><td>品种、强度等级</td><td></td></tr>
<tr><td colspan="2">样品说明</td><td></td><td>取样基数</td><td></td></tr>
<tr><td colspan="2">生产厂家</td><td></td><td>产品商标</td><td></td></tr>
<tr><td colspan="2">出厂日期</td><td></td><td>出厂批号</td><td></td></tr>
<tr><td colspan="2">使用部位</td><td colspan="3"></td></tr>
<tr><td rowspan="4">实验信息</td><td colspan="2">实验项目</td><td colspan="3"></td></tr>
<tr><td colspan="2">实验依据</td><td colspan="3"></td></tr>
<tr><td colspan="2">样品编号</td><td colspan="3"></td></tr>
<tr><td colspan="2">收样日期</td><td></td><td>实验日期</td><td></td></tr>
<tr><td rowspan="10">实验结果及实验结论</td><td colspan="2">实验项目</td><td>技术要求</td><td>实验结果</td><td>单项结论</td></tr>
<tr><td colspan="2">安定性</td><td></td><td></td><td></td></tr>
<tr><td colspan="2">初凝时间（min）</td><td></td><td></td><td></td></tr>
<tr><td colspan="2">终凝时间（min）</td><td></td><td></td><td></td></tr>
<tr><td rowspan="2">抗压强度（MPa）</td><td>3d</td><td></td><td></td><td></td></tr>
<tr><td>28d</td><td></td><td></td><td></td></tr>
<tr><td rowspan="2">抗折强度（MPa）</td><td>3d</td><td></td><td></td><td></td></tr>
<tr><td>28d</td><td></td><td></td><td></td></tr>
<tr><td colspan="2">实验结论</td><td colspan="3">（实验专用章）
签发日期：</td></tr>
<tr><td colspan="2">备　注</td><td colspan="3"></td></tr>
</table>

<table>
<tr><td>单位声明</td><td>1. 本报告或本报告复印件无“实验专用章”无效；
2. 对本报告若持有异议，请向本单位申诉；
3. 未经同意，本报告不得作商业广告用。</td><td>单位信息</td><td>地址：
查询及联系电话：
申诉电话：
申诉电子邮箱：</td></tr>
</table>

批准：　　　　审核：　　　　检验：

粉煤灰性能实验原始记录

<table>
<tr><td>样品种类</td><td></td><td>样品等级</td><td colspan="2"></td><td>样品编号</td><td></td><td>实验日期</td><td colspan="2"></td></tr>
<tr><td>实验依据</td><td colspan="6"></td><td>温度（℃）</td><td colspan="2"></td></tr>
<tr><td>样品状态</td><td colspan="6"></td><td>相对湿度（%）</td><td colspan="2"></td></tr>
<tr><td rowspan="3">细 度
（45μm 筛余）</td><td colspan="2">试样质量
（g）</td><td colspan="2">筛余物质量
（g）</td><td colspan="2">修正系数
（0.8～1.2）</td><td>筛余值
（%）</td><td colspan="2">筛余值平均值
（%）</td></tr>
<tr><td colspan="2"></td><td colspan="2"></td><td colspan="2"></td><td></td><td colspan="2" rowspan="2"></td></tr>
<tr><td colspan="2"></td><td colspan="2"></td><td colspan="2"></td><td></td></tr>
<tr><td rowspan="3">需水量比</td><td colspan="4">对比胶砂</td><td colspan="4">实验胶砂</td><td>需水量比（%）</td></tr>
<tr><td>水泥
（g）</td><td>粉煤灰
（g）</td><td>标准砂
（g）</td><td>加水量
（mL）</td><td>水泥
（g）</td><td>粉煤灰
（g）</td><td>标准砂
（g）</td><td>加水量
（mL）</td><td rowspan="2"></td></tr>
<tr><td></td><td>—</td><td></td><td></td><td></td><td></td><td></td><td></td></tr>
<tr><td rowspan="3">烧失量</td><td colspan="2">试样质量 m_1
（g）</td><td colspan="2">灼烧后试样的
质量 m_2（g）</td><td colspan="3">烧失量的质量百分数
$X_{LOI}=\frac{m_1-m_2}{m_1}$（%）</td><td colspan="2">烧失量的质量平均百分数
$\overline{X}_{LOI}$（%）</td></tr>
<tr><td colspan="2"></td><td colspan="2"></td><td colspan="3"></td><td colspan="2" rowspan="2"></td></tr>
<tr><td colspan="2"></td><td colspan="2"></td><td colspan="3"></td></tr>
<tr><td rowspan="9">活性指数</td><td rowspan="3">成型日期</td><td rowspan="3">破型日期</td><td rowspan="3">受压面积
（mm²）</td><td colspan="3">对比样品</td><td colspan="3">实验样品</td></tr>
<tr><td rowspan="2">抗压荷载
（kN）</td><td colspan="2">抗压强度（MPa）</td><td rowspan="2">抗压荷载
（kN）</td><td colspan="2">抗压强度（MPa）</td></tr>
<tr><td>单块值</td><td>代表值</td><td>单块值</td><td>代表值</td></tr>
<tr><td rowspan="6"></td><td rowspan="6"></td><td rowspan="6"></td><td></td><td></td><td rowspan="6"></td><td></td><td></td><td rowspan="6"></td></tr>
<tr><td></td><td></td><td></td><td></td></tr>
<tr><td></td><td></td><td></td><td></td></tr>
<tr><td></td><td></td><td></td><td></td></tr>
<tr><td></td><td></td><td></td><td></td></tr>
<tr><td></td><td></td><td></td><td></td></tr>
<tr><td>主要仪器设备
名称及编号</td><td colspan="4"></td><td colspan="2">仪器设备
运行状况</td><td colspan="3">□正常
□实验前（中、后）有故障。故障情况见运行记录，故障设备：</td></tr>
<tr><td>备注</td><td colspan="9"></td></tr>
</table>

校核：　　　　　　　　　　　　　　检验：

粉煤灰性能实验报告

报告编号：

<table>
<tr><td rowspan="5">样品信息</td><td>样品名称</td><td colspan="3"></td><td>种类、等级</td><td></td></tr>
<tr><td>样品说明</td><td colspan="3"></td><td>取样基数</td><td></td></tr>
<tr><td>生产厂家</td><td colspan="3"></td><td>产品商标</td><td></td></tr>
<tr><td>出厂日期</td><td colspan="3"></td><td>出厂批号</td><td></td></tr>
<tr><td>使用部位</td><td colspan="5"></td></tr>
<tr><td rowspan="4">实验信息</td><td>实验项目</td><td colspan="5"></td></tr>
<tr><td>实验依据</td><td colspan="5"></td></tr>
<tr><td>样品编号</td><td colspan="5"></td></tr>
<tr><td>收样日期</td><td colspan="3"></td><td>实验日期</td><td></td></tr>
<tr><td rowspan="13">实验结果及实验结论</td><td rowspan="2">实验项目</td><td colspan="3">技术要求</td><td rowspan="2">实验结果</td><td rowspan="2">单项结论</td></tr>
<tr><td>Ⅰ级</td><td>Ⅱ级</td><td>Ⅲ级</td></tr>
<tr><td>细度（%）</td><td></td><td></td><td></td><td></td><td></td></tr>
<tr><td>需水量比（%）</td><td></td><td></td><td></td><td></td><td></td></tr>
<tr><td>烧失量（%）</td><td></td><td></td><td></td><td></td><td></td></tr>
<tr><td>活性指数（%）</td><td></td><td></td><td></td><td></td><td></td></tr>
<tr><td>以下空白</td><td colspan="3"></td><td></td><td></td></tr>
<tr><td></td><td colspan="3"></td><td></td><td></td></tr>
<tr><td></td><td colspan="3"></td><td></td><td></td></tr>
<tr><td>实验结论</td><td colspan="5">（实验专用章）
签发日期：</td></tr>
<tr><td>备　注</td><td colspan="5"></td></tr>
</table>

<table>
<tr><td>单位声明</td><td>1. 本报告或本报告复印件无“实验专用章”无效；
2. 对本报告若持有异议，请向本单位申诉；
3. 未经同意，本报告不得作商业广告用</td><td>单位信息</td><td>地址：
查询及联系电话：
申诉电话：
申诉电子邮箱：</td></tr>
</table>

批准：　　　　审核：　　　　检验：

粒化高炉矿渣粉性能实验原始记录

样品等级		样品说明		样品编号		实验日期	
实验依据						温度（℃）	
样品状态						相对湿度（%）	

流动度比	对比样品流动度（mm）		实验样品流动度（mm）	
	单值	代表值	单值	代表值

活性指数	成型日期	破型日期	受压面积（mm^2）	对比样品			实验样品		
				抗压荷载（kN）	抗压强度（MPa）		抗压荷载（kN）	抗压强度（MPa）	
					单块值	代表值		单块值	代表值

含水量	坩埚质量（g）	烘干前坩埚加试样的质量（g）	烘干前试样的质量（g）	烘干后坩埚加试样的质量（g）	烘干后试样的质量（g）	含水量（%）	
						单值	代表值

主要仪器设备名称及编号		仪器设备运行状况	□正常 □实验前（中、后）有故障。故障情况见运行记录，故障设备：
备注			

校核：　　　　　　　　　　　　检验：

粒化高炉矿渣粉性能实验报告

报告编号：

<table>
<tr><td rowspan="5">样品信息</td><td>样品名称</td><td colspan="3"></td><td>样品等级</td><td></td></tr>
<tr><td>样品说明</td><td colspan="3"></td><td>取样基数</td><td></td></tr>
<tr><td>生产厂家</td><td colspan="3"></td><td>产品商标</td><td></td></tr>
<tr><td>出厂日期</td><td colspan="3"></td><td>出厂批号</td><td></td></tr>
<tr><td>使用部位</td><td colspan="5"></td></tr>
<tr><td rowspan="4">实验信息</td><td>实验项目</td><td colspan="5"></td></tr>
<tr><td>实验依据</td><td colspan="5"></td></tr>
<tr><td>样品编号</td><td colspan="5"></td></tr>
<tr><td>收样日期</td><td colspan="3"></td><td>实验日期</td><td></td></tr>
<tr><td rowspan="11">实验结果及实验结论</td><td rowspan="2">实验项目</td><td colspan="3">技术要求</td><td rowspan="2">实验结果</td><td rowspan="2">单项结论</td></tr>
<tr><td>S105</td><td>S95</td><td>S75</td></tr>
<tr><td>流动度比（%）</td><td></td><td></td><td></td><td></td><td></td></tr>
<tr><td>活性指数（%）</td><td></td><td></td><td></td><td></td><td></td></tr>
<tr><td>含水量（%）</td><td></td><td></td><td></td><td></td><td></td></tr>
<tr><td>以下空白</td><td colspan="3"></td><td></td><td></td></tr>
<tr><td></td><td colspan="3"></td><td></td><td></td></tr>
<tr><td></td><td colspan="3"></td><td></td><td></td></tr>
<tr><td></td><td colspan="3"></td><td></td><td></td></tr>
<tr><td>实验结论</td><td colspan="5">（实验专用章）
签发日期：</td></tr>
<tr><td>备　注</td><td colspan="5"></td></tr>
<tr><td>单位声明</td><td colspan="3">1. 本报告或本报告复印件无“实验专用章”无效；
2. 对本报告若持有异议，请向本单位申诉；
3. 未经同意，本报告不得作商业广告用。</td><td>单位信息</td><td colspan="2">地址：
查询及联系电话：
申诉电话：
申诉电子邮箱：</td></tr>
</table>

批准：　　　　　　审核：　　　　　　检验：

硅灰性能实验原始记录

<table>
<tr><td>样品种类</td><td></td><td>样品等级</td><td colspan="2"></td><td>样品编号</td><td></td><td colspan="2">实验日期</td><td></td></tr>
<tr><td>实验依据</td><td colspan="6"></td><td colspan="2">温度（℃）</td><td></td></tr>
<tr><td>样品状态</td><td colspan="6"></td><td colspan="2">相对湿度（%）</td><td></td></tr>
<tr><td rowspan="3">需水量比</td><td colspan="4">对比胶砂</td><td colspan="4">实验胶砂</td><td>需水量比（%）</td></tr>
<tr><td>水泥
（g）</td><td>硅灰
（g）</td><td>标准砂
（g）</td><td>加水量
（mL）</td><td>水泥
（g）</td><td>硅灰
（g）</td><td>标准砂
（g）</td><td>加水量
（mL）</td><td rowspan="2"></td></tr>
<tr><td></td><td>—</td><td></td><td></td><td></td><td></td><td></td><td></td></tr>
<tr><td rowspan="9">活性指数</td><td rowspan="3">成型
日期</td><td rowspan="3">破型
日期</td><td rowspan="3">受压
面积
（mm²）</td><td colspan="3">对比样品</td><td colspan="3">实验样品</td></tr>
<tr><td rowspan="2">抗压
荷载
（kN）</td><td colspan="2">抗压强度
（MPa）</td><td rowspan="2">抗压
荷载
（kN）</td><td colspan="2">抗压强度
（MPa）</td></tr>
<tr><td>单块值</td><td>代表值</td><td>单块值</td><td>代表值</td></tr>
<tr><td rowspan="6"></td><td rowspan="6"></td><td rowspan="6"></td><td></td><td></td><td rowspan="6"></td><td></td><td></td><td rowspan="6"></td></tr>
<tr><td></td><td></td><td></td><td></td></tr>
<tr><td></td><td></td><td></td><td></td></tr>
<tr><td></td><td></td><td></td><td></td></tr>
<tr><td></td><td></td><td></td><td></td></tr>
<tr><td></td><td></td><td></td><td></td></tr>
<tr><td>主要仪器设备
名称及编号</td><td colspan="3"></td><td colspan="2">仪器设备
运行状况</td><td colspan="4">□正常
□实验前（中、后）有故障。故障情况见运行记录，故障设备：</td></tr>
<tr><td>备注</td><td colspan="9"></td></tr>
</table>

校核：　　　　　　　　　　检验：

硅灰性能实验报告

报告编号：

样品信息	样品名称		样品种类	
	样品说明		取样基数	
	生产厂家		产品商标	
	出厂日期		出厂批号	
	使用部位			
实验信息	实验项目			
	实验依据			
	样品编号			
	收样日期		实验日期	
实验结果及实验结论	实验项目	技术要求	实验结果	单项结论
	需水量比（%）			
	活性指数（%）			
	以下空白			
	实验结论	（实验专用章） 签发日期：		
	备　　注			

单位声明	1. 本报告或本报告复印件无“实验专用章”无效； 2. 对本报告若持有异议，请向本单位申诉； 3. 未经同意，本报告不得作商业广告用。	单位信息	地址： 查询及联系电话： 申诉电话： 申诉电子邮箱：

批准：　　　　审核：　　　　检验：

建设用砂性能实验原始记录

<table>
<tr><td rowspan="3">样品信息</td><td>样品编号</td><td colspan="10"></td></tr>
<tr><td>样品名称</td><td colspan="3">□天然砂 □人工砂
□混合砂</td><td colspan="2">样品规格</td><td colspan="5">□特细砂 □细砂 □中砂 □粗砂</td></tr>
<tr><td>样品说明</td><td colspan="10"></td></tr>
<tr><td rowspan="27">实验信息</td><td>实验日期</td><td colspan="3"></td><td colspan="2">室温（℃）</td><td colspan="5"></td></tr>
<tr><td>实验依据</td><td colspan="10"></td></tr>
<tr><td>实验项目</td><td colspan="10">实验数据</td></tr>
<tr><td rowspan="3">颗粒级配</td><td>试样质量
（g）</td><td colspan="2">筛孔尺寸
（mm）</td><td>4.75</td><td>2.36</td><td>1.18</td><td>0.60</td><td>0.30</td><td>0.15</td><td>筛底</td></tr>
<tr><td rowspan="2"></td><td rowspan="2">分计筛
余量（g）</td><td>1</td><td></td><td></td><td></td><td></td><td></td><td></td><td></td></tr>
<tr><td>2</td><td></td><td></td><td></td><td></td><td></td><td></td><td></td></tr>
<tr><td rowspan="4">□含泥量
□含粉量
□泥块含量</td><td rowspan="2">样品号</td><td colspan="4">实验前烘干砂质量（g）</td><td colspan="5">实验后烘干砂质量（g）</td></tr>
<tr><td colspan="2">含泥量/含粉量</td><td colspan="2">泥块含量</td><td colspan="3">含泥量/含粉量</td><td colspan="2">泥块含量</td></tr>
<tr><td>1</td><td colspan="2"></td><td colspan="2"></td><td colspan="3"></td><td colspan="2"></td></tr>
<tr><td>2</td><td colspan="2"></td><td colspan="2"></td><td colspan="3"></td><td colspan="2"></td></tr>
<tr><td>亚甲蓝
MB 值</td><td>干砂试样质量
（g）</td><td colspan="2"></td><td colspan="2">（标准法）所加
亚甲蓝溶液总
体积（mL）</td><td></td><td colspan="2">（快速法）
观察结果</td><td colspan="2"></td></tr>
<tr><td rowspan="4">堆积密度
紧密密度</td><td colspan="2">容量筒</td><td colspan="4">堆积密度</td><td colspan="4">紧密密度</td></tr>
<tr><td rowspan="2">容积
（L）</td><td rowspan="2">质量
（g）</td><td rowspan="3">筒＋试样
质量（g）</td><td rowspan="3">样品</td><td>1</td><td></td><td rowspan="3">筒＋试
样质量
（g）</td><td rowspan="3">样品</td><td>1</td><td></td></tr>
<tr><td rowspan="2">2</td><td rowspan="2"></td><td rowspan="2">2</td><td rowspan="2"></td></tr>
<tr><td></td><td></td></tr>
<tr><td rowspan="3">表观密度
□标准法
□简易法</td><td>烘干砂
质量
（g）</td><td>水温
℃</td><td>样品</td><td colspan="4">□试样＋水＋容量瓶质量（g）
□水原有体积（mL）</td><td colspan="3">□水＋容量瓶质量（g）
□水＋试样体积（mL）</td></tr>
<tr><td></td><td></td><td>1</td><td colspan="4"></td><td colspan="3"></td></tr>
<tr><td></td><td></td><td>2</td><td colspan="4"></td><td colspan="3"></td></tr>
<tr><td>主要仪器设备
名称及编号</td><td colspan="3"></td><td>仪器设备
运行状况</td><td colspan="6">□正常
□实验前（中、后）有故障。故障情况见运行记录，故障设备：</td></tr>
<tr><td>备注</td><td colspan="11"></td></tr>
</table>

校核：　　　　　　　　　　　检 验：

建设用砂性能实验报告

报告编号：

样品信息	样品名称				分类及规格	
	样品说明				样品数量	
	产　　地				取样基数	
	使用部位					
实验信息	实验项目					
	实验依据					
	样品编号					
	收样日期				实验日期	
实验结果及实验结论	实验项目	实验结果	筛孔边长（mm）	筛余质量（g）	分计筛余（%）	累计筛余（%）
	细度模数		4.75			
	颗粒级配区		2.36			
	含泥量（%）		1.18			
	泥块含量（%）		0.60			
	表观密度（kg/m^3）		0.3			
	堆积密度（kg/m^3）		0.15			
	紧密密度（kg/m^3）		筛底			
	堆积密度空隙率（%）					
	紧密密度空隙率（%）					
	石粉含量（%）					
	碱活性实验					
	实验结论	（实验专用章） 签发日期：				
	备　　注					
单位声明	1. 本报告或本报告复印件无“实验专用章”无效； 2. 对本报告若持有异议，请向本单位申诉； 3. 未经同意，本报告不得作商业广告用。		单位信息	地址： 查询及联系电话： 申诉电话： 申诉电子邮箱：		

批准：　　　　审核：　　　　检验：

卵石、碎石性能实验原始记录

样品编号		样品名称		样品状态		室温（℃）	
实验依据						实验日期	
试样名称规格		产地					

筛分析试样质量（g）	筛孔尺寸（mm）	筛余量（g）	分计筛余（%）	累计筛余（%）
	筛底			

表观密度 ρ_0（kg/m^3）	编号	G_0（g）	G_1（g）	G_2（g）	ρ_0	平均值
	1					
	2					

堆积密度 ρ_1（kg/m^3）		编号	G_1（g）	G_2（g）	V（L）	ρ_1	平均值
	松散	1					
		2					
	紧密	1					
		2					

空隙率 V_0（%）		
	松散	$V_0=(1-\rho_1/\rho_0)\times 100=$
	紧密	$V_0=(1-\rho_1/\rho_0)\times 100=$

含泥量 Q_a（%）	编号	G_1（g）	G_2（g）	G_3（g）	Q_a	平均值
	1					
	2					

针片状颗粒含量（%）	G_1（g）	G_2（g）	G_3（g）	Q_c

泥块含量 Q_b（%）	编号	G_1（g）	G_2（g）	G_3（g）	Q_b	平均值
	1					
	2					

压碎指标（%）	编号	G_1（g）	G_2（g）	G_3（g）	平均值
	1				
	2				
	3				

含水率（%）	编号	G_1（g）	G_2（g）	G_3（g）	W	平均值
	1					
	2					

吸水率（%）	编号	G_1（g）	G_2（g）	W	平均值
	1				
	2				

有机物含量	
主要仪器设备名称及编号	

备注		实验前后仪器设备情况	1. 正常（　） 2. 实验前后有故障（　）

校核：　　　　　　　　　　　　　　　检验：

碎石、卵石性能实验报告

报告编号：

<table>
<tr><td rowspan="4">样品信息</td><td>样品名称</td><td colspan="3"></td><td>分类及规格</td><td></td></tr>
<tr><td>样品说明</td><td colspan="3"></td><td>样品数量</td><td></td></tr>
<tr><td>产　　地</td><td colspan="3"></td><td>取样基数</td><td></td></tr>
<tr><td>使用部位</td><td colspan="5"></td></tr>
<tr><td rowspan="4">实验信息</td><td>实验项目</td><td colspan="5"></td></tr>
<tr><td>实验依据</td><td colspan="5"></td></tr>
<tr><td>样品编号</td><td colspan="5"></td></tr>
<tr><td>收样日期</td><td colspan="3"></td><td>实验日期</td><td></td></tr>
<tr><td rowspan="14">实验结果及实验结论</td><td>实验项目</td><td>实验结果</td><td>筛孔边长（mm）</td><td>筛余质量（g）</td><td>分计筛余（%）</td><td>累计筛余（%）</td></tr>
<tr><td>含泥量（%）</td><td></td><td>63.0</td><td></td><td></td><td></td></tr>
<tr><td>泥块含量（%）</td><td></td><td>37.5</td><td></td><td></td><td></td></tr>
<tr><td>针片状颗粒含量（%）</td><td></td><td>31.5</td><td></td><td></td><td></td></tr>
<tr><td>压碎指标（%）</td><td></td><td>26.5</td><td></td><td></td><td></td></tr>
<tr><td>表观密度（kg/m³）</td><td></td><td>19.0</td><td></td><td></td><td></td></tr>
<tr><td>堆积密度（kg/m³）</td><td></td><td>16.0</td><td></td><td></td><td></td></tr>
<tr><td>紧密密度（kg/m³）</td><td></td><td>9.50</td><td></td><td></td><td></td></tr>
<tr><td>堆积密度空隙率（%）</td><td></td><td>4.75</td><td></td><td></td><td></td></tr>
<tr><td>紧密密度空隙率（%）</td><td></td><td>2.36</td><td></td><td></td><td></td></tr>
<tr><td>含水率（%）</td><td></td><td>筛底</td><td></td><td></td><td></td></tr>
<tr><td>吸水率（%）</td><td></td><td></td><td></td><td></td><td></td></tr>
<tr><td>实验结论</td><td colspan="5">（实验专用章）
签发日期：</td></tr>
<tr><td>备　　注</td><td colspan="5"></td></tr>
<tr><td>单位声明</td><td colspan="3">1. 本报告或本报告复印件无“实验专用章”无效；
2. 对本报告若持有异议，请向本单位申诉；
3. 未经同意，本报告不得作商业广告用。</td><td>单位信息</td><td colspan="2">地址：
查询及联系电话：
申诉电话：
申诉电子邮箱：</td></tr>
</table>

批准：　　　　　　　　　　审核：　　　　　　　　　　检验：

混凝土外加剂性能实验原始记录

第1页 共3页

<table>
<tr><td>样品名称</td><td colspan="2"></td><td colspan="2">样品编号</td><td colspan="2"></td></tr>
<tr><td>样品等级</td><td colspan="2"></td><td colspan="2">实验日期</td><td colspan="2"></td></tr>
<tr><td>样品状态</td><td colspan="2"></td><td colspan="2">温度（℃）</td><td colspan="2"></td></tr>
<tr><td>实验依据</td><td colspan="6"></td></tr>
<tr><td rowspan="3">原材料使用情况</td><td colspan="2">水泥：</td><td colspan="4">外加剂掺量：</td></tr>
<tr><td colspan="2">砂子品种：</td><td colspan="2">细度模数：</td><td>产地</td><td></td></tr>
<tr><td colspan="4">石子规格（mm）：5～10　　10～20</td><td>产地</td><td></td></tr>
<tr><td>基准配合比</td><td>水泥</td><td>砂</td><td>石</td><td>水</td><td></td><td></td></tr>
<tr><td>单方用量（kg）</td><td></td><td></td><td></td><td></td><td></td><td></td></tr>
<tr><td>质量比</td><td></td><td></td><td></td><td></td><td></td><td></td></tr>
<tr><td>实验项目</td><td>1#</td><td>2#</td><td>3#</td><td colspan="3">代表值</td></tr>
<tr><td>坍落度 H_C（mm）</td><td></td><td></td><td></td><td colspan="3"></td></tr>
<tr><td>受检配合比</td><td>水泥</td><td>砂</td><td>石</td><td>水</td><td>外加剂</td><td></td></tr>
<tr><td>单方用量（kg）</td><td></td><td></td><td></td><td></td><td></td><td></td></tr>
<tr><td>质量比</td><td></td><td></td><td></td><td></td><td></td><td></td></tr>
<tr><td>实验项目</td><td>1#</td><td>2#</td><td>3#</td><td colspan="3">代表值</td></tr>
<tr><td>坍落度 H_T（mm）</td><td></td><td></td><td></td><td colspan="3"></td></tr>
<tr><td>坍落度 H_{60}（mm）</td><td></td><td></td><td></td><td colspan="3"></td></tr>
<tr><td>H_T1h经时变化量（mm）</td><td></td><td></td><td></td><td colspan="3"></td></tr>
<tr><td>减水率（%）</td><td colspan="6"></td></tr>
<tr><td>备注</td><td>主要仪器设备名称及编号</td><td colspan="2"></td><td>仪器设备运行状况</td><td colspan="2">□正常
□实验前（中、后）有故障。故障情况见运行记录，故障设备：</td></tr>
</table>

校核：　　　　　　　　检验：

混凝土外加剂性能实验原始记录

第 2 页　共 3 页

<table>
<tr><td>样品名称</td><td></td><td>样品编号</td><td></td></tr>
<tr><td>样品等级</td><td></td><td>实验日期</td><td>年　　月　　日</td></tr>
<tr><td>样品状态</td><td></td><td>温度（℃）</td><td></td></tr>
<tr><td>实验依据</td><td colspan="3"></td></tr>
</table>

<table>
<tr><td rowspan="22">混凝土性能</td><td colspan="2" rowspan="2">实验项目</td><td colspan="2" rowspan="2">含气量（%）</td><td colspan="7">常压泌水率</td><td colspan="3">压力泌水率</td></tr>
<tr><td>V_W (g)</td><td>W (g)</td><td>G (g)</td><td>G_W (g)</td><td>G_1 (g)</td><td>G_0 (g)</td><td>B (g)</td><td>V_{10} (g)</td><td>V_{140} (g)</td><td>R_b</td></tr>
<tr><td rowspan="4">基准混凝土</td><td>1</td><td colspan="2"></td><td></td><td></td><td></td><td></td><td></td><td></td><td></td><td></td><td></td><td></td></tr>
<tr><td>2</td><td colspan="2"></td><td></td><td></td><td></td><td></td><td></td><td></td><td></td><td></td><td></td><td></td></tr>
<tr><td>3</td><td colspan="2"></td><td></td><td></td><td></td><td></td><td></td><td></td><td></td><td></td><td></td><td></td></tr>
<tr><td>代表</td><td colspan="2"></td><td colspan="7">$B=\frac{V_W}{(W/G)(G_1-G_0)}\times 100=$</td><td colspan="3"></td></tr>
<tr><td rowspan="4">受检混凝土</td><td>1</td><td colspan="2"></td><td></td><td></td><td></td><td></td><td></td><td></td><td></td><td></td><td></td><td></td></tr>
<tr><td>2</td><td colspan="2"></td><td></td><td></td><td></td><td></td><td></td><td></td><td></td><td></td><td></td><td></td></tr>
<tr><td>3</td><td colspan="2"></td><td></td><td></td><td></td><td></td><td></td><td></td><td></td><td></td><td></td><td></td></tr>
<tr><td>代表</td><td colspan="2"></td><td colspan="7">$B=\frac{V_W}{(W/G)(G_1-G_0)}\times 100=$</td><td colspan="3"></td></tr>
<tr><td colspan="2" rowspan="2"></td><td colspan="9">抗压强度（MPa）</td><td colspan="3">收缩率</td></tr>
<tr><td colspan="3">3d _ 月 _ 日____℃</td><td colspan="3">7d _ 月 _ 日____℃</td><td colspan="3">28d _ 月 _ 日____℃</td><td>初长 ____℃</td><td>28d ____℃</td><td>R_t（%）</td></tr>
<tr><td rowspan="4">基准混凝土</td><td>1</td><td></td><td></td><td></td><td></td><td></td><td></td><td></td><td></td><td></td><td></td><td></td><td></td></tr>
<tr><td>2</td><td></td><td></td><td></td><td></td><td></td><td></td><td></td><td></td><td></td><td></td><td></td><td></td></tr>
<tr><td>3</td><td></td><td></td><td></td><td></td><td></td><td></td><td></td><td></td><td></td><td></td><td></td><td></td></tr>
<tr><td colspan="2">代表值（MPa）</td><td colspan="2"></td><td colspan="3"></td><td colspan="3"></td><td colspan="2">代表值（%）</td><td></td></tr>
<tr><td rowspan="4">受检混凝土</td><td>1</td><td></td><td></td><td></td><td></td><td></td><td></td><td></td><td></td><td></td><td></td><td></td><td></td></tr>
<tr><td>2</td><td></td><td></td><td></td><td></td><td></td><td></td><td></td><td></td><td></td><td></td><td></td><td></td></tr>
<tr><td>3</td><td></td><td></td><td></td><td></td><td></td><td></td><td></td><td></td><td></td><td></td><td></td><td></td></tr>
<tr><td colspan="2">代表值（MPa）</td><td colspan="2"></td><td colspan="3"></td><td colspan="3"></td><td colspan="2">代表值（%）</td><td></td></tr>
</table>

<table>
<tr><td>主要仪器设备名称及编号</td><td></td><td>仪器设备运行状况</td><td>□正常
□实验前（中、后）有故障。故障情况见运行记录，故障设备：</td></tr>
<tr><td>备　注</td><td colspan="3"></td></tr>
</table>

校核：　　　　　　　　　　检验：

混凝土外加剂性能实验原始记录

样品名称					样品编号				
样品等级					实验日期		年　月　日		
样品状态					温度（℃）				
实验依据									
实验项目		凝结时间差							
基准混凝土		1	2	3	受检混凝土		1	2	3
初始（h：min）					初始（h：min）				
试针面积（mm²）	测试时间（h：min）	贯入阻力值（N）			试针面积（mm²）	测试时间（h：min）	贯入阻力值（N）		
100					100				
20					20				
初凝时间（min）					初凝时间（min）				
终凝时间（min）					终凝时间（min）				
主要仪器设备名称及编号					仪器设备运行状况		□正常 □实验前（中、后）有故障。故障情况见运行记录，故障设备：		
备　注									

校核：　　　　　　　　检验：

混凝土外加剂性能实验报告

报告编号：

<table>
<tr><td rowspan="5">样品信息</td><td colspan="2">样品名称</td><td></td><td>样品类型</td><td></td></tr>
<tr><td colspan="2">样品说明</td><td></td><td>取样基数</td><td></td></tr>
<tr><td colspan="2">生产厂家</td><td></td><td>掺　　量</td><td></td></tr>
<tr><td colspan="2">出厂日期</td><td></td><td>出厂批号</td><td></td></tr>
<tr><td colspan="2">使用部位</td><td colspan="3"></td></tr>
<tr><td rowspan="4">实验信息</td><td colspan="2">实验项目</td><td colspan="3"></td></tr>
<tr><td colspan="2">实验依据</td><td colspan="3"></td></tr>
<tr><td colspan="2">样品编号</td><td colspan="3"></td></tr>
<tr><td colspan="2">收样日期</td><td></td><td>实验日期</td><td></td></tr>
<tr><td rowspan="13">实验结果及实验结论</td><td colspan="2">实验项目</td><td>技术要求</td><td>实验结果</td><td>单项结论</td></tr>
<tr><td colspan="2">减水率（%）</td><td></td><td></td><td></td></tr>
<tr><td colspan="2">泌水率比（%）</td><td></td><td></td><td></td></tr>
<tr><td colspan="2">含气量（%）</td><td></td><td></td><td></td></tr>
<tr><td rowspan="2">凝结时间差（min）</td><td>初凝</td><td></td><td></td><td></td></tr>
<tr><td>终凝</td><td></td><td></td><td></td></tr>
<tr><td rowspan="4">抗压强度比（%）</td><td>1d</td><td></td><td></td><td></td></tr>
<tr><td>3d</td><td></td><td></td><td></td></tr>
<tr><td>7d</td><td></td><td></td><td></td></tr>
<tr><td>28d</td><td></td><td></td><td></td></tr>
<tr><td colspan="2">实验结论</td><td colspan="3">（实验专用章）
签发日期：</td></tr>
<tr><td colspan="2">备　　注</td><td colspan="3"></td></tr>
</table>

<table>
<tr><td>单位声明</td><td>1. 本报告或本报告复印件无“实验专用章”无效；
2. 对本报告若持有异议，请向本单位申诉；
3. 未经同意，本报告不得作商业广告用。</td><td>单位信息</td><td>地址：
查询及联系电话：
申诉电话：
申诉电子邮箱：</td></tr>
</table>

批准：　　　　审核：　　　　检验：

喷射混凝土用速凝剂性能实验原始记录

样品信息	样品编号			
	样品名称			
	样品状态		质量等级	
	样品说明		掺量	□外掺　□内掺
实验信息	实验日期		实验环境	
	实验依据			

实验数据

	序号	称量瓶质量 m_0（g）	称量瓶加试样质量 m_1（g）	试样质量 m（g）	称量瓶加烘干后试样的质量 m_2（g）	含水率 W（%）	
						单值	结果
含水率	1						
	2						
	3						

	序号	样品质量 W（g）	筛孔直径（μm）	修正系数 C	筛余质量 R_t（g）	细度 F（%）	
						单值	单值
细度	1						
	2						

凝结时间				
	基准水泥 G_1（g）		速凝剂掺量 Y_1（g）	
	加水量 L（mL）		加水时刻（h：min：s）	
	初凝时间（min：s）		终凝时间（min：s）	

各时刻（min：s）试针下沉深度（mm）测试

序号	测试时刻	下沉深度	序号	测试时刻	下沉深度	序号	测试时刻	下沉深度
1			5			9		
2			6			10		
3			7			11		
4			8			12		

主要仪器设备名称及编号		仪器设备运行状况	□正常 □实验前（中、后）有故障。故障情况见运行记录，故障设备：
备注			

校核：　　　　　　　　　　　　　检验：

喷射混凝土用速凝剂性能实验原始记录

<table>
<tr><td rowspan="4">样品信息</td><td>样品编号</td><td colspan="8"></td></tr>
<tr><td>样品名称</td><td colspan="8"></td></tr>
<tr><td>样品状态</td><td colspan="3"></td><td>质量等级</td><td colspan="4"></td></tr>
<tr><td>样品说明</td><td colspan="3"></td><td>掺量</td><td colspan="4">□外掺　□内掺</td></tr>
<tr><td rowspan="19">实验信息</td><td>实验日期</td><td colspan="3"></td><td>实验环境</td><td colspan="4"></td></tr>
<tr><td>实验依据</td><td colspan="8"></td></tr>
<tr><td colspan="9">实验数据</td></tr>
<tr><td rowspan="4">1d 抗压强度</td><td colspan="2">成型时间</td><td colspan="2"></td><td colspan="2">破型时间</td><td colspan="2"></td></tr>
<tr><td colspan="2">抗压荷载 P_1（kN）</td><td></td><td></td><td></td><td></td><td></td><td></td></tr>
<tr><td rowspan="2">抗压强度（MPa）</td><td>单值 R_1</td><td></td><td></td><td></td><td></td><td></td><td></td></tr>
<tr><td>代表值</td><td colspan="6"></td></tr>
<tr><td rowspan="11">28d 抗压强度比</td><td colspan="2">成型时间</td><td colspan="2"></td><td colspan="2">破型时间</td><td colspan="2"></td></tr>
<tr><td colspan="4">基准砂浆</td><td colspan="4">基准砂浆</td></tr>
<tr><td colspan="2">抗压荷载 P_A（kN）</td><td colspan="2">抗压荷载 P_A（kN）</td><td colspan="2">抗压荷载 P_A（kN）</td><td colspan="2">抗压荷载 P_A（kN）</td></tr>
<tr><td colspan="2"></td><td colspan="2"></td><td colspan="2"></td><td colspan="2"></td></tr>
<tr><td colspan="2"></td><td colspan="2"></td><td colspan="2"></td><td colspan="2"></td></tr>
<tr><td colspan="2"></td><td colspan="2"></td><td colspan="2"></td><td colspan="2"></td></tr>
<tr><td colspan="2"></td><td colspan="2"></td><td colspan="2"></td><td colspan="2"></td></tr>
<tr><td colspan="2"></td><td colspan="2"></td><td colspan="2"></td><td colspan="2"></td></tr>
<tr><td colspan="2"></td><td colspan="2"></td><td colspan="2"></td><td colspan="2"></td></tr>
<tr><td colspan="2">代表值（MPa）</td><td colspan="2"></td><td colspan="2">代表值（MPa）</td><td colspan="2"></td></tr>
<tr><td colspan="4">抗压强度比 N（%）</td><td colspan="4"></td></tr>
<tr><td>主要仪器设备名称及编号</td><td colspan="5"></td><td>仪器设备运行状况</td><td colspan="2">□正常
□实验前（中、后）有故障。故障情况见运行记录，故障设备：</td></tr>
<tr><td>备注</td><td colspan="9"></td></tr>
</table>

校核：　　　　　　　　　　　　检验：

喷射混凝土用速凝剂性能实验报告

报告编号：

<table>
<tr><td rowspan="5">样品信息</td><td>样品名称</td><td></td><td>样品类型</td><td></td></tr>
<tr><td>样品说明</td><td></td><td>取样基数</td><td></td></tr>
<tr><td>生产厂家</td><td></td><td>掺　　量</td><td></td></tr>
<tr><td>出厂日期</td><td></td><td>出厂批号</td><td></td></tr>
<tr><td>使用部位</td><td colspan="3"></td></tr>
<tr><td rowspan="4">实验信息</td><td>实验项目</td><td colspan="3"></td></tr>
<tr><td>实验依据</td><td colspan="3"></td></tr>
<tr><td>样品编号</td><td colspan="3"></td></tr>
<tr><td>收样日期</td><td></td><td>实验日期</td><td></td></tr>
<tr><td rowspan="13">实验结果及实验结论</td><td>实验项目</td><td>技术要求</td><td>实验结果</td><td>单项结论</td></tr>
<tr><td>含水率（%）</td><td></td><td></td><td></td></tr>
<tr><td>初凝时间（min）</td><td></td><td></td><td></td></tr>
<tr><td>终凝时间（min）</td><td></td><td></td><td></td></tr>
<tr><td>1d 抗压强度（MPa）</td><td></td><td></td><td></td></tr>
<tr><td>28d 抗压强度比（%）</td><td></td><td></td><td></td></tr>
<tr><td>以下空白</td><td></td><td></td><td></td></tr>
<tr><td></td><td></td><td></td><td></td></tr>
<tr><td></td><td></td><td></td><td></td></tr>
<tr><td></td><td></td><td></td><td></td></tr>
<tr><td>实验结论</td><td colspan="3">（实验专用章）
签发日期：</td></tr>
<tr><td>备　　注</td><td colspan="3"></td></tr>
<tr><td>单位声明</td><td colspan="2">1. 本报告或本报告复印件无“实验专用章”无效；
2. 对本报告若持有异议，请向本单位申诉；
3. 未经同意，本报告不得作商业广告用。</td><td>单位信息</td><td>地址：
查询及联系电话：
申诉电话：
申诉电子邮箱：</td></tr>
</table>

批准：　　　　　　　　审核：　　　　　　　　检验：

混凝土膨胀剂性能实验原始记录

<table>
<tr><td rowspan="4">样品信息</td><td>样品编号</td><td colspan="4"></td></tr>
<tr><td>样品名称</td><td colspan="4"></td></tr>
<tr><td>样品状态</td><td colspan="2"></td><td>质量等级</td><td></td></tr>
<tr><td>样品说明</td><td colspan="2"></td><td>掺　　量</td><td>□外掺　　□内掺</td></tr>
<tr><td rowspan="25">实验信息</td><td>实验日期</td><td colspan="2">年　　月　　日</td><td>实验环境</td><td></td></tr>
<tr><td>实验依据</td><td colspan="4"></td></tr>
<tr><td colspan="5">实验数据</td></tr>
<tr><td rowspan="4">细度</td><td colspan="2">样品质量 G（g）</td><td colspan="2"></td></tr>
<tr><td colspan="2">筛余质量 R_S（g）</td><td colspan="2"></td></tr>
<tr><td colspan="2">修正系数 k</td><td colspan="2"></td></tr>
<tr><td colspan="2">细度（筛余）F（%）</td><td colspan="2"></td></tr>
<tr><td rowspan="11">抗压强度</td><td>成型时间</td><td></td><td>试件规格</td><td></td></tr>
<tr><td>龄期</td><td>7d</td><td>龄期</td><td>28d</td></tr>
<tr><td>破型时间</td><td></td><td>破型时间</td><td></td></tr>
<tr><td>抗压荷载 F_c（kN）</td><td>抗压强度 R_c（MPa）</td><td>抗压荷载 F_c（kN）</td><td>抗压强度 R_c（MPa）</td></tr>
<tr><td></td><td></td><td></td><td></td></tr>
<tr><td></td><td></td><td></td><td></td></tr>
<tr><td></td><td></td><td></td><td></td></tr>
<tr><td></td><td></td><td></td><td></td></tr>
<tr><td></td><td></td><td></td><td></td></tr>
<tr><td></td><td></td><td></td><td></td></tr>
<tr><td>代表值（MPa）</td><td></td><td>代表值（MPa）</td><td></td></tr>
<tr><td>主要仪器设备名称及编号</td><td colspan="2"></td><td>仪器设备运行状况</td><td>□正常
□实验前（中、后）有故障。故障情况见运行记录，故障设备：</td></tr>
<tr><td>备注</td><td colspan="5"></td></tr>
</table>

校核：　　　　　　　　　　　　检验：

混凝土膨胀剂性能实验报告

报告编号：

<table>
<tr><td rowspan="5">样品信息</td><td colspan="2">样品名称</td><td></td><td>样品等级</td><td></td></tr>
<tr><td colspan="2">样品说明</td><td></td><td>取样基数</td><td></td></tr>
<tr><td colspan="2">生产厂家</td><td></td><td>掺　　量</td><td></td></tr>
<tr><td colspan="2">出厂日期</td><td></td><td>出厂批号</td><td></td></tr>
<tr><td colspan="2">使用部位</td><td colspan="3"></td></tr>
<tr><td rowspan="4">实验信息</td><td colspan="2">实验项目</td><td colspan="3"></td></tr>
<tr><td colspan="2">实验依据</td><td colspan="3"></td></tr>
<tr><td colspan="2">样品编号</td><td colspan="3"></td></tr>
<tr><td colspan="2">收样日期</td><td></td><td>实验日期</td><td></td></tr>
<tr><td rowspan="12">实验结果及实验结论</td><td colspan="2">实验项目</td><td>技术要求</td><td>实验结果</td><td>单项结论</td></tr>
<tr><td colspan="2">细度（%）</td><td></td><td></td><td></td></tr>
<tr><td rowspan="2">凝结时间（min）</td><td>初凝</td><td></td><td></td><td></td></tr>
<tr><td>终凝</td><td></td><td></td><td></td></tr>
<tr><td rowspan="2">抗压强度（MPa）</td><td>7d</td><td></td><td></td><td></td></tr>
<tr><td>28d</td><td></td><td></td><td></td></tr>
<tr><td rowspan="2">限制膨胀率（%）</td><td>水中 7d</td><td></td><td></td><td></td></tr>
<tr><td>空气中 21d</td><td></td><td></td><td></td></tr>
<tr><td colspan="2">以下空白</td><td></td><td></td><td></td></tr>
<tr><td colspan="2"></td><td></td><td></td><td></td></tr>
<tr><td colspan="2">实验结论</td><td colspan="3">（实验专用章）
签发日期：</td></tr>
<tr><td colspan="2">备　　注</td><td colspan="3"></td></tr>
<tr><td>单位声明</td><td colspan="3">1. 本报告或本报告复印件无“实验专用章”无效；
2. 对本报告若持有异议，请向本单位申诉；
3. 未经同意，本报告不得作商业广告用。</td><td>单位信息</td><td>地址：
查询及联系电话：
申诉电话：
申诉电子邮箱：</td></tr>
</table>

批准：　　　　　　　　　　审核：　　　　　　　　　　检验：

13.2 砂浆和混凝土性能实验

混凝土拌合物性能实验原始记录

第1页 共4页

样品编号		温度（℃）	
样品名称		相对湿度（%）	
实验日期		样品说明	
实验依据			

原材料情况								
水泥								
掺和料								
砂								
石								
外加剂								
水								
设计配合比								

坍落度和坍落扩展度					
序号	坍落度测值（mm）	坍落度（mm）	扩展度测值（mm）	扩展度（mm）	拌合物情况描述
1					
2					

表观密度					
序号	试样筒质量（kg）	捣实或振实后混凝土和试样筒总质量（kg）	试样筒容积（L）	表观密度测值（kg/m^3）	表观密度测定值（kg/m^3）
1					
2					

仪器设备运行状况	□正常 □实验前（中、后）有故障。故障情况见运行记录，故障设备：	主要仪器设备名称及编号	
备注			

校核： 检验：

混凝土拌合物性能实验原始记录

样品编号		温度（℃）	
样品名称		相对湿度（%）	
实验日期		样品说明	
实验依据			

凝结时间											
1				2				3			
加水时间（h：min）				加水时间（h：min）				加水时间（h：min）			
测试时间（h：min）	贯入压力（N）	测针面积（mm^2）	贯入阻力（MPa）	测试时间（h：min）	贯入压力（N）	测针面积（mm^2）	贯入阻力（MPa）	测试时间（h：min）	贯入压力（N）	测针面积（mm^2）	贯入阻力（MPa）

编号	初凝时间（h:min）	平均值（h:min）	终凝时间（h:min）	平均值（h:min）	时间贯入阻力曲线见附图
1					
2					
3					

仪器设备运行状况	□正常 □实验前（中、后）有故障。故障情况见运行记录，故障设备：	主要仪器设备名称及编号	
备注			

校核：　　　　　　　　　　检验：

混凝土拌合物性能实验原始记录

样品编号												温度(℃)		
样品名称												相对湿度(%)		
实验日期												样品说明		
实验依据														
含气量														
量钵体积标定	量钵和玻璃板总重(g)		水温(℃)		水密度(g/cm^3)			量钵、玻璃板和水总重(g)		量钵体积(L)				
含气量标定	含气量对应的气压值(MPa)													
	0	1%	2%	3%	4%	5%	6%	7%	8%					
仪器测定含气量	第一次压力值(MPa)		第二次压力值(MPa)		第三次压力值(MPa)			两次压力平均值(MPa)		所测样品的仪器测定含气量(%)				
集料含气量	第一次压力值(MPa)		第二次压力值(MPa)		第三次压力值(MPa)			两次压力平均值(MPa)		集料含气量(%)				
混凝土拌合物含气量(%)														
含气量与压力表关系曲线见附图														
仪器设备运行状况	□正常 □实验前(中、后)有故障。故障情况见运行记录，故障设备：							主要仪器设备名称及编号						
备注														

校核：　　　　　　　　　　　　检验：

混凝土拌合物性能实验原始记录

<table>
<tr><td colspan="2">样品编号</td><td colspan="3"></td><td colspan="2">温度(℃)</td><td colspan="2"></td></tr>
<tr><td colspan="2">样品名称</td><td colspan="3"></td><td colspan="2">相对湿度(%)</td><td colspan="2"></td></tr>
<tr><td colspan="2">实验日期</td><td colspan="3"></td><td colspan="2">样品说明</td><td colspan="2"></td></tr>
<tr><td colspan="2">实验依据</td><td colspan="7"></td></tr>
<tr><td colspan="9">泌水率</td></tr>
<tr><td colspan="2" rowspan="10">每次吸水时间和对应的吸水量</td><td colspan="2">试件 1</td><td colspan="2">试件 2</td><td colspan="3">试件 3</td></tr>
<tr><td>时间</td><td>吸水量(mL)</td><td>时间</td><td>吸水量(mL)</td><td>时间</td><td colspan="2">吸水量(mL)</td></tr>
<tr><td></td><td></td><td></td><td></td><td></td><td colspan="2"></td></tr>
<tr><td></td><td></td><td></td><td></td><td></td><td colspan="2"></td></tr>
<tr><td></td><td></td><td></td><td></td><td></td><td colspan="2"></td></tr>
<tr><td></td><td></td><td></td><td></td><td></td><td colspan="2"></td></tr>
<tr><td></td><td></td><td></td><td></td><td></td><td colspan="2"></td></tr>
<tr><td></td><td></td><td></td><td></td><td></td><td colspan="2"></td></tr>
<tr><td></td><td></td><td></td><td></td><td></td><td colspan="2"></td></tr>
<tr><td></td><td></td><td></td><td></td><td></td><td colspan="2"></td></tr>
<tr><td colspan="2">吸水累计总量(mL)</td><td colspan="2"></td><td colspan="2"></td><td colspan="3"></td></tr>
<tr><td colspan="2">试件外露表面面积(mm²)</td><td colspan="2"></td><td colspan="2"></td><td colspan="3"></td></tr>
<tr><td rowspan="2">泌水量(mL/mm²)</td><td>单值</td><td colspan="2"></td><td colspan="2"></td><td colspan="3"></td></tr>
<tr><td>平均值</td><td colspan="2"></td><td colspan="2"></td><td colspan="3"></td></tr>
<tr><td colspan="2">试样筒质量(g)</td><td colspan="2"></td><td colspan="2"></td><td colspan="3"></td></tr>
<tr><td colspan="2">泌水前试样筒及试样总质量(g)</td><td colspan="2"></td><td colspan="2"></td><td colspan="3"></td></tr>
<tr><td colspan="2">拌合物总质量(g)</td><td colspan="2"></td><td colspan="2"></td><td colspan="3"></td></tr>
<tr><td colspan="2">拌合物所需总用水量(g)</td><td colspan="2"></td><td colspan="2"></td><td colspan="3"></td></tr>
<tr><td rowspan="2">泌水率(%)</td><td>单值</td><td colspan="2"></td><td colspan="2"></td><td colspan="3"></td></tr>
<tr><td>平均值</td><td colspan="7"></td></tr>
<tr><td colspan="2">仪器设备运行状况</td><td colspan="3">□正常
□实验前(中、后)有故障。故障情况见运行记录，故障设备：</td><td colspan="2">主要仪器设备名称及编号</td><td colspan="2"></td></tr>
<tr><td colspan="2">备注</td><td colspan="7"></td></tr>
</table>

校核：　　　　　　　　　　　　检验：

混凝土拌合物性能实验报告

报告编号：

<table>
<tr><td rowspan="5">样品信息</td><td>样品名称</td><td></td><td>强度等级</td><td></td></tr>
<tr><td>生产厂家</td><td></td><td>拌和方法</td><td></td></tr>
<tr><td>样品说明</td><td></td><td>捣实方法</td><td></td></tr>
<tr><td>使用气温(℃)</td><td></td><td>坍落度或稠度(mm)</td><td></td></tr>
<tr><td>使用部位</td><td colspan="3"></td></tr>
<tr><td rowspan="4">实验信息</td><td>实验项目</td><td colspan="3"></td></tr>
<tr><td>实验依据</td><td colspan="3"></td></tr>
<tr><td>样品编号</td><td colspan="3"></td></tr>
<tr><td>收样日期</td><td></td><td>实验日期</td><td></td></tr>
<tr><td rowspan="10">实验结果及实验结论</td><td>实验项目</td><td>技术要求</td><td>实验结果</td><td>单项结论</td></tr>
<tr><td>坍落度(mm)</td><td></td><td></td><td></td></tr>
<tr><td>坍落扩展度(mm)</td><td></td><td></td><td></td></tr>
<tr><td>初凝时间(min)</td><td></td><td></td><td></td></tr>
<tr><td>终凝时间(min)</td><td></td><td></td><td></td></tr>
<tr><td>泌水率(%)</td><td></td><td></td><td></td></tr>
<tr><td>表观密度(kg/m³)</td><td></td><td></td><td></td></tr>
<tr><td>含气量(%)</td><td></td><td></td><td></td></tr>
<tr><td>实验结论</td><td colspan="3">(实验专用章)
签发日期：</td></tr>
<tr><td>备　注</td><td colspan="3"></td></tr>
<tr><td>单位声明</td><td colspan="2">1. 本报告或本报告复印件无“实验专用章”无效；
2. 对本报告若持有异议，请向本单位申诉；
3. 未经同意，本报告不得作商业广告用。</td><td>单位信息</td><td>地址：
查询及联系电话：
申诉电话：
申诉电子邮箱：</td></tr>
</table>

批准：　　　　　　审核：　　　　　　检验：

混凝土抗折强度实验原始记录

<table>
<tr><td rowspan="4">样品信息</td><td>样品编号</td><td colspan="5"></td></tr>
<tr><td>样品名称</td><td colspan="5">混凝土抗折试件</td></tr>
<tr><td>强度等级</td><td colspan="5"></td></tr>
<tr><td>样品说明</td><td colspan="5"></td></tr>
<tr><td rowspan="9">实验信息</td><td>实验时间</td><td colspan="5"></td></tr>
<tr><td>实验依据</td><td colspan="5"></td></tr>
<tr><td>实验项目</td><td colspan="5">实验数据</td></tr>
<tr><td rowspan="4">混凝土抗折强度</td><td>序号</td><td>试件尺寸
(mm)</td><td>破坏荷载
(kN)</td><td colspan="2">断裂位置</td></tr>
<tr><td>1</td><td rowspan="3">□150×150×600
□150×150×550
□100×100×400</td><td></td><td colspan="2"></td></tr>
<tr><td>2</td><td></td><td colspan="2"></td></tr>
<tr><td>3</td><td></td><td colspan="2"></td></tr>
<tr><td>主要仪器设备名称及编号</td><td colspan="2"></td><td>主要仪器设备运行状况</td><td colspan="2">□正常
□实验前(中、后)有故障。故障情况见运行记录，故障设备编号：</td></tr>
<tr><td>备注</td><td colspan="6"></td></tr>
</table>

校核：　　　　　　　　　　检验：

混凝土抗折强度实验报告

报告编号：

<table>
<tr><td rowspan="5">样品信息</td><td>样品名称</td><td colspan="3"></td><td colspan="2">样品尺寸</td><td></td></tr>
<tr><td>样品说明</td><td colspan="3"></td><td colspan="2">设计强度等级</td><td></td></tr>
<tr><td>试件成型日期</td><td colspan="3"></td><td colspan="2">养护条件</td><td></td></tr>
<tr><td>委托试验龄期</td><td colspan="3"></td><td colspan="2">试件原编号</td><td></td></tr>
<tr><td>使用部位</td><td colspan="6"></td></tr>
<tr><td rowspan="4">实验信息</td><td>实验项目</td><td colspan="6"></td></tr>
<tr><td>实验依据</td><td colspan="6"></td></tr>
<tr><td>样品编号</td><td colspan="6"></td></tr>
<tr><td>收样日期</td><td colspan="3"></td><td colspan="2">实验日期</td><td></td></tr>
<tr><td rowspan="7">实验结果及实验结论</td><td>龄期（d）</td><td>试件尺寸（mm）</td><td>破坏荷载（kN）</td><td>断裂位置</td><td>尺寸换算系数</td><td>抗折强度单块值（MPa）</td><td>强度代表值（MPa）</td></tr>
<tr><td rowspan="3"></td><td></td><td></td><td></td><td rowspan="3"></td><td></td><td rowspan="3"></td></tr>
<tr><td></td><td></td><td></td><td></td></tr>
<tr><td></td><td></td><td></td><td></td></tr>
<tr><td colspan="1">实验结论</td><td colspan="6">（实验专用章）
签发日期：</td></tr>
<tr><td colspan="1">备　注</td><td colspan="6"></td></tr>
<tr><td>单位声明</td><td colspan="3">1. 本报告或本报告复印件无“实验专用章”无效；
2. 对本报告若持有异议，请向本单位申诉；
3. 未经同意，本报告不得作商业广告用。</td><td>单位信息</td><td colspan="3">地址：
查询及联系电话：
申诉电话：
申诉电子邮箱：</td></tr>
</table>

批准：　　　　　　　　　　审核：　　　　　　　　　　检验：

混凝土立方体抗压强度实验原始记录

<table>
<tr><td rowspan="4">样品信息</td><td>样品编号</td><td colspan="4"></td></tr>
<tr><td>样品名称</td><td colspan="4">混凝土立方体试件</td></tr>
<tr><td>强度等级</td><td colspan="4"></td></tr>
<tr><td>样品说明</td><td colspan="4"></td></tr>
<tr><td rowspan="8">实验信息</td><td>实验时间</td><td colspan="4"></td></tr>
<tr><td>实验依据</td><td colspan="4"></td></tr>
<tr><td>实验项目</td><td colspan="4">实验数据</td></tr>
<tr><td rowspan="4">混凝土立方体抗压强度</td><td>序号</td><td>试件尺寸
(mm)</td><td colspan="2">破坏荷载
(kN)</td></tr>
<tr><td>1</td><td rowspan="3">□100×100×100
□150×150×150
□200×200×200</td><td colspan="2"></td></tr>
<tr><td>2</td><td colspan="2"></td></tr>
<tr><td>3</td><td colspan="2"></td></tr>
<tr><td>主要仪器设备名称及编号</td><td colspan="2"></td><td>主要仪器设备运行状况</td><td>□正常
□实验前(中、后)有故障。故障情况见运行记录，故障设备编号：</td></tr>
<tr><td>备注</td><td colspan="5"></td></tr>
</table>

校核：　　　　　　　　　　　检验：

混凝土立方体抗压强度实验报告

报告编号：

<table>
<tr><td rowspan="5">样品信息</td><td colspan="2">样品名称</td><td colspan="3"></td><td colspan="2">样品尺寸</td><td></td></tr>
<tr><td colspan="2">样品说明</td><td colspan="3"></td><td colspan="2">设计强度等级</td><td></td></tr>
<tr><td colspan="2">试件成型日期</td><td colspan="3"></td><td colspan="2">养护条件</td><td></td></tr>
<tr><td colspan="2">委托试验龄期</td><td colspan="3"></td><td colspan="2">试件原编号</td><td></td></tr>
<tr><td colspan="2">使用部位</td><td colspan="6"></td></tr>
<tr><td rowspan="4">实验信息</td><td colspan="2">实验项目</td><td colspan="6"></td></tr>
<tr><td colspan="2">实验依据</td><td colspan="6"></td></tr>
<tr><td colspan="2">样品编号</td><td colspan="6"></td></tr>
<tr><td colspan="2">收样日期</td><td colspan="3"></td><td colspan="2">实验日期</td><td></td></tr>
<tr><td rowspan="6">实验结果及实验结论</td><td>龄期
(d)</td><td>试件尺寸
(mm)</td><td>破坏荷载
(kN)</td><td>尺寸换算系数</td><td>抗压强度单块值
(MPa)</td><td>同条件养护
折算系数</td><td colspan="2">强度代表值
(MPa)</td></tr>
<tr><td rowspan="3"></td><td></td><td></td><td rowspan="3"></td><td></td><td rowspan="3"></td><td colspan="2" rowspan="3"></td></tr>
<tr><td></td><td></td><td></td></tr>
<tr><td></td><td></td><td></td></tr>
<tr><td colspan="2">实验结论</td><td colspan="6">（实验专用章）
签发日期：</td></tr>
<tr><td colspan="2">备　　注</td><td colspan="6"></td></tr>
<tr><td>单位声明</td><td colspan="4">1. 本报告或本报告复印件无“实验专用章”无效；
2. 对本报告若持有异议，请向本单位申诉；
3. 未经同意，本报告不得作商业广告用。</td><td>单位信息</td><td colspan="3">地址：
查询及联系电话：
申诉电话：
申诉电子邮箱：</td></tr>
</table>

批准：　　　　　　　　　　审核：　　　　　　　　　　检验：

混凝土轴心抗压及静力受压弹性模量实验原始记录

样品编号		样品名称	
样品规格		样品说明	
实验依据		实验龄期	
成型日期		实验日期	
实验项目	实验数据		

实验项目	试件号	试件尺寸测量(mm)			抗压荷载(kN)	抗压强度(MPa)		初荷载 F_0(kN)	终荷载 F_a(kN)
		长	宽	高		单值	代表值		
轴心抗压实验	1								
	2								
	3								

实验项目				4		5		6	
弹性模量实验	试件号			4		5		6	
	—			左	右	左	右	左	右
	对中加载第一次变形读数(mm)	初读数 ε_0	单值						
			均值						
		终读数 ε_a	单值						
			均值						
		两侧变形差值							
		对中是否有效		□有效			□无效		
	预压两次后加载变形读数(mm)	初读数 ε_0	单值						
			均值						
		终读数 ε_a	单值						
			均值						
	最后一次循环变形差值，mm								
	完成循环后抗压荷载，kN								
	完成循环后抗压强度(MPa)		单值						
			代表值						
	弹性模量(MPa)		单值						
			代表值						

仪器设备名称及编号		实验前后仪器设备情况	□正常 □实验前(中、后)有故障。故障情况见运行记录。故障设备：
备注			

校核： 检验：

混凝土轴心抗压强度实验报告

报告编号：

<table>
<tr><td rowspan="5">样品信息</td><td>样品名称</td><td colspan="3"></td><td>样品规格</td><td></td></tr>
<tr><td>样品说明</td><td colspan="3"></td><td>设计强度等级</td><td></td></tr>
<tr><td>试件成型日期</td><td colspan="3"></td><td>养护条件</td><td></td></tr>
<tr><td>实验龄期</td><td colspan="3"></td><td>试件原编号</td><td></td></tr>
<tr><td>使用部位</td><td colspan="5"></td></tr>
<tr><td rowspan="4">实验信息</td><td>实验项目</td><td colspan="5">轴心抗压强度</td></tr>
<tr><td>实验依据</td><td colspan="5"></td></tr>
<tr><td>样品编号</td><td colspan="5"></td></tr>
<tr><td>收样日期</td><td colspan="3"></td><td>实验日期</td><td></td></tr>
</table>

<table>
<tr><td rowspan="7">实验结果及实验结论</td><td>龄期(d)</td><td>试件尺寸(mm)</td><td>破坏荷载(kN)</td><td>尺寸换算系数</td><td>强度单块值(MPa)</td><td>同条件养护折算系数</td><td>强度代表值(MPa)</td></tr>
<tr><td rowspan="3"></td><td></td><td></td><td rowspan="3"></td><td></td><td rowspan="3"></td><td rowspan="3"></td></tr>
<tr><td></td><td></td><td></td></tr>
<tr><td></td><td></td><td></td></tr>
<tr><td colspan="2">实验结论</td><td colspan="5">（实验专用章）
签发日期：</td></tr>
<tr><td colspan="2">备　　注</td><td colspan="5"></td></tr>
</table>

<table>
<tr><td>单位声明</td><td>1. 本报告或本报告复印件无“实验专用章”无效；
2. 对本报告若持有异议，请向本单位申诉；
3. 未经同意，本报告不得作商业广告用。</td><td>单位信息</td><td>地址：
查询及联系电话：
申诉电话：
申诉电子邮箱：</td></tr>
</table>

批准：　　　　　　　　审核：　　　　　　　　检验：

混凝土静力受压弹性模量实验报告

报告编号：

<table>
<tr><td rowspan="5">样品信息</td><td colspan="2">样品名称</td><td></td><td>样品规格</td><td></td></tr>
<tr><td colspan="2">样品说明</td><td></td><td>设计强度等级</td><td></td></tr>
<tr><td colspan="2">试件成型日期</td><td></td><td>养护条件</td><td></td></tr>
<tr><td colspan="2">试验龄期</td><td></td><td>试件原编号</td><td></td></tr>
<tr><td colspan="2">使用部位</td><td colspan="3"></td></tr>
<tr><td rowspan="4">实验信息</td><td colspan="2">实验项目</td><td colspan="3"></td></tr>
<tr><td colspan="2">实验依据</td><td colspan="3"></td></tr>
<tr><td colspan="2">样品编号</td><td colspan="3"></td></tr>
<tr><td colspan="2">收样日期</td><td></td><td>实验日期</td><td></td></tr>
<tr><td rowspan="6">实验结果及实验结论</td><td>龄期
(d)</td><td>试件尺寸
(mm)</td><td>弹性模量单块值
(MPa)</td><td>弹性模量代表值
(MPa)</td><td>备注</td></tr>
<tr><td rowspan="3"></td><td></td><td></td><td rowspan="3"></td><td rowspan="3"></td></tr>
<tr><td></td><td></td></tr>
<tr><td></td><td></td></tr>
<tr><td colspan="2">实验结论</td><td colspan="3">（实验专用章）
签发日期：</td></tr>
<tr><td colspan="2">备　　注</td><td colspan="3"></td></tr>
<tr><td>单位声明</td><td colspan="3">1. 本报告或本报告复印件无“实验专用章”无效；
2. 对本报告若持有异议，请向本单位申诉；
3. 未经同意，本报告不得作商业广告用。</td><td>单位信息</td><td>地址：
查询及联系电话：
申诉电话：
申诉电子邮箱：</td></tr>
</table>

批准：　　　　　　　　审核：　　　　　　　　检验：

砂浆拌合物性能实验原始记录

样品编号		温度(℃)	
样品名称		相对湿度(%)	
实验日期		样品说明	
实验依据			

原材料情况		
水泥		
砂		
水		
设计配合比	水泥：细骨料：水	含水量(%)

砂浆保水率						
编号	底部不透水片与干燥试模质量 m_1(g)	15片滤纸吸水前的质量 m_2(g)	试模、底部不透水片与砂浆总质量 m_3(g)	15片滤纸吸水前的质量 m_4(g)	保水率(%)	保水率平均值(%)

稠度、分层度				
实验次数	初始稠度(mm)	装入分层度仪后稠度(mm)	分层度测定值(mm)	分层度平均值(mm)

仪器设备运行状况	□正常 □实验前(中、后)有故障。故障情况见运行记录，故障设备：	主要仪器设备名称及编号	
备注			

校核：　　　　　　　　　　检验：

砂浆拌合物性能实验报告

报告编号：

<table>
<tr><td rowspan="5">样品信息</td><td>样品名称</td><td></td><td>强度等级</td><td></td></tr>
<tr><td>生产厂家</td><td></td><td>拌和方法</td><td></td></tr>
<tr><td>样品说明</td><td></td><td>捣实方法</td><td></td></tr>
<tr><td>使用气温（℃）</td><td></td><td>坍落度或稠度（mm）</td><td></td></tr>
<tr><td>使用部位</td><td colspan="3"></td></tr>
<tr><td rowspan="4">实验信息</td><td>实验项目</td><td colspan="3"></td></tr>
<tr><td>实验依据</td><td colspan="3"></td></tr>
<tr><td>样品编号</td><td colspan="3"></td></tr>
<tr><td>收样日期</td><td></td><td>实验日期</td><td></td></tr>
<tr><td rowspan="10">实验结果及实验结论</td><td>实验项目</td><td>技术要求</td><td>实验结果</td><td>单项结论</td></tr>
<tr><td>稠度（mm）</td><td></td><td></td><td></td></tr>
<tr><td>分层度（mm）</td><td></td><td></td><td></td></tr>
<tr><td>保水率（%）</td><td></td><td></td><td></td></tr>
<tr><td>以下空白</td><td></td><td></td><td></td></tr>
<tr><td></td><td></td><td></td><td></td></tr>
<tr><td></td><td></td><td></td><td></td></tr>
<tr><td></td><td></td><td></td><td></td></tr>
<tr><td>实验结论</td><td colspan="3">（实验专用章）
签发日期：</td></tr>
<tr><td>备　　注</td><td colspan="3"></td></tr>
<tr><td>单位声明</td><td colspan="2">1. 本报告或本报告复印件无“实验专用章”无效；
2. 对本报告若持有异议，请向本单位申诉；
3. 未经同意，本报告不得作商业广告用。</td><td>单位信息</td><td>地址：
查询及联系电话：
申诉电话：
申诉电子邮箱：</td></tr>
</table>

批准：　　　　审核：　　　　检验：

砂浆抗压强度实验原始记录

<table>
<tr><td rowspan="4">样品信息</td><td>样品编号</td><td colspan="4"></td></tr>
<tr><td>样品名称</td><td colspan="4">砂浆抗压强度试件</td></tr>
<tr><td>强度等级</td><td colspan="4"></td></tr>
<tr><td>样品说明</td><td colspan="4"></td></tr>
<tr><td rowspan="8">实验信息</td><td>实验时间</td><td colspan="4"></td></tr>
<tr><td>实验依据</td><td colspan="4"></td></tr>
<tr><td>实验项目</td><td colspan="4">实验数据</td></tr>
<tr><td rowspan="4">混凝土立方体抗压强度</td><td>序号</td><td>试件尺寸（mm）</td><td colspan="2">破坏荷载
（kN）</td></tr>
<tr><td>1</td><td rowspan="3">70.7×70.7×70.7</td><td colspan="2"></td></tr>
<tr><td>2</td><td colspan="2"></td></tr>
<tr><td>3</td><td colspan="2"></td></tr>
<tr><td>主要仪器设备名称及编号</td><td></td><td></td><td>主要仪器设备运行状况</td><td>□正常
□实验前（中、后）有故障。故障情况见运行记录，故障设备编号：</td></tr>
<tr><td>备注</td><td colspan="5"></td></tr>
</table>

校核：　　　　　　　　　　　　　　　　检验：

砂浆抗压强度实验报告

报告编号：

<table>
<tr><td rowspan="5">样品信息</td><td colspan="2">样品名称</td><td colspan="3"></td><td>样品规格</td><td></td></tr>
<tr><td colspan="2">样品说明</td><td colspan="3"></td><td>设计强度等级</td><td></td></tr>
<tr><td colspan="2">试件成型日期</td><td colspan="3"></td><td>养护条件</td><td></td></tr>
<tr><td colspan="2">试验龄期</td><td colspan="3"></td><td>试件原编号</td><td></td></tr>
<tr><td colspan="2">使用部位</td><td colspan="5"></td></tr>
<tr><td rowspan="4">实验信息</td><td colspan="2">实验项目</td><td colspan="5">抗压强度</td></tr>
<tr><td colspan="2">实验依据</td><td colspan="5"></td></tr>
<tr><td colspan="2">样品编号</td><td colspan="5"></td></tr>
<tr><td colspan="2">收样日期</td><td colspan="3"></td><td>实验日期</td><td></td></tr>
<tr><td rowspan="6">实验结果及实验结论</td><td>龄期
(d)</td><td>试件尺寸
(mm)</td><td>破坏荷载
(kN)</td><td>尺寸换算系数</td><td>抗压强度单块值
(MPa)</td><td>强度代表值
(MPa)</td><td></td></tr>
<tr><td rowspan="3"></td><td></td><td></td><td rowspan="3"></td><td rowspan="3"></td><td rowspan="3"></td><td rowspan="3"></td></tr>
<tr><td></td><td></td></tr>
<tr><td></td><td></td></tr>
<tr><td colspan="2">实验结论</td><td colspan="5">（实验专用章）
签发日期：</td></tr>
<tr><td colspan="2">备　注</td><td colspan="5"></td></tr>
<tr><td>单位声明</td><td colspan="3">1. 本报告或本报告复印件无“实验专用章”无效；
2. 对本报告若持有异议，请向本单位申诉；
3. 未经同意，本报告不得作商业广告用。</td><td>单位信息</td><td colspan="3">地址：
查询及联系电话：
申诉电话：
申诉电子邮箱：</td></tr>
</table>

批准：　　　　　　　　审核：　　　　　　　　检验：

13.3 混凝土与砂浆配合比设计

混凝土配合比试配原始记录

<table>
<tr><td colspan="3">强度等级</td><td colspan="2"></td><td>坍落度要求</td><td colspan="2"></td><td>抗渗等级</td><td></td><td>样品编号</td><td colspan="2"></td></tr>
<tr><td colspan="3">实验依据</td><td colspan="2"></td><td>成型室温度</td><td colspan="2"></td><td>试配日期</td><td></td><td>其他要求</td><td colspan="2"></td></tr>
<tr><td colspan="13">试验配合比</td></tr>
<tr><td colspan="3">材料名称及用量</td><td>水泥</td><td>细骨料 1</td><td>细骨料 2</td><td>粗骨料</td><td>外加剂</td><td>水</td><td>掺合料</td><td>其他</td><td></td><td rowspan="3">实验数量
（L）</td></tr>
<tr><td colspan="3">材料型号</td><td></td><td></td><td></td><td></td><td></td><td></td><td></td><td></td><td></td></tr>
<tr><td colspan="3">材料规格</td><td></td><td></td><td></td><td></td><td></td><td></td><td></td><td></td><td></td></tr>
<tr><td rowspan="3">设计配合比
（kg/m³）</td><td>1</td><td>W/B=</td><td></td><td></td><td></td><td></td><td></td><td></td><td></td><td></td><td></td><td></td></tr>
<tr><td>2</td><td>W/B=</td><td></td><td></td><td></td><td></td><td></td><td></td><td></td><td></td><td></td><td></td></tr>
<tr><td>3</td><td>W/B=</td><td></td><td></td><td></td><td></td><td></td><td></td><td></td><td></td><td></td><td></td></tr>
<tr><td rowspan="3">工作性能</td><td>1</td><td rowspan="3">坍落度/
扩展度
（mm）</td><td></td><td rowspan="3">粘聚性/
保水性</td><td></td><td rowspan="3">表观密度
（kg/m³）</td><td></td><td>试件成型
方式</td><td>机械</td><td colspan="3" rowspan="7">28d抗压强度（MPa）
59 57 55 53 51 49 47
2.3 2.5 2.7 2.9 3.1
胶水比（B/W）</td></tr>
<tr><td>2</td><td></td><td></td><td></td><td>试件尺寸
（mm）</td><td></td></tr>
<tr><td>3</td><td></td><td></td><td></td><td>试件养护
方式</td><td>标准养护</td></tr>
<tr><td colspan="10">成型试件力学性能试验</td></tr>
<tr><td colspan="2" rowspan="3">抗压强度
（MPa）</td><td colspan="2">1</td><td colspan="2">2</td><td colspan="2">3</td><td colspan="2" rowspan="3">推定当
f_{28d}=　　MPa时，
W/B=</td></tr>
<tr><td>7d</td><td>28d</td><td>7d</td><td>28d</td><td>7d</td><td>28d</td></tr>
<tr><td></td><td></td><td></td><td></td><td></td><td></td></tr>
<tr><td colspan="2" rowspan="2">推荐配合比
（kg/m³）</td><td>水泥</td><td>细骨料 1</td><td>细骨料 2</td><td>粗骨料</td><td>外加剂</td><td>水</td><td>掺合料</td><td>其他</td><td colspan="3" rowspan="3"></td></tr>
<tr><td></td><td></td><td></td><td></td><td></td><td></td><td></td><td></td></tr>
<tr><td colspan="2">主要仪器设备</td><td colspan="3"></td><td>仪器设备
运行状况</td><td colspan="4">□正常
□实验前（中、后）有故障。故障情况见运行记录，故障设备：</td></tr>
<tr><td colspan="2">备注</td><td colspan="11"></td></tr>
</table>

混凝土配合比设计报告

报告编号：

设计要求与信息						
设计要求与信息	使用部位					
	使用环境					
	强度等级		抗渗等级		坍落度（mm）	
	拌合、振捣方法		使用气温（℃）		样品编号	
	其他要求					
	实验依据					

原材料信息				
原材料信息	水泥	强度等级：	品种代号：	生产厂家：
	细骨料 1	品种：	规格：	产　　地：
	细骨料 2	品种：	规格：	产　　地：
	粗骨料	品种：	规格：	产　　地：
	外加剂	品种及名称：	推荐掺量（%）：	生产厂家：
	掺合料	名称：	等级：	生产厂家：
	拌合水	名称：	等级：	产　　地：
	其他	材料名称：	规格型号：	生产厂家：
	原材料其他性能			

配合比设计参数及结果	推荐混凝土配合比								
配合比设计参数及结果	材料名称	水泥	细骨料 1	细骨料 2	粗骨料	外加剂	掺合料	水	其他
	材料用量（kg/m³）								
	质量比								
	标准差 σ 值（MPa）		配制强度（MPa）			水胶比（W/B）			
	砂率（%）		胶凝材料用量（kg/m³）			掺合料掺量（%）			
	建议与说明	配合比中所用材料（除水剂外）均以干料计。 （实验专用章） 签发日期：							

备　　注			
单位声明	1. 本报告或本报告复印件无“实验专用章”无效； 2. 对本报告若持有异议，请向本单位申诉； 3. 未经同意，本报告不得作商业广告用。	单位信息	地址： 查询及联系电话： 申诉电话： 申诉电子邮箱：

批准：　　　　　　　　审核：　　　　　　　　检验：

砂浆配合比试配原始记录

强度等级			稠度要求		砂浆种类		样品编号		
使用部位			使用气温		试配日期		实验依据		
实验配合比									
材料名称及用量		水泥	细骨料	掺合料	水	外加剂 1	外加剂 2	其他	实验数量（L）
材料型号									
材料规格									
设计配合比（kg/m³）	1								
	2								
	3								
工作性能	1	稠度（mm）		保水率（%）		表观密度（kg/m³）		其他性能	
	2								
	3								
成型试件力学性能试验								试件成型方式	
抗压强度（MPa）		1		2		3		试验温度	
		7d	28d	7d	28d	7d	28d	试件尺寸	
								试件养护方式	标准养护
推荐配合比（kg/m³）		水泥	细骨料	掺合料	水	外加剂 1	外加剂 2	其他	
主要仪器设备名称及编号				仪器设备运行状况	□正常 □实验前（中、后）有故障。故障情况见运行记录，故障设备：		备注		

校核：　　　　　　　　　　检验：

砂浆配合比设计报告

报告编号：

<table>
<tr><td rowspan="6">设计要求与信息</td><td>使用部位</td><td colspan="8"></td></tr>
<tr><td>使用环境</td><td colspan="8"></td></tr>
<tr><td>强度等级</td><td></td><td>稠度（mm）</td><td></td><td>砂浆种类</td><td colspan="4"></td></tr>
<tr><td>拌合、振捣方法</td><td></td><td>使用气温（℃）</td><td></td><td>样品编号</td><td colspan="4"></td></tr>
<tr><td>其他要求</td><td colspan="8"></td></tr>
<tr><td>实验依据</td><td colspan="8"></td></tr>
<tr><td rowspan="7">原材料信息</td><td>水泥</td><td>强度等级：</td><td>品种代号：</td><td colspan="5">生产厂家：</td></tr>
<tr><td>细骨料</td><td>品种：</td><td>规格：</td><td colspan="5">产地：</td></tr>
<tr><td>外加剂1</td><td>品种：</td><td>推荐掺量（%）：</td><td colspan="5">生产厂家：</td></tr>
<tr><td>外加剂2</td><td>品种：</td><td>推荐掺量（%）：</td><td colspan="5">生产厂家：</td></tr>
<tr><td>掺合料</td><td>品种：</td><td>等级：</td><td colspan="5">生产厂家：</td></tr>
<tr><td>拌合水</td><td></td><td></td><td colspan="5"></td></tr>
<tr><td>其他</td><td></td><td></td><td colspan="5"></td></tr>
<tr><td rowspan="10">配合比设计参数及结果</td><td colspan="9">推荐砂浆配合比</td></tr>
<tr><td>材料名称</td><td>水泥</td><td>细骨料</td><td>掺合料</td><td>水</td><td>外加剂1</td><td>外加剂2</td><td>其他</td><td></td></tr>
<tr><td>材料用量（kg/m³）</td><td></td><td></td><td></td><td></td><td></td><td></td><td></td><td></td></tr>
<tr><td>质量比</td><td></td><td></td><td></td><td></td><td></td><td></td><td></td><td></td></tr>
<tr><td colspan="2">标准差σ值
（MPa）</td><td></td><td>设计K值</td><td></td><td>配制强度
（MPa）</td><td colspan="3"></td></tr>
<tr><td colspan="2">胶凝材料用量
（kg/m³）</td><td></td><td>掺合料掺量
（%）</td><td></td><td>稠度
（mm）</td><td colspan="3"></td></tr>
<tr><td rowspan="2">抗压强度
（MPa）</td><td>7d</td><td></td><td rowspan="2">表观密度
（kg/m³）</td><td rowspan="2"></td><td>保水率（%）</td><td colspan="3"></td></tr>
<tr><td>28d</td><td></td><td>其他性能</td><td colspan="3"></td></tr>
<tr><td colspan="2">建议与说明</td><td colspan="7">配合比中所用材料（除水剂外）均以干料计。
（实验专用章）
签发日期：</td></tr>
<tr><td colspan="2">备　注</td><td colspan="7"></td></tr>
<tr><td>单位声明</td><td colspan="4">1. 本报告或本报告复印件无“实验专用章”无效；
2. 对本报告若持有异议，请向本单位申诉；
3. 未经同意，本报告不得作商业广告用。</td><td>单位信息</td><td colspan="4">地址：
查询及联系电话：
申诉电话：
申诉电子邮箱：</td></tr>
</table>

批准：　　　　　　审核：　　　　　　检验：

13.4 钢材性能实验

热轧带肋钢筋性能实验原始记录

<table>
<tr><td rowspan="4">样品信息</td><td>样品编号</td><td colspan="7"></td></tr>
<tr><td>样品名称</td><td colspan="7"></td></tr>
<tr><td>钢筋牌号</td><td colspan="3"></td><td colspan="2">钢筋公称直径（mm）</td><td colspan="2"></td></tr>
<tr><td>样品说明</td><td colspan="7"></td></tr>
<tr><td rowspan="24">实验信息</td><td>实验日期</td><td colspan="3">年　月　日</td><td colspan="2">室温（℃）</td><td colspan="2"></td></tr>
<tr><td>实验依据</td><td colspan="7"></td></tr>
<tr><td>实验项目</td><td colspan="7">实验数据（或结果）</td></tr>
<tr><td rowspan="4">重量偏差</td><td>试样长度（mm）</td><td></td><td></td><td></td><td></td><td></td><td></td></tr>
<tr><td>试样实际总重量（g）</td><td colspan="6"></td></tr>
<tr><td>理论重量（kg/m）</td><td colspan="6"></td></tr>
<tr><td>重量偏差（%）</td><td colspan="6"></td></tr>
<tr><td rowspan="2">荷载</td><td>屈服（kN）</td><td colspan="3"></td><td colspan="3"></td></tr>
<tr><td>极限（kN）</td><td colspan="3"></td><td colspan="3"></td></tr>
<tr><td rowspan="2">强度</td><td>屈服（MPa）</td><td colspan="3"></td><td colspan="3"></td></tr>
<tr><td>极限（MPa）</td><td colspan="3"></td><td colspan="3"></td></tr>
<tr><td rowspan="3">断后伸长率</td><td>标距（mm）</td><td colspan="3"></td><td colspan="3"></td></tr>
<tr><td>总伸长（mm）</td><td colspan="3"></td><td colspan="3"></td></tr>
<tr><td>伸长率（%）</td><td colspan="3"></td><td colspan="3"></td></tr>
<tr><td rowspan="3">最大力总伸长率</td><td>标距（mm）</td><td colspan="3"></td><td colspan="3"></td></tr>
<tr><td>总伸长（mm）</td><td colspan="3"></td><td colspan="3"></td></tr>
<tr><td>伸长率（%）</td><td colspan="3"></td><td colspan="3"></td></tr>
<tr><td colspan="2">强屈比</td><td colspan="3"></td><td colspan="3"></td></tr>
<tr><td colspan="2">超屈比</td><td colspan="3"></td><td colspan="3"></td></tr>
<tr><td rowspan="2">冷弯</td><td>弯心直径（mm）
及弯曲角度</td><td colspan="3"></td><td colspan="3"></td></tr>
<tr><td>特征</td><td colspan="3"></td><td colspan="3"></td></tr>
<tr><td>主要仪器设备
名称及编号</td><td colspan="3"></td><td>仪器设备
运行状况</td><td colspan="3">□正常
□实验前（中、后）有故障。故障情况见运行记录，故障设备：</td></tr>
<tr><td>备注</td><td colspan="8"></td></tr>
</table>

校核：　　　　　　　　　　检验：

热轧带肋钢筋性能实验报告

报告编号：

<table>
<tr><td rowspan="5">样品信息</td><td>样品名称</td><td></td><td>公称尺寸</td><td colspan="2"></td></tr>
<tr><td>牌号</td><td></td><td>批号</td><td colspan="2"></td></tr>
<tr><td>生产厂家</td><td></td><td>炉号</td><td colspan="2"></td></tr>
<tr><td>样品说明</td><td></td><td>取样基数（t）</td><td colspan="2"></td></tr>
<tr><td>使用部位</td><td colspan="4"></td></tr>
<tr><td rowspan="4">实验信息</td><td>实验项目</td><td colspan="4"></td></tr>
<tr><td>实验依据</td><td colspan="4"></td></tr>
<tr><td>样品编号</td><td colspan="4"></td></tr>
<tr><td>收样日期</td><td></td><td>实验日期</td><td colspan="2"></td></tr>
<tr><td rowspan="13">实验结果及实验结论</td><td>实验项目</td><td>技术要求</td><td>实验结果</td><td colspan="2">单项结论</td></tr>
<tr><td>屈服强度（MPa）</td><td></td><td></td><td colspan="2"></td></tr>
<tr><td>抗拉强度（MPa）</td><td></td><td></td><td colspan="2"></td></tr>
<tr><td>断后伸长率（%）</td><td></td><td></td><td colspan="2"></td></tr>
<tr><td>强屈比</td><td></td><td></td><td colspan="2"></td></tr>
<tr><td>超屈比</td><td></td><td></td><td colspan="2"></td></tr>
<tr><td>冷弯</td><td></td><td></td><td colspan="2"></td></tr>
<tr><td>重量偏差（%）</td><td></td><td></td><td colspan="2"></td></tr>
<tr><td>以下空白</td><td></td><td></td><td colspan="2"></td></tr>
<tr><td></td><td></td><td></td><td colspan="2"></td></tr>
<tr><td>实验结论</td><td colspan="4">（实验专用章）
签发日期：</td></tr>
<tr><td>备注</td><td colspan="4"></td></tr>
<tr><td>单位声明</td><td colspan="2">1. 本报告或本报告复印件无“实验专用章”无效；
2. 对本报告若持有异议，请向本单位申诉；
3. 未经同意，本报告不得作商业广告用。</td><td>单位信息</td><td colspan="2">地址：
查询及联系电话：
申诉电话：
申诉电子邮箱：</td></tr>
</table>

批准：　　　　　　　　审核：　　　　　　　　检验：

建筑结构用钢板性能实验原始记录

<table>
<tr><td rowspan="4">样品信息</td><td>样品编号</td><td colspan="6"></td></tr>
<tr><td>样品名称</td><td colspan="6"></td></tr>
<tr><td>牌号</td><td colspan="3"></td><td colspan="2">公称尺寸（mm）</td><td></td></tr>
<tr><td>样品说明</td><td colspan="6"></td></tr>
<tr><td rowspan="26">实验信息</td><td>实验日期</td><td colspan="3">年　月　日</td><td colspan="2">室温（℃）</td><td></td></tr>
<tr><td>实验依据</td><td colspan="6"></td></tr>
<tr><td>实验项目</td><td colspan="6">实验数据（或结果）</td></tr>
<tr><td rowspan="4">试样原始横截面积测定</td><td rowspan="3" colspan="2">试样截面尺寸</td><td>1</td><td colspan="3"></td></tr>
<tr><td>2</td><td colspan="3"></td></tr>
<tr><td>3</td><td colspan="3"></td></tr>
<tr><td colspan="2">试样横截面积（mm²）</td><td colspan="4"></td></tr>
<tr><td rowspan="2">荷载</td><td colspan="2">屈服（kN）</td><td colspan="4"></td></tr>
<tr><td colspan="2">极限（kN）</td><td colspan="4"></td></tr>
<tr><td rowspan="2">强度</td><td colspan="2">屈服（MPa）</td><td colspan="4"></td></tr>
<tr><td colspan="2">极限（MPa）</td><td colspan="4"></td></tr>
<tr><td rowspan="3">断后伸长率</td><td colspan="2">标距（mm）</td><td colspan="4"></td></tr>
<tr><td colspan="2">总伸长（mm）</td><td colspan="4"></td></tr>
<tr><td colspan="2">伸长率（%）</td><td colspan="4"></td></tr>
<tr><td rowspan="5">冲击性能</td><td>试件尺寸（mm）</td><td>缺口类型</td><td>缺口尺寸（mm）</td><td>实验机因阻力所消耗的能量</td><td>摆锤停摆后刻盘示数</td><td>冲击吸收能量</td></tr>
<tr><td></td><td></td><td></td><td></td><td></td><td></td></tr>
<tr><td></td><td></td><td></td><td></td><td></td><td></td></tr>
<tr><td></td><td></td><td></td><td></td><td></td><td></td></tr>
<tr><td colspan="3">算术平均值（J）</td><td colspan="3"></td></tr>
<tr><td rowspan="2">冷弯性能</td><td colspan="2">弯心直径（mm）及弯曲角度</td><td></td><td colspan="3"></td></tr>
<tr><td colspan="2">特征</td><td></td><td colspan="3"></td></tr>
<tr><td>主要仪器设备名称及编号</td><td colspan="3"></td><td>仪器设备运行状况</td><td colspan="2">□正常
□实验前（中、后）有故障。故障情况见运行记录，故障设备：</td></tr>
<tr><td>备注</td><td colspan="7"></td></tr>
</table>

校核：　　　　　　　　　　检验：

建筑结构用钢板性能实验报告

报告编号：

<table>
<tr><td rowspan="5">样品信息</td><td>样品名称</td><td colspan="2"></td><td>公称尺寸</td><td></td></tr>
<tr><td>牌号</td><td colspan="2"></td><td>批号</td><td></td></tr>
<tr><td>生产厂家</td><td colspan="2"></td><td>炉号</td><td></td></tr>
<tr><td>样品说明</td><td colspan="2"></td><td>取样基数（t）</td><td></td></tr>
<tr><td>使用部位</td><td colspan="4"></td></tr>
<tr><td rowspan="4">实验信息</td><td>实验项目</td><td colspan="4"></td></tr>
<tr><td>实验依据</td><td colspan="4"></td></tr>
<tr><td>样品编号</td><td colspan="4"></td></tr>
<tr><td>收样日期</td><td colspan="2"></td><td>实验日期</td><td></td></tr>
<tr><td rowspan="12">实验结果及实验结论</td><td>实验项目</td><td>技术要求</td><td>实验结果</td><td colspan="2">单项结论</td></tr>
<tr><td>屈服强度（MPa）</td><td></td><td></td><td colspan="2"></td></tr>
<tr><td>抗拉强度（MPa）</td><td></td><td></td><td colspan="2"></td></tr>
<tr><td>断后伸长率（%）</td><td></td><td></td><td colspan="2"></td></tr>
<tr><td>弯曲性能</td><td></td><td></td><td colspan="2"></td></tr>
<tr><td>冲击性能</td><td></td><td></td><td colspan="2"></td></tr>
<tr><td>以下空白</td><td></td><td></td><td colspan="2"></td></tr>
<tr><td></td><td></td><td></td><td colspan="2"></td></tr>
<tr><td></td><td></td><td></td><td colspan="2"></td></tr>
<tr><td></td><td></td><td></td><td colspan="2"></td></tr>
<tr><td>实验结论</td><td colspan="4">（实验专用章）
签发日期：</td></tr>
<tr><td>备注</td><td colspan="4"></td></tr>
<tr><td>单位声明</td><td colspan="2">1. 本报告或本报告复印件无“实验专用章”无效；
2. 对本报告若持有异议，请向本单位申诉；
3. 未经同意，本报告不得作商业广告用。</td><td>单位信息</td><td colspan="2">地址：
查询及联系电话：
申诉电话：
申诉电子邮箱：</td></tr>
</table>

批准：　　　　审核：　　　　检验：

预应力混凝土用钢绞线实验原始记录

<table>
<tr><td rowspan="4">样品信息</td><td>样品编号</td><td colspan="4"></td></tr>
<tr><td>样品名称</td><td colspan="4"></td></tr>
<tr><td>强度级别</td><td></td><td colspan="2">公称直径（mm）</td><td></td></tr>
<tr><td>样品说明</td><td colspan="4"></td></tr>
<tr><td rowspan="13">实验信息</td><td>实验日期</td><td>年　月　日</td><td colspan="2">室温（℃）</td><td></td></tr>
<tr><td>实验依据</td><td colspan="4"></td></tr>
<tr><td>实验项目</td><td colspan="4">实验数据（或结果）</td></tr>
<tr><td colspan="2">试件号</td><td>1</td><td colspan="2">2</td><td>3</td></tr>
<tr><td colspan="2">规定非比例延伸力 $F_{p0.2}$（kN）</td><td></td><td colspan="2"></td><td></td></tr>
<tr><td colspan="2">整根钢绞线最大力 Fm（kN）</td><td></td><td colspan="2"></td><td></td></tr>
<tr><td colspan="2">抗拉强度 Rm（MPa）</td><td></td><td colspan="2"></td><td></td></tr>
<tr><td colspan="2">弹性模量 E（GPa）</td><td></td><td colspan="2"></td><td></td></tr>
<tr><td colspan="2">引伸计标距 Le（mm）</td><td></td><td colspan="2"></td><td></td></tr>
<tr><td colspan="2">最大力总伸长率 A_{gt}（%）</td><td></td><td colspan="2"></td><td></td></tr>
<tr><td>主要仪器设备名称及编号</td><td colspan="2"></td><td>仪器设备运行状况</td><td>□正常
□实验前（中、后）有故障。故障情况见运行记录，故障设备：</td></tr>
<tr><td>备注</td><td colspan="5"></td></tr>
</table>

校核：　　　　　　　　　　　　检验：

预应力混凝土用钢绞线性能实验报告

报告编号：

<table>
<tr><td rowspan="5">样品信息</td><td>样品名称</td><td colspan="2"></td><td>公称直径（mm）</td><td colspan="2"></td></tr>
<tr><td>强度级别</td><td colspan="2"></td><td>结构代号</td><td colspan="2"></td></tr>
<tr><td>生产厂家</td><td colspan="2"></td><td>批号</td><td colspan="2"></td></tr>
<tr><td>样品说明</td><td colspan="2"></td><td>取样基数（t）</td><td colspan="2"></td></tr>
<tr><td>使用部位</td><td colspan="5"></td></tr>
<tr><td rowspan="4">实验信息</td><td>实验项目</td><td colspan="5"></td></tr>
<tr><td>实验依据</td><td colspan="5"></td></tr>
<tr><td>样品编号</td><td colspan="5"></td></tr>
<tr><td>收样日期</td><td colspan="2"></td><td>实验日期</td><td colspan="2"></td></tr>
<tr><td rowspan="12">实验结果及实验结论</td><td>实验项目</td><td>技术要求</td><td colspan="3">实验结果</td><td>单项结论</td></tr>
<tr><td>最大力（kN）</td><td></td><td></td><td></td><td></td><td></td></tr>
<tr><td>规定非比例延伸力（kN）</td><td></td><td></td><td></td><td></td><td></td></tr>
<tr><td>最大力总伸长率（%）</td><td></td><td></td><td></td><td></td><td></td></tr>
<tr><td>以下空白</td><td></td><td></td><td></td><td></td><td></td></tr>
<tr><td></td><td></td><td></td><td></td><td></td><td></td></tr>
<tr><td></td><td></td><td></td><td></td><td></td><td></td></tr>
<tr><td></td><td></td><td></td><td></td><td></td><td></td></tr>
<tr><td></td><td></td><td></td><td></td><td></td><td></td></tr>
<tr><td></td><td></td><td></td><td></td><td></td><td></td></tr>
<tr><td>实验结论</td><td colspan="5">（实验专用章）
签发日期：</td></tr>
<tr><td>备注</td><td colspan="5"></td></tr>
<tr><td>单位声明</td><td colspan="2">1. 本报告或本报告复印件无“实验专用章”无效；
2. 对本报告若持有异议，请向本单位申诉；
3. 未经同意，本报告不得作商业广告用。</td><td>单位信息</td><td colspan="3">地址：
查询及联系电话：
申诉电话：
申诉电子邮箱：</td></tr>
</table>

批准： 审核： 检验：

13.5 防水材料性能实验

防水卷材性能实验原始记录

<table>
<tr><td rowspan="4">样品信息</td><td colspan="2">样品编号</td><td colspan="14"></td></tr>
<tr><td colspan="2">样品名称</td><td colspan="6"></td><td colspan="3">样品标记</td><td colspan="5"></td></tr>
<tr><td colspan="2">公称厚度（mm）</td><td colspan="6"></td><td colspan="3">主体材料</td><td colspan="5"></td></tr>
<tr><td colspan="2">粘结表面</td><td colspan="6"></td><td colspan="3">样品说明</td><td colspan="5"></td></tr>
<tr><td rowspan="29">实验信息</td><td colspan="2">实验日期</td><td colspan="14"></td></tr>
<tr><td colspan="2">实验依据</td><td colspan="14"></td></tr>
<tr><td colspan="2">室温（℃）</td><td colspan="5"></td><td colspan="3">相对湿度（%）</td><td colspan="6"></td></tr>
<tr><td colspan="2">实验项目</td><td colspan="14">实验数据（或结果）</td></tr>
<tr><td colspan="2" rowspan="4">厚度</td><td colspan="4">卷材全厚度（mm）</td><td colspan="2"></td><td colspan="2"></td><td colspan="2"></td><td colspan="2"></td><td colspan="2"></td></tr>
<tr><td colspan="4">防粘材料厚度（上）（mm）</td><td colspan="2"></td><td colspan="2"></td><td colspan="2"></td><td colspan="2"></td><td colspan="2"></td></tr>
<tr><td colspan="4">防粘材料厚度（下）（mm）</td><td colspan="2"></td><td colspan="2"></td><td colspan="2"></td><td colspan="2"></td><td colspan="2"></td></tr>
<tr><td colspan="4">主体材料厚度（mm）</td><td colspan="4"></td><td colspan="2">最小单值</td><td colspan="4"></td></tr>
<tr><td colspan="2" rowspan="5">单位面积质量</td><td colspan="4">卷材质量（kg）</td><td colspan="10"></td></tr>
<tr><td rowspan="3">面积</td><td colspan="3">宽度（mm）</td><td></td><td></td><td></td><td></td><td></td><td>平均值</td><td colspan="4"></td></tr>
<tr><td colspan="3">长度（mm）</td><td></td><td></td><td></td><td></td><td></td><td>平均值</td><td colspan="4"></td></tr>
<tr><td colspan="3">面积（mm^2）</td><td colspan="10"></td></tr>
<tr><td colspan="4">单位质量面积 kg/m^2</td><td colspan="10"></td></tr>
<tr><td rowspan="6">拉伸性能</td><td colspan="3">实验方向</td><td colspan="6">纵向</td><td colspan="6">横向</td></tr>
<tr><td colspan="3">序号</td><td>1</td><td>2</td><td>3</td><td>4</td><td>5</td><td>平均值</td><td>1</td><td>2</td><td>3</td><td>4</td><td>5</td><td>平均值</td></tr>
<tr><td colspan="3">最大拉力（N/50mm）</td><td></td><td></td><td></td><td></td><td></td><td></td><td></td><td></td><td></td><td></td><td></td><td></td></tr>
<tr><td colspan="3">膜断裂伸长率（%）</td><td></td><td></td><td></td><td></td><td></td><td></td><td></td><td></td><td></td><td></td><td></td><td></td></tr>
<tr><td colspan="3">最大拉力时延伸率（%）</td><td></td><td></td><td></td><td></td><td></td><td></td><td></td><td></td><td></td><td></td><td></td><td></td></tr>
<tr><td colspan="15">□夹具间距离（mm）： □引伸计标距（mm）：</td></tr>
<tr><td colspan="2" rowspan="3">钉杆撕裂强度</td><td colspan="2">实验方向</td><td colspan="6">纵向</td><td colspan="6">横向</td></tr>
<tr><td colspan="2">序号</td><td>1</td><td>2</td><td>3</td><td>4</td><td>5</td><td>平均值</td><td>1</td><td>2</td><td>3</td><td>4</td><td>5</td><td>平均值</td></tr>
<tr><td colspan="2">钉杆撕裂强度（N）</td><td></td><td></td><td></td><td></td><td></td><td></td><td></td><td></td><td></td><td></td><td></td><td></td></tr>
<tr><td colspan="2" rowspan="2">低温柔性</td><td colspan="3">实验条件</td><td>位置</td><td colspan="5">上表面</td><td colspan="5">下表面</td></tr>
<tr><td colspan="3"></td><td>实验情况</td><td></td><td></td><td></td><td></td><td></td><td></td><td></td><td></td><td></td><td></td></tr>
<tr><td colspan="2">主要仪器设备名称及编号</td><td colspan="6"></td><td colspan="2">仪器设备运行状况</td><td colspan="6">□正常
□实验前（中、后）有故障。故障情况见运行记录，故障设备：</td></tr>
<tr><td>备注</td><td colspan="16"></td></tr>
</table>

校核： 检验：

防水卷材性能实验报告

报告编号：

<table>
<tr><td rowspan="6">样品信息</td><td colspan="2">样品名称</td><td></td><td>主体材料</td><td></td></tr>
<tr><td colspan="2">公称厚度
(mm)</td><td></td><td>产品标记</td><td></td></tr>
<tr><td colspan="2">型号</td><td></td><td>粘结表面</td><td></td></tr>
<tr><td colspan="2">生产厂家</td><td></td><td>取样基数</td><td></td></tr>
<tr><td colspan="2">出厂批号</td><td></td><td>产品商标</td><td></td></tr>
<tr><td colspan="2">使用部位</td><td colspan="3"></td></tr>
<tr><td rowspan="4">实验信息</td><td colspan="2">实验项目</td><td colspan="3"></td></tr>
<tr><td colspan="2">实验依据</td><td colspan="3"></td></tr>
<tr><td colspan="2">样品编号</td><td colspan="3"></td></tr>
<tr><td colspan="2">收样日期</td><td></td><td>实验日期</td><td></td></tr>
<tr><td rowspan="13">实验结果及实验结论</td><td colspan="2">实验项目</td><td>技术要求</td><td>实验结果</td><td>单项结论</td></tr>
<tr><td colspan="2">厚度（mm）</td><td></td><td></td><td></td></tr>
<tr><td colspan="2">单位面积质量
(kg/m^2)</td><td></td><td></td><td></td></tr>
<tr><td rowspan="2">拉力
(N/50mm)</td><td>纵向</td><td></td><td></td><td></td></tr>
<tr><td>横向</td><td></td><td></td><td></td></tr>
<tr><td rowspan="2">最大力时伸长率（%）</td><td>纵向</td><td></td><td></td><td></td></tr>
<tr><td>横向</td><td></td><td></td><td></td></tr>
<tr><td rowspan="2">钉杆撕裂强度
(N)</td><td>纵向</td><td></td><td></td><td></td></tr>
<tr><td>横向</td><td></td><td></td><td></td></tr>
<tr><td colspan="2">低温柔性</td><td></td><td></td><td></td></tr>
<tr><td colspan="2">实验结论</td><td colspan="3">（实验专用章）
签发日期：</td></tr>
<tr><td colspan="2">备注</td><td colspan="3"></td></tr>
<tr><td colspan="2">单位声明</td><td>1. 本报告或本报告复印件无“实验专用章”无效；
2. 对本报告若持有异议，请向本单位申诉；
3. 未经同意，本报告不得作商业广告用。</td><td>单位信息</td><td>地址：
查询及联系电话：
申诉电话：
申诉电子邮箱：</td></tr>
</table>

批准：　　　　审核：　　　　检验：

防水涂料性能实验原始记录

样品信息				
样品信息	样品编号			
	样品名称		组分类别	
	组分质量比		性能类别	
	产品标记		样品说明	

实验信息				
实验信息	实验日期			
	实验依据			
	室温（℃）		相对湿度（%）	
	实验项目	实验数据（或结果）		

实验项目	序号	烘干前皿＋样（g）	皿质量（g）	样品质量（g）	烘干后皿＋样（g）	固体含量（%）	平均值（%）
固体含量	1						
	2						

实验项目		1	2	3
低温柔性	试件号	1	2	3
	试验条件			
	试验结果			
		（打“√”代表该试件试验结果为：表面弯曲处无裂纹或开裂。）		
耐热性	试件号	1	2	3
	试验条件			
	试验结果			
		（打“√”代表该试件试验结果为：无流淌、滑动、滴落，表面无密集气泡。）		

实验项目			1	2	3	4	5	6	拉伸强度结果（MPa）
拉伸强度	试件号		1	2	3	4	5	6	
	厚度（mm）	值1							
		值2							
		值3							
		用值							
	宽度（mm）								
	最大荷载（N）								
	拉伸强度（MPa）								

实验项目			1	2	3	4	5	6	断裂伸长率结果（%）
断裂伸长率	试件号		1	2	3	4	5	6	
	标距（mm）	前							
		后							
	断裂伸长率（%）								

实验项目			1	2	3	4	5	撕裂强度结果（kN/m）
撕裂强度	试件号		1	2	3	4	5	
	厚度（mm）	值1						
		值2						
		值3						
		用值						
	最大拉力（N）							
	撕裂强度（kN/m）							

主要仪器设备名称及编号		仪器设备运行状况	□正常 □实验前（中、后）有故障。故障情况见运行记录，故障设备：

备注	

校核：　　　　　　　　　　检验：

防水涂料性能实验报告

报告编号：

<table>
<tr><td rowspan="6">品信息</td><td>样品名称</td><td></td><td>组分类别</td><td></td></tr>
<tr><td>组分质量比</td><td></td><td>性能类别</td><td></td></tr>
<tr><td>产品标记</td><td></td><td>出厂批号</td><td></td></tr>
<tr><td>样品说明</td><td></td><td>取样基数</td><td></td></tr>
<tr><td>生产厂家</td><td></td><td>产品商标</td><td></td></tr>
<tr><td>使用部位</td><td colspan="3"></td></tr>
<tr><td rowspan="4">实验信息</td><td>实验项目</td><td colspan="3"></td></tr>
<tr><td>实验依据</td><td colspan="3"></td></tr>
<tr><td>样品编号</td><td colspan="3"></td></tr>
<tr><td>收样日期</td><td></td><td>实验日期</td><td></td></tr>
<tr><td rowspan="12">实验结果及实验结论</td><td>实验项目</td><td>技术要求</td><td>实验结果</td><td>单项结论</td></tr>
<tr><td>固体含量（%）</td><td></td><td></td><td></td></tr>
<tr><td>耐热性</td><td></td><td></td><td></td></tr>
<tr><td>拉伸强度（MPa）</td><td></td><td></td><td></td></tr>
<tr><td>断裂伸长率（%）</td><td></td><td></td><td></td></tr>
<tr><td>撕裂强度（kN/m）</td><td></td><td></td><td></td></tr>
<tr><td>低温柔性</td><td></td><td></td><td></td></tr>
<tr><td>以下空白</td><td></td><td></td><td></td></tr>
<tr><td></td><td></td><td></td><td></td></tr>
<tr><td></td><td></td><td></td><td></td></tr>
<tr><td>实验结论</td><td colspan="3">（实验专用章）
签发日期：</td></tr>
<tr><td>备注</td><td colspan="3"></td></tr>
<tr><td>单位声明</td><td colspan="2">1. 本报告或本报告复印件无“实验专用章”无效；
2. 对本报告若持有异议，请向本单位申诉；
3 未经同意，本报告不得作商业广告用。</td><td>单位信息</td><td>地址：
查询及联系电话：
申诉电话：
申诉电子邮箱：</td></tr>
</table>

批准：　　　　　　　　审核：　　　　　　　　检验：

硅酮建筑密封胶性能实验原始记录

<table>
<tr><td rowspan="4">样品信息</td><td>样品编号</td><td colspan="4"></td></tr>
<tr><td>样品名称</td><td colspan="2"></td><td>产品分类</td><td></td></tr>
<tr><td>规格型号</td><td colspan="2"></td><td>样品说明</td><td></td></tr>
<tr><td>粘接基材</td><td colspan="2"></td><td>清洁溶液</td><td></td></tr>
<tr><td rowspan="13">实验信息</td><td>实验日期</td><td colspan="4"></td></tr>
<tr><td>实验依据</td><td colspan="4"></td></tr>
<tr><td>室温（℃）</td><td></td><td>相对湿度（%）</td><td colspan="2"></td></tr>
<tr><td>实验项目</td><td colspan="4">实验数据（或结果）</td></tr>
<tr><td rowspan="6">拉伸模量（℃）</td><td>试件编号</td><td>1</td><td>2</td><td>3</td></tr>
<tr><td>面积（mm²）</td><td></td><td></td><td></td></tr>
<tr><td>拉力（N）</td><td></td><td></td><td></td></tr>
<tr><td>单值（MPa）</td><td></td><td></td><td></td></tr>
<tr><td>均值（MPa）</td><td colspan="3"></td></tr>
<tr><td rowspan="2">表干时间（min）</td><td>单值</td><td></td><td colspan="2"></td></tr>
<tr><td>结果</td><td colspan="3"></td></tr>
<tr><td>主要仪器设备名称及编号</td><td colspan="2"></td><td>仪器设备运行状况</td><td>□正常
□实验前（中、后）有故障。故障情况见运行记录，故障设备：</td></tr>
<tr><td>备注</td><td colspan="5"></td></tr>
</table>

校核：　　　　　　　　检验：

硅酮建筑密封胶性能实验报告

报告编号：

<table>
<tr><td rowspan="5">样品信息</td><td>样品名称</td><td></td><td>生产日期</td><td></td></tr>
<tr><td>生产厂家</td><td></td><td>批号</td><td></td></tr>
<tr><td>产品分类</td><td></td><td>代表数量</td><td></td></tr>
<tr><td>规格型号</td><td></td><td>样品数量</td><td></td></tr>
<tr><td>使用部位</td><td colspan="3"></td></tr>
<tr><td rowspan="4">实验信息</td><td>实验项目</td><td colspan="3"></td></tr>
<tr><td>实验依据</td><td colspan="3"></td></tr>
<tr><td>样品编号</td><td colspan="3"></td></tr>
<tr><td>收样日期</td><td></td><td>实验日期</td><td></td></tr>
<tr><td rowspan="13">实验结果及实验结论</td><td>实验项目</td><td>技术要求</td><td>实验结果</td><td>单项结论</td></tr>
<tr><td>密度（g/cm^3）</td><td></td><td></td><td></td></tr>
<tr><td>表干时间（min）</td><td></td><td></td><td></td></tr>
<tr><td>下垂度（mm）</td><td></td><td></td><td></td></tr>
<tr><td>拉伸模量（MPa）</td><td></td><td></td><td></td></tr>
<tr><td>定伸粘结性</td><td></td><td></td><td></td></tr>
<tr><td>以下空白</td><td></td><td></td><td></td></tr>
<tr><td></td><td></td><td></td><td></td></tr>
<tr><td></td><td></td><td></td><td></td></tr>
<tr><td></td><td></td><td></td><td></td></tr>
<tr><td>实验结论</td><td colspan="3">（实验专用章）
签发日期：</td></tr>
<tr><td>备注</td><td colspan="3"></td></tr>
</table>

<table>
<tr><td>单位声明</td><td>1. 本报告或本报告复印件无“实验专用章”无效；
2. 对本报告若持有异议，请向本单位申诉；
3. 未经同意，本报告不得作商业广告用。</td><td>单位信息</td><td>地址：
查询及联系电话：
申诉电话：
申诉电子邮箱：</td></tr>
</table>

批准：　　　　　　　　　　审核：　　　　　　　　　　检验：

13.6 墙体和屋面材料性能实验

砌墙砖性能实验原始记录

第1页共5页

<table>
<tr><td rowspan="4">样品信息</td><td>样品编号</td><td colspan="13"></td></tr>
<tr><td>样品名称</td><td colspan="13">□烧结普通砖 □烧结空心砖 □ 烧结多孔砖 □（ ）</td></tr>
<tr><td>公称尺寸</td><td colspan="13">长×宽×高＝</td></tr>
<tr><td>样品说明</td><td colspan="13"></td></tr>
<tr><td rowspan="5">制样信息</td><td>制样日期</td><td colspan="13">年 月 日</td></tr>
<tr><td>制样依据</td><td colspan="13"></td></tr>
<tr><td>制样方法</td><td colspan="13">□一次成型制样 □二次成型制样 □非成型制样 □（ ）</td></tr>
<tr><td>制样人</td><td colspan="13"></td></tr>
<tr><td>试件养护</td><td colspan="3">室温（℃）</td><td colspan="3"></td><td colspan="3">养护龄期（h）</td><td colspan="4"></td></tr>
<tr><td rowspan="23">实验信息</td><td>实验日期</td><td colspan="13">年 月 日</td></tr>
<tr><td>实验依据</td><td colspan="13"></td></tr>
<tr><td>实验项目</td><td colspan="13">实验数据</td></tr>
<tr><td rowspan="12">抗压强度</td><td rowspan="2">试件编号</td><td colspan="6">受压（连接）面尺寸（mm）</td><td rowspan="2">破坏荷载（kN）</td><td rowspan="2">抗压强度（MPa）</td><td rowspan="2">强度标准差 S</td><td rowspan="2">变异系数 δ</td><td rowspan="2" colspan="2">强度代表值（MPa）</td></tr>
<tr><td colspan="2">长</td><td>均值</td><td colspan="2">宽</td><td>均值</td></tr>
<tr><td>1</td><td></td><td></td><td></td><td></td><td></td><td></td><td></td><td></td><td rowspan="10"></td><td rowspan="10"></td><td rowspan="10" colspan="2"></td></tr>
<tr><td>2</td><td></td><td></td><td></td><td></td><td></td><td></td><td></td><td></td></tr>
<tr><td>3</td><td></td><td></td><td></td><td></td><td></td><td></td><td></td><td></td></tr>
<tr><td>4</td><td></td><td></td><td></td><td></td><td></td><td></td><td></td><td></td></tr>
<tr><td>5</td><td></td><td></td><td></td><td></td><td></td><td></td><td></td><td></td></tr>
<tr><td>6</td><td></td><td></td><td></td><td></td><td></td><td></td><td></td><td></td></tr>
<tr><td>7</td><td></td><td></td><td></td><td></td><td></td><td></td><td></td><td></td></tr>
<tr><td>8</td><td></td><td></td><td></td><td></td><td></td><td></td><td></td><td></td></tr>
<tr><td>9</td><td></td><td></td><td></td><td></td><td></td><td></td><td></td><td></td></tr>
<tr><td>10</td><td></td><td></td><td></td><td></td><td></td><td></td><td></td><td></td></tr>
<tr><td rowspan="7">体积密度</td><td rowspan="2">试件编号</td><td colspan="9">尺寸测量（mm）</td><td rowspan="2">干质量（g）</td><td colspan="2">体积密度（kg/m³）</td></tr>
<tr><td colspan="2">长 L</td><td>均值</td><td colspan="2">宽 B</td><td>均值</td><td colspan="2">高 H</td><td>均值</td><td>单值</td><td>均值</td></tr>
<tr><td>1</td><td></td><td></td><td></td><td></td><td></td><td></td><td></td><td></td><td></td><td></td><td></td><td rowspan="5"></td></tr>
<tr><td>2</td><td></td><td></td><td></td><td></td><td></td><td></td><td></td><td></td><td></td><td></td><td></td></tr>
<tr><td>3</td><td></td><td></td><td></td><td></td><td></td><td></td><td></td><td></td><td></td><td></td><td></td></tr>
<tr><td>4</td><td></td><td></td><td></td><td></td><td></td><td></td><td></td><td></td><td></td><td></td><td></td></tr>
<tr><td>5</td><td></td><td></td><td></td><td></td><td></td><td></td><td></td><td></td><td></td><td></td><td></td></tr>
<tr><td>主要仪器设备名称及编号</td><td colspan="5"></td><td colspan="3">仪器设备运行情况</td><td colspan="5">□正常
□实验前（中、后）有故障。故障情况见运行记录。故障设备：</td></tr>
<tr><td>备注</td><td colspan="14"></td></tr>
</table>

校核：　　　　　　　　　　检验：

砌墙砖性能实验原始记录

<table>
<tr><td rowspan="4">样品信息</td><td>样品编号</td><td colspan="5"></td></tr>
<tr><td>样品名称</td><td colspan="5">□烧结普通砖　□ 烧结空心砖　□ 烧结多孔砖　□（　　　　　　）</td></tr>
<tr><td>公称尺寸</td><td colspan="5">长×宽×高＝</td></tr>
<tr><td>样品说明</td><td colspan="5"></td></tr>
<tr><td rowspan="20">实验信息</td><td>实验日期</td><td colspan="5">年　月　日</td></tr>
<tr><td>实验依据</td><td colspan="5"></td></tr>
<tr><td>实验项目</td><td colspan="5">测试数据</td></tr>
<tr><td rowspan="16">外观质量</td><td colspan="2">样品数量</td><td>块</td><td colspan="2">外观质量情况记录</td></tr>
<tr><td rowspan="3">缺损</td><td rowspan="3">样品中破坏部分投影尺寸（mm）共　处</td><td>长度方向 l</td><td colspan="2">值分别为：</td></tr>
<tr><td>宽度方向 b</td><td colspan="2">值分别为：</td></tr>
<tr><td>高度方向 d</td><td colspan="2">值分别为：</td></tr>
<tr><td rowspan="3">裂纹</td><td rowspan="3">样品中裂纹在各方向上的投影长度 l（mm）</td><td>长度方向</td><td colspan="2">共　处，值分别为：</td></tr>
<tr><td>宽度方向</td><td colspan="2">共　处，值分别为：</td></tr>
<tr><td>水平方向</td><td colspan="2">共　处，值分别为：</td></tr>
<tr><td>弯曲</td><td colspan="2">样品中有弯曲现象的砖的数量及测量值（mm）</td><td colspan="2">共　块，值分别为：</td></tr>
<tr><td>杂质凸出高度</td><td colspan="2">样品中杂质凸出数量及凸出高度（mm）</td><td colspan="2">共　处，值分别为：</td></tr>
<tr><td colspan="3">垂直度差</td><td colspan="2">具有垂直度差的共有　块，值分别分别为：</td></tr>
<tr><td colspan="3">两条面高度差（mm）</td><td colspan="2">高度差不为 0 的共有　块，值分别为：</td></tr>
<tr><td colspan="3">完整面</td><td colspan="2">具有完整二条面和二顶面及以上的有　块，具有完整一条面和一顶面及以上的有　块。</td></tr>
<tr><td colspan="3">色差</td><td colspan="2">具有色差的样品数量共　块。</td></tr>
<tr><td colspan="4"></td></tr>
<tr><td colspan="4"></td></tr>
<tr><td>主要仪器设备名称及编号</td><td colspan="2"></td><td>仪器设备运行情况</td><td colspan="2">□正常
□实验前（中、后）有故障。故障情况见运行记录。
故障设备：</td></tr>
<tr><td>备注</td><td colspan="6"></td></tr>
</table>

校核：　　　　　　　　　　检验：

砌墙砖性能实验原始记录

第 3 页共 5 页

样品信息		
样品信息	样品编号	
	样品名称	□烧结普通砖　□烧结空心砖　□烧结多孔砖　□（　　　　）
	公称尺寸	长×宽×高＝
	样品说明	
实验信息	实验日期	年　月　日
	实验依据	
	实验项目	测试数据

□尺寸
□尺寸偏差

样品编号	尺寸测量（mm）								
	长		均值	宽		均值	高		均值
1									
2									
3									
4									
5									
6									
7									
8									
9									
10									
11									
12									
13									
14									
15									
16									
17									
18									
19									
20									

长度均值（mm）		宽度均值（mm）		高度均值（mm）	

平均偏差	长	宽	高	极差	长	宽	高

主要仪器设备名称及编号		仪器设备运行情况	□正常 □实验前（中、后）有故障。故障情况见运行记录。故障设备：
备注			

校核：　　　　　　　　检验：

砌墙砖性能实验原始记录

<table>
<tr><td rowspan="4">样品信息</td><td>样品编号</td><td colspan="12"></td></tr>
<tr><td>样品名称</td><td colspan="12">□烧结普通砖　□ 烧结空心砖　□ 烧结多孔砖　□（　　　　　　　　　）</td></tr>
<tr><td>公称尺寸</td><td colspan="12">长×宽×高＝</td></tr>
<tr><td>样品说明</td><td colspan="12"></td></tr>
<tr><td rowspan="29">实验信息</td><td>实验日期</td><td colspan="12">年　月　日</td></tr>
<tr><td>实验依据</td><td colspan="12"></td></tr>
<tr><td>实验项目</td><td colspan="12">测试数据</td></tr>
<tr><td rowspan="12">抗折强度</td><td rowspan="2">试件编号</td><td colspan="6">尺寸测量（mm）</td><td rowspan="2">跨距 L（mm）</td><td rowspan="2">抗折荷载（N）</td><td colspan="3">抗折强度（MPa）</td></tr>
<tr><td colspan="2">宽 B</td><td>均值</td><td colspan="2">高 H</td><td>均值</td><td>单值</td><td>均值</td><td>最小值</td></tr>
<tr><td>1</td><td></td><td></td><td></td><td></td><td></td><td></td><td rowspan="10"></td><td></td><td></td><td rowspan="10"></td><td rowspan="10"></td></tr>
<tr><td>2</td><td></td><td></td><td></td><td></td><td></td><td></td><td></td><td></td></tr>
<tr><td>3</td><td></td><td></td><td></td><td></td><td></td><td></td><td></td><td></td></tr>
<tr><td>4</td><td></td><td></td><td></td><td></td><td></td><td></td><td></td><td></td></tr>
<tr><td>5</td><td></td><td></td><td></td><td></td><td></td><td></td><td></td><td></td></tr>
<tr><td>6</td><td></td><td></td><td></td><td></td><td></td><td></td><td></td><td></td></tr>
<tr><td>7</td><td></td><td></td><td></td><td></td><td></td><td></td><td></td><td></td></tr>
<tr><td>8</td><td></td><td></td><td></td><td></td><td></td><td></td><td></td><td></td></tr>
<tr><td>9</td><td></td><td></td><td></td><td></td><td></td><td></td><td></td><td></td></tr>
<tr><td>10</td><td></td><td></td><td></td><td></td><td></td><td></td><td></td><td></td></tr>
<tr><td rowspan="6">石灰爆裂</td><td colspan="2">试件编号</td><td colspan="7">蒸 6h 后石灰爆裂情况及尺寸（mm）</td><td colspan="3">最大尺寸（mm）</td></tr>
<tr><td colspan="2">1</td><td colspan="7">共　处，尺寸分别为：</td><td colspan="3" rowspan="5"></td></tr>
<tr><td colspan="2">2</td><td colspan="7">共　处，尺寸分别为：</td></tr>
<tr><td colspan="2">3</td><td colspan="7">共　处，尺寸分别为：</td></tr>
<tr><td colspan="2">4</td><td colspan="7">共　处，尺寸分别为：</td></tr>
<tr><td colspan="2">5</td><td colspan="7">共　处，尺寸分别为：</td></tr>
<tr><td rowspan="7">泛霜试验</td><td colspan="2">制样日期</td><td colspan="3"></td><td colspan="2">实验日期</td><td colspan="5"></td></tr>
<tr><td>试件编号</td><td>泛霜等级</td><td colspan="7">泛霜等级现象描述</td><td colspan="3">泛霜试验结果</td></tr>
<tr><td>1</td><td></td><td colspan="7" rowspan="5">A. 无泛霜：试样表面的盐析几乎看不到；
B. 轻微泛霜：试样表面出现一层细小明显的霜膜，但试样表面仍清晰；
C. 中等泛霜：试样部分表面或棱角出现明显霜层；
D. 严重泛霜：试样表面出现起砖粉、掉屑及脱皮现象。</td><td colspan="3" rowspan="5"></td></tr>
<tr><td>2</td><td></td></tr>
<tr><td>3</td><td></td></tr>
<tr><td>4</td><td></td></tr>
<tr><td>5</td><td></td></tr>
<tr><td>主要仪器设备名称及编号</td><td colspan="4"></td><td colspan="2">仪器设备运行情况</td><td colspan="6">□正常
□实验前（中、后）有故障。故障情况见运行记录。故障设备：</td></tr>
<tr><td>备注</td><td colspan="13"></td></tr>
</table>

校核：　　　　　　　　　　　　　　检验：

砌墙砖性能实验原始记录

第5页共5页

<table>
<tr><td rowspan="4">样品信息</td><td>样品编号</td><td colspan="10"></td></tr>
<tr><td>样品名称</td><td colspan="10">□烧结普通砖　□烧结空心砖　□烧结多孔砖　□（　　　　　　　　）</td></tr>
<tr><td>公称尺寸</td><td colspan="10">长×宽×高＝</td></tr>
<tr><td>样品说明</td><td colspan="10"></td></tr>
<tr><td rowspan="3">实验信息</td><td>实验日期</td><td colspan="10">年　月　日</td></tr>
<tr><td>实验依据</td><td colspan="10"></td></tr>
<tr><td>实验项目</td><td colspan="10">测试数据</td></tr>
</table>

<table>
<tr><td rowspan="10">冻融试验</td><td>冻融温度</td><td>℃</td><td>循环次数</td><td colspan="4"></td></tr>
<tr><td colspan="2">冻融试件编号</td><td>1</td><td>2</td><td>3</td><td>4</td><td>5</td></tr>
<tr><td colspan="2">试样烘干质量，kg</td><td></td><td></td><td></td><td></td><td></td></tr>
<tr><td colspan="2">烘干质量平均值（kg）</td><td colspan="5"></td></tr>
<tr><td colspan="2">五次循环后试件外观检查</td><td></td><td></td><td></td><td></td><td></td></tr>
<tr><td colspan="2">次循环后试件外观检查</td><td></td><td></td><td></td><td></td><td></td></tr>
<tr><td colspan="2">次循环后试件外观检查</td><td></td><td></td><td></td><td></td><td></td></tr>
<tr><td colspan="2">次循环后试件外观检查</td><td></td><td></td><td></td><td></td><td></td></tr>
<tr><td colspan="2">次循环后试件外观检查</td><td></td><td></td><td></td><td></td><td></td></tr>
</table>

<table>
<tr><td rowspan="10">冻融试验</td><td rowspan="2">试件编号</td><td colspan="5">对比试件</td><td colspan="5">冻融试件</td></tr>
<tr><td>1</td><td>2</td><td>3</td><td>4</td><td>5</td><td>1</td><td>2</td><td>3</td><td>4</td><td>5</td></tr>
<tr><td>烘干质量（kg）</td><td></td><td></td><td></td><td></td><td></td><td></td><td></td><td></td><td></td><td></td></tr>
<tr><td>质量平均值 m_1（kg）</td><td colspan="10"></td></tr>
<tr><td>抗压荷载 F（kN）</td><td></td><td></td><td></td><td></td><td></td><td></td><td></td><td></td><td></td><td></td></tr>
<tr><td>抗压强度（MPa）</td><td></td><td></td><td></td><td></td><td></td><td></td><td></td><td></td><td></td><td></td></tr>
<tr><td>强度平均值 P（MPa）</td><td colspan="5"></td><td colspan="5"></td></tr>
<tr><td>质量损失率 G_m（%）</td><td colspan="5"></td><td colspan="5"></td></tr>
<tr><td>强度损失率 Pm（%）</td><td colspan="5"></td><td colspan="5"></td></tr>
<tr><td>公式</td><td colspan="10">1. $Pm=(P_0-P_1)/P_0\times100$；2. $G_m=(m_0-m_1)/m_0\times100$</td></tr>
</table>

<table>
<tr><td rowspan="8">□吸水率
□常温
□沸煮3h
□饱和系数</td><td rowspan="3">试件编号</td><td rowspan="3">试件烘干质量 m_0（kg）</td><td rowspan="3">浸水24h去除表面水后质量 m_2（kg）</td><td rowspan="3">浸水24h、沸煮3h后的质量 m_3（kg）</td><td rowspan="3">浸水24h、沸煮5h后的质量 m_4（kg）</td><td colspan="4">吸水率</td><td colspan="2" rowspan="2">饱和系数（K）</td></tr>
<tr><td colspan="2">浸水24h</td><td colspan="2">沸煮3h</td></tr>
<tr><td>单值</td><td>结果</td><td>单值</td><td>结果</td><td>单值</td><td>结果</td></tr>
<tr><td>1</td><td></td><td></td><td></td><td></td><td></td><td rowspan="5"></td><td></td><td rowspan="5"></td><td></td><td rowspan="5"></td></tr>
<tr><td>2</td><td></td><td></td><td></td><td></td><td></td><td></td><td></td></tr>
<tr><td>3</td><td></td><td></td><td></td><td></td><td></td><td></td><td></td></tr>
<tr><td>4</td><td></td><td></td><td></td><td></td><td></td><td></td><td></td></tr>
<tr><td>5</td><td></td><td></td><td></td><td></td><td></td><td></td><td></td></tr>
</table>

<table>
<tr><td>主要仪器设备名称及编号</td><td></td><td>仪器设备运行情况</td><td>□正常
□实验前（中、后）有故障。故障情况见运行记录。故障设备：</td></tr>
<tr><td>备注</td><td colspan="3"></td></tr>
</table>

校核：　　　　　　　　检验：

砌墙砖性能实验报告

报告编号：

<table>
<tr><td rowspan="5">样品信息</td><td colspan="2">样品名称</td><td></td><td>样品等级</td><td></td></tr>
<tr><td colspan="2">来样规格（mm）</td><td></td><td>产品类型</td><td></td></tr>
<tr><td colspan="2">样品说明</td><td></td><td>取样基数</td><td></td></tr>
<tr><td colspan="2">生产厂家</td><td></td><td>出厂批号</td><td></td></tr>
<tr><td colspan="2">使用部位</td><td colspan="3"></td></tr>
<tr><td rowspan="4">实验信息</td><td colspan="2">实验项目</td><td colspan="3"></td></tr>
<tr><td colspan="2">实验依据</td><td colspan="3"></td></tr>
<tr><td colspan="2">样品编号</td><td colspan="3"></td></tr>
<tr><td colspan="2">收样日期</td><td></td><td>实验日期</td><td></td></tr>
<tr><td rowspan="12">实验结果及实验结论</td><td colspan="2">实验项目</td><td>技术要求</td><td>实验结果</td><td>单项结论</td></tr>
<tr><td colspan="2">尺寸偏差</td><td></td><td></td><td></td></tr>
<tr><td colspan="2">外观质量</td><td></td><td></td><td></td></tr>
<tr><td rowspan="2">抗压强度（MPa）</td><td>平均值</td><td></td><td></td><td></td></tr>
<tr><td>单块最小值</td><td></td><td></td><td></td></tr>
<tr><td colspan="2">体积密度（kg/m³）</td><td></td><td></td><td></td></tr>
<tr><td colspan="2">泛霜</td><td></td><td></td><td></td></tr>
<tr><td colspan="2">吸水率（%）</td><td></td><td></td><td></td></tr>
<tr><td colspan="2">饱和系数</td><td></td><td></td><td></td></tr>
<tr><td colspan="2">实验结论</td><td colspan="3">（实验专用章）
签发日期：</td></tr>
<tr><td colspan="2">备注</td><td colspan="3"></td></tr>
<tr><td>单位声明</td><td colspan="2">1. 本报告或本报告复印件无“实验专用章”无效；
2. 对本报告若持有异议，请向本单位申诉；
3. 未经同意，本报告不得作商业广告用。</td><td>单位信息</td><td colspan="2">地址：
查询及联系电话：
申诉电话：
申诉电子邮箱：</td></tr>
</table>

批准：　　　　　　　　审核：　　　　　　　　检验：

建筑用轻质隔墙条板性能实验原始记录

<table>
<tr><td rowspan="4">样品信息</td><td>样品编号</td><td colspan="6"></td></tr>
<tr><td>样品名称</td><td colspan="6"></td></tr>
<tr><td>公称尺寸</td><td colspan="6"></td></tr>
<tr><td>样品说明</td><td colspan="6"></td></tr>
<tr><td rowspan="30">实验信息</td><td>实验日期</td><td colspan="6">年 月 日</td></tr>
<tr><td>实验依据</td><td colspan="6"></td></tr>
<tr><td>实验项目</td><td colspan="6">实验数据</td></tr>
<tr><td rowspan="6">抗压强度</td><td colspan="3">试件号</td><td>1</td><td>2</td><td>3</td></tr>
<tr><td colspan="3">长度（mm）</td><td></td><td></td><td></td></tr>
<tr><td colspan="3">宽度（mm）</td><td></td><td></td><td></td></tr>
<tr><td colspan="3">破坏荷载（N）</td><td></td><td></td><td></td></tr>
<tr><td colspan="2" rowspan="2">抗压强度（MPa）</td><td>单值</td><td></td><td></td><td></td></tr>
<tr><td>均值</td><td colspan="3"></td></tr>
<tr><td rowspan="13">软化系数</td><td rowspan="6">饱和含水状态抗压强度</td><td colspan="2">试件号</td><td>1</td><td>2</td><td>3</td></tr>
<tr><td colspan="2">长度（mm）</td><td></td><td></td><td></td></tr>
<tr><td colspan="2">宽度（mm）</td><td></td><td></td><td></td></tr>
<tr><td colspan="2">破坏荷载（N）</td><td></td><td></td><td></td></tr>
<tr><td rowspan="2">抗压强度（MPa）</td><td>单值</td><td></td><td></td><td></td></tr>
<tr><td>均值</td><td></td><td></td><td></td></tr>
<tr><td rowspan="6">绝干状态抗压强度</td><td colspan="2">试件号</td><td>1</td><td>2</td><td>3</td></tr>
<tr><td colspan="2">长度（mm）</td><td></td><td></td><td></td></tr>
<tr><td colspan="2">宽度（mm）</td><td></td><td></td><td></td></tr>
<tr><td colspan="2">破坏荷载（N）</td><td></td><td></td><td></td></tr>
<tr><td rowspan="2">抗压强度（MPa）</td><td>单值</td><td></td><td></td><td></td></tr>
<tr><td>均值</td><td></td><td></td><td></td></tr>
<tr><td colspan="3">软化系数</td><td colspan="3"></td></tr>
<tr><td rowspan="3">面密度</td><td>板长（mm）</td><td></td><td></td><td></td><td>均值</td><td></td></tr>
<tr><td>板宽（mm）</td><td></td><td></td><td></td><td>均值</td><td></td></tr>
<tr><td>板质量（kg）</td><td colspan="3"></td><td>面密度（kg/m²）</td><td></td></tr>
<tr><td rowspan="5">含水率</td><td colspan="3">试件号</td><td>1</td><td>2</td><td>3</td></tr>
<tr><td colspan="3">取样重量（kg）</td><td></td><td></td><td></td></tr>
<tr><td colspan="3">绝干重量（kg）</td><td></td><td></td><td></td></tr>
<tr><td colspan="2" rowspan="2">含水率（%）</td><td>单值</td><td></td><td></td><td></td></tr>
<tr><td>均值</td><td></td><td></td><td></td></tr>
<tr><td>主要仪器设备名称及编号</td><td colspan="3"></td><td>仪器设备运行情况</td><td colspan="2">□正常
□实验前（中、后）有故障。故障情况见运行记录。
故障设备：</td></tr>
<tr><td>备注</td><td colspan="7"></td></tr>
</table>

校核：　　　　　　　　检验：

建筑用轻质隔墙条板性能实验报告

报告编号：

<table>
<tr><td rowspan="5">样品信息</td><td>样品名称</td><td></td><td>样品等级</td><td></td></tr>
<tr><td>来样规格（mm）</td><td></td><td>产品类型</td><td></td></tr>
<tr><td>样品说明</td><td></td><td>取样基数</td><td></td></tr>
<tr><td>生产厂家</td><td></td><td>出厂批号</td><td></td></tr>
<tr><td>使用部位</td><td colspan="3"></td></tr>
<tr><td rowspan="4">实验信息</td><td>实验项目</td><td colspan="3"></td></tr>
<tr><td>实验依据</td><td colspan="3"></td></tr>
<tr><td>样品编号</td><td colspan="3"></td></tr>
<tr><td>收样日期</td><td></td><td>实验日期</td><td></td></tr>
<tr><td rowspan="12">实验结果及实验结论</td><td>实验项目</td><td>技术要求</td><td>实验结果</td><td>单项结论</td></tr>
<tr><td>抗压强度（MPa）</td><td></td><td></td><td></td></tr>
<tr><td>软化系数</td><td></td><td></td><td></td></tr>
<tr><td>面密度（kg/m²）</td><td></td><td></td><td></td></tr>
<tr><td>含水率（%）</td><td></td><td></td><td></td></tr>
<tr><td>干燥收缩（ mm/m ）</td><td></td><td></td><td></td></tr>
<tr><td>以下空白</td><td></td><td></td><td></td></tr>
<tr><td></td><td></td><td></td><td></td></tr>
<tr><td></td><td></td><td></td><td></td></tr>
<tr><td></td><td></td><td></td><td></td></tr>
<tr><td>实验结论</td><td colspan="3">（实验专用章）
签发日期：</td></tr>
<tr><td>备注</td><td colspan="3"></td></tr>
<tr><td>单位声明</td><td colspan="2">1. 本报告或本报告复印件无“实验专用章”无效；
2. 对本报告若持有异议，请向本单位申诉；
3. 未经同意，本报告不得作商业广告用。</td><td>单位信息</td><td>地址：
查询及联系电话：
申诉电话：
申诉电子邮箱：</td></tr>
</table>

批准： 审核： 检验：

泡沫混凝土性能实验原始记录

<table>
<tr><td rowspan="4">样品信息</td><td>样品编号</td><td colspan="7"></td></tr>
<tr><td>样品名称</td><td colspan="7"></td></tr>
<tr><td>分类</td><td colspan="7"></td></tr>
<tr><td>样品说明</td><td colspan="7"></td></tr>
<tr><td rowspan="26">检测信息</td><td>实验时间</td><td colspan="7">年　月　日</td></tr>
<tr><td>实验依据</td><td colspan="7"></td></tr>
<tr><td>实验项目</td><td colspan="7">实验数据</td></tr>
<tr><td rowspan="5">干密度</td><td rowspan="2">试件编号</td><td colspan="3">尺寸（mm）</td><td rowspan="2">质量（g）</td><td colspan="2">干密度（kg/m³）</td></tr>
<tr><td>边长1</td><td>边长2</td><td>个值</td><td>单值</td><td>结果</td></tr>
<tr><td>1</td><td></td><td></td><td></td><td></td><td></td><td rowspan="3"></td></tr>
<tr><td>2</td><td></td><td></td><td></td><td></td><td></td></tr>
<tr><td>3</td><td></td><td></td><td></td><td></td><td></td></tr>
<tr><td rowspan="5">抗压强度</td><td rowspan="2">试件编号</td><td colspan="2">尺寸测量（mm）</td><td rowspan="2" colspan="2">破坏荷载（N）</td><td colspan="2">抗压强度（kPa）</td></tr>
<tr><td>边长1</td><td>边长2</td><td>单值</td><td>结果</td></tr>
<tr><td>1</td><td></td><td></td><td colspan="2"></td><td></td><td rowspan="3"></td></tr>
<tr><td>2</td><td></td><td></td><td colspan="2"></td><td></td></tr>
<tr><td>3</td><td></td><td></td><td colspan="2"></td><td></td></tr>
<tr><td rowspan="12">吸水率</td><td colspan="2">样品编号</td><td colspan="2">1</td><td colspan="2">2</td><td>3</td></tr>
<tr><td colspan="2">网笼水中质量（g）</td><td colspan="2"></td><td colspan="2"></td><td></td></tr>
<tr><td rowspan="4">试样浸泡前</td><td>边长1（mm）</td><td colspan="2"></td><td colspan="2"></td><td></td></tr>
<tr><td>边长2（mm）</td><td colspan="2"></td><td colspan="2"></td><td></td></tr>
<tr><td>厚（mm）</td><td colspan="2"></td><td colspan="2"></td><td></td></tr>
<tr><td>质量（g）</td><td colspan="2"></td><td colspan="2"></td><td></td></tr>
<tr><td rowspan="3">试样浸泡后</td><td>边长1（mm）</td><td colspan="2"></td><td colspan="2"></td><td></td></tr>
<tr><td>边长2（mm）</td><td colspan="2"></td><td colspan="2"></td><td></td></tr>
<tr><td>厚（mm）</td><td colspan="2"></td><td colspan="2"></td><td></td></tr>
<tr><td colspan="2">水中网笼与试样的质量（g）</td><td colspan="2"></td><td colspan="2"></td><td></td></tr>
<tr><td rowspan="2">吸水率（%）</td><td>单值</td><td colspan="2"></td><td colspan="2"></td><td></td></tr>
<tr><td>均值</td><td colspan="2"></td><td colspan="2"></td><td></td></tr>
<tr><td>主要仪器设备名称及编号</td><td colspan="3"></td><td>主要仪器设备运行状况</td><td colspan="3">□正常
□实验前（中、后）有故障。故障情况见运行记录，故障设备编号：</td></tr>
<tr><td>备注</td><td colspan="8"></td></tr>
</table>

校核：　　　　　　　　　　检验：

泡沫混凝土性能实验报告

报告编号：

样品信息	样品名称		样品等级	
	来样规格（mm）		产品类型	
	样品说明		取样基数	
	生产厂家		出厂批号	
	使用部位			
实验信息	实验项目			
	实验依据			
	样品编号			
	收样日期		实验日期	
实验结果及实验结论	实验项目	技术要求	实验结果	单项结论
	干密度（kg/m³）			
	抗压强度（MPa）			
	吸水率（%）			
	以下空白			
	实验结论	（实验专用章） 签发日期：		
	备注			
单位声明	1. 本报告或本报告复印件无“实验专用章”无效； 2. 对本报告若持有异议，请向本单位申诉； 3. 未经同意，本报告不得作商业广告用。	单位信息	地址： 查询及联系电话： 申诉电话： 申诉电子邮箱：	

批准：　　　　　　　　审核：　　　　　　　　检验：

13.7 装饰材料性能实验

陶瓷砖性能实验原始记录

样品编号											
样品名称											
公称尺寸											
样品说明											
实验日期											
实验依据											
吸水率	样品编号										
	干燥质量(g)										
	水饱和质量(g)										
	吸水率(%)										
	平均值										
	单值	结果				不合格数					

尺寸偏差												
样品编号	长(mm)			宽(mm)			厚度(mm)					合格判定
	长度 1	长度 2	均值	宽度 1	宽度 2	均值	值 1	值 2	值 3	值 4	均值	
1												
2												
3												
4												
5												
6												
7												
8												
9												
10												

长度均值(mm)		宽度均值(mm)	
每块砖平均长度相对于工作尺寸长度的偏差(%)	长		
	宽		
每块砖平均尺寸相对于 10 块试样的平均尺寸的偏差(%)	长		
	宽		
每块砖平均厚度相对于工作尺寸厚度的偏差(%)			
不合格数		单项评定	

破坏强度和断裂模数											
样品编号											
支撑棒间跨距(mm)											
试样宽度(mm)											
最小厚度(mm)											
破坏荷载(N)											
破坏强度(N)	测值										
	均值				单项评定						
断裂模数(MPa)	测值										
	均值										
	单值	结果		不合格数		单项评定					

主要仪器设备名称及编号		仪器设备运行情况	□正常 □实验前(中、后)有故障。故障情况见运行记录。故障设备:

校核：　　　　　　　　　　　　检验：

陶瓷砖性能实验报告

报告编号：

<table>
<tr><td rowspan="5">样品信息</td><td>样品名称</td><td></td><td>样品等级</td><td></td></tr>
<tr><td>来样规格（mm）</td><td></td><td>产品类型</td><td></td></tr>
<tr><td>样品说明</td><td></td><td>取样基数</td><td></td></tr>
<tr><td>生产厂家</td><td></td><td>出厂批号</td><td></td></tr>
<tr><td>使用部位</td><td colspan="3"></td></tr>
<tr><td rowspan="4">实验信息</td><td>实验项目</td><td colspan="3"></td></tr>
<tr><td>实验依据</td><td colspan="3"></td></tr>
<tr><td>样品编号</td><td colspan="3"></td></tr>
<tr><td>收样日期</td><td></td><td>实验日期</td><td></td></tr>
<tr><td rowspan="13">实验结果及实验结论</td><td>实验项目</td><td>技术要求</td><td>实验结果</td><td>单项结论</td></tr>
<tr><td>尺寸偏差</td><td></td><td></td><td></td></tr>
<tr><td>吸水率（%）</td><td></td><td></td><td></td></tr>
<tr><td>破坏强度（N）</td><td></td><td></td><td></td></tr>
<tr><td>断裂模数（N/mm²）</td><td></td><td></td><td></td></tr>
<tr><td>以下空白</td><td></td><td></td><td></td></tr>
<tr><td></td><td></td><td></td><td></td></tr>
<tr><td></td><td></td><td></td><td></td></tr>
<tr><td></td><td></td><td></td><td></td></tr>
<tr><td></td><td></td><td></td><td></td></tr>
<tr><td></td><td></td><td></td><td></td></tr>
<tr><td>实验结论</td><td colspan="3">（实验专用章）
签发日期：</td></tr>
<tr><td>备　注</td><td colspan="3"></td></tr>
<tr><td>单位声明</td><td colspan="2">1. 本报告或本报告复印件无“实验专用章”无效；
2. 对本报告若持有异议，请向本单位申诉；
3. 未经同意，本报告不得作商业广告用。</td><td>单位信息</td><td>地址：
查询及联系电话：
申诉电话：
申诉电子邮箱：</td></tr>
</table>

批准：　　　　审核：　　　　检验：

天然饰面石材性能实验原始记录

样品名称		样品编号	
样品说明		室温（℃）	
实验依据		实验时间	

试件编号	干燥压缩强度							水饱和压缩强度						
	试件尺寸（mm）		试件面积（mm^2）		荷载（kN）	强度（MPa）		试件尺寸（mm）		试件面积（mm^2）		荷载（N）	强度（MPa）	
	长度	宽度	单个值	平均值		单个值	平均值	长度	宽度	单个值	平均值		单个值	平均值
1														
2														
3														
4														
5														

试件编号	干燥弯曲强度					水饱和弯曲强度				
	试件尺寸（mm）		荷载（kN）	强度（MPa）		试件尺寸（mm）		荷载（N）	强度（MPa）	
	宽度	厚度		单个值	平均值	宽度	厚度		单个值	平均值
1										
2										
3										
4										
5										

试件编号	体积密度、吸水率									
	试件尺寸（mm）			干燥试样在空气中质量 m_0（g）	水饱和试样在空气中质量 m_1（g）	水饱和试样在水中质量 m_2（g）	体积密度（g/cm^3）		吸水率（%）	
	长度	宽度	厚度				单个值	平均值	单个值	平均值
1										
2										
3										
4										
5										

备注		主要仪器设备		仪器设备运行状况	1. 正常（）； 2. 运行前（中、后）有故障（）

校核：　　　　　　　　　　　　　　　　检验：

天然饰面石材性能实验报告

报告编号：

<table>
<tr><td rowspan="5">样品信息</td><td>样品名称</td><td></td><td>样品等级</td><td></td></tr>
<tr><td>来样规格（mm）</td><td></td><td>产品类型</td><td></td></tr>
<tr><td>样品说明</td><td></td><td>取样基数</td><td></td></tr>
<tr><td>生产厂家</td><td></td><td>出厂批号</td><td></td></tr>
<tr><td>使用部位</td><td colspan="3"></td></tr>
<tr><td rowspan="4">实验信息</td><td>实验项目</td><td colspan="3"></td></tr>
<tr><td>实验依据</td><td colspan="3"></td></tr>
<tr><td>样品编号</td><td colspan="3"></td></tr>
<tr><td>收样日期</td><td></td><td>实验日期</td><td></td></tr>
<tr><td rowspan="12">实验结果及实验结论</td><td>实验项目</td><td>技术要求</td><td>实验结果</td><td>单项结论</td></tr>
<tr><td>吸水率
（%）</td><td></td><td></td><td></td></tr>
<tr><td>体积密度
（g/cm^3）</td><td></td><td></td><td></td></tr>
<tr><td>干燥弯曲强度
（MPa）</td><td></td><td></td><td></td></tr>
<tr><td>水饱和弯曲强度
（MPa）</td><td></td><td></td><td></td></tr>
<tr><td>干燥压缩强度
（MPa）</td><td></td><td></td><td></td></tr>
<tr><td>水饱和压缩强度
（MPa）</td><td></td><td></td><td></td></tr>
<tr><td>以下空白</td><td></td><td></td><td></td></tr>
<tr><td></td><td></td><td></td><td></td></tr>
<tr><td></td><td></td><td></td><td></td></tr>
<tr><td>实验结论</td><td colspan="3">（实验专用章）
签发日期：</td></tr>
<tr><td>备　　注</td><td colspan="3"></td></tr>
<tr><td>单位声明</td><td colspan="2">1. 本报告或本报告复印件无“实验专用章”无效；
2. 对本报告若持有异议，请向本单位申诉；
3. 未经同意，本报告不得作商业广告用。</td><td>单位信息</td><td>地址：
查询及联系电话：
申诉电话：
申诉电子邮箱：</td></tr>
</table>

批准：　　　　　　　　审核：　　　　　　　　检验：

13.8 建筑节能材料性能实验

绝热用挤塑聚苯乙烯泡沫塑料性能实验原始记录

样品信息			
样品信息	样品编号		
	样品名称		
	分类	密度分类	
		压缩强度及表皮分类	
	样品说明		

实验信息		
实验信息	实验时间	年 月 日
	实验依据	
	实验项目	实验数据

表观密度	试件编号	尺寸（mm）			质量（g）	表观密度（kg/m³）	
		边长 1	边长 2	个值		单值	结果
	1						
	2						
	3						

压缩强度	试件编号	尺寸测量（mm）		压缩应力（N）	压缩强度（kPa）	
		边长 1	边长 2		单值	结果
	1					
	2					
	3					
	4					
	5					

吸水率		样品编号	1	2	3
		网笼水中质量（g）			
	试样浸泡前	边长 1（mm）			
		边长 2（mm）			
		厚（mm）			
		质量（g）			
	试样浸泡后	边长 1（mm）			
		边长 2（mm）			
		厚（mm）			
		水中网笼与试样的质量（g）			
	吸水率（%）	单值			
		均值			

主要仪器设备名称及编号		主要仪器设备运行状况	□正常 □实验前（中、后）有故障。故障情况见运行记录，故障设备编号：
备注			

校核： 检验：

绝热用挤塑聚苯乙烯泡沫塑料性能实验报告

报告编号：

<table>
<tr><td rowspan="5">样品信息</td><td>样品名称</td><td></td><td>样品等级</td><td></td></tr>
<tr><td>来样规格（mm）</td><td></td><td>产品类型</td><td></td></tr>
<tr><td>样品说明</td><td></td><td>取样基数</td><td></td></tr>
<tr><td>生产厂家</td><td></td><td>出厂批号</td><td></td></tr>
<tr><td>使用部位</td><td colspan="3"></td></tr>
<tr><td rowspan="4">实验信息</td><td>实验项目</td><td colspan="3"></td></tr>
<tr><td>实验依据</td><td colspan="3"></td></tr>
<tr><td>样品编号</td><td colspan="3"></td></tr>
<tr><td>收样日期</td><td></td><td>实验日期</td><td></td></tr>
<tr><td rowspan="12">实验结果及实验结论</td><td>实验项目</td><td>技术要求</td><td>实验结果</td><td>单项结论</td></tr>
<tr><td>表观密度（kg/m³）</td><td></td><td></td><td></td></tr>
<tr><td>压缩强度（MPa）</td><td></td><td></td><td></td></tr>
<tr><td>吸水率（%）</td><td></td><td></td><td></td></tr>
<tr><td>以下空白</td><td></td><td></td><td></td></tr>
<tr><td></td><td></td><td></td><td></td></tr>
<tr><td></td><td></td><td></td><td></td></tr>
<tr><td></td><td></td><td></td><td></td></tr>
<tr><td></td><td></td><td></td><td></td></tr>
<tr><td></td><td></td><td></td><td></td></tr>
<tr><td>实验结论</td><td colspan="3">（实验专用章）
签发日期：</td></tr>
<tr><td>备　　注</td><td colspan="3"></td></tr>
<tr><td>单位声明</td><td colspan="2">1. 本报告或本报告复印件无“实验专用章”无效；
2. 对本报告若持有异议，请向本单位申诉；
3. 未经同意，本报告不得作商业广告用。</td><td>单位信息</td><td>地址：
查询及联系电话：
申诉电话：
申诉电子邮箱：</td></tr>
</table>

批准：　　　　审核：　　　　检验：

蒸压加气混凝土砌块性能实验原始记录

样品编号		样品名称		室温	
实验依据		样品状态		实验日期	

组号	干密度							抗压强度									
	试件尺寸（mm）			试件干质量（g）	干体积密度（kg/m³）			试件湿质量（g）	试件干质量（g）	试件含水率（g）	试件受压面尺寸（mm）		破坏荷载（kN）	抗压强度（MPa）			
	长	宽	高		单块值	平均值	组平均值				长	宽		单块值	平均值	组平均值	组最小值
1																	
2																	
3																	

抗折强度	试件尺寸（mm）	试验荷载（kN）	抗折强度（MPa）	短半截试样重量（g）	烘干后试验质量（g）	含水率（%）

主要仪器设备名称及编号		主要仪器设备运行状况	□正常 □实验前（中、后）有故障。故障情况见运行记录，故障设备编号：
备注			

校核：　　　　　　　　检验：

蒸压加气混凝土砌块性能实验报告

报告编号：

<table>
<tr><td rowspan="5">样品信息</td><td colspan="2">样品名称</td><td></td><td>样品等级</td><td></td></tr>
<tr><td colspan="2">来样规格（mm）</td><td></td><td>产品类型</td><td></td></tr>
<tr><td colspan="2">样品说明</td><td></td><td>取样基数</td><td></td></tr>
<tr><td colspan="2">生产厂家</td><td></td><td>出厂批号</td><td></td></tr>
<tr><td colspan="2">使用部位</td><td colspan="3"></td></tr>
<tr><td rowspan="4">实验信息</td><td colspan="2">实验项目</td><td colspan="3"></td></tr>
<tr><td colspan="2">实验依据</td><td colspan="3"></td></tr>
<tr><td colspan="2">样品编号</td><td colspan="3"></td></tr>
<tr><td colspan="2">收样日期</td><td></td><td>实验日期</td><td></td></tr>
<tr><td rowspan="13">实验结果及实验结论</td><td colspan="2">实验项目</td><td>技术要求</td><td>实验结果</td><td>单项结论</td></tr>
<tr><td rowspan="2">抗压强度（MPa）</td><td>平均值</td><td></td><td></td><td></td></tr>
<tr><td>单组最小值</td><td></td><td></td><td></td></tr>
<tr><td colspan="2">吸水率（%）</td><td></td><td></td><td></td></tr>
<tr><td colspan="2">干密度（kg/m³）</td><td></td><td></td><td></td></tr>
<tr><td colspan="2">含水率（%）</td><td></td><td></td><td></td></tr>
<tr><td colspan="2">抗折强度（MPa）</td><td></td><td></td><td></td></tr>
<tr><td colspan="2">以下空白</td><td></td><td></td><td></td></tr>
<tr><td colspan="2"></td><td></td><td></td><td></td></tr>
<tr><td colspan="2"></td><td></td><td></td><td></td></tr>
<tr><td colspan="2">实验结论</td><td colspan="3">（实验专用章）
签发日期：</td></tr>
<tr><td colspan="2">备　　注</td><td colspan="3"></td></tr>
</table>

<table>
<tr><td>单位声明</td><td>1. 本报告或本报告复印件无“实验专用章”无效；
2. 对本报告若持有异议，请向本单位申诉；
3. 未经同意，本报告不得作商业广告用。</td><td>单位信息</td><td>地址：
查询及联系电话：
申诉电话：
申诉电子邮箱：</td></tr>
</table>

批准：　　　　　　　　　审核：　　　　　　　　　检验：

13.9 建筑制品和土性能实验

预应力空心板结构性能实验均布加载程序表

实验日期： 实验依据： 第1页 共2页

型号	标准荷载（kN）	短期允许挠度值（mm）		抗裂设计安全系数（Kf）		构件自重（kg）
	长（mm）	宽（mm）	高（mm）	保护层厚度（mm）	主筋规格数量	混凝土强度（MPa）
设计						
实测						
加载等级	加荷时间	加载系数	每级加载	累计加载（kg）	检验内容	
0						
1						
2						
3						
4						
5						
6						
7						
8						
9						
10						
11						
12						
13						
14						
15						
16						
17						
18						

校核： 检验：

预应力空心板结构性能实验均布加载记录表

实验日期：　　　　　　　　　　　　实验依据：　　　　　　　　　　　　第 2 页　共 2 页

加载等级	测点位移（0.01mm）								实测挠度（mm）	最大裂缝宽度（mm）	备注
	V1		V2		V3		V4				
	读数	差值	读数	差值	读数	差值	读数	差值			
0											
1											
2											
3											
4											
5											
6											
7											
8											
9											
10											
11											
12											
13											
14											
15											
16											

主要仪器设备名称及编号		主要仪器设备运行状况	□正常 □实验前（中、后）有故障。故障情况见运行记录，故障设备编号：
备注			

校核：　　　　　　　　　　　　　　　　检验：

预应力混凝土空心板结构性能实验报告

报告编号：

委托信息				
委托信息	样品名称		规格编号	
	代表数量		图集名称及编号	
	生产单位		标准荷载	
	生产日期		批　　号	
	使用部位			

实验信息				
实验信息	实验项目			
	实验依据			
	样品编号			
	收样日期		实验日期	

实验结果及实验结论	正常使用短期荷载检验值（kN）	承载力检验荷载设计值（kN）	构件主要材料技术指标及外观尺寸检查						
			项目	混凝土强度等级	主筋数量及规格	长（mm）	宽（mm）	高（mm）	主筋保护层（mm）
			设计						
			实测						

实验加荷简图		
实验加荷简图		百分表

实验内容	承载力	挠　度	抗　裂
实验内容	检验标志： 检验系数： 修正系数： 在承载力检验荷载值（含自重） ____ kN 作用下 γ_u^0=____>η[γu]=____	在短期检验荷载值（含自重） 作用下的挠度为： α_s^0=____ 4mm<[α_s]=____ mm	

实验结论	
实验结论	（实验专用章） 签发日期：
备　　注	

单位声明	1. 本报告或本报告复印件无“实验专用章”无效； 2. 对本报告若持有异议，请向本单位申诉； 3. 未经同意，本报告不得作商业广告用。	单位信息	地址： 查询及联系电话： 申诉电话： 申诉电子邮箱：

批准：　　　　　　审核：　　　　　　检验：

土工性能实验原始记录

<table>
<tr><td colspan="2">样品编号</td><td></td><td>实验室温湿度</td><td colspan="2"></td></tr>
<tr><td colspan="2">样品名称</td><td></td><td>样品类型</td><td colspan="2"></td></tr>
<tr><td colspan="2">实验日期</td><td></td><td>实验依据</td><td colspan="2"></td></tr>
<tr><td colspan="6">密度（环刀法）</td></tr>
<tr><td colspan="2">环刀编号</td><td colspan="2"></td><td colspan="2"></td></tr>
<tr><td colspan="2">土＋环刀质量（g）</td><td colspan="2"></td><td colspan="2"></td></tr>
<tr><td colspan="2">环刀质量（g）</td><td colspan="2"></td><td colspan="2"></td></tr>
<tr><td colspan="2">土质量（g）</td><td colspan="2"></td><td colspan="2"></td></tr>
<tr><td colspan="2">环刀容积（cm^3）</td><td colspan="2"></td><td colspan="2"></td></tr>
<tr><td colspan="2">湿密度（g/cm^3）</td><td colspan="2"></td><td colspan="2"></td></tr>
<tr><td rowspan="8">含水率</td><td>盒　号</td><td></td><td></td><td></td><td></td></tr>
<tr><td>盒＋湿土质量（g）</td><td></td><td></td><td></td><td></td></tr>
<tr><td>盒＋干土质量（g）</td><td></td><td></td><td></td><td></td></tr>
<tr><td>水质量（g）</td><td></td><td></td><td></td><td></td></tr>
<tr><td>盒质量（g）</td><td></td><td></td><td></td><td></td></tr>
<tr><td>干土质量（g）</td><td></td><td></td><td></td><td></td></tr>
<tr><td>含水率（%）</td><td></td><td></td><td></td><td></td></tr>
<tr><td>含水率平均值（%）</td><td></td><td></td><td></td><td></td></tr>
<tr><td colspan="2">干密度（g/cm^3）</td><td colspan="4"></td></tr>
<tr><td colspan="2">干密度平均值（g/cm^3）</td><td colspan="4"></td></tr>
<tr><td colspan="2">主要仪器设备
名称及编号</td><td></td><td>仪器设备
运行状况</td><td colspan="2">□正常
□实验前（中、后）有故障。故障情况见运行记录，故障设备：</td></tr>
<tr><td colspan="2">备注</td><td colspan="4"></td></tr>
</table>

校核：　　　　　　　　　　　　检验：

土工性能实验原始记录

第2页　共3页

<table>
<tr><td colspan="2">样品编号</td><td colspan="7"></td></tr>
<tr><td colspan="2">样品名称</td><td colspan="4"></td><td colspan="2">样品类型</td><td></td></tr>
<tr><td colspan="2">实验日期</td><td colspan="7"></td></tr>
<tr><td colspan="2">实验依据</td><td colspan="7"></td></tr>
<tr><td colspan="2">室温（℃）</td><td colspan="2"></td><td colspan="2">相对湿度（%）</td><td colspan="3"></td></tr>
<tr><td colspan="9">界限含水率（液塑限联合测定仪法）</td></tr>
<tr><td colspan="2">试验次数</td><td colspan="2">1</td><td colspan="2">2</td><td colspan="2">3</td><td rowspan="10">锥入深度与含水率（$h-w$）关系图</td></tr>
<tr><td rowspan="3">入土深度</td><td>h_1（mm）</td><td colspan="2"></td><td colspan="2"></td><td colspan="2"></td></tr>
<tr><td>h_2（mm）</td><td colspan="2"></td><td colspan="2"></td><td colspan="2"></td></tr>
<tr><td>$1/2\ (h_1+h_2)$（mm）</td><td colspan="2"></td><td colspan="2"></td><td colspan="2"></td></tr>
<tr><td rowspan="8">含水率</td><td>盒号#</td><td></td><td></td><td></td><td></td><td></td><td></td></tr>
<tr><td>盒质量（g）</td><td></td><td></td><td></td><td></td><td></td><td></td></tr>
<tr><td>盒+湿土质量（g）</td><td></td><td></td><td></td><td></td><td></td><td></td></tr>
<tr><td>盒+干土质量（g）</td><td></td><td></td><td></td><td></td><td></td><td></td></tr>
<tr><td>水质量（g）</td><td></td><td></td><td></td><td></td><td></td><td></td></tr>
<tr><td>干土质量（g）</td><td></td><td></td><td></td><td></td><td></td><td></td><td>液限（%）=</td></tr>
<tr><td>含水率（%）</td><td></td><td></td><td></td><td></td><td></td><td></td><td>塑限（%）=</td></tr>
<tr><td>平均含水率（%）</td><td></td><td></td><td></td><td></td><td></td><td></td><td>塑性指数 =</td></tr>
<tr><td colspan="2">主要仪器设备名称及编号</td><td colspan="4"></td><td colspan="2">仪器设备运行状况</td><td>□正常
□实验前（中、后）有故障。故障情况见运行记录，故障设备：</td></tr>
<tr><td colspan="2">备注</td><td colspan="7"></td></tr>
</table>

校核：　　　　　　　　检验：

土工性能实验原始记录

<table>
<tr><td colspan="2">样品编号</td><td colspan="12"></td></tr>
<tr><td colspan="2">样品名称</td><td colspan="5"></td><td colspan="2">样品类型</td><td colspan="5"></td></tr>
<tr><td colspan="2">实验日期</td><td colspan="12"></td></tr>
<tr><td colspan="2">实验依据</td><td colspan="12"></td></tr>
<tr><td colspan="2">室温（℃）</td><td colspan="3"></td><td colspan="3">相对湿度（%）</td><td colspan="6"></td></tr>
<tr><td colspan="14">最大干密度和最佳含水率</td></tr>
<tr><td colspan="2">击锤质量（kg）</td><td colspan="4"></td><td colspan="3">落距（cm）</td><td colspan="5"></td></tr>
<tr><td colspan="2">落距（cm）</td><td colspan="4"></td><td colspan="3">大于 40mm 颗粒含量</td><td colspan="5"></td></tr>
<tr><td colspan="2">试验次数</td><td colspan="2">1</td><td colspan="2">2</td><td colspan="2">3</td><td colspan="2">4</td><td colspan="2">5</td><td colspan="2">6</td></tr>
<tr><td rowspan="6">干密度</td><td>筒容积（cm³）</td><td colspan="2"></td><td colspan="2"></td><td colspan="2"></td><td colspan="2"></td><td colspan="2"></td><td colspan="2"></td></tr>
<tr><td>筒质量（g）</td><td colspan="2"></td><td colspan="2"></td><td colspan="2"></td><td colspan="2"></td><td colspan="2"></td><td colspan="2"></td></tr>
<tr><td>筒＋湿土质量（g）</td><td colspan="2"></td><td colspan="2"></td><td colspan="2"></td><td colspan="2"></td><td colspan="2"></td><td colspan="2"></td></tr>
<tr><td>湿土质量（g）</td><td colspan="2"></td><td colspan="2"></td><td colspan="2"></td><td colspan="2"></td><td colspan="2"></td><td colspan="2"></td></tr>
<tr><td>湿密度（g/cm³）</td><td colspan="2"></td><td colspan="2"></td><td colspan="2"></td><td colspan="2"></td><td colspan="2"></td><td colspan="2"></td></tr>
<tr><td>干密度（g/cm³）</td><td colspan="2"></td><td colspan="2"></td><td colspan="2"></td><td colspan="2"></td><td colspan="2"></td><td colspan="2"></td></tr>
<tr><td rowspan="8">含水率</td><td>盒号</td><td></td><td></td><td></td><td></td><td></td><td></td><td></td><td></td><td></td><td></td><td></td><td></td></tr>
<tr><td>盒质量（g）</td><td></td><td></td><td></td><td></td><td></td><td></td><td></td><td></td><td></td><td></td><td></td><td></td></tr>
<tr><td>盒＋湿土质量（g）</td><td></td><td></td><td></td><td></td><td></td><td></td><td></td><td></td><td></td><td></td><td></td><td></td></tr>
<tr><td>盒＋干土质量（g）</td><td></td><td></td><td></td><td></td><td></td><td></td><td></td><td></td><td></td><td></td><td></td><td></td></tr>
<tr><td>水质量（g）</td><td></td><td></td><td></td><td></td><td></td><td></td><td></td><td></td><td></td><td></td><td></td><td></td></tr>
<tr><td>干土质量（g）</td><td></td><td></td><td></td><td></td><td></td><td></td><td></td><td></td><td></td><td></td><td></td><td></td></tr>
<tr><td>含水率（%）</td><td></td><td></td><td></td><td></td><td></td><td></td><td></td><td></td><td></td><td></td><td></td><td></td></tr>
<tr><td>平均含水率（%）</td><td colspan="2"></td><td colspan="2"></td><td colspan="2"></td><td colspan="2"></td><td colspan="2"></td><td colspan="2"></td></tr>
<tr><td rowspan="2">击实曲线</td><td>最大干密度（g/cm³）</td><td colspan="4"></td><td colspan="4">最佳含水率（%）</td><td colspan="4"></td></tr>
<tr><td colspan="13"></td></tr>
<tr><td colspan="2">主要仪器设备
名称及编号</td><td colspan="5"></td><td colspan="2">仪器设备
运行状况</td><td colspan="5">□正常
□实验前（中、后）有故障。故障情况见运行记录，故障设备：</td></tr>
<tr><td colspan="2">备　注</td><td colspan="12"></td></tr>
</table>

校核：　　　　　　　　　　　　　　检验：

土工性能实验报告

报告编号：

样品信息	样品名称		土样类型	
	土样规格		土样源地	
	样品说明		取样基数	
	使用部位			
实验信息	实验项目			
	实验依据			
	样品编号			
	收样日期		实验日期	
实验结果及实验结论	实验项目	技术要求	实验结果	单项结论
	密度（g/cm^3）			
	液限 W_L（%）			
	塑限 W_p（%）			
	塑性指数			
	最大干密度（g/cm^3）			
	最佳含水率（%）			
	以下空白			
	实验结论	（实验专用章） 签发日期：		
	备　注			
单位声明	1. 本报告或本报告复印件无“实验专用章”无效； 2. 对本报告若持有异议，请向本单位申诉； 3. 未经同意，本报告不得作商业广告用。	单位信息	地址： 查询及联系电话： 申诉电话： 申诉电子邮箱：	

批准：　　　　审核：　　　　检验：

参 考 文 献

［1］ 田国民，李铮，杨瑾峰等. 工程建设标准编制指南［M］. 北京：中国建筑工业出版社，2009.

［2］ 刘卓慧，刘安平，肖良，齐晓等. 实验室资质认定工作指南［M］. 北京：中国计量出版社，2007.

［3］ 冯文元，张友民，冯志华. 新编建筑材料检验手册［M］. 北京：中国建材工业出版社，2013.

［4］ 袁建国. 抽样检验原理与应用［M］. 北京：中国计量出版社，2002.

［5］ 中华人民共和国国家质量监督检验检疫总局. 通用硅酸盐水泥（GB 175—2007）［S］. 北京：中国建筑工业出版社，2007.

［6］ 中华人民共和国国家质量监督检验检疫总局. 水泥化学分析方法（GB/T 176—2008）［S］. 北京：中国建筑工业出版社，2008.

［7］ 中华人民共和国国家质量监督检验检疫总局. 金属拉伸试验方法（GB/T 228.1—2010）［S］. 北京：中国建筑工业出版社，2010.

［8］ 中华人民共和国国家质量监督检验检疫总局. 金属材料夏比摆锤冲击试验方法（GB/T 229—2007）［S］. 北京：中国建筑工业出版社，2007.

［9］ 中华人民共和国国家质量监督检验检疫总局. 金属材料弯曲试验方法（GB/T 232—2010）［S］. 北京：中国建筑工业出版社，2010.

［10］ 中华人民共和国国家质量监督检验检疫总局. 建筑防水卷材试验方法　第5部分：高分子防水卷材厚度、单位面积质量（GB/T 328.5—2007）［S］. 北京：中国建筑工业出版社，2007.

［11］ 中华人民共和国国家质量监督检验检疫总局. 建筑防水卷材试验方法　第8部分：沥青防水卷材拉伸性能（GB/T 328.8—2007）［S］. 北京：中国建筑工业出版社，2007.

［12］ 中华人民共和国国家质量监督检验检疫总局. 建筑防水卷材试验方法　第9部分：高分子防水卷材拉伸性能（GB/T 328.9—2007）［S］. 北京：中国建筑工业出版社，2007.

［13］ 中华人民共和国国家质量监督检验检疫总局. 建筑防水卷材试验方法　第18部分：沥青防水卷材撕裂性能（钉杆法）（GB/T 328.18—2007）［S］. 北京：中国建筑工业出版社，2007.

［14］ 中华人民共和国国家质量监督检验检疫总局. 建筑防水卷材试验方法　第19部分：高分子防水卷材撕裂性能（GB/T 328.19—2007）［S］. 北京：中国建筑工业出版社，2007.

［15］ 中华人民共和国国家质量监督检验检疫总局. 硫化橡胶或热塑性橡胶拉伸应力应变性能的测定（GB/T 528—2009）［S］. 北京：中国建筑工业出版社，2009.

［16］ 中华人民共和国国家质量监督检验检疫总局. 硫化橡胶或热塑性橡胶撕裂强度的测定（裤型、直角型和新月形试样）（GB/T 529—2008）［S］. 北京：中国建筑工业出版社，2008.

［17］ 中华人民共和国国家质量监督检验检疫总局. 热轧型钢（GB/T 706—2008）［S］. 北京：中国建筑工业出版社，2008.

［18］ 中华人民共和国国家质量监督检验检疫总局. 水泥标准稠度用水量、凝结时间、安定性检验方法（GB/T 1346—2011）［S］. 中国标准出版社，2011.

［19］ 中华人民共和国国家质量监督检验检疫总局. 钢筋混凝土用热轧带肋钢筋（GB 1499.2—2007）［S］. 北京：中国建筑工业出版社，2007.

［20］ 中华人民共和国国家质量监督检验检疫总局. 用于水泥和混凝土中的粉煤灰（GB/T 1596—2005）［S］. 北京：中国建筑工业出版社，2005.

［21］ 中华人民共和国国家质量监督检验检疫总局. 弹性体改性沥青防水卷材（GB 18242—2008）［S］. 北京：中国建筑工业出版社，2008.

[22] 中华人民共和国国家质量监督检验检疫总局．塑性体改性沥青防水卷材（GB 18243—2008）[S]．北京：中国建筑工业出版社，2008.

[23] 中华人民共和国国家质量监督检验检疫总局．水泥胶砂流动度检验方法（GB/T 2419—2005）[S]．北京：中国建筑工业出版社，2005.

[24] 中华人民共和国国家质量监督检验检疫总局．砌墙砖试验方法（GB/T 2542—2012）[S]．北京：中国建筑工业出版社，2012.

[25] 中华人民共和国国家质量监督检验检疫总局．试验机通用技术要求（GB/T 2611—2007）[S]．北京：中国建筑工业出版社，2007.

[26] 国家质量技术监督局．塑料试样状态调节和试验的标准环境（GB/T 2918—1998）[S]．北京：中国建筑工业出版社，1998.

[27] 国家质量技术监督局．钢及其钢产品力学性能试验取样位置及试样制备（GB/T 2975—1998）[S]．北京：中国建筑工业出版社，1998.

[28] 中华人民共和国国家质量监督检验检疫总局．摆锤式冲击试验机的检验（GB/T 3808—2002）[S]．北京：中国建筑工业出版社，2002.

[29] 中华人民共和国国家质量监督检验检疫总局．陶瓷砖试验方法　第2部分：尺寸和表面质量的检验（GB/T 3810.2—2006）[S]．北京：中国建筑工业出版社，2006.

[30] 中华人民共和国国家质量监督检验检疫总局．陶瓷砖试验方法　第3部分：吸水率、显气孔率、表观相对密度和容重（GB/T 3810.3—2006）[S]．北京：中国建筑工业出版社，2006.

[31] 中华人民共和国国家质量监督检验检疫总局．陶瓷砖试验方法　第4部分：断裂模数和破坏强度的测定（GB/T 3810.4—2006）[S]．北京：中国建筑工业出版社，2006.

[32] 中华人民共和国国家质量监督检验检疫总局．陶瓷砖（GB 4100—2006）[S]．北京：中国建筑工业出版社，2006.

[33] 中华人民共和国国家质量监督检验检疫总局．预应力混凝土用钢绞线（GB/T 5224—2014）[S]．北京：中国建筑工业出版社，2014.

[34] 中华人民共和国国家质量监督检验检疫总局．流体输送用热塑性塑料管材耐内压试验方法（GB/T 6111—2003）[S]．北京：中国建筑工业出版社，2003.

[35] 国家技术监督局．泡沫塑料和橡胶　线性尺寸的测定（GB/T 6342—1996）[S]．北京：中国建筑工业出版社，1996.

[36] 中华人民共和国国家质量监督检验检疫总局．泡沫塑料及橡胶　表观密度的测定（GB/T 6343—2009）[S]．北京：中国建筑工业出版社，2009.

[37] 中华人民共和国国家质量监督检验检疫总局．热塑性熟料管材纵向回缩率的测定（GB/T 6671—2001）[S]．北京：中国建筑工业出版社，2001.

[38] 中华人民共和国国家质量监督检验检疫总局．混凝土外加剂（GB 8076—2008）[S]．北京：中国建筑工业出版社，2008.

[39] 中华人民共和国国家质量监督检验检疫总局．数值修约规则与极限数值的表示和判定（GB/T 8170—2008）[S]．北京：中国建筑工业出版社，2008.

[40] 中华人民共和国国家质量监督检验检疫总局．塑料管道系统　塑料部件尺寸的测定（GB/T 8806—2008）[S]．北京：中国建筑工业出版社，2008.

[41] 中华人民共和国国家质量监督检验检疫总局．硬质泡沫塑料吸水率的测定（GB/T 8810—2005）[S]．北京：中国建筑工业出版社，2005.

[42] 中华人民共和国国家质量监督检验检疫总局．硬质泡沫塑料尺寸稳定性能试验方法（GB/T 8811—2008）[S]．北京：中国建筑工业出版社，2008.

[43] 中华人民共和国国家质量监督检验检疫总局．硬质泡沫塑料压缩性能的测定（GB/T 8813—2008）

[S]. 北京：中国建筑工业出版社，2008.

[44] 中华人民共和国国家质量监督检验检疫总局. 天然饰面石材试验方法　第一部分：干燥、水饱和冻融循环后压缩强度试验方法（GB/T 9966.1—2001）[S]. 北京：中国建筑工业出版社，2001.

[45] 中华人民共和国国家质量监督检验检疫总局. 天然饰面石材试验方法　第二部分：干燥、水饱和弯曲强度试验方法（GB/T 9966.2—2001）[S]. 北京：中国建筑工业出版社，2001.

[46] 中华人民共和国国家质量监督检验检疫总局. 天然饰面石材试验方法　第三部分　体积密度、真密度、真气孔率、吸水率试验方法（GB/T 9966.3—2001）[S]. 北京：中国建筑工业出版社，2001.

[47] 中华人民共和国国家质量监督检验检疫总局. 绝热用挤塑聚苯乙烯泡沫塑料（XPS）（GB/T 10801.2—2002）[S]. 北京：中国建筑工业出版社，2002.

[48] 中华人民共和国国家质量监督检验检疫总局. 混凝土和钢筋混凝土排水管（GB/T 11836—2009）[S]. 北京：中国建筑工业出版社，2009.

[49] 中华人民共和国国家质量监督检验检疫总局. 蒸压加气混凝土砌块（GB 11968—2006）[S]. 北京：中国建筑工业出版社，2006.

[50] 中华人民共和国国家质量监督检验检疫总局. 蒸压加气混凝土试验方法（GB/T 11969—2008）[S]. 北京：中国建筑工业出版社，2008.

[51] 中华人民共和国国家质量监督检验检疫总局. 单轴试验用引伸计的标定（GB/T 12160—2002）[S]. 北京：中国建筑工业出版社，2002.

[52] 中华人民共和国国家质量监督检验检疫总局. 建筑密封材料试验方法　第1部分：试验基材的规定（GB/T 13477.1—2002）[S]. 北京：中国建筑工业出版社，2002.

[53] 中华人民共和国国家质量监督检验检疫总局. 建筑密封材料试验方法　第2部分：密度的测试（GB/T 13477.2—2002）[S]. 北京：中国建筑工业出版社，2002.

[54] 中华人民共和国国家质量监督检验检疫总局. 建筑密封材料试验方法　第5部分：表干时间的测定（GB/T 13477.5—2002）[S]. 北京：中国建筑工业出版社，2002.

[55] 中华人民共和国国家质量监督检验检疫总局. 建筑密封材料试验方法　第6部分：流动性的测定（GB/T 13477.6—2002）[S]. 北京：中国建筑工业出版社，2002.

[56] 中华人民共和国国家质量监督检验检疫总局. 建筑密封材料试验方法　第8部分：拉伸粘结性的测定（GB/T 13477.8—2002）[S]. 北京：中国建筑工业出版社，2002.

[57] 中华人民共和国国家质量监督检验检疫总局. 建筑密封材料试验方法　第10部分：定伸粘结性的测定（GB/T 13477.10—2002）[S]. 北京：中国建筑工业出版社，2002.

[58] 中华人民共和国国家质量监督检验检疫总局. 预应力混凝土空心板（GB/T 14040—2007）[S]. 北京：中国建筑工业出版社，2007.

[59] 中华人民共和国国家质量监督检验检疫总局. 热塑性熟料管材耐性外冲击性能试验方法　时针旋转法（GB/T 14152—2001）[S]. 北京：中国建筑工业出版社，2001.

[60] 中华人民共和国国家质量监督检验检疫总局. 硅酮建筑密封胶（GB/T 14683—2003）[S]. 北京：中国建筑工业出版社，2003.

[61] 中华人民共和国国家质量监督检验检疫总局. 建设用砂（GB/T 14684—2011）[S]. 北京：中国建筑工业出版社，2011.

[62] 中华人民共和国国家质量监督检验检疫总局. 建设用卵石、碎石（GB/T 14685—2011）[S]. 北京：中国建筑工业出版社，2011.

[63] 中华人民共和国国家质量监督检验检疫总局. 预拌混凝土（GB/T 14902—2012）[S]. 北京：中国建筑工业出版社，2012.

[64] 中华人民共和国国家质量监督检验检疫总局. 岩土工程仪器基本参数及通用技术条件（GB/T 15406—2007）[S]. 北京：中国建筑工业出版社，2007.

[65] 中华人民共和国国家质量监督检验检疫总局. 混凝土和钢筋混凝土排水管试验方法（GB/T 16752—2006）[S]. 北京：中国建筑工业出版社，2006.
[66] 中华人民共和国国家质量监督检验检疫总局. 建筑防水涂料试验方法（GB/T 16777—2008）[S]. 北京：中国建筑工业出版社，2008.
[67] 中华人民共和国国家质量监督检验检疫总局. 电液式万能试验机（GB/T 16826—2008）[S]. 北京：中国建筑工业出版社，2008.
[68] 国家质量技术监督局. 水泥胶砂强度检验方法（ISO法）（GB/T 17671—1999）[S]. 北京：中国建筑工业出版社，1999.
[69] 中华人民共和国国家质量监督检验检疫总局. 柔性泡沫橡塑绝热制品（GB/T 17794—2008）[S]. 北京：中国建筑工业出版社，2008.
[70] 中华人民共和国国家质量监督检验检疫总局. 用于水泥和混凝土中的粒化高炉矿渣粉（GB/T 18046—2008）[S]. 北京：中国建筑工业出版社，2008.
[71] 中华人民共和国国家质量监督检验检疫总局. 建筑防水材料老化试验方法（GB/T 18244—2000）[S]. 北京：中国建筑工业出版社，2000.
[72] 中华人民共和国国家质量监督检验检疫总局. 天然花岗石建筑板材（GB/T 18601—2009）[S]. 北京：中国建筑工业出版社，2009.
[73] 中华人民共和国国家质量监督检验检疫总局. 高强高性能混凝土用矿物外加剂（GB/T 18736—2002）[S]. 北京：中国建筑工业出版社，2002.
[74] 中华人民共和国国家质量监督检验检疫总局. 聚氨酯防水涂料（GB/T 19250—2013）[S]. 北京：中国建筑工业出版社，2013.
[75] 中华人民共和国国家质量监督检验检疫总局. 天然大理石建筑板材（GB/T 19766—2005）[S]. 北京：中国建筑工业出版社，2005.
[76] 中华人民共和国国家质量监督检验检疫总局. 建筑结构用钢板（GB/T 19879—2015）[S]. 北京：中国建筑工业出版社，2015.
[77] 中华人民共和国国家质量监督检验检疫总局. 预应力混凝土用钢材试验方法（GB/T 21839—2008）[S]. 北京：中国建筑工业出版社，2008.
[78] 中华人民共和国国家质量监督检验检疫总局. 混凝土膨胀剂（GB 23439—2009）[S]. 北京：中国建筑工业出版社，2009.
[79] 中华人民共和国国家质量监督检验检疫总局. 聚合物水泥防水涂料（GB 23445—2009）[S]. 北京：中国建筑工业出版社，2009.
[80] 中华人民共和国国家质量监督检验检疫总局. 建筑用轻质隔墙条板（GB/T 23451—2009）[S]. 北京：中国建筑工业出版社，2009.
[81] 中华人民共和国国家质量监督检验检疫总局. 砌墙砖抗压强度试样制备设备通用要求（GB/T 25044—2010）[S]. 北京：中国建筑工业出版社，2010.
[82] 中华人民共和国国家质量监督检验检疫总局. 砌墙砖抗压强度试验用净浆材料（GB/T 25183—2010）[S]. 北京：中国建筑工业出版社，2010.
[83] 中华人民共和国国家质量监督检验检疫总局. 混凝土振动台（GB/T 25650—2010）[S]. 北京：中国建筑工业出版社，2010.
[84] 中华人民共和国国家质量监督检验检疫总局. 砂浆和混凝土用硅灰（GB/T 27690—2011）[S]. 北京：中国建筑工业出版社，2011.
[85] 中华人民共和国住房和城乡建设部. 混凝土结构设计规范（GB 50010—2010）[S]. 北京：中国建筑工业出版社，2015.
[86] 国家质量技术监督局，中华人民共和国建设部. 普通混凝土拌合物性能试验方法标准（GB/T

50080—2002）[S]. 北京：中国建筑工业出版社，2003.

[87] 国家质量技术监督局，中华人民共和国建设部. 普通混凝土力学性能试验方法标准（GB/T 50081—2002）[S]. 北京：中国建筑工业出版社，2003.

[88] 国家质量技术监督局，中华人民共和国住房和城乡建设部. 混凝土外加剂应用技术规范（GB 50119—2013）[S]. 北京：中国建筑工业出版社，2013.

[89] 国家质量技术监督局，中华人民共和国建设部. 土工试验方法标准（GB/T 50123—1999）[S]. 北京：中国计划出版社，1999.

[90] 中华人民共和国住房和城乡建设部. 土的工程分类标准（GB/T 50145—2007）[S]. 北京：中国计划出版社，2008.

[91] 中华人民共和国住房和城乡建设部. 粉煤灰混凝土应用技术规范（GB/T 50146—2014）[S]. 北京：中国建筑工业出版社，2014.

[92] 中华人民共和国住房和城乡建设部. 混凝土结构试验方法标准（GB/T 50152—2012）[S]. 北京：中国建筑工业出版社，2012.

[93] 中华人民共和国住房和城乡建设部. 混凝土结构工程施工质量验收规范（GB 50204—2015）[S]. 北京：中国建筑工业出版社，2015.

[94] 中华人民共和国住房和城乡建设部. 房屋建筑和市政基础设施工程质量检测技术管理规范（GB 50618—2011）[S]. 北京：中国建筑工业出版社，2012.

[95] 中华人民共和国住房和城乡建设部. 建筑工程检测试验技术管理规范（JGJ 190—2010）[S]. 北京：中国建筑工业出版社，2012.

[96] 中华人民共和国建设部. 轻骨料混凝土应用技术规程（JGJ 51—2002）[S]. 北京：中国建筑工业出版社，2002.

[97] 中华人民共和国建设部. 普通混凝土用砂、石质量及检验方法标准（JGJ 52—2006）[S]. 北京：中国建筑工业出版社，2006.

[98] 中华人民共和国住房和城乡建设部. 普通混凝土配合比设计规程（JGJ 55—2011）[S]. 北京：中国建筑工业出版社，2011.

[99] 中华人民共和国建设部. 混凝土用水标准（JGJ 63—2006）[S]. 北京：中国建筑工业出版社，2006.

[100] 中华人民共和国住房和城乡建设部. 建筑砂浆基本性能试验方法（JGJ/T 70—2009）[S]. 北京：中国建筑工业出版社，2009.

[101] 中华人民共和国住房和城乡建设部. 自密实混凝土应用技术规程（JGJ/T 283—2012）[S]. 北京：中国建筑工业出版社，2012.

[102] 中华人民共和国住房和城乡建设部. 胶粉聚苯颗粒外墙外保温系统材料（JG/T 158—2013）[S]. 北京：中国标准出版社，2013.

[103] 中华人民共和国住房和城乡建设部. 混凝土试模（JG 237—2008）[S]. 北京：中国标准出版社，2008.

[104] 中华人民共和国住房和城乡建设部. 混凝土试验用搅拌机（JG 244—2009）[S]. 北京：中国标准出版社，2009.

[105] 中华人民共和国住房和城乡建设部. 混凝土坍落度仪（JG/T 248—2009）[S]. 北京：中国标准出版社，2009.

[106] 中华人民共和国住房和城乡建设部. 维勃稠度仪（JG/T 250—2009）[S]. 北京：中国标准出版社，2009.

[107] 中华人民共和国住房和城乡建设部. 泡沫混凝土（JG/T 266—2011）[S]. 北京：中国标准出版社，2011.

[108] 中华人民共和国国家发展和改革委员会. 喷射混凝土用速凝剂（JC 477—2005）[S]. 北京：中国建材工业出版社，2005.

[109] 中华人民共和国国家发展和改革委员会. 行星式水泥胶砂搅拌机（JC/T 681—2005）[S]. 北京：中国标准出版社，2005.

[110] 中华人民共和国国家发展和改革委员会. 水泥胶砂试体成型振实台（JC/T 682—2005）[S]. 北京：中国标准出版社，2005.

[111] 中华人民共和国国家发展和改革委员会. 40mm×40mm水泥抗压夹具（JC/T 683—2005）[S]. 北京：中国标准出版社，2005.

[112] 中华人民共和国国家发展和改革委员会. 聚合物乳液建筑防水涂料（JC/T 684—2008）[S]. 北京：中国建材工业出版社，2008.

[113] 中华人民共和国国家发展和改革委员会. 水泥胶砂试模（JC/T 726—2005）[S]. 北京：中国标准出版社，2005.

[114] 中华人民共和国国家发展和改革委员会. 水泥净浆标准稠度与凝结时间测定仪（JC/T 727—2005）[S]. 北京：中国标准出版社，2005.

[115] 中华人民共和国国家发展和改革委员会. 水泥净浆搅拌机（JC/T 729—2005）[S]. 北京：中国标准出版社，2005.

[116] 中华人民共和国国家质量监督检验检疫总局. 拉力、压力和万能试验机检定规程（JJG 139—2014）[S]. 北京：中国标准出版社，2014.

[117] 中华人民共和国国家质量监督检验检疫总局. 摆锤式冲击试验机检定规程（JJG 145—2007）[S]. 北京：中国标准出版社，2007.

[118] 中华人民共和国交通部. 水运工程混凝土试验规程（JTJ 270—1998）[S]. 北京：中国标准出版社，1998.

[119] 中华人民共和国交通运输部. 公路水泥混凝土路面设计规范（JTG D40—2011）[S]. 北京：中国标准出版社，2011.

[120] 中华人民共和国交通部. 公路土工试验规程（JTG E40—2007）[S]. 北京：中国标准出版社，2007.

[121] 中华人民共和国工业化信息化部. 冶金技术标准的数值修约与检测数值的判定（YB/T 081—2013）[S]. 北京：中国标准出版社，2013.

[122] 中华人民共和国国家发展和改革委员会. 钢筋混凝土用钢筋 弯曲和反向弯曲试验方法（YB/T 5126—2003）[S]. 北京：中国标准出版社，2003.

[123] 中华人民共和国住房和城乡建设部. 纤维增强无规共聚聚丙烯复合管（CJ/T 258—2014）[S]. 北京：中国标准出版社，2014.